W0264082

Hans-Jörg Vockrodt
Dieter Feistel
Jürgen Stubbe

Handbuch Instandsetzung von Massivbrücken

Untersuchungsmethoden und Instandsetzungsverfahren

Mit 32 Farb-, 215 s/w-Abbildungen
und 31 Tabellen

Springer Basel AG

Die Autoren:

Dr.-Ing. Hans-Jörg Vockrodt
INVER – Ingenieurbüro für
Verkehrsanlagen GmbH
Fachbereichsleiter – Geschäftsbereich
Ingenieurbauwerke
Walter-Gropius-Str. 9
D-99085 Erfurt

Dipl.-Ing. Jürgen Stubbe
Nordhäuser Bauprüfinstitut GmbH
Alexander-Puschkin-Str. 23
D-99734 Nordhausen

Dr.-Ing. Dieter Feistel
INVER – Ingenieurbüro für
Verkehrsanlagen GmbH
Overmannweg 35
D-99094 Erfurt

Bibliografische Information der Deutschen Bibliothek
Die Deutsche Bibliothek verzeichnet diese Publikation in der Deutschen Nationalbibliografie; detaillierte bibliografische Daten sind im Internet über http://dnb.ddb.de abrufbar.

Dieses Werk ist urheberrechtlich geschützt. Die dadurch begründeten Rechte, insbesondere die der Übersetzung, des Nachdrucks, des Vortrags, der Entnahme von Abbildungen und Tabellen, der Funksendung, der Mikroverfilmung oder der Vervielfältigung auf anderen Wegen und der Speicherung in Datenverarbeitungsanlagen, bleiben, auch bei nur auszugsweiser Verwertung, vorbehalten. Eine Vervielfältigung dieses Werkes oder von Teilen dieses Werkes ist auch im Einzelfall nur in den Grenzen der gesetzlichen Bestimmungen des Urheberrechtsgesetzes in der jeweils geltenden Fassung zulässig. Sie ist grundsätzlich vergütungspflichtig. Zuwiderhandlun-gen unterliegen den Strafbestimmungen des Urheberrechts.

© 2003 Springer Basel AG
Ursprünglich erschienen bei Birkhäuser Verlag, Basel, Schweiz 2003

Gedruckt auf säurefreiem Papier, hergestellt aus chlorfrei gebleichtem Zellstoff. TCF ∞
Umschlaggestaltung: Micha Lotrovsky, Therwil, Schweiz
Umschlagfotos: Krämpfertorbrücke in Erfurt, Baujahr 1895, Instandsetzung 1998/99
(Quelle: Hans-Jörg Vockrodt)

ISBN 978-3-0348-9412-8   ISBN 978-3-0348-8032-9 (eBook)
DOI 10.1007/978-3-0348-8032-9

9 8 7 6 5 4 3 2 1   www.birkhasuer-science.com

Vorwort

Aus mancherlei Gründen erlangt die Instandsetzung von Massivbrücken zunehmende Bedeutung. Deshalb erscheint es angebracht, den speziellen Problemen, die damit verbunden sind, erhöhte Aufmerksamkeit zu widmen.

Diese stehen zwar in enger Verbindung zu denen, die dem Brückenneubau zugrunde gelegt werden, weisen jedoch zahlreiche Besonderheiten auf, die umfangreiche Spezialkenntnisse erfordern, um den funktionellen, gestalterischen und konstruktiven Ansprüchen zu genügen. Wirtschaftliche Gesichtspunkte können hierbei selbstverständlich nicht ausgeschlossen werden.

Für die erfolgreiche Bewältigung solcher Aufgaben bedarf es eines umfangreichen Fachwissens, das über diesbezügliche Normen, Richtlinien und Merkblätter hinausgeht.

Es ist deshalb zu begrüßen, dass die Verfasser, die für die Planung zahlreicher Instandsetzungen von Brücken unterschiedlichsten Alters und unterschiedlichster Tragsysteme und Konstruktionsarten verantwortlich zeichnen, sich der Aufgabe gestellt haben, den gesamten Fragekomplex der Instandhaltung von Massivbrücken aufzuarbeiten.

Ausgehend von den allgemeinen Problemen grundsätzlicher Entscheidung nach Neubau oder Instandhaltung werden alle relevanten Detailfragen, wie Tragwerksanalyse, Baustoffprüfungen und -eigenschaften, Sanierungsmaßnahmen und Ähnliches, besprochen und zustandsbezogene Anwendungen vorgeschlagen.

Diese geschlossene Darstellungsweise ist auch deshalb zu begrüßen, weil an dem Entscheidungsprozess – mehr als bei Brückenneubauten – die verschiedensten Berufsgruppen, wie Kommunalpolitiker, Städte- und Verkehrsplaner, Denkmalschützer, Architekten, Bauingenieure usw., beteiligt sind, denen damit die Möglichkeit eingeräumt wird, da zwangsläufig berufsbezogen unterschiedliche Kenntnishorizonte vorhanden sind, sich zusätzlich spezielle Informationen zu beschaffen.

Umfangreiche Literaturhinweise bilden eine organische Ergänzung der jeweiligen Kapitel.

Aber auch der Brückenbauer bzw. der Fachkollege, der nicht unmittelbar mit der Instandhaltungsproblematik befasst ist, wird dieses Handbuch mit Gewinn lesen. Es behandelt manche Hinweise, die die edv-gestützte, statisch-konstruktive Bearbeitung von Ingenieurbauwerken relativieren hilft. Auch deshalb sei dem Buch ein breiter Leserkreis gewünscht.

Weimar, im Oktober 2002 *Prof. Dr.-Ing. habil. Jürgen Langrock*

Inhaltsverzeichnis

1 Einleitung und Zielstellung des Buches

Eine Brücke stellt Verbindendes über Gegensätzliches und ist ein tragender Bestandteil der Technikgeschichte. Brücken zu bauen war zu allen Zeiten eine Herausforderung und Inspiration für Baumeister, Ingenieure und Architekten.

Doch Brücken altern! Sie altern in vielerlei Hinsicht, durch mangelnde Unterhaltung, Materialverschleiß und funktional infolge veränderter Verkehrsanforderungen. Aufgrund der großen Bedeutung für Gesellschaft und Wirtschaft werden zukünftig die systematische Erhaltung, Pflege und Instandsetzung des Bestandes an Brücken immer mehr zu einer infrastrukturellen Hauptaufgabe der Länder und Kommunen.

Die Frage, die hierbei im Vordergrund steht, ist zuerst die Frage nach Instandsetzung oder Ersatzneubau. Bei Bauwerken, die außer ihrer Funktionalität kein weiteres öffentliches Interesse auf sich ziehen, kann diese Entscheidung nach rein technischen und finanziellen Gesichtspunkten von den verantwortlichen Verwaltungsbehörden getroffen werden. Liegt darüber hinaus ein öffentliches Interesse vor, handelt es sich um ein historisches oder gar unter Denkmalschutz stehendes Bauwerk, wird die Entscheidung zusätzlich öffentlich und kulturpolitisch beeinflusst. Der hierbei beteiligte Personenkreis setzt sich aus Bauingenieuren, Architekten, Städteplanern, Denkmalschützern, Verwaltungsexperten, Politikern sowie Vertretern von Bürgerinitiativen und Vereinen zusammen. Damit dieser Personenkreis sachlich und zweckbezogen miteinander kommunizieren kann, soll in diesem Buch die beachtliche Entwicklung moderner Instandsetzungsmöglichkeiten im Massivbrückenbau aus baupraktischer Sicht dargestellt werden. Das Buch möchte dazu beitragen, Übersichtswissen zu aktualisieren, den beteiligten Spezialisten Entscheidungsspielräume zu verdeutlichen, durch richtige Fragestellungen solide Erhaltungsmaßnahmen zu fördern und voreilige Abbruchentscheidungen zu verhindern. Dabei wird beginnend mit der Einordnung des Bauwerkes in das vorhandene kulturelle und infrastrukturelle Umfeld, über die Bestandsaufnahme, Befundung, Baustoff- und Baugrundanalyse, der Tragfähigkeitsbeurteilung, der Entscheidung über den Erhalt, der Instandsetzungsplanung bis zur Bauausführung auf die wichtigsten Fragestellungen eingegangen. Anhand ausgeführter, innovativer Bauvorhaben werden, nach Darstellung der allgemein gültigen Sachverhalte, neueste Erkenntnisse und Detaillösungen beschrieben. Ein Kapitel beschäftigt sich ausführlich mit den Bogen- und Gewölbebrücken als eine der ältesten Bauformen im Massivbrückenbau.

Das vorliegende Buch ist darüber hinaus auch für Hochschullehrer und Studenten an Universitäten, Hoch- und Fachhochschulen konzipiert. Neben der Vermittlung eines praxisnahen Spezialwissens müssen angehende Bauingenieure, aufgrund der komplex-universellen Anforderungen bei der Instandsetzung historischer Massivbrücken, qualifizierte Generalisten sein.

In Ermangelung sowohl eines ausgeprägten Erfahrungsschatzes als auch eines auf den Erhalt historischer Brücken abgestimmten Regelwerkes sollen die im Buch beschriebenen Inhalte den genannten Personenkreis fachlich unterstützen, um sich mit Ingenieurverstand und Augenmaß der Problematik Instandsetzung im Massivbrückenbau zu stellen.

Bild 1.1:
„Dem anderen eine Brücke bauen!"

2 Historische Brücken

Zusammenfassung
Gegenstand dieses einführenden Kapitels ist neben der Darstellung der Altersstruktur, des Bauzustandes und der Bauart der Brücken in Österreich, der Schweiz und in Deutschland die Definition des Begriffes Baudenkmal und die Beschreibung der denkmalpflegerischen Allgemeingrundsätze zur Instandsetzung von Brückenbauwerken.

2.1 Altersstruktur, Bauzustand und Bauart der Brücken in Österreich, der Schweiz und in Deutschland

Eine historische Brücke ist eine Brücke, an welcher unabhängig von ihrem Alter das in der jeweiligen Kulturepoche vorhandene planerische und handwerkliche Können der Baumeister, Ingenieure und Architekten ablesbar ist. Obwohl nicht jede historische Brücke zum einen sehr alt und zum anderen ein Baudenkmal sein muss, so ist doch die Altersstruktur in Verbindung mit dem Bauwerkszustand der in Österreich (Bilder 2.1 und 2.2), der Schweiz (Bilder 2.3 und 2.4) und in Deutschland (Bilder 2.5 und 2.6) vorhandenen Brücken im Hinblick auf den zu erwartenden Erhaltungs- und Instandsetzungsaufwand recht aufschlussreich [Q1, Q2, Q3]. Der Bauwerkszustand lässt sich dabei anhand von Zustandsnoten beschreiben. Allerdings ist deren Definition in den einzelnen Ländern recht unterschiedlich, so dass ein direkter Vergleich nicht möglich ist (Tabelle 2.1). Die in den Diagrammen der Bilder 2.1 und 2.2 dargestellte Trendlinie zeigt die Entwicklung der gemittelten Zustandsnoten in Abhängigkeit vom Bauwerksalter als Polynom 3. Ordnung.

Zusätzlich zu den Bauwerken, die sich im Bestand der Bundesbehörden befinden, sei auf die große Zahl an Brücken innerhalb der Kommunen verwiesen. Stellvertretend für diese ist in den Bildern 2.7 und 2.8 die Altersstruktur einschließlich der gemittelten Zustandsnoten der Brückenbauwerke der Stadt Erfurt (Landeshauptstadt in Thüringen) gezeigt [Q4].

Differenziert nach der Bauart ist der Anteil an Massivbrücken im Bestand der Bundesbehörden dominierend. Während in Österreich ca. 95,3% (Stand: 2002-01-01) [Q1] aller Brücken Massivbrücken sind, betragen die Anteile in der Schweiz ca. 98% (Stand: 2000-01-01) [Q2] und in Deutschland ca. 92% (Stand: 1999-01-01) [Q3]. In Erfurt als Beispiel eines kommunalen Baulastträgers ist der Anteil an Massivbrücken mit ca. 86% (Stand: 2001-01-01) [Q4] etwas geringer.

Tabelle 2.1: Bauzustandsnoten für Brückenbauwerke in Österreich, der Schweiz und in Deutschland

Österreich [2-5] Zustandsnote/ Definition		Schweiz [2-6] Zustandsnote/ Definition		Deutschland [2-4] Zustandsnote/ Definition	
1	sehr guter Zustand	1	gut, keine bzw. geringfügige Schäden	1,0 – 1,4	sehr guter Bauwerks- zustand
2	guter Zustand	2	annehmbar, unbedeutende Schäden	1,5 – 1,9	guter Bauwerks- zustand
3	Funktion erfüllt	3	schadhaft, bedeutende Schäden	2,0 – 2,4	befriedigender Bauwerks- zustand
4	Funktion beeinträchtigt	4	schlecht, große Schäden	2,5 – 2,9	noch ausreichender Bauwerks- zustand
5	Funktion nicht erfüllt, dringender Erhaltungs- bedarf	5	alarmierend, die Sicherheit ist gefährdet, dringliche Maßnahme	3,0 – 3,4	kritischer Bauwerks- zustand
				3,5 – 4,0	ungenügender Bauwerks- zustand

Wichtig im Zusammenhang mit dem aktuellen Bauwerkszustand ist die Frage nach der zukünftigen Zustandsentwicklung. In [2-3] werden für die Bundesrepublik Deutschland unter der Voraussetzung, dass keinerlei Ersatz oder Instandsetzung von und an Brücken erfolgt, für die Entwicklung der Zustandsnote in Abhängigkeit vom Bauwerksalter entsprechende Zunahmeraten angegeben (Tabelle 2.2).

Aus diesen Raten lässt sich die im Bild 2.9 gezeigte Funktion konstruieren. Diese stellt die Entwicklung der Zustandsnote und damit die Verschlechterung des Bauwerkszustandes in Abhängigkeit vom Bauwerksalter dar. Da diese Funktion für Bauwerke gilt, welche weder erneuert noch instand gesetzt werden, handelt es sich um eine Grenzfunktion. Vergleicht man nun diese mit einer konkreten Funk-

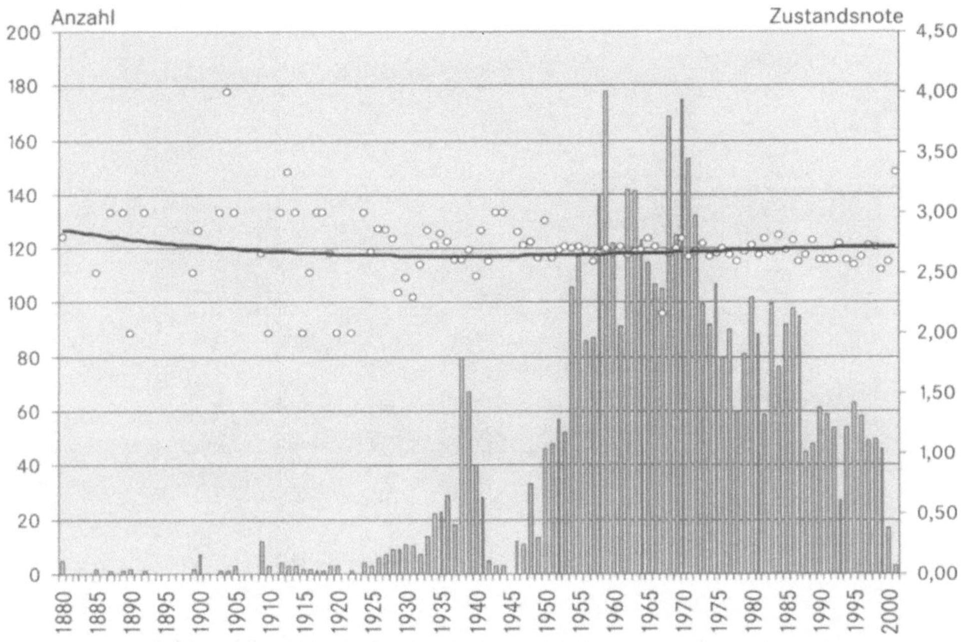

Bild 2.1: Österreich – Altersstruktur und gemittelte Zustandsnoten der nach 1880 erbauten Massivbrücken im Zuge von Bundesstraßen (Stand: 2002-01-01)

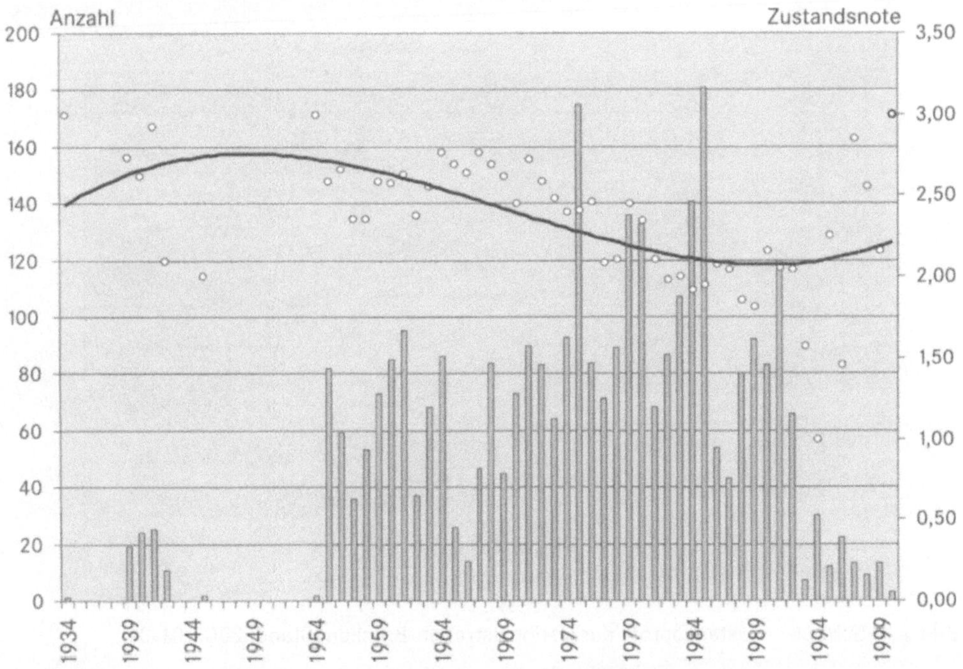

Bild 2.2: Österreich – Altersstruktur und gemittelte Zustandsnoten aller Massivbrücken im Zuge von Autobahnen und Schnellstraßen (Stand: 2002-01-01)

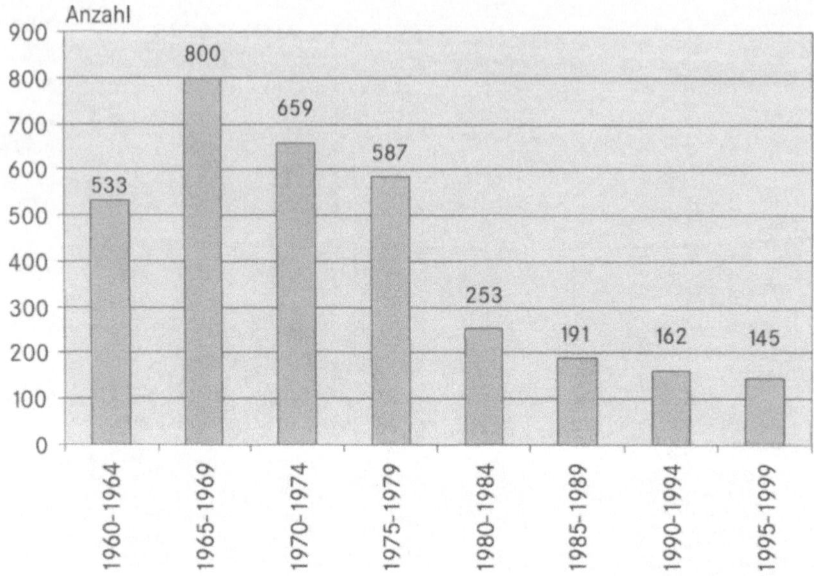

Bild 2.3: Schweiz – Altersstruktur der Nationalstraßen-Brücken (Stand: 2000-01-01)

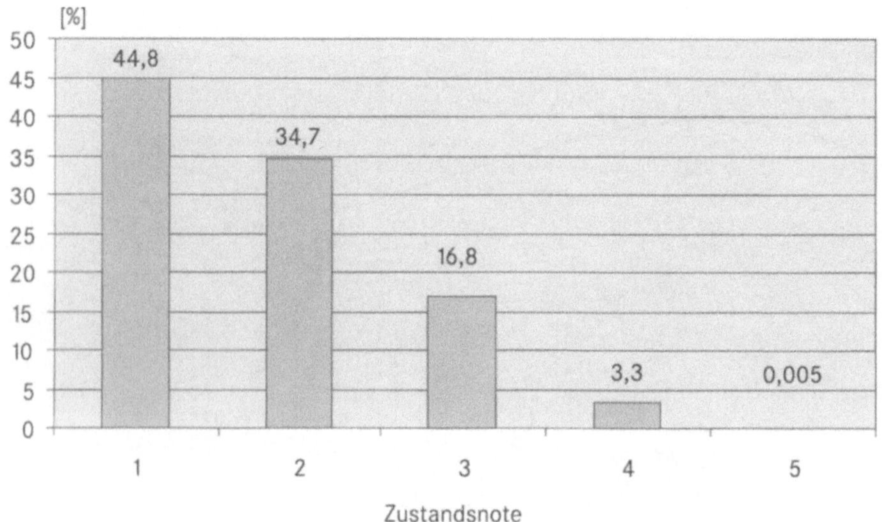

Bild 2.4: Schweiz – Zustandsprofil der Nationalstraßen-Brücken (Stand: 2002-01-01)

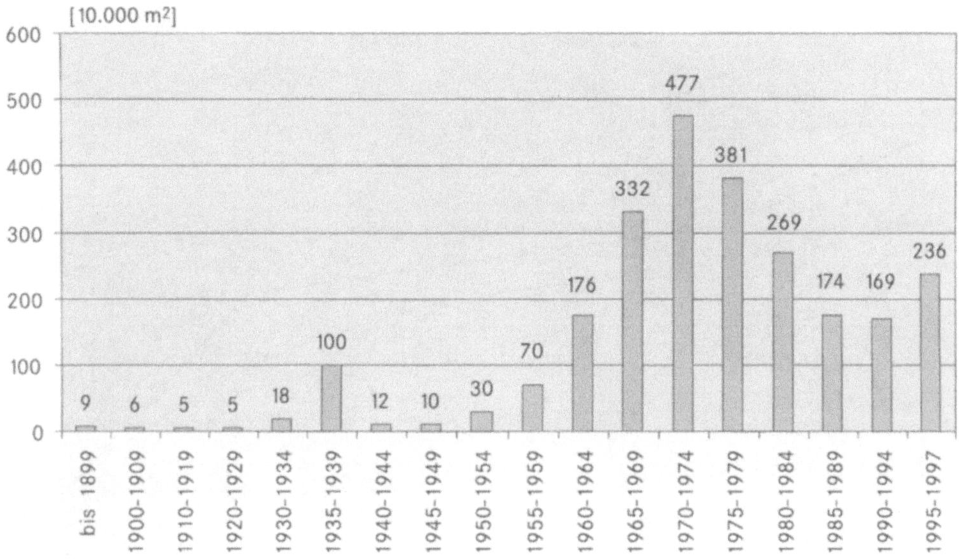

Bild 2.5: Deutschland – Altersstruktur der Brücken im Zuge von Bundesfernstraßen bezogen auf die Brückenfläche (Stand: 1998-01-01)

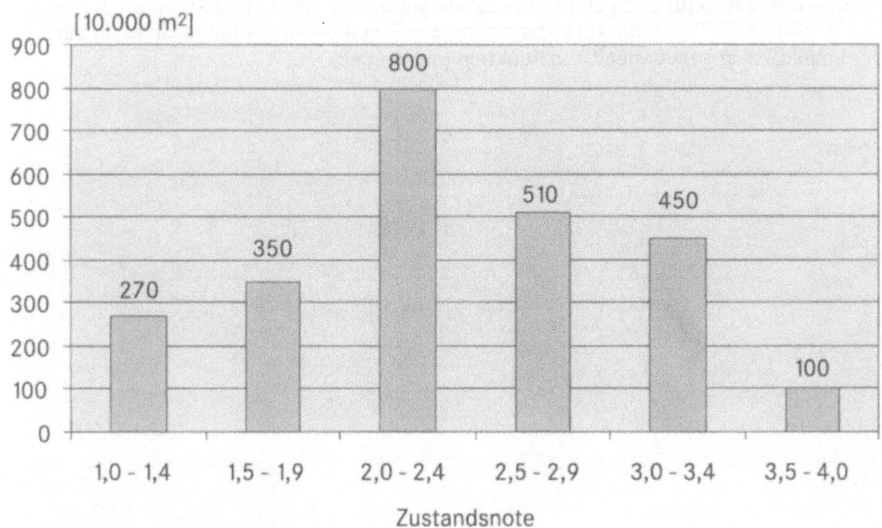

Bild 2.6: Deutschland – Verteilung der Zustandsnoten bezogen auf die Brückenfläche der Brücken im Zuge von Bundesfernstraßen (Stand: 1999-01-01)

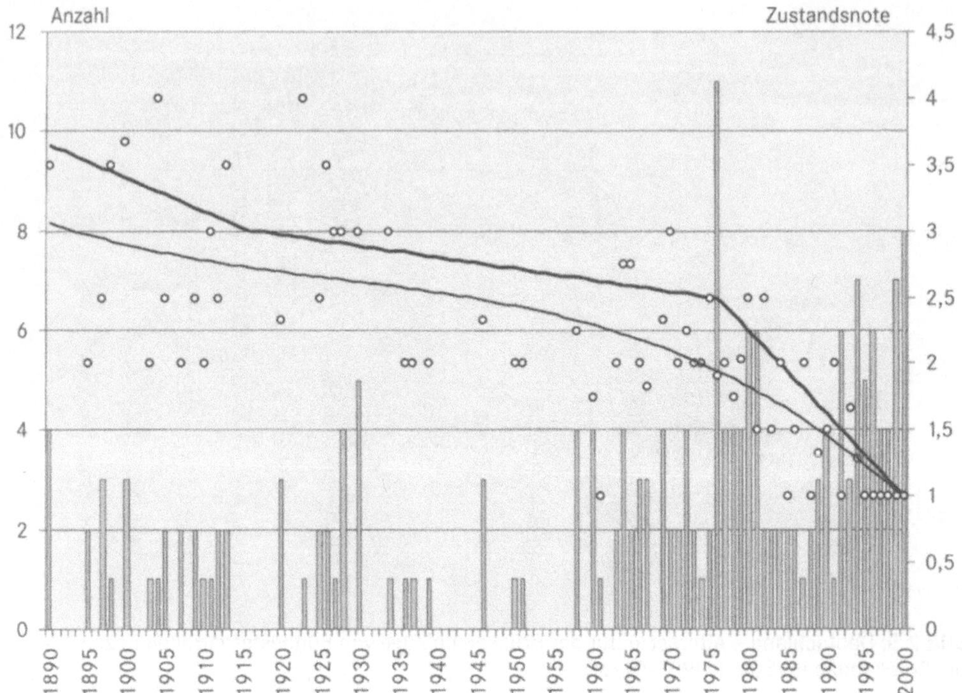

Bild 2.7: Erfurt – Altersstruktur und gemittelte Zustandsnoten der nach 1890 erbauten Brücken (Stand: 2001-01-01) sowie Trendlinie zur Entwicklung der Zustandsnoten (dünne Linie) im Vergleich zu der im Bild 2.9 angegebenen Grenzfunktion (dicke Linie)

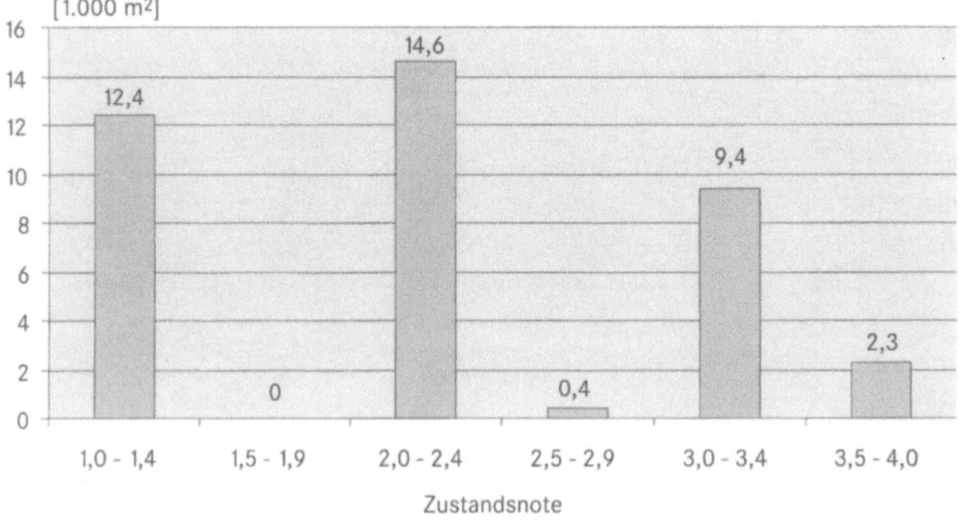

Bild 2.8: Erfurt – Verteilung der Zustandsnoten bezogen auf die Brückenfläche (Stand: 2001-01-01)

Bauwerksalter	Zunahmerate
0 – 24 Jahre	0,0625 / Jahr
25 – 83 Jahre	0,0085 / Jahr
84 – 103 Jahre	0,025 / Jahr

Tabelle 2.2:
Deutschland – Zunahmeraten für Zustandsnoten in Abhängigkeit vom Bauwerksalter

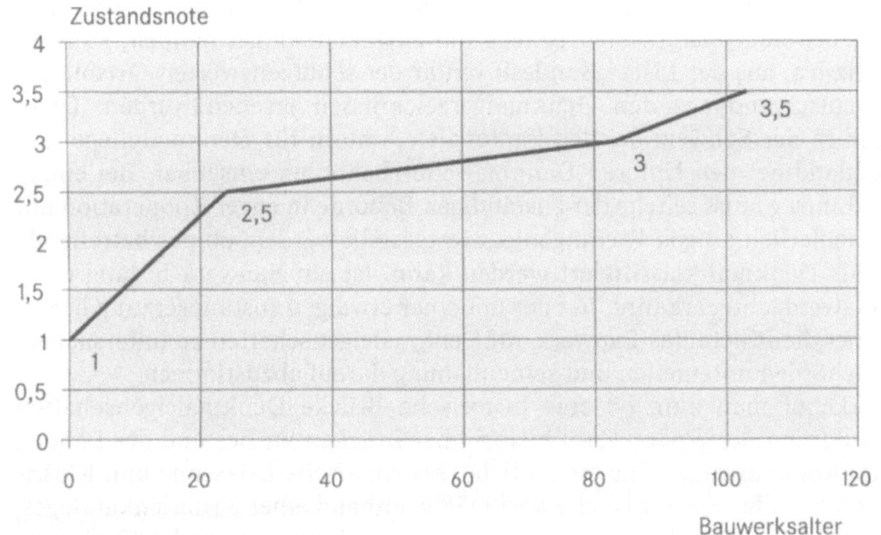

Bild 2.9: Deutschland – Grenzfunktion zur Entwicklung der Zustandsnote in Abhängigkeit vom
Bauwerksalter

tion zur Entwicklung gemittelter Zustandsnoten in Abhängigkeit vom Bauwerksalter (z.B. im Bild 2.7), so kann man aus dem Abstand, welche beide Funktionen
zueinander aufweisen, den aktuellen Zustand des gesamten Bauwerksbestandes
qualitativ und quantitativ beurteilen und entsprechende Instandsetzungsstrategien entwickeln. Diese müssen dabei so ausgerichtet werden, dass ein Abfall der
Zustandsnoten in die unterste Kategorie vermieden wird.

Wie aus den dargestellten Sachverhalten ersichtlich, erhält die Instandsetzung, gerade der den überwiegenden Teil ausmachenden Massivbrücken, ein
immer stärker werdendes Gewicht. Diese Feststellung verschärft sich, wenn man
sich die zu erwartenden erhöhten Beanspruchungen einerseits aus den veränderten infrastrukturellen Anforderungen und andererseits aus der prognostizierten
Zunahme des Verkehrs in einem vereinten Europa vergegenwärtigt. In Deutschland gehen z.B. die Prognosen für die zukünftigen Aufwendungen zum Erhalt der
in der Zuständigkeit des Bundes liegenden Ingenieurbauwerke von ca. 500 Mio.
Euro/Jahr aus [2-3].

2.2 Einstufung historischer Brücken als erhaltungswürdige Baudenkmale in Theorie und Praxis

Viele bedeutende historische Brückenbauwerke gehören in der Gegenwart zum Kulturerbe der zivilisierten Menschheit. Als Schnitt- und Bezugspunkte in einer urbanen Kulturlandschaft gelten sie dann als Baudenkmal, wenn an ihrer Erhaltung aus geschichtlichen, künstlerischen, wissenschaftlichen, technischen, volkskundlichen oder städtebaulichen Gründen ein öffentliches Interesse besteht. Ob es sich bei einer historischen Brücke um ein Baudenkmal handelt, kann in der Schweiz u.a. aus der Liste „Bundesinventar der schützenswerten Ortsbilder" und in Deutschland aus den Denkmalverzeichnissen ersehen werden. Diese Listen sind in der Schweiz bei den kantonalen Ämtern für Denkmalpflege und in Deutschland bei den Unteren Denkmalschutzbehörden einsehbar. Bei einem fehlenden Eintrag muss seitens der zuständigen Behörde in enger Kooperation mit einem gutachterlich tätigen Fachingenieur festgestellt werden, ob das betreffende Bauwerk als Denkmal klassifiziert werden kann. Ist ein Bauwerk bislang nicht als denkmalverdächtig erkannt, hat der mit einer etwaigen Instandsetzung beauftragte Planer die Pflicht das Bauwerk auf Denkmaleigenschaften zu untersuchen, dies den Behörden mitzuteilen und seine Planung darauf abzustimmen.

Wie erkennt man nun, ob eine historische Brücke Denkmaleigenschaften besitzt? Aufgrund der großen Zahl historischer Brücken im Bestand der Länder, Städte und Kommunen ist eine einheitliche, systematische Erfassung und Klassifizierung notwendig. Hierfür ist es zweckmäßig, anhand eines Kriterienkataloges, wie ihn z.B. die niedersächsische Straßenbauverwaltung verwendet [2-1], eine objektive Bewertung nach den Grundkriterien der bautechnischen Qualität, des künstlerischen Anspruchs und des geschichtlichen Wertes vorzunehmen. Nachfolgende Übersicht (Tabelle 2.3) untersetzt die genannten Grundkriterien und ermöglicht eine fachspezifische Beurteilung, ob eine vorhandene historische Brücke Denkmaleigenschaften besitzt und zur Einstufung als Baudenkmal empfohlen werden kann.

Die Erhaltungswürdigkeit einer Brücke kann nicht durch Summation der in Tabelle 2.3 genannten Kriterien 1–8 ermittelt werden. Erhält die Brücke durch ein einziges Kriterium eine außergewöhnliche Bedeutung, kann dies für die Einstufung als erhaltungswürdiges Baudenkmal bereits ausreichend sein.

Die praktische Umsetzung der Erfassung, Klassifizierung und Wertung einer denkmalverdächtigen Brücke gemäß des angegebenen Kriterienkataloges soll nachfolgend an einem Musterbeispiel, dem Baudenkmal Sternbrücke in Weimar (Bild 2.10), gezeigt werden (Tabelle 2.4).

Ist eine Brücke als erhaltungswürdiges Baudenkmal klassifiziert, stellt sich die Frage, ob sie auch instand zu setzen ist. Diese kann positiv beantwortet werden, wenn die Brücke neben ihrem Denkmalcharakter durch ihr Bestehen auch in Zukunft einem Zweck dient sowie die erforderlichen Maßnahmen machbar und im Verhältnis zur Zielsetzung angemessen sind.

Tabelle 2.3: Allgemeiner Kriterienkatalog zur Einstufung einer historischen Brücke als erhaltungswürdiges Baudenkmal

Kriterien	Erläuterung
1. Bautechnik	– Bauwerksname – Baujahr und Bauwerksalter – Bauart bzw. Tragwerkprinzip – Baumaterial – Geometrie – Bauzustandsnote – wissenschaftlich-technische Bedeutung
2. Künstlerischer Anspruch	durch vorhandene: – Verzierungen – Bildhauerarbeiten – Geländer – Beleuchtung – Gemälde usw.
3. Erhaltung der ursprünglichen Form	– im Original erhalten – instand gesetzt – teilweise verändert – vollständig verändert
4. Konstruktive Besonderheiten	– z.B. Inschriften, Wasserstandsmarken usw.
5. Geschichtliche Bedeutung	die Brücke ist verbunden: – mit der geschichtlichen Entwicklung der Region – mit einer bedeutenden lokalen Sage oder Tradition die Brücke hat die Lebensweise in einer Region beeinflusst die Brücke liegt: – in einem historischen oder denkmalgeschützten Straßenzug – an einem bedeutenden Fluss bzw. Flussübergang – an einer historischen Grenz- bzw. Zollstation – an anderweitiger historischer Stätte
6. Integration in das gegebene Umfeld	– innerhalb oder außerhalb eines Ortes gelegen – einsehbar bzw. nicht einsehbar – Unter- bzw. Überführung von Fußgängerverkehr – Wirkung in einem Bauwerksensemble – städtebauliche Bedeutung
7. Häufigkeit des Bauwerkstyps	– letzte oder einzigste Brücke dieser Bauart – landestypisches Bauwerk
8. Verwendungszweck	– infrastrukturelle Einordnung
Wertung	– Empfehlung zur Einstufung als erhaltungswürdiges Denkmal (ja/nein)

Tabelle 2.4: Musterbeispiel zur Einstufung und Klassifizierung eines denkmalverdächtigen Bauwerkes

Kriterien	Erläuterung
1. Bautechnik	– Bauwerksname: Sternbrücke (früher: Schloßbrücke) – Baujahr: 1651 – 1653 – Bauart: Gewölbebrücke – Baumaterial: Gewölbe, Widerlager und Pfeiler: Kalkstein Geländer: Thomasstahl – Geometrie: ca. 62 m lang, i.M. 7,3 m breit, 4 Gewölbe – Bauherr: Herzog Wilhelm IV. – Baumeister: Johann Moritz Richter (1629 – 1667)
2. Künstlerischer Anspruch	– das Geländer stammt aus dem Jahre 1820 und wurde von Clemens Wenzeslaus Coudray entworfen – die Brücke und ihre Umgebung ist Motiv einer Vielzahl historischer Skizzen und Gemälde (Bilder 2.11 und 2.12)
3. Erhaltung der ursprünglichen Form	– instand gesetzt 1994 – 96 gemäß dem Zustand von 1794
4. Konstruktive Besonderheiten	– im Bereich des östlichen Bogens existierte bis 1794 eine hölzerne Zugbrücke über den damaligen Floßgraben, deren mit Kugeln besetzte Kettenpfeiler noch erhalten sind (Bilder 2.10 und 2.11), – ovale Hochwasserdurchlässe bzw. Spargewölbe im Bereich der Pfeiler (Bild 2.10) – Treppenanlage als Zugang vom Park auf die Brücke im Pfeilerbereich (Bild 5.11) – vorh. Gründung: Pfahl-Schwellenkonstruktion aus Holz
5. Geschichtliche Bedeutung	– verbindet das Stadtschloss mit dem nördlichen Teil des Goetheparks – kurz unterhalb der Sternbrücke endete der gegen 1800 zugeschüttete Floßgraben
6. Integration in das gegebene Umfeld	– innerhalb der Stadt Weimar gelegen – von allen Seiten einsehbar – Unter- und Überführung von Fußgängerverkehr – wirkt zusammen mit dem Stadtschloss als Bauensemble – besitzt eine außerordentliche städtebauliche Bedeutung
7. Häufigkeit des Bauwerkstyps	– älteste erhaltene Brücke Weimars – aufgrund der konstruktiven Besonderheiten einzigartig
8. Verwendungszweck	– Fußgängerbrücke
Wertung	– aufgrund des hohen bautechnischen, künstlerischen, geschichtlichen und umgebungsprägenden Charakters wird empfohlen, die Brücke als Baudenkmal einzustufen

Bild 2.10: Sternbrücke über die Ilm in Weimar

2.3 Denkmalpflegerische Allgemeingrundsätze und Instandsetzungsstrategien für erhaltungswürdige Brückenbauwerke

Historisch betrachtet ist der Denkmalschutz ein Kind des späten 18. bzw. 19. Jahrhunderts. Zu dieser Zeit begannen in Frankreich, England und Deutschland die ersten Bemühungen um den Erhalt historischer Gebäude. So genannte Landeskonservatoren, darunter bedeutende Architekten wie KARL FRIEDRICH VON SCHINKEL oder ALEXANDER FERDINAND VON QUAST, nahmen sich beispielsweise in Preußen der bis dahin oft lieblos behandelten Bauten aus dem Mittelalter an. Seit dem europäischen Jahr des Denkmalschutzes 1975 hat sich der Standpunkt, Baudenkmale bewusst zu erhalten, endgültig durchgesetzt.

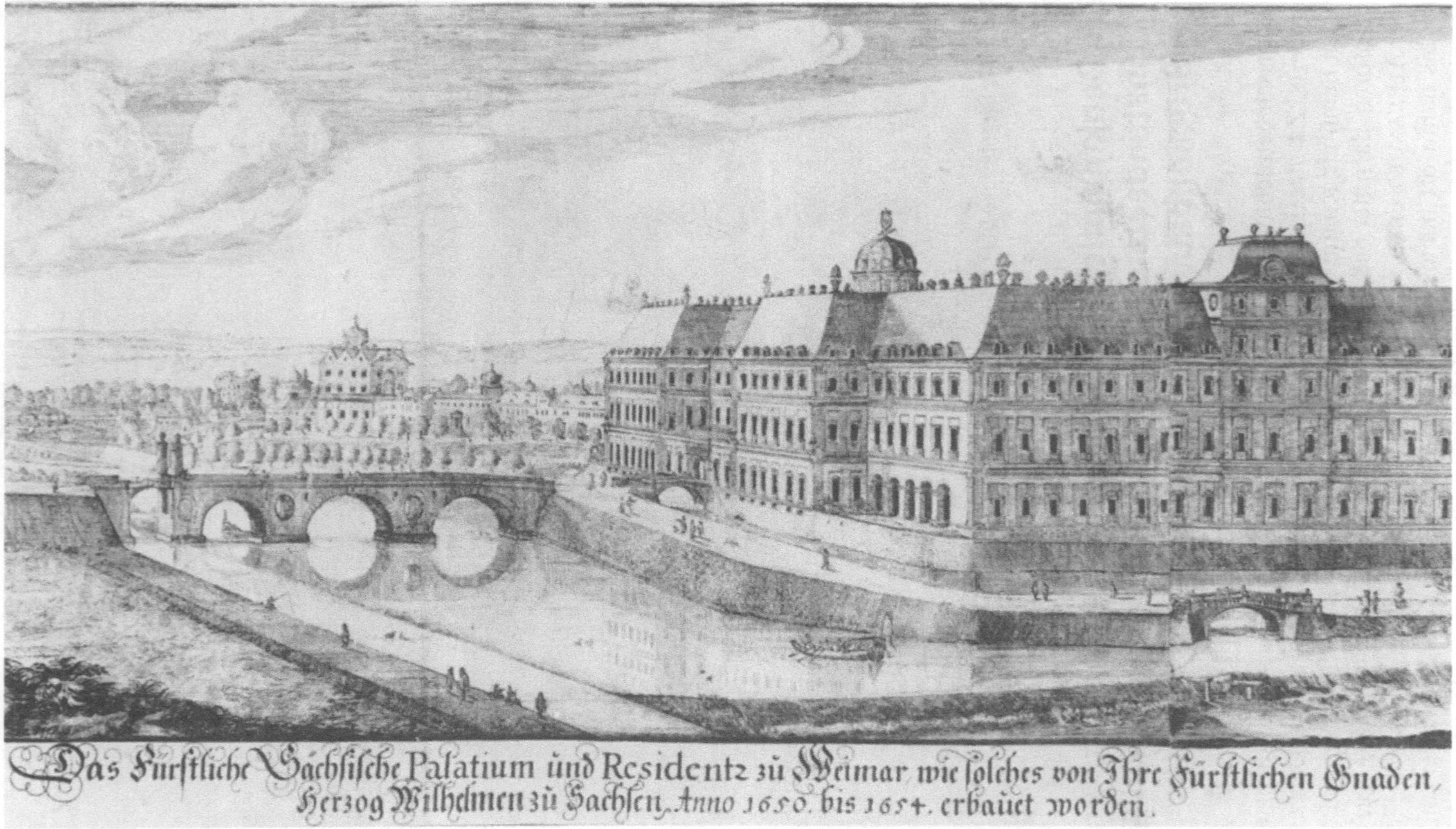

Das Fürstliche Sächsische Palatium und Residentz zu Weimar wie solches von Ihre Fürstlichen Gnaden,
Herzog Wilhelmen zu Sachsen, Anno 1650. bis 1654. erbauet worden.

Bild 2.11: Kupferstich von CHRISTIAN und WILHELM RICHTER aus dem Jahre 1654 mit der Bildunterschrift: Das Fürstliche Sächsische Palatium und Residentz zu Weimar, wie solches von Ihre Fürstlichen Gnaden, Herzog Wilhelmen zu Sachsen, Anno 1650 bis 1654 erbauet worden.

Bild 2.12: Stich von W. M. KRAUS aus dem Jahre 1800 mit dem Titel: Ansicht der Schloßbrücke im Weimarer Park

Für die Instandsetzung denkmalgeschützter, erhaltungswürdiger Brückenbauwerke kann man analog zu ihrer Erfassung und Klassifizierung ebenfalls Allgemeingrundsätze formulieren. Ist das betreffende Bauwerk ein Baudenkmal, muss die Denkmalbehörde in die planerischen Überlegungen einbezogen werden. Wichtig ist hierbei von Beginn an die fachlich-konstruktive Zusammenarbeit zwischen Baulastträger, Planer und Denkmalschützer. Generell bestehen zwei verschiedene, gegeneinander abzuwägende Zielrichtungen. Diese sind zum einen die Begrenzung von Substanzverlusten bei unwiederbringlichen und kulturell wertvollen Bauten im öffentlichen Interesse und zum anderen die Vermeidung einer nostalgischen Romantisierung bei weniger bedeutenden Bauwerken mit der Folge unnötiger Kosten oder städtebaulich nicht vertretbarer Zwänge für die Funktionalität. Es kann also auch einmal nach exakter Bestandsaufnahme der ersatzlose Abbruch eines Bauwerkes die richtige Lösung sein. Wird sich aber für die Instandsetzung der erhaltungswürdigen und gegebenenfalls unter Denkmalschutz stehenden Brücke entschieden, besteht die wesentliche denkmalpflegerische Aufgabe in der Bewahrung der Originalität des Bauwerkes, wobei dies ein Prozess der kritischen Auseinandersetzung zwischen denkmalpflegerischer Zielstellung und innovativem Gestaltungswillen ist, welcher auf einen Konsens zwischen Erhaltung, Veränderung, Ergänzung und zeitgemäßer Neugestaltung abzielt [2-2]. Die reine Lehre, möglichst nichts zu verändern und ausschließlich nur historische Baustoffe im Zuge einer Instandsetzung zu verwenden, da ansonsten das Bauwerk seinen Denkmalcharakter verliert, kann unter den heute vorhandenen Rahmenbedingungen nicht mehr aufrecht erhalten werden.

Tabelle 2.5: Instandsetzungsstrategien für erhaltungswürdige Brückenbauwerke

Strategie	Anwendungskriterien
A Instandsetzung unter Beibehaltung der Form, der ursprünglichen Baustoffe und Technik	– der Wert ist durch die Bauart, das Baumaterial und die Bautechnik gegeben – Verlängerung der Nutzungsdauer – der Verwendungszweck bleibt nach der Instandsetzung erhalten – die Instandsetzung ist auf das Wesentliche beschränkt
B Teilweise Veränderung unter Einfügung neuer Bauwerksteile	– der Verwendungszweck bleibt nach der Instandsetzung erhalten – notwendige Instandsetzung einzelner Bauwerksteile oder Bauwerksertüchtigung
C Vollständige Instandsetzung unter Beibehaltung der Form, jedoch unter Einsatz moderner Technologien	– der Wert ist durch die Bauart gegeben – Instandsetzung, wenn die Hauptelemente stark geschädigt sind oder die Tragsicherheit gefährdet ist – die Auswahl der Instandsetzungsverfahren basiert auf technischen und wirtschaftlichen Überlegungen
D Veränderung oder Erweiterung, indem das bestehende Bauwerk je nach vereinbarter Nutzung ergänzt wird	– bei veränderten infrastrukturellen Anforderungen – die Hauptelemente des Bauwerkes müssen optisch erhalten bleiben
E Erweiterung durch die Erstellung eines neuen Bauwerkes neben dem alten und Aufteilung der Funktionen auf die beiden Bauwerke	– bei veränderten infrastrukturellen Anforderungen – die Bauwerkselemente würden durch eine Veränderung oder Erweiterung gemäß Strategie D überproportional in ihrem Erscheinungsbild beeinträchtigt – das Erweiterungsbauwerk muss sich dem bestehenden Bauwerk optisch unterordnen und soll auch bei moderner architektonischer Interaktion dieses nicht kopieren
F Erstellen von vollständigen Archivunterlagen, Abbruch und Neubau eines zeitgemäßen Bauwerks, das an die heutigen Bedürfnisse angepasst ist	– wenn die Erhaltung gemäß des vorgesehenen Verwendungszweckes nicht gerechtfertigt ist – wenn ein Neubau technisch und wirtschaftlich die sinnvollste Lösung ist
G Wiederaufbau der alten Form nach einer Katastrophe	– wenn Bauart und Standort eine außergewöhnliche Bedeutung haben

In Umsetzung dieser Grundmaxime werden nachfolgend denkmalpflegerische Allgemeingrundsätze und Instandsetzungsstrategien für erhaltungswürdige Brückenbauwerke genannt. Allgemein gilt, so viel Originalsubstanz wie möglich zu erhalten. Dabei muss die Gebrauchstauglichkeit, auch die neuen Anforderungen an die Gebrauchstauglichkeit, gewährleistet sein. Die Spuren des Alters, welche aus der bisherigen Nutzung resultieren, können bestehen bleiben, sofern sie keine funktionalen Beeinträchtigungen nach sich ziehen. Notwendige Veränderungen, wie Erweiterungen und Ertüchtigungen im Zuge von Instandsetzungen, müssen auch bei einer denkmalgeschützten Brücke akzeptiert werden, wenn sie nachvollziehbar sind. Dabei sollten sie entweder für den Betrachter nicht sichtbar sein oder Neues sollte klar als Neues hervortreten.

Das Bundesamt für Straßen der Schweizerischen Eidgenossenschaft definiert in [2-7] die in Tabelle 2.5 angegebenen Strategien zur Instandsetzung eines erhaltungswürdigen und gegebenenfalls unter Denkmalschutz stehenden Brückenbauwerkes.

2.4 Literatur und Quellennachweis

[2-1] LÜESSE, G.: Die Erfassung und Erhaltung von Brücken mit Denkmaleigenschaften. In: *Straße und Autobahn* 44 (1993), H. 11, S. 651–657

[2-2] WITTICH, U.: *Denkmalpflege und Denkmalschutz in Erfurt*. Amt für Stadterneuerung und Denkmalpflege Erfurt. Gehrig Verlag Merseburg 1998, S. 4

[2-3] KRIEGER, J.; GEHRLICHER, K.: Die Entwicklung der Erhaltungsausgaben für die Brücken der Bundesfernstraßen. In: *Bautechnik* 77 (2000), H. 11, S. 820–830

[2-4] Bundesministerium für Verkehr, Bau- und Wohnungswesen der Bundesrepublik Deutschland: *RI-EBW-PRÜF – Richtlinie zur einheitlichen Erfassung, Bewertung, Aufzeichnung und Auswertung von Ergebnissen der Bauwerksprüfungen nach DIN 1076*. Ausg. 1998. Verkehrsblatt-Verlag

[2-5] Bundesministerium für Verkehr, Innovation und Technologie der Republik Österreich: *RVS 13.71 – Richtlinie zur Überwachung, Kontrolle und Prüfung von Kunstbauten / Straßenbrücken*. 1995

[2-6] Eidgenössisches Departement für Umwelt, Verkehr, Energie und Kommunikation der Schweizerischen Eidgenossenschaft – Bundesamt für Straßen: *KUBA-MS-Ticino – Handbuch für die Datenerfassung*. 1998

[2-7] Eidgenössisches Departement für Umwelt, Verkehr, Energie und Kommunikation der Schweizerischen Eidgenossenschaft – Bundesamt für Straßen: *Richtlinie – Erhaltungswürdigkeit von Kunstbauten*. 1998

[Q1]   BREYER, G.; SCHWAMMENHÖFER, F.: Bundesministerium für Verkehr, Innovation und Technologie der Republik Österreich, Sekt. III – A VII, A-Wien (2002)

[Q2]   JORIS, J.-P.: Bundesamt für Straßen der Schweizerischen Eidgenossenschaft, Bereich Kunstbauten, CH-Bern (2002)

[Q3]   HAARDT, P.; KASCHNER, R.: Bundesanstalt für Straßenwesen der Bundesrepublik Deutschland, Referat B4 – Grundsatzfragen der Bauwerkserhaltung, D-Bergisch Gladbach (2002)

[Q4]   BAUMBACH, D.: Tiefbauamt der Stadt Erfurt, Sachgebiet Brückenverwaltung (2002)

3 Entscheidungsvorbereitung

Zusammenfassung

Die Entscheidung zwischen Ersatzneubau einerseits und Instandsetzung oder Ertüchtigung bzw. Erweiterung andererseits kann im Einzelfall durch funktionale, verkehrstechnische oder denkmalpflegerische Randbedingungen vorgeprägt sein. Stets aber wird die Frage nach den Kosten der jeweils anderen Lösung zu stellen sein. Dabei soll auf Vollständigkeit und vorurteilsfrei getroffene Annahmen für Schätzwerte geachtet werden.

3.1 Die technische Entscheidungsvorbereitung

Bild 3.1 zeigt hypothetisch einen Bauwerksprüfzyklus über etwa 20 Jahre. Daran soll auf typische Phasen im Schädigungsverlauf aufmerksam gemacht werden.

In der ersten Phase entwickeln sich aus Bagatellbefunden allmählich solche mit Einfluss auf die Dauerhaftigkeit. Wartungsarbeiten und z.B. begrenzte Reparaturen an Fugen und Entwässerungseinrichtungen oder an Fahrbahnübergängen wären notwendig und sinnvoll.

Wenn nichts erfolgt – was leider noch zu oft der Fall ist –, beginnt eine zweite Phase mit einer Beschleunigung der Schadensakkumulation. Die Befunde erreichen schließlich Formen und Ausmaße, die Einfluss auf die Verkehrssicherheit haben oder eine Minderung der Tragfähigkeit vermuten lassen. Meist wird jetzt eine Hauptprüfung mit erweitertem Leistungsumfang veranlasst: Carbonatisierungstiefen, Chloridbeeinflussung, Korrosionszustand der Bewehrung werden punktuell festgestellt. Gegebenenfalls wird eine Lasteinstufungsberechnung durchgeführt.

Jetzt sollte die planerische Vorbereitung einer Hauptinstandsetzung eingeleitet werden. Natürlich kann der gleiche Handlungsbedarf durch sich verändernde verkehrstechnische Anforderungen und unabhängig vom Stand der Schädigungen auch schon früher eintreten.

In der folgenden Phase 3 nimmt der Schädigungsfortgang zu. Sperrung für den schweren Fahrverkehr oder Sperrung einzelner Fahrspuren oder Gehbahnen können folgen. Das ist dann eine „Nutzung auf endgültigen Verschleiß", verbunden mit der Erwartung auf schnellere Bereitstellung der Mittel für einen Ersatzneubau.

Zur Vorgeschichte einer Instandsetzung / Hauptinstandsetzung

Prüfungen nach DIN 1076 [3-11]	Schadensbewertung n. RI–EBW–PRÜF 98	Zust.-note	mögliche Folgerungen
7. Hauptprüfung	S = 0, V = 1, D = 1 Dauerhaft. des Bauteils ...	1,5-1,9	lfd. Unterhaltung erforderlich
7. Einfache Prüfung	S = 1, V = 1, D = 1 Dauerhaft. des Bauteils ...	1,5-1,9	lfd. Unterhaltung erforderlich
8. Hauptprüfung	S = 1, V = 1, D = 2 Dauerhaft. des Bauwerkes langfristig ...	2,0-2,4	mittelfristige Instandsetzung erforderlich **Phase 1**
8. Einfache Prüfung	S = 2, V = 2, D = 2 Dauerhaft. des Bauwerkes langfristig ...	2,0-2,4	mittelfristige Instandsetzung erforderlich
9. Hauptprüfung	S = 2, V = 3, D = 3 Dauerhaft. des Bauwerkes mittelfristig ...	2,5-2,9	kurzfristige Instandsetzung erf. **Hauptinstandsetzung**
9. Einfache Prüfung	S = 3, V = 3, D = 3 Dauerhaft. des Bauwerkes mittelfristig ...	2,5-2,9	kurzfristige Instandsetzung erf. **Hauptinstandsetzung** **Phase 2**
10. Hauptprüfung	S = 3, V = 4, D = 4 Dauerhaft. und Verkehrs- sicherheit nicht gegeben	3,0-3,4	umgehende Instandsetzung
10. Einfache Prüfung	S = 4, V = 4, D = 4 Standsicherheit, Verkehrs- sicherheit und Dauerhaftig- keit nicht mehr gegeben	3,5-4,0	**Bauwerkserneuerung** **Phase 3**

Bild 3.1: Prüfzyklen und Schadensakkumulation – schematisch

3.1.1 Studie zur Instandsetzung und Ertüchtigung

Instandsetzungsmöglichkeit

Die Vorbereitung einer Instandsetzung bzw. Ertüchtigung soll frühzeitig begonnen werden und nicht unter Zeitdruck erfolgen. Der für die Finanzierung erforderliche Kostenvergleich mit einem Ersatzneubau soll alle Einflussgrößen vollständig erfassen und nicht durch Vorurteile beeinflusst werden. Für die Einzelkomponenten der Kostenschätzung sollten realistische Toleranzbereiche angenommen und ihr Einfluss auf das Ergebnis verfolgt werden.

In Tabelle 3.1 wird versucht ein Übersichtsschema für die hauptsächlichen Kostenanteile bereitzustellen, die für eine Entscheidung benötigt werden. Dabei kann nicht außer Acht bleiben, dass die meisten Entscheidungen für oder gegen eine Instandsetzung letztlich mit denkmalpflegerischen, städtebaulichen oder verkehrspolitischen Argumenten getroffen werden. Eine vollständige, nach bestem Wissen zusammengestellte Kostenübersicht kann aber sehr wohl dazu beitragen, die normalerweise zu erwartenden Interessenkonflikte zu versachlichen.

Zunächst ist also die Frage der Instandsetzungsmöglichkeiten zu klären. Ergänzende Befundungen sollten in diesem Stadium aus Kostengründen auf das Notwendige begrenzt bleiben (vgl. dazu Bild 4.1!). Die Beurteilung der noch vorhandenen Tragfähigkeit kann sich in erster Linie auf die Bauwerksakten und darin enthaltene frühere Einstufungsberechnungen stützen. Für die Betonfestigkeit können bei Platten und Plattenbalken vorläufige Annahmen getroffen und variiert werden, z.B. zwischen B 15 und B 35. Für die Bewehrung in den maßgebenden Schnitten des Haupttragwerkes sind nur dann Suchschlitze erforderlich, wenn die Bestandsunterlagen keine zuverlässigen Aussagen enthalten oder bereits extreme Korrosionsverluste wegen Rostabsprengungen vermutet werden müssen.

Bei Einsatz aufwändiger Gerüste oder Besichtigungsgeräte können natürlich weitere ergänzende Probenahmen sinnvoll sein. Man sollte aber immer bedenken, dass für eine möglicherweise nachfolgende Instandsetzungsplanung mit Ausschreibungsreife umfangreichere Befundungen erforderlich werden, wenn man z.B. an flächenhafte Aussagen zum Zustand der Dichtung mit nachfolgenden Chloridschäden oder Bewehrungskorrosion an Kragplatten denkt. Zerstörungsfreie Verfahren sind kostenaufwändig. Die direkte Befundung hinterlässt Folgeschäden, die nur bei kurzfristig nachfolgender Instandsetzung zu vertreten sind.

Bei Verdacht auf Lagerzwängungen oder übermäßige Verformungen sollten zu diesem Zeitpunkt zyklische Messungen am Bauwerk veranlasst werden. Für die rechnerische Beurteilung der Verformungen kann die Ermittlung des E–Moduls des Betons an einer Bohrkernserie zweckmäßig sein.

Instandsetzungsziele
Im Normalfall wird man mit den heute zur Verfügung stehenden Baustoffen und Verfahren die Möglichkeit einer Instandsetzung und Ertüchtigung nicht grundsätzlich ausschließen können. Also müssen jetzt die Instandsetzungsziele abgesteckt werden. Dabei geht es um Anforderungen an die Geometrie des Verkehrsraumes, die Belastungsklasse und die Verträglichkeit der Lösung unter gestalterischen und denkmalpflegerischen Gesichtspunkten. Deshalb empfiehlt sich eine frühzeitige Abstimmung der Instandsetzungsziele mit den zuständigen Behörden der Denkmalpflege auch dann, wenn die Brücke nicht in einer Liste der schützenswerten Bauwerke enthalten ist.

Beispielsweise kann ein Brückenquerschnitt um Fahrspuren reduziert werden. Hierbei ist eine Reduktion bis auf den verbleibenden Begegnungsverkehr, Einbahnstraßen oder reine Fußgängerzonen (Rad- und Gehwegverkehr einschl.

Tab. 3.1: Übersichtsschema zum Kostenvergleich zwischen Instandsetzung / Ertüchtigung und Ersatzneubau

Instandsetzung / Ertüchtigung	Kostenanteil [€]	Spanne [%]
Prüfung aus besonderem Anlass: erweiterte Befundung und ausführliche Bestandsaufnahme		
Statik für bestehenden Zustand: Nutzungseinschränkungen?		
Statik für geplanten Zustand: Ertüchtigungsprognose		
Sanierungsziele		
Planung der Instandsetzung		
Verkehrsorganisation		
bauzeitliche Sicherung		
Instandsetzung bzw. Ertüchtigung		
Summe Kosten Instandsetzung	Min.	Max.

Rückbau und Neubau	Kostenanteil [€]	Spanne [%]
Prüfung aus besonderem Anlass: erweiterte Befundung und ausführliche Bestandsaufnahme		
Statik für bestehenden Zustand: Nutzungseinschränkungen?		
Statik für geplanten Zustand: Vorstatik		
Neubaukonzept		
Planung Rückbau einschl. Statik		
Planung Neubau		
Ergänzende Baugrunduntersuchung?		
Verkehrsorganisation		
bauzeitliche Sicherung		
Rückbau		
Neubau / Ersatzneubau		
Summe Kosten Rückbau / Neubau	Min.	Max.

leichter Räum- und Rettungsdienste) möglich. Die häufigere Anforderung nach Erweiterung der Zahl der Fahrspuren ist entsprechend schwieriger und aufwändiger, wie z.B. in [4-75] oder [6-6]. Sie erfordert bezüglich der denkmalpflegerischen Verträglichkeit – soweit zutreffend – großzügigere Kompromisse.

Bezüglich der Verkehrslastklasse sind die üblichen Forderungen für Erschließungsstraßen mit Brückenklasse 12 oder 16 erfüllt: Schulbus, Müllabfuhr, Feuerwehr und Heizöltanklaster. Für Hauptnetzstraßen ist stets die höchste Lastklasse, also zurzeit noch Brückenklasse 60/30 DIN 1072 [3-10], zu fordern. Die künftigen europäischen Belastungsvorschriften für Brücken [3-5] werden in ihren Auswirkungen oft überschätzt. Keineswegs wird damit ein landesweiter Ertüchtigungsbedarf ausgelöst. Veränderte Achslastpaare und Spuranordnungen führen zwar zu höheren Schnittkraftwerten gegenüber den Lastansätzen nach DIN 1072 Brückenklasse 60/30, aber die zugleich veränderten Bemessungsverfahren auf der Basis von Teilsicherheitsbeiwerten ergeben niedrigere Werte für den anteilig erforderlichen Bewehrungsbedarf.

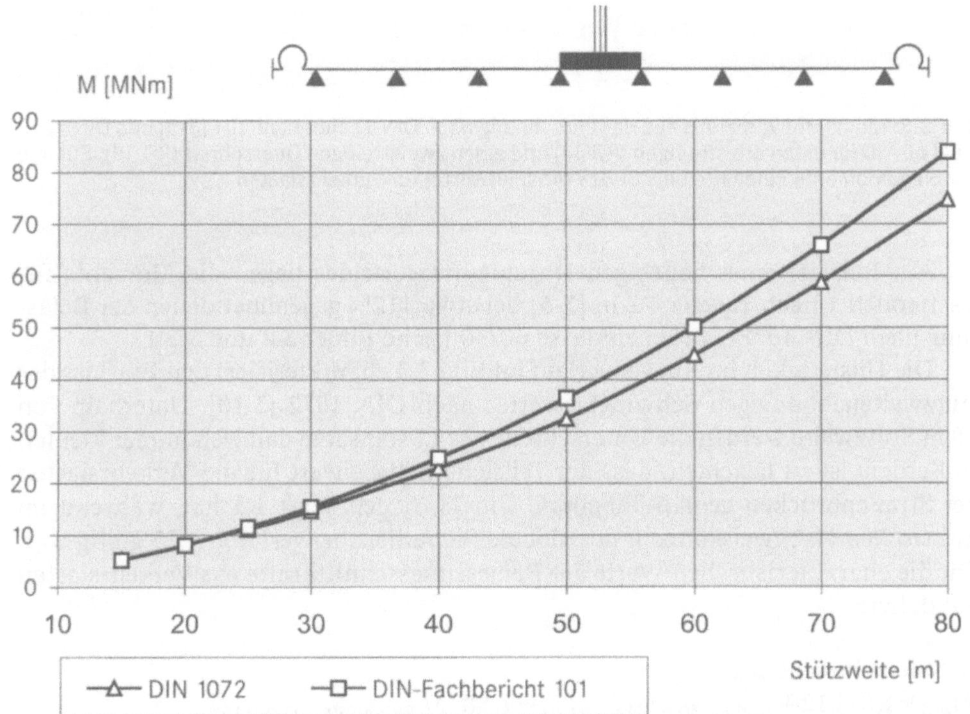

Bild 3.2: Biegemomente für Verkehrslasten nach DIN 1072 – Bkl 60/30 und dem auf der europäischen Belastungsvorschrift ENV 1991-3: 1995 basierenden DIN-Fachbericht 101 [3-5]

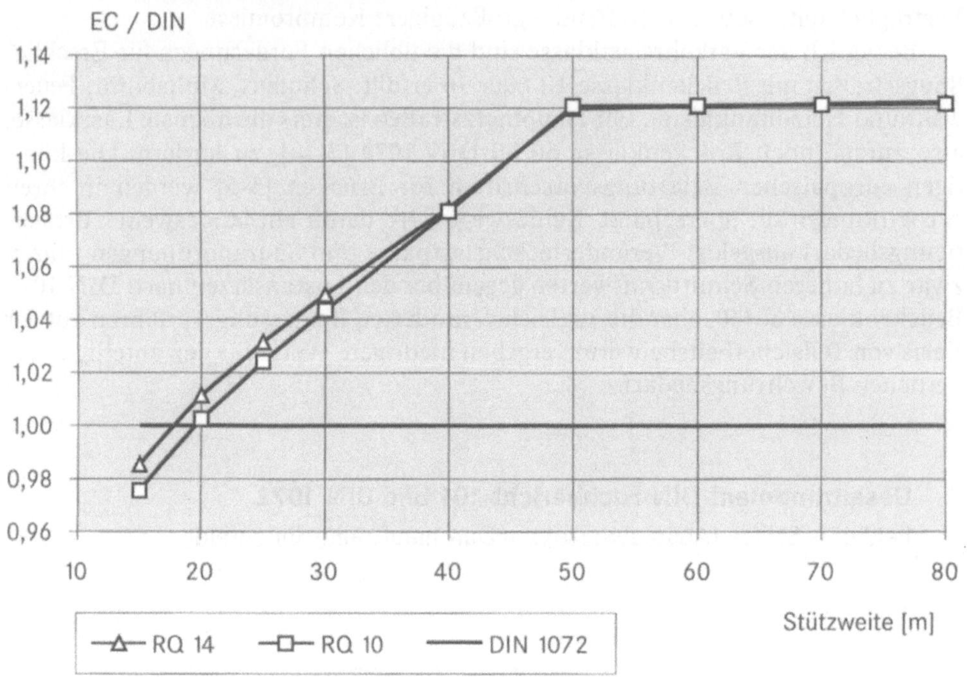

Bild 3.3: Momentenverhältnis aus der Berechnung nach DIN-Fachbericht 101 [3-5] und DIN 1072 – Bkl 60/30 für einen dreistreifigen (RQ 14) und einen zweistreifigen Querschnitt (RQ 10), Summe der Biegemomente Feldmitte plus Stütze (Absolutwerte) für Verkehrslasten

Am Beispiel eines beliebigen Durchlaufträgerfeldes liegen die Momente für Lastmodell 1 nach Tabelle 4.2 in [3-5] bei etwa 112% gegenüber denen der Belastung nach DIN 1072 – Brückenklasse 60/30 (siehe Bilder 3.2 und 3.3!).

Die Unstetigkeit im Kurvenverlauf im Bild 3.3 charakterisiert den Einfluss des stützweitenabhängigen Schwingbeiwertes nach DIN 1072 [3-10]. Unterhalb von 50 m Stützweite werden die Unterschiede der Lastansätze dadurch immer kleiner. Außerdem ist zu beachten, dass der Teilsicherheitsbeiwert für die Verkehrslasten bei Straßenbrücken gemäß Tabelle C.1 in [3-5] den Wert 1,5 hat, während im klassischen Nachweiskonzept der globale Sicherheitsbeiwert von 1,75 gültig war. Für die charakteristischen Werte der Bemessungsschnittkräfte aus Verkehrslasten gilt daher:

DIN-Fachbericht 101:

$$M_{k,p} = 1,5 \cdot 1,12\, M_{(\text{Bkl } 60/30 \text{ n. DIN } 11072)} = \mathbf{1,68} \cdot M_{(\text{Bkl } 60/30 \text{ n. DIN } 11072}$$

DIN 1072:

$$M_{k,p} = \mathbf{1,75} \cdot M_{(\text{Bkl } 60/30 \text{ n. DIN } 1072)}$$

Unterschiede im Bemessungsergebnis durch die Umstellung auf die europäischen Belastungsvorschriften für Straßenbrücken werden also sehr klein sein und eher günstig ausfallen.

Im Gegensatz zur Neubauplanung ist für die Beurteilung vorhandener Brücken im DIN-Fachbericht [3-5] im Kapitel 4.1, Absatz (2) ein entsprechender Ermessensspielraum für die Lastmodelle gegeben:

„Für Brücken, die gewichtsbeschränkend beschildert sind (z.B. für örtliche Straßen, Wirtschaftswege und -straßen sowie Privatstraßen), dürfen besondere Modelle angewendet werden."

Vorbehaltlich entsprechender vereinheitlichter Vorgaben ist man mit Hinweis auf die oben geführten Vergleiche sicher gut beraten, in Anlehnung an die Brückenklassen der DIN 1072 [3-10] lastgleiche Tandemachsen zu wählen und damit auch die Verbindung zu gewohnten Begriffen zu erhalten.

Der Einfluss der Verkehrslastklasse auf die Kosten einer Ertüchtigung wird auch eher überschätzt. Der Anteil der Verkehrslasten am gesamten Bemessungsmoment nimmt mit zunehmender Stützweite ab. Er sinkt bei Stützweiten über etwa 60 m unter 50% der Eigenlastanteile bzw. unter 30% der Momentensumme (vgl. Bild 4.6 !).

Rechtzeitig zu bedenken ist jedoch die Frage, ob die in der angestrebten Lastklasse zu erwartenden Fahrzeugtypen mit den geometrischen Verhältnissen im Brückenbereich zumutbar bedient werden können (vgl. Bild 3.4 aus [3-4]).

Bild 3.4: Missverhältnis zwischen Verkehrsraum und Brückenlastklasse

Im Zufahrtsbereich muss die Einordnung der Fahrlinien bzw. der Schleppkurven für die zugelassenen Fahrzeuge beachtet werden [3-3]. Mögliche Einflüsse auf die Geometrie und den Verbau von Baugruben bei halbseitiger Bauweise sollten für die Kostenschätzung nicht unbeachtet bleiben.

Kostenschätzung:
Mit der Präzisierung der Instandsetzungsziele können die konzipierten Lösungen für Instandsetzung bzw. Ertüchtigung überprüft und detailliert werden. Eine erste überschlägige Mengenermittlung als Grundlage der Kostenschätzung kann vorgenommen werden. Die Schwierigkeiten gegenüber einem Ersatzneubau werden dabei sehr schnell deutlich: Es gibt keinen kausalen Zusammenhang zur Bauwerksgröße und damit auch keine Statistik vergleichbarer Instandsetzungsmaßnahmen. Das Ausmaß der Schädigungen kann bei vergleichbarer Bauwerksgröße sehr unterschiedlich sein. Als Anhalt kann nur auf Komplexkosten der Hauptgewerke je Mengeneinheit zurückgegriffen werden.

Wichtigster Grundsatz muss aber sein, dass die Schätzungen nicht durch Vorurteile beeinflusst und in der einen oder anderen Richtung „geschönt" werden. Man sollte vielmehr eine geschätzte Aussagegenauigkeit zuordnen und die Zusammenstellungen mit oberen und unteren Grenzwerten bereitstellen.

3.1.2 Studie zum Ersatzneubau

Für einen unabhängigen Neubau an verändertem Standort sind die Möglichkeiten für denkbare Varianten und ihre kostenmäßige Bewertung relativ überschaubar. Vergleichbare Bauwerke lassen sich finden und Kostenstatistiken sind zur Auswertung verfügbar. Im Normalfall wird man sich jedoch einer umfangreicheren Problempalette stellen müssen:
– Verkehrsführung während der Bauzeit: Vollsperrung, Umleitung, halbseitige Verkehrsführung, Behelfsbrücke usw.,
– Wiederverwendbarkeit vorhandener Gründungen,
– Abbruch oder Teilabbruch vor dem Neubau,
– Beachtung und Neuverlegung vorhandener Versorgungsleitungen,
– Abbruch- und Transporttechnologie.

Ohne einen geringsten Anspruch auf Vollständigkeit soll diese Aufzählung lediglich auch für die Variante Ersatzneubau ungeschönte und vollständige Kostenschätzungen anmahnen.

In der Tabelle 3.2 wird versucht, das Schema der Tabelle 3.1 an einem Beispiel mit Zahlen zu untersetzen, um den Einfluss von Schätzgenauigkeiten auf die Zuverlässigkeitsspanne der Ergebniswerte zu zeigen. Das Beispiel ist in seiner Größenordnung an die Teufelstalbrücke im Zuge der BAB A 4 [3-1, 3-2] angelehnt, jedoch mit eigenen willkürlichen Schätzwerten für die Ausgangsgrößen. Es sei an dieser Stelle ausdrücklich vermerkt, dass letztendlich die Abbruchentscheidung für diese Brücke unabhängig von den Kostenvergleichen aus anderen Gründen – vorwiegend verkehrsorganisatorischer Art – getroffen wurde.

Tab. 3.2: Kostenvergleich zwischen Instandsetzung/Ertüchtigung und Ersatzneubau am Beispiel Talbrücke – Bogentragwerk, Brückenfläche: 5000 m²

Instandsetzung / Ertüchtigung	Kostenanteil [€]	Spanne [%]
Prüfung aus besonderem Anlass: erweiterte Befundung und ausführliche Bestandsaufnahme	35.000	± 30
Statik für bestehenden Zustand: Nutzungseinschränkungen?	60.000	± 5
Statik für geplanten Zustand: Ertüchtigungsprognose	90.000	± 5
Sanierungsziele		
Planung der Instandsetzung	210.000	± 10
Verkehrsorganisation	200.000	± 10
bauzeitliche Sicherung	50.000	± 10
Instandsetzung bzw. Ertüchtigung (1.200 €/m²)	6.000.000	± 20
Summe Kosten Instandsetzung	6.645.000	≈ ± 19
Min.	5.381.000	
Max.	7.909.000	
Zuverlässigkeit, geschätzt: Spanne:	2.528.000	

Rückbau und Neubau	Kostenanteil [€]	Spanne [%]
Prüfung aus besonderem Anlass: erweiterte Befundung und ausführliche Bestandsaufnahme	35.000	±30
Statik für bestehenden Zustand: Nutzungseinschränkungen?	60.000	±5
Statik für geplanten Zustand: Vorstatik	90.000	±5
Neubaukonzept		
Planung Rückbau einschl. Statik	60.000	± 50
Planung Neubau	300.000	± 5
Ergänzende Baugrunduntersuchung?	30.000	± 30
Verkehrsorganisation	30.000	± 10
bauzeitliche Sicherung	10.000	± 10
Rückbau (500 €/m²)	2.500.000	± 30
Neubau / Ersatzneubau (1.700 €/m²)	8.500.000	± 10
Summe Kosten Rückbau / Neubau	11.615.000	≈ ± 14
Min.	9.939.000	
Max.	13.291.000	
Zuverlässigkeit, geschätzt: Spanne:	3.352.000	

Bei allen denkbaren Vorbehalten gegen die gewählten Zahlenwerte können aus
Tabelle 3.2 doch folgende Sachverhalte erkannt werden:
– Ein Kostenvergleich bringt nur dann eine verwertbare Aussage, wenn die Vari-
  anten mit gleicher Sorgfalt auf Vollständigkeit der Einflussgrößen bearbeitet
  wurden.
– Die Zuordnung von Faktoren für die Schätzgenauigkeit zu den einzelnen Kos-
  tengruppen erlaubt die Bildung von Grenzwerten für das Ergebnis und gibt
  damit ein Gefühl für den Grad der Zuverlässigkeit des Kostenvergleichs.
– Auf der Vorbereitungsebene der Vorplanung sind die Kostenprognosen für den
  Ersatzneubau wahrscheinlich etwas präziser als für die Instandsetzungslösung.
  Immerhin sollte man auch hier mit späteren Abweichungen von $\pm$ 15% bis 20%
  rechnen, während für die Instandsetzung vergleichsweise etwa $\pm$ 20% bis 25%
  möglich erscheinen.

Die Genauigkeit der Kostenprognose nimmt natürlich über die weiteren
Planungsphasen entsprechend zu und gleicht sich einander an. Sinnvollerweise
können aber nicht beide Planungsziele über alle Phasen ausgearbeitet werden. In
den meisten Fällen werden rechtzeitig vorbereitete Instandsetzungen im Kostenvergleich deutliche Vorteile haben.

3.2 Die baurechtliche Entscheidung

Mit der bisher besprochenen technischen Entscheidungsvorbereitung, die sich auf
begründbare und bewertbare Fakten stützt, könnte der Bauherr die Maßnahme
in seine Finanzierungs- und Ausführungspläne einordnen, wenn es sich um ein
Zweckbauwerk ohne weiteres öffentliches Interesse handelt. Bei allen größeren,
städtischen oder denkmalgeschützten Bauwerken ist aber noch eine gegebenenfalls umfangreiche Abstimmungs- und Genehmigungsrunde durchzustehen, die
durch ihren interdisziplinären Charakter und durch dementsprechend andere
Formen der Argumentation geprägt ist.
Auf folgende Sachverhalte sollte man vorbereitet sein:
– Eine Entscheidung für Abriss und Neubau ist leichter zu verstehen und daher
  leichter zu vermitteln.
– Den Erklärungen zu den Materialien, Methoden und Verfahren einer Instandsetzung wird eher mit Unverständnis und Zurückhaltung begegnet.

Argumente gegen Instandsetzungen werden bevorzugt in kluge Formulierungen eingebettet sein, wie z.B.: „Man kann nicht ausschließen, dass ...“ Dagegen
ist natürlich nichts zu sagen, das ist fast immer richtig, genauso richtig aber wäre
das Gegenteil. Derartige Aussagen sollte man daher gründlich hinterfragen oder
außer Wertung lassen. Wir wollen versuchen, das an einigen Beispielen zu verdeutlichen.

3.2.1 Prognose der Restlebensdauer

Welche Grundlagen stehen für die Einschätzung der Lebensdauer oder der Restlebensdauer einer Brücke zur Verfügung? Nationale Statistiken zur Altersstruktur des Brückenbestandes versuchen einen Zusammenhang zwischen Alter und Zustandsnote herzustellen (vgl. Bild 2.1 bis Bild 2.9!). Daraus für den Einzelfall aber eine Aussage für das Lebensdauerende aus Alter und Zustandsnote abzuleiten, ist nicht möglich.

In der Literatur finden sich nur spärliche Angaben z.B. für die Annahmen einer normativen Nutzungsdauer von Brücken [3-6]. Damit sind bestenfalls statistische Aussagen zum Restwert des Anlagebestandes zu unterlegen. In [3-7] und [3-8] (siehe Bild 3.5) sind prinzipielle Verlaufskurven für die Fälle ohne Eingriff, mit Wartung und mit Instandsetzung bzw. Ertüchtigung dargestellt, allerdings verständlicherweise ohne Zeitangabe.

Bleibt also festzuhalten, dass es für Aussagen zur Restlebensdauer einer Brücke keine geeignete Datengrundlage und keine allgemein anerkannte Methodik

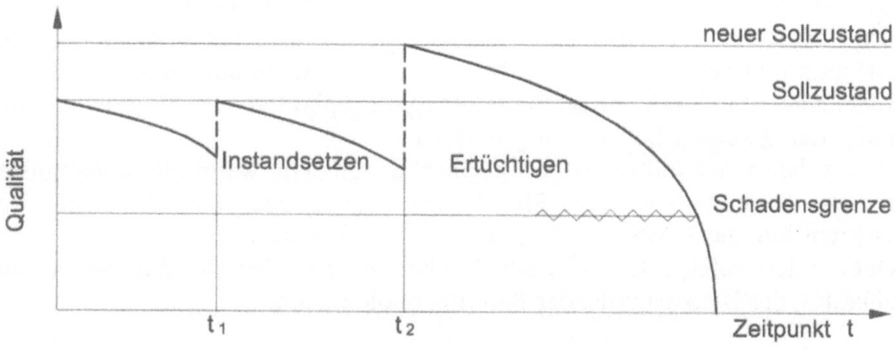

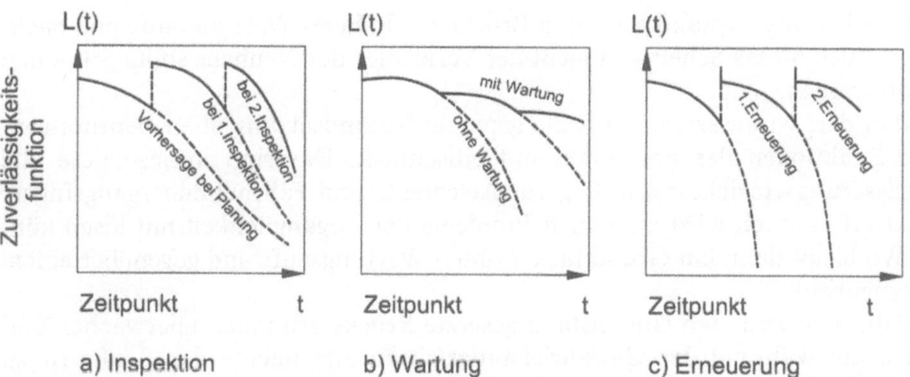

Bild 3.5: Angenommene Verlaufskurven für das Altern von Bauwerken

gibt. Annahmen dürfen natürlich getroffen werden. Sie haben aber keinen wirklichen Aussagewert in der Entscheidung über Ersatzneubau oder Instandsetzung im Einzelfall. Aus welchen sachlichen Gründen sollte man auch einer instand gesetzten Brücke eine schlechtere Prognose geben als einem Neubau?

Die typischen Alterungsprozesse wie Carbonatisierung, Bewehrungskorrosion, Dichtung/Chlorideinwirkungen usw. werden durch die Instandsetzung gestoppt. Wieso soll z.B. eine fachgerecht erneuerte Dichtung anders sein als die auf einem Neubau? Was sollte nachträglich eingespritzte oder eingeklebte Bewehrungseisen von denen im Neubau unterscheiden?

Die Instandsetzungsgewerke unterliegen umfangreichen Eigen- und Fremdüberwachungsprüfungen. Das Niveau der Qualitätssicherung und -überwachung ist insgesamt dem Neubau mindestens gleichwertig.

3.2.2 Restrisiko einer Instandsetzung?

Mit der Formulierung, dass es „erfahrungsgemäß" bei einer Instandsetzung meistens Überraschungen gibt, die vorher nicht zu erkennen waren, wird ebenfalls oft versucht, die Instandsetzung gegenüber dem Neubau abzuwerten.

Die eingangs zitierte Formulierungslogik „Man kann nicht ausschließen, dass ..." darf man hier getrost umkehren. Man kann auch nicht ausschließen, dass bei einer fachgerecht und mit der gebotenen Sorgfalt geplanten und ausgeschriebenen Instandsetzung keine Überraschungen auftreten.

Und welcher Art sollten diese Überraschungen sein, wenn alle notwendigen Befunde – vergleiche z.B. ZTV–SIB, Tabelle 1 [3-9] oder auch die Instandsetzungs-Richtlinie des DAfStB, Tabelle 2.1 [4-7] – erhoben wurden?

Oder anders gefragt: Gibt es einen Neubau ohne Risiken des Baugrundes, des Bauablaufes, der Bauzustände, der Betontechnologie usw.?

3.2.3 Wartungsaufwand

Häufig wird einer instand gesetzten Brücke ein höherer Wartungsaufwand nachgesagt. Auch dieses Scheinargument der Verfechter des Neubaus sollte gründlich geprüft werden.

Man darf voraussetzen, dass die geplante Instandsetzung alle lebensnotwendigen Funktionen des Bauwerkes mit einschließt. Das sind insbesondere alle Entwässerungseinrichtungen, Lagerungselemente und Fahrbahnübergangsfugen. Soweit erforderlich wird man auch Probleme der Zugänglichkeit mit lösen können. Wo bleibt dann ein Grund für erhöhten Wartungsaufwand gegenüber einem Ersatzneubau?

Natürlich wird man eine instand gesetzte Brücke gründlich überwachen und prüfen, um während der Gewährleistungsfristen alle Rechte des Bauherrn zu wahren. Ist das aber etwa bei einem Neubau nicht der Fall?

3.2.4 Fördermittel

Die Praxis der vergangenen Jahre zeigt leider, dass nicht immer nach den Gesichtspunkten wirtschaftlicher Vernunft entschieden wird. Kommunen sind oft nicht in der Lage, die erforderlichen Eigenfinanzierungsmittel bereitzustellen. Aus einer nicht förderfähigen rechtzeitigen Reparatur und Instandsetzung wird durch Verschleppung eine dann vielleicht förderwürdige, aber umso aufwändigere Ertüchtigung oder gar ein Ersatzneubau.

Der Gesetzgeber muss diesen Entscheidungszwängen der jeweiligen Bauherren gerecht werden, damit in jedem Einzelfall die wirtschaftlich richtige Lösung gewählt werden kann.

3.3 Literatur

[3-1]   Freistaat Thüringen, Landesamt für Straßenbau – Autobahnamt Thüringen (Hrsg.): *Abriss der alten Teufelstalbrücke – Warum?* Bürgerinformation 2, Stand Juli 1999

[3-2]   WERSCHNICK, G.: Teufelstalbrücke in Thüringen. Neuerrichtung einer Bogenbrücke. In: *Beton- und Stahlbetonbau* 95 (2000), H. 2, S. 111–118

[3-3]   *Richtlinien für den Ausbau von Straßen (RAS)*, Teil: Knotenpunkte (RAS-K), Abschnitt 1: Plangleiche Knotenpunkte, Anhang 3. (1988)
sowie
SCHNÜLL, R.; HOFFMANN, S.; KÖLLE, M.; ENGELMANN, F.: Aktualisierte Bemessungsfahrzeuge und Schleppkurven für den Straßenentwurf. In: *Straße+Autobahn* (2002), H. 2, S. 71–79

[3-4]   JÄGERHUBER, A.: Zwänge bei der Instandsetzung der historischen Saalebrücke bei Wolfsmünster. In: Tagungsmaterial zum VFSVI-Bayern-Seminar Nr. 265: Ingenieurbau 2002

[3-5]   DIN: *DIN-Fachbericht 101: Einwirkungen auf Brücken*. Beuth Verlag 2001

[3-6]   KLOPFER: *Zementtaschenbuch.* 1986

[3-7]   FALKNER, H.; TEUTSCH, M.: Instandsetzung und Ertüchtigung von Massivbauten. In: *Fachseminar Instandsetzung und Ertüchtigung von Massivbauwerken.* Schriftenreihe Institut für Baustoffe, Massivbau und Brandschutz, TU Braunschweig. Heft 94. 1991

[3-8]   JUNGWIRTH, D.: Erhaltung von Ingenieurbauwerken aus baupraktischer Sicht im baustofflichen und konstruktiven Bereich. In: *Fachseminar Instandsetzung und Ertüchtigung von Massivbauwerken.* Schriftenreihe Institut für Baustoffe, Massivbau und Brandschutz, TU Braunschweig. Heft 94. 1991

[3-9]   Der Bundesminister für Verkehr (Hrsg.): *ZTV–SIB 90: Zusätzliche technische Vertragsbedingungen und Richtlinien für Schutz und Instandsetzung von Betonbauteilen*. Verkehrsblatt-Verlag 1990

[3-10] DIN: *DIN 1072: Straßen- und Wegbrücken, Lastannahmen*. Ausg. 12/85. Beuth Verlag

[3-11] DIN: *DIN 1076: Ingenieurbauwerke im Zuge von Straßen und Wegen – Überwachung und Prüfung*. Ausg. 11/1999. Beuth Verlag

4 Statische Beurteilung vorhandener Bausubstanz

Die statische Beurteilung für die Entscheidung über Ersatzneubau oder Instandsetzung und Verstärkung muss vorurteilsfrei und sachlich sein. Die durch Neubauplanungen geprägten Denkgewohnheiten müssen dieser veränderten Aufgabenstellung angepasst werden. Im Folgenden wird versucht, dazu Orientierungshilfen zusammenzutragen.

4.1 Die anerkannten Regeln der Technik

Zusammenfassung
Die grundlegenden Merkmale einer regelgerechten technischen Lösung werden beschrieben und Überlegungen zu ihrer relativen Wertigkeit angestellt:
- theoretisch richtig,
- wissenschaftlich unbestritten,
- praktisch durchgesetzt bzw. allgemein bekannt.

Der oft bemühte Terminus „Die anerkannten Regeln der Technik" erscheint uns Ingenieuren einerseits völlig klar, zum anderen aber auch reichlich unscharf und praktisch nicht verwendbar.

Aus einem gängigen Baurechtslexikon [4-1] übernehmen wir eine Definition, die in der folgenden Textbox (Tabelle 4.1) ungekürzt wiedergegeben ist.

Tab. 4.1: Die anerkannten Regeln der Technik

Anerkannte Regeln der Technik

gibt es für den Entwurf und für die Ausführung von baulichen Anlagen.

Nach § 4 Nr. 2 Abs. 1 Satz 2 VOB/B hat der Auftragnehmer die (allgemein) anerkannten Regeln der Technik zu beachten.

Gemäß § 13 Nr. 1 VOB/B hat er für ihre Beachtung im Rahmen der Gewährleistung einzustehen. Folglich brauchen die anerkannten Regeln der Technik nicht auch noch in der Leistungsbeschreibung eigens erwähnt zu werden. Folgerichtig gilt für Bauleistungen, die aufgrund eines Werkvertrages nach den §§ 631 ff. BGB ohne Vereinbarung der VOB/B erbracht werden, dass auch sie unter Beachtung der anerkannten Regeln der Technik auszuführen sind. Aus diesem Grund verhält sich der Auftragnehmer vertragswidrig, wenn er zwar genau nach der

Leistungsbeschreibung verfährt, jedoch dabei anerkannte Regeln der Technik außer Acht lässt. Im Falle einer Kollision von Leistungsbeschreibung und anerkannten Regeln der Technik müsste er nach § 4 Nr. 3 VOB/B Bedenken gegen die vorgesehene Ausführungsart geltend machen.

Eine Ausnahme besteht allerdings dann, wenn der Auftraggeber mit seiner Leistungsbeschreibung erkennbar absichtlich anerkannte Regeln der Technik außer Acht lässt, etwa weil eine neue Bauweise erprobt werden soll oder weil er besonders „sparsam" bauen will. Aber auch dann sollte der Auftragnehmer rein vorsorglich schriftlich seine Bedenken gegen die vorgesehene Art der Ausführung anmelden (§ 4 Nr. 3 VOB/B).

Allgemein anerkannte Regeln der Technik liegen vor, wenn sie **theoretisch richtig** sind und sich **in der Praxis bewährt** haben.

Sie müssen nicht nur **wissenschaftlich unbestritten**, sondern auch durchweg bei den einschlägig tätigen Fachleuten bekannt und als richtig anerkannt sein (was unwissende Einzelgänger nicht ausschließt). In der Praxis müssen sie sich restlos **durchgesetzt** haben, was nicht besagen will, dass sie in jedem Einzelfall auch beachtet werden.

Normen (z.B. diejenigen der VOB/C) und gemeinschaftsrechtliche **technische Spezifikationen** begründen die widerlegbare Vermutung, dass es sich bei ihnen um allgemein anerkannte Regeln der Technik handelt. Sie sind folglich bis zum Beweis des Gegenteils als solche anzusehen. Normen und gemeinschaftsrechtliche technische Spezifikationen sind jedoch insbesondere dann keine anerkannten Regeln der Technik, wenn sie technisch überholt sind, gleichwohl aber noch gelten.

Es ist dabei unbeachtlich, wenn z.B. eine Landesbauordnung sagt, dass die von der obersten Bauaufsichtsbehörde eingeführten Baubestimmungen als allgemein anerkannte Regeln der Technik gelten. Gleiches trifft zu, wenn eine technische Spezifikation gemeinschaftsrechtlich vorgeschrieben ist. **Im Konfliktfall ist eine allgemein anerkannte Regel der Technik gegenüber einer Norm und einer gemeinschaftsrechtlichen technischen Spezifikation vorrangig.**

Man erkennt, dass der Begriff der „anerkannten Regeln" wesentlich umfassender ist, als sich das Wissensgebiet innerhalb des jeweils gültigen technischen Regelwerkes, bestehend aus Normen und ergänzenden technischen Spezifikationen, widerspiegeln kann.

Für unsere Aufgabenstellung liegen nutzbare anerkannte Regeln vor, wenn die folgenden Attribute zutreffen:

a) theoretisch richtig, wissenschaftlich unbestritten,

b) in der Praxis bewährt, bei einschlägig tätigen Fachleuten bekannt und als richtig anerkannt,

c) sie sollen sich in der Praxis restlos durchgesetzt haben.

Diese Attribute sind im Einzelfall natürlich unterschiedlich zu wichten. Während die Bedingung **theoretisch richtig und wissenschaftlich unbestritten** in jedem Fall erfüllt sein muss, kann bei neueren wissenschaftlichen Ergebnissen natürlich die Forderung **in der Praxis restlos durchgesetzt** oder **allgemein bekannt und als richtig anerkannt** noch nicht unbedingt erfüllt sein. Der umgekehrte Fall kann eintreten, wenn allgemein Anerkanntes und scheinbar Bewährtes durch neuere wissenschaftliche Erkenntnisse oder durch eingetretene nachteilige Spätfolgen in Frage gestellt werden muss.

4.2 Das technische Vorschriftenwerk

Zusammenfassung
Struktur, Bedeutung und Grenzen des technischen Vorschriftenwerkes werden
diskutiert. Eingeführte Baubestimmungen dienen ausschließlich der Zielstellung
der Gefahrenabwehr für die öffentliche Sicherheit und Ordnung, für Leben und
Gesundheit und die natürlichen Lebensgrundlagen.

Überlegungen zur Trennung von Zielstellung und Lösungsvorschlag, von
Sachverhalt und wertender Aussage sollen den Planer ermutigen, seine Hand-
lungsspielräume im nur scheinbar vollkommenen Vorschriftenwerk zu erkennen
und seine Ergebnisse vorurteilsfrei zu formulieren.

4.2.1 Merkmale und Bestandteile

Über **Regeln der Technik** bzw. Stand der Technik und **eingeführte Technische
Baubestimmungen** kann man beispielsweise in einer sehr übersichtlichen, zusam-
menfassenden Darstellung in [4-2] wie folgt nachlesen:

> „Eine exakte Definition des Begriffes „Regeln der Technik" gibt es nicht.
> Häufig wird der Begriff mit dem Gesetzesbegriff „allgemein anerkannte
> Regeln der Technik" erläutert. Regeln der Technik sind keine Rechtsnor-
> men. Vielmehr sind sie ein Sammelbegriff für technische Normen, Vor-
> schriften und Empfehlungen. Im Bauwesen kann man unterscheiden nach
> Produktnormen, Planungsnormen, Ausführungsnormen, Bemessungsnor-
> men, Prüfnormen und Begriffsbestimmungsnormen."

Technische Regeln können von einer Baurechtsbehörde bekannt gemacht
und zur allgemeinen Beachtung eingeführt werden. Sie werden Bestandteil einer
„Musterliste der Technischen Baubestimmungen", die sich auf die Grundsätze
einer übergeordneten Musterbauordnung stützt. Wir greifen auch hier wieder gern
auf kompetente Formulierungen aus [4-2] zurück:

> „Eingeführte Technische Baubestimmungen haben also die Aufgabe
> zu präzisieren, wie technisch zu verfahren ist, um zu verhindern, dass
> bauliche Anlagen die öffentliche Sicherheit oder Ordnung, insbesondere
> Leben, Gesundheit oder die natürlichen Lebensgrundlagen, gefährden, sie
> konkretisieren also die allgemeinen Anforderungen des § 3 Abs. 1 MBO
> (Musterbauordnung) in Bezug auf die Gefahrenabwehr.
> Alle darüber hinausreichenden Vorgaben, etwa zugunsten einer weite-
> ren Qualitätssteigerung oder anderweitiger Schutzziele, können nicht ein-
> geführt werden und sind gegebenenfalls ausdrücklich von der Einführung
> auszunehmen. [...]
> Mit der Bekanntmachung erhalten Technische Baubestimmungen jedoch
> nicht den Charakter von Rechtsnormen. [...]

**Abweichungen [...] sind ebenfalls zulässig, wenn auf andere Weise
dem Zweck dieser Vorschriften nachweislich entsprochen wird."**

Für die besonders differenzierten Bauaufgaben bei der Brückeninstandsetzung ist gerade dieser letzte Satz wichtig. Es entspricht durchaus auch dem
Zweck und Ziel einer Vorschrift, wenn bei Instandsetzungen bestimmte Regeln
und Nachweise, die für Neubauten vorsorglich und sinnvoll vereinbart sind, nicht
erfüllt werden.

Ziel und Lösung

Das Streben nach Perfektion in unseren Vorschriftenwerken hat in zunehmendem
Maß dazu geführt, dass der Unterschied zwischen Ziel und Lösung verwischt
wird.

Ein Lösungsvorschlag, der zurzeit als logisch und richtig, vielleicht als einzig
möglich erscheint, wird zur technischen Regel erklärt. Die ursprüngliche Zielstellung wird nicht auch noch ausformuliert, sie liegt ja – scheinbar – auf der Hand.
An zwei Beispielen wollen wir das etwas deutlicher machen.

Beispiel 1: Anwendungsverbot für Verdrängungshohlkörper [4-9]

Schäden infolge Staunässe und Eisdruck an nicht kontrollierbaren geschlossenen
Hohlkörpern waren Anlass für diese scheinbar logische und einzig richtige Festlegung. Formal logisch ist sie jedoch mindestens unvollständig und unter wirtschaftlichen Gesichtspunkten eigentlich unzulässig. Die richtige und vollständige
Zielformulierung hätte etwa so aussehen können:

**Geschlossene Hohlräume in tragenden Bauteilen müssen belüftet, entwäs-
sert und kontrollierbar sein.**

Damit werden – neben der Totallösung des Anwendungsverbotes – beliebige
andere Lösungen des Problems offen gehalten. Endoskope oder Videobefahrungen
gehören inzwischen zum normalen Werkzeug bei der Bauwerksprüfung, so dass
auch dem Bedürfnis nach Kontrollierbarkeit jederzeit entsprochen werden kann.

**Beispiel 2: Anwendungsregeln für externe Spannglieder ohne Verbund in
Hohlkästen [4-11]**

Schäden an einigen – vorwiegend älteren – Spannbetonbrücken mit der Folge
schwieriger und aufwändiger Prozeduren zur Instandsetzung und Ertüchtigung
waren Anlass für die o.g. Lösungsvorschläge mit dem Ziel, die Vorspannung bei
Neubauten von Brücken dauerhaft kontrollierbar und austauschbar zu gestalten.

Auch hier sind die Lösungsvorschläge folgerichtig und scheinbar einzig möglich. Ihre ausführliche technische Durcharbeitung steht außerhalb jeder Kritik.
Also alles O.K.? Dazu folgende Überlegungen:

Vorspannung ohne Verbund wird heute gedankenlos wie eine Errungenschaft
betrachtet. Sie hat aber ihre technische Erprobung bereits in der Anfangszeit des
Spannbetonbaus gehabt und ist nicht zufällig von der Vorspannung mit nachträglichem Verbund verdrängt worden. Ein erheblicher Zusatzaufwand an schlaffer

Bewehrung ist erforderlich, um Robustheit und Duktilität im Versagenszustand abzusichern. Gewiss sind die heutigen werksgefertigten, korrosionssicher ummantelten Spannglieder besser und zuverlässiger als die aus den frühen Jahren des Spannbetonbaus. Die wirtschaftlichen Bedingungen sprechen aber ihre eigene Sprache. Wesentliche Marktanteile sind den Hohlkasten-Taktschiebelösungen im unteren Stützweitenbereich zugunsten des zweistegigen Plattenbalkens in den letzten Jahren verloren gegangen.

Welcher Gewinn an Kontrollierbarkeit wird mit externen Spanngliedern ohne Verbund wirklich erzielt? Die visuelle Kontrolle eines PU-extrudierten Spanngliedes ist eine reine Illusion. Es sieht aus wie ein Gummiseil, vom Spannstahl ist nichts zu erkennen. Eine Zustandskontrolle ist nur indirekt über eine Kraftmessung an der Spannstelle möglich. Das wiederum geht nur bei Spannverfahren, bei denen der Klemmkeil am Spanndraht dabei nicht gelockert wird.

Im Übrigen kann sich der Prüfer aber um neue Befunde kümmern, wie Rissbildungen an Umlenk- und Verankerungsstellen oder Quetschungen des Spannbündels an nicht exakt ausgerichteten Umlenksätteln usw., die wir bei anderen Spannverfahren nicht gehabt hätten.

Auch die Zielstellung der Austauschbarkeit ist zu relativieren. Der Austausch bei laufendem Verkehr geschieht in drei Schritten:
– Einbau von mindestens zwei Zusatzspanngliedern (Symmetrie im Querschnitt),
– Ausbau und Ersatz der auszuwechselnden Spannglieder,
– Ausbau der temporären Spannglieder.

Da aber niemand für die ausgebauten Spannglieder – außer vielleicht zur Materialprüfung – ein wirtschaftliches Interesse hat, wie etwa zur Aufbereitung für eine Wiederverwendung in kürzerer Einbaulänge, können sie ebenso gut vor Ort verbleiben. Damit ist das Ziel der Austauschbarkeit zu ersetzen durch die Zielstellung zur Nachrüstbarkeit bzw. späteren Verstärkung.

Dafür stehen aber auch andere bewährte Bauformen mit vorsorglich mitgeführten leeren Hüllrohren zur Verfügung, falls sie nicht von überklugen Prüfern unter das Anwendungsverbot von Verdrängungshohlkörpern (siehe Beispiel 1) eingeordnet werden.

Auch die berechtigte Forderung, zugunsten schlanker und sicher zu betonierender Stege von Hohlkästen dort möglichst keine Kontinuitätsspannglieder anzuordnen, muss nicht zwangsläufig durch externe Spannglieder ohne Verbund gelöst werden. Parallelsträngige Vorspannung in der Boden- und Deckplatte des Hohlkastens als Spannglieder mit nachträglichem Verbund ist ebenfalls eine bewährte Bauform. Aber auch externe Spannglieder im Hohlkasten mit nachträglichem Verbund sind denkbar, in der Spannbetongeschichte auch praktiziert worden [4-12, 4-13] und demnächst in neuer Form verfügbar [4-14, 4-15].

Zurück zur Ausgangsfrage, der **Trennung von Zielstellung und Lösungsvorschlag**. Die Zielformulierung sollte die zu lösenden Probleme möglichst vollständig und nicht unabhängig voneinander erfassen.

Gegenstand ist der **Lastfall Vorspannung** an Brücken mit allen beteiligten Bauelementen (Spannglieder, Umlenk- und Verankerungsstellen, Methodik und Kontrolle der Krafteinleitung usw.).

Erstes Ziel ist die **Zustandskontrolle** während der Lebensdauer der Brücke bezüglich der Wirkungen des Lastfalles Vorspannung als Gleichgewichtslastfall gegenüber den Eigenlasten. Die angestrebte Zugänglichkeit, visuelle Befunde und einzelne Kraftmesswerte sind Teilergebnisse von begrenzter Aussagefähigkeit. Integrative Messwerte als Zustandsindikatoren sind die Verformungen oder örtliche Dehnungen bzw. Spannungen in den maßgebenden Querschnitten. Die ohnehin vorgeschriebenen Verformungskontrollen [4-9, 4-16] müssen nur sorgfältig durchgeführt und ausgewertet werden (Temperaturabgleich). Ein Nachlassen der Vorspannwirkungen würde sich in den Verformungstendenzen schon zeigen, lange bevor die Dekompressionsschwelle so weit überschritten wird, dass Biegerisse auftreten. Zusätzlich oder alternativ können Spannungsmessungen durchgeführt werden. Geeignete Messverfahren liegen praxiserprobt vor [4-17]. Mit den Kosten, die die für externe Spannglieder ohne Verbund nötige schlaffe Zusatzbewehrung verursacht, ließe sich gewiss schon in naher Zukunft ein Spannungsmonitoring für die maßgebenden Querschnitte einer Brücke aufbauen.

Zweites Ziel ist die **Instandsetzungsmöglichkeit**. Für einen bestimmten Anteil der Gesamtvorspannung, der nach Art des Bauwerkes noch zu quantifizieren wäre, ist ein nachträglicher Einbau zu ermöglichen und konstruktiv vorzuhalten.

Die Erklärung einer möglichen Lösung zur Regel (hier externe, umgelenkte Spannglieder ohne Verbund) blockiert andere Lösungen und technische Entwicklungen.

Nach diesem etwas abgehobenen Plädoyer für die Bedeutung der richtigen Zielstellung kommen wir zurück auf den praktischen Umgang mit unserem Vorschriftenwerk.

Unser aktuelles technisches Vorschriftenwerk ist außerordentlich umfangreich und besteht aus verschiedenartigen Elementen:
– Normen,
– Richtlinien,
– Richtzeichnungen,
– Technischen Merkblättern, Prüfvorschriften usw.,
– Zusätzlichen Technischen Vertragsbedingungen,
– Empfehlungen.

Aus [4-4] übernehmen wir Tabelle 4.2 mit einer Auswahl der für Deutschland maßgebenden Regelwerke für Ingenieurbauwerke im Bereich der Bundesfernstraßen:
Die Abkürzungen bedeuten im Einzelnen:

RAB-BRÜ	Richtlinie für das Aufstellen von Bauwerksentwürfen
RBA-BRÜ	Richtlinie für die bauliche Ausbildung und Ausstattung von Brücken zur Überwachung, Prüfung und Erhaltung
RI-LEI-BRÜ	Richtlinie für Leitungen an Brücken
RABT	Richtlinie für die Ausstattung und den Betrieb von Straßentunneln
STANAG	Standardization Agreement 2021: Norm für militärische Fahrzeuge und Brückenbelastungen

ZTV-ING	Zusätzliche technische Vertragsbedingungen–Ingenieurbauwerke (integriert die ZTV-K, ZTV-SIB, ZTV-RISS, ZTV-KOR u.a.)
TL/TP	Technische Lieferbedingungen / Technische Prüfvorschriften
M-BÜ-K	Merkblatt für die Bauüberwachung–Kunstbauwerke
DIN 18349	Betonerhaltungsarbeiten
RI-EBW-PRÜF	Richtlinie zur einheitlichen Erfassung, Bewertung, Aufzeichnung und Auswertung von Ergebnissen der Bauwerksprüfungen nach DIN 1076 [4-80]
ASB	Anweisung Straßeninformationsbank

Tab. 4.2: Auswahl maßgebender Regelwerke für Ingenieurbauwerke: Gliederung und Inhalt

Sammlung der Regelwerke für Ingenieurbauwerke

Teil A	Teil B	Teil C	Teil D
Verwaltung	Entwurf	Baudurchführung	Erhaltung
ARS - Allgemeine Rundschreiben Straßenbau	RAB-BRÜ	ZTV-ING	RI-EBW-PRÜF
	RBA-BRÜ	TL/TP	ASB
	RI-LEI-BRÜ	M-BÜ-K	Empfehlungen zur Nachrechnung
	Richtzeichnungen	DAfStb-Instandsetzungs-Richtlinie	
	RABT		
	STANAG	DIN 18349	

Damit steht dem planenden Ingenieur ein umfangreiches Instrumentarium zur Verfügung, das eine rationelle und auf ein normiertes Ergebnis orientierte Planungsarbeit ermöglicht.

Täglicher routinierter Umgang und jahrelange vorwiegend positive Erfahrungen fördern beim Anwender den Glauben an eine uneingeschränkte Gültigkeit des technischen Regelwerkes.

Der Oberbegriff der „eingeführten Technischen Baubestimmungen" weist aber bereits auf zeitliche und administrative Begrenzungen hin. Selbstverständlich nehmen alle Normen und Regelwerke für sich in Anspruch „anerkannte Regeln der Technik" zu sein. Das muss jedoch nicht zwangsläufig für jeden einzelnen Anwendungsfall zutreffen.

4.2.2 Gültigkeitsgrenzen des technischen Vorschriftenwerkes

Zeitliche Begrenzung

Die jeweiligen Vorschriften gelten ab einem Einführungsdatum und behalten Gültigkeit, bis sie neu gefasst werden. Ihre Beachtung allein garantiert deshalb keineswegs immer nach dem Stand der Technik zu handeln [4-2].

Ihr Inhalt kann aber unabhängig davon auch schon früher als anerkannte Regel praktisch genutzt werden und andererseits kann ihr Inhalt auch nach Außerkraftsetzen immer noch richtig bzw. im zeitlichen Kontext verwendbar sein.

Den zuletzt genannten Umstand nutzen wir bei der Beurteilung von vorhandener Bausubstanz im Brückenbau, wenn über das Baujahr und die zu diesem Zeitpunkt gültigen Vorschriften Rückschlüsse auf Materialqualitäten möglich sind.

Administrative Grenzen

Technische Regelwerke sind im Allgemeinen noch nicht global gültig. Vornehmlich sind sie national geprägt. Innerhalb einer staatlichen Organisation sind sie meistens nach Ministerien weiter unterteilt. So gilt etwa für unsere Zielstellung bei Brücken folgende Hierarchie:
- Bauwesen
  - Verkehrsbauwesen
    - Straßenwesen
      - Bundesstraßen
        - Neubau von Brücken im Zuge von Bundesstraßen usw.

Inhaltliche Grenzen

In der vorgenannten administrativen Hierarchie deutet sich zugleich auch die inhaltliche Orientierung auf ein jeweils genau umschriebenes Einsatzgebiet an, z.B. Straßenbrücken, Massivbrücken, Neubauten.

Eine technische Vorschrift ist also zusammengefasst, im Sinne der eingeführten Baubestimmungen, gekennzeichnet durch folgende Kriterien:
- Wann eingeführt bzw. gültig?
- Eingeführt von wem für wen?
- Verbindlich anzuwenden für welches Aufgabengebiet?
- Anwendungsempfehlung für erweitertes Aufgabengebiet?

Das technische Regelwerk bedarf natürlich einer umfassenden Entwicklungsarbeit und einer akribischen Pflege. Dass diese Aufwendungen je nach den zuständigen administrativen Bereichen entsprechende Mittel erfordern, dass diese Mittel in unterschiedlichem Umfang zur Verfügung stehen und dass bei den Zielstellungen auch bestimmte strategische Absichten zur Beeinflussung des Baugeschehens in bestimmte Richtungen eine Rolle spielen, wird jedem Beteiligten selbstverständlich klar sein.

Das Regelwerk kann also stets nur eine Untermenge desjenigen Fachwissens sein, welches der verantwortungsbewusste Ingenieur zur Lösung seiner jeweiligen Aufgaben zur Anwendung bringen muss.

Im Folgenden wollen wir versuchen, an einigen Beispielen diesen Sachverhalt zu verdeutlichen.

Im Regelwerk noch nicht erfasst:

Neuere wissenschaftliche Erkenntnisse zu Berechnungsmethoden, Bauverfahren oder Baustoffen bedürfen einer längeren Einführungszeit, bis sie durch eingeführte Vorschriften geregelt sein können. Es liegt in der Natur der Vorschriften, dass nur die Vergangenheit genormt werden kann und nicht die Zukunft [4-3].

Unter der Voraussetzung, dass neue Lösungen ausreichend wissenschaftlich begründet und wirtschaftlich einsetzbar sind, muss die praktische Erprobung gegebenenfalls über **Zustimmung im Einzelfall** eingeleitet werden.

Wird im Vorschriftenwerk im Allgemeinen nicht geregelt:
Zulässige Annahmen für statische Systeme und Regelungen zu den Verfahren der Schnittkraftberechnungen sind im Allgemeinen nicht Gegenstand technischer Vorschriften bzw. sie werden nur sehr allgemein und grundsätzlich behandelt. Das liegt zwar in der Natur der Sache, wird aber dem engen Zusammenhang in der Kausalkette von präzise geregelten Belastungsannahmen bis zu den ebenso ausführlich festgelegten Nachweiskriterien, insbesondere wenn es sich dabei um Spannungsnachweise handelt, nicht gerecht.

Die Komplexprogramme auf der Basis der Methode der finiten Elemente FEM sind heute unser effektivstes und scheinbar universelles Werkzeug. Die Softwarehäuser, die für ihre Entwicklung und Aktualisierung verantwortlich zeichnen, sind im marktwirtschaftlichen Interesse dazu gezwungen, einseitig die Vorteile der Komplexität ihrer Programmsysteme zu deklarieren. Über ihre Schwächen und Risiken gerade im Bereich der Bemessung und Nachweisführung zwingt die Realität zu vornehmer Zurückhaltung. Demgegenüber steht eine reichhaltige Fachliteratur mit praktischen Anwendungshinweisen zur Vermeidung grober Fehler bereits bei der Systemwahl bzw. bei der Fehlinterpretation von Ergebnissen wie z.B. [4-36 bis 4-41]. Der Anwender erwartet von dem teuer erworbenen Programmsystem, dass es leicht und möglichst ohne größere Vorkenntnisse zu bedienen ist und in jedem Fall zu einem richtigen Ergebnis führt.

Am alltäglichen Beispiel einer schiefen vorgespannten Plattenbrücke wird deutlich, dass der Software-Entwickler vor kaum lösbaren Problemen steht. Die für die Längsrichtung zu berücksichtigenden Kriterien der Spannbetonnachweise können nicht auf die Querrichtung, die nach den Prinzipien des Stahlbetons zu konstruieren wäre, übertragen werden. In der stumpfen Ecke geraten wir mit den von oben nach unten wegdrehenden Hauptspannungsspiralen in Verhältnisse, die sich an den verschiedenartigen Nachweiskriterien nicht realistisch messen lassen können. Hier ist in jedem Fall der praktische Ingenieurverstand gefragt, der zunächst die Schnittkräfte auf ihre Plausibilität überprüft und danach über die Nachweisrichtung und die dafür anzuwendenden Nachweiskriterien entscheidet.

Nicht mehr enthalten:
Jede Neufassung einer Vorschrift wird notwendigerweise bestrebt sein, sich von überflüssigem Ballast zu befreien. Regelungen, die bezüglich der Systeme, Bauformen oder Baustoffe nicht mehr der Entwicklung der Baupraxis entsprechen, können selbstverständlich ausgesondert werden. Damit ist aber keineswegs gesagt, dass ihr Inhalt falsch ist oder sich aus dem Begriffsgebiet der anerkannten Regeln der Technik entfernt hätte. Wir sehen gerade bei der Beurteilung historischer Brückenbauwerke, wie wichtig es ist, die zur Zeit ihrer Entstehung gültigen Vorschriftenwerke, technischen Regeln und Bauverfahren zu kennen und im Zusammenhang zu begreifen.

Als Beispiel sei aus der jüngeren Vergangenheit an die Betongelenke erinnert. Sie sind im aktuellen Vorschriftenwerk im Zeitalter der Elastomerlager kaum noch von Interesse und daher nur durch Randbemerkungen erwähnt, so zum Beispiel durch ein Verbot ungeschützter Betongelenke in der ZTV-K 96 [4-9]. In der EZTV-K (Bayern) [4-10] findet sich ein Verbot für Scheitelgelenke bei Bogenbrücken. Ein verbreitetes Fachbuch für Brücken [4-18] bietet lediglich einen spartanischen Bemessungshinweis auf der Basis der Regeln für Beton-Druckglieder, der gemessen an früheren Erkenntnissen und Versuchen zumindest nur unter starken Vorbehalten als praktikabel und richtig anzusehen ist.

Die vor fast 4 Jahrzehnten abgeleiteten und durch umfangreiche Versuche gestützten Konstruktionsregeln für Betongelenke [4-19 bis 4-23] sind nach wie vor anerkannte Regeln der Technik im Sinne der Kriterien „wissenschaftlich richtig" und „in der Praxis bewährt". Mit der Bekanntheit bei einschlägig tätigen Fachleuten ist es allerdings inzwischen schlecht bestellt.

Beispiele dieser oder ähnlicher Art lassen sich gewiss für die verschiedenen Fachgebiete in beliebiger Zahl zusammentragen.

Zusammengefasst wollen wir damit Folgendes zum Ausdruck bringen:
1. Das aktuelle technische Vorschriftenwerk ist zu jedem Zeitpunkt immer das beste und umfassendste, was uns gerade zur Verfügung steht. Es ist Grundlage einer rationellen, produktiven Planungstätigkeit mit dem Ziel einer definierten Ergebnisqualität für Neubauten.
2. Der aus der täglichen Routine geborene und durch komplexe Software genährte Glaube an eine Vollständigkeit und eine universelle Unfehlbarkeit des technischen Regelwerkes darf die Bedeutung des Sachverstandes des verantwortlichen Ingenieurs in keiner Weise schmälern.
3. Mut und Handlungsfähigkeit müssen erhalten bleiben, wenn für außergewöhnliche Zielstellungen die jeweils richtigen Lösungen gefunden, bewiesen und durchgesetzt werden sollen.
4. Die Pflicht zur Pflege des persönlichen Fachwissens schließt die gründliche Recherche zu dem jeweils zu lösenden Problembereich ein. Moderne Medien können dabei zwar hilfreich sein, sind aber keineswegs eine Gewähr für ein hinreichendes Ergebnis.
5. Für Lösungen im Randbereich des Zielgebietes des aktuellen technischen Regelwerkes gelten vorrangig die Kriterien der Richtigkeit, Beweisbarkeit und Plausibilität. Beispiele wie das der Betongelenke zeigen, dass Bekanntheitsgrad und allgemeine Durchsetzung sich zeitlich und entwicklungsbedingt auch ändern können.

Wie auch allgemein im menschlichen Leben sollten Wahrheit und Richtigkeit stets wichtiger sein als die „Einschaltquoten" der Meinungsmehrheiten.

4.2.3 Das aktuelle und die anderen technischen Regelwerke

Im vorigen Kapitel wurde bereits auf die nicht mehr gültigen Vorschriften hingewiesen. Eingeführte Baubestimmungen werden zu einem bestimmten Datum als gültig erklärt und irgendwann von einer Folgegeneration abgelöst. Von diesem

Zeitpunkt an sind sie aber nicht etwa als verboten zu betrachten. Vielmehr sind sie weiterhin mit dem Anspruch anerkannter Regeln der Technik, jedoch im zeitlichen Kontext zu bewerten.

Für die Einführung technischer Vorschriften für bestimmte Geltungsbereiche ergibt sich aus der Administration eine Zuordnung zu Fachministerien, zu Bundesländern oder zu bestimmten Staatsgebilden. Daraus folgt entsprechend, dass es benachbarte ausländische oder auch für eine Staatengemeinschaft übergeordnete Vorschriftenwerke gibt. Zu Recht erheben auch alle diese Vorschriftenwerke für ihren Bereich den Anspruch auf Richtigkeit, Vollständigkeit und Unfehlbarkeit.

Es ist selbstverständlich, dass Planungen für einen ausländischen Bauherrn nach dem von ihm bevorzugten technischen Regelwerk erfolgen. In den allgemeinen Vertragsbedingungen müssen die geltenden Vorschriften und gegebenenfalls zulässige Ausnahmen definiert sein.

Ausländische Regelwerke sind natürlich im Sinne der anerkannten Regeln der Technik eine durchaus zulässige Informationsquelle.

Sie können aufgrund geografischer Gegebenheiten Regelungen enthalten, die für unseren Geltungsbereich nicht relevant sind. Aus ihrer zeitlichen Entwicklung und den jeweiligen nationalen inhaltlichen Schwerpunkten ergibt sich, dass sie für bestimmte Fälle weiter gehende oder in unserem Sinne für spezielle Aufgaben vernünftigere Lösungen enthalten können.

Wir erleben gerade die Einführung einer überstaatlichen europäischen Normung im Bauwesen [4-2, 4-5 bis 4-8]. Gerade diese Entwicklung hat gezeigt, wie wichtig vereinheitlichte Regelungen für den wirtschaftlichen Austausch und für grenzüberschreitende wirtschaftliche Strukturen sind. Zugleich macht die Zähigkeit dieses Entwicklungsprozesses deutlich, wie schwierig es ist, weit gefächerte und untergliederte nationale Vorschriften in ein gemeinsames Regelwerk einzubringen. Der gangbare Weg deutet sich in übergeordneten allgemein gültigen Vorschriften mit dem Charakter von Mindestanforderungen an, die durch nationale Vorschriften und Präzisierungen in den Details ergänzt werden.

Ein interessanter Sonderfall ist nach der politischen Wende und der Wiedervereinigung in Deutschland der Umgang mit dem technischen Regelwerk der ehemaligen DDR.

Das ETV Beton (Einheitliches Technisches Vorschriftenwerk des Betonbaus) war mit der Zielstellung einer wirtschaftlicheren Bemessung seit Mitte der 70er Jahre mit großem Aufwand vorangebracht worden [4-24]. Ab Anfang der 80er Jahre wurde es im allgemeinen Hochbau verbindlich eingeführt und ab Mitte der 80er Jahre folgte der Massivbrückenbau [4-25]. Für Stahlbrücken sollten die verbindlichen Vorschriften 1990/1991 eingeführt werden. Der Anspruch dieses Vorschriftenwerkes an Wissenschaftlichkeit und Vollständigkeit war aus damaliger Sicht durchaus mit dem der europäischen Vorschriften vergleichbar. Die wesentlichen Zielstellungen waren:

1. Einführung der Methode der Berechnung nach Grenzzuständen (semiprobabilistische Berechnungsverfahren auf Basis von Teilsicherheitsbeiwerten),
2. Angleichung an die internationale Entwicklung (FIP/CEB [4-26]) und Harmonisierung der Vorschriften innerhalb des RGW (Rat für gegenseitige Wirtschaftshilfe der damaligen Ostblockländer); Formelzeichen nach RGW-Standard,
3. durchgängige Benutzung der Einheiten des internationalen Maßsystems SI.

Mit dem Beitritt der neuen Bundesländer zur Bundesrepublik Deutschland wurde dieses Vorschriftenwerk in seiner Gesamtheit ungültig und durch das eingeführte Vorschriftenwerk der Bundesrepublik Deutschland ersetzt. Das ist politischer Pragmatismus.

Vermischte Übergangslösungen wären wohl auch kaum zweckmäßig gewesen. Bedauerlich ist jedoch, dass es scheinbar nicht gelungen ist, wissenschaftliche Ergebnisse und parallel zu den Nachweisverfahren entwickelte Softwarelösungen wenigstens in Ansätzen mit in die deutschen Beiträge zur europäischen Normung einzubringen.

Dass auch diese Revolution auf dem Gebiet des technischen Regelwerkes so unspektakulär und ohne wesentliche Proteste vonstatten ging, ist vielleicht erklärlich, wenn man Folgendes bedenkt:

- Bis Anfang der 80er Jahre war die Entwicklung des technischen Regelwerkes im Brückenbau in den Beitrittsländern im Wesentlichen parallel zur DIN-Welt abgelaufen. Daher war für die praktisch tätigen Bauingenieure der neuen Länder das **Zurück zur DIN** nicht nur kein Problem, sondern gegenüber den Mühen der Nachweisführung in den semiprobabilistischen Verfahren eher eine Erleichterung (den mühevollen Schritt müssen wir jetzt gerade wieder in der anderen Richtung bei Einführung der europäischen Normen vollziehen).
- Die in der Entwicklung und Einführung des ETV Beton verantwortlich eingebundenen Wissenschaftler und Fachkollegen hatten nach der Wende mit ihrer eigenen beruflichen Neuorientierung, der Auflösung oder Umstrukturierung ihrer Institute usw. andere Sorgen, als sich öffentlich und gegen eine übergroße Mehrheit mit ihren Erkenntnissen zu Wort zu melden.
- Bei den neuen Amtsträgern und ihren zahlreichen Helfern aus den Ämtern der benachbarten Bundesländer standen Sachkenntnis bezüglich des ETV Beton einerseits und Reformzwänge andererseits in einem verständlicherweise vorgeprägten Widerspruch.

Die Überlegungen zum aktuellen technischen Vorschriftenwerk können wir hier mit der Gewissheit abschließen, dass sich auch andere vor- und nachgelagerte oder ausländische Regelwerke im Sinne der Bereicherung der Welt der anerkannten Regeln der Technik darstellen und Quellen der Erkenntnis bieten, auf die wir nicht verzichten sollten.

4.2.4 Grundsätze für die Nachrechnung bestehender Brücken

In dem vorgenannten stillgelegten Vorschriftenwerk der Beitrittsländer gab es spezielle Nachrechnungsvorschriften für Brücken [4-27 bis 4-30]. Es ist das Verdienst der Bundesanstalt für Straßenwesen BAST, dass sie in kurzer Folge Anfang der 90er Jahre Richtlinien für Lasteinstufungsberechnungen [4-31 bis 4-33] und Kataloge für Instandsetzungslösungen bestimmter Brückentypen bereitgestellt hat [4-34].

Wenn diese Richtlinien in ihrem Titel auch den Zusatz „für die neuen Bundesländer" führen, so zeigt doch die Beispielsammlung, dass sie natürlich allgemein gültig anwendbar sind.

Was unterscheidet die Berechnung einer vorhandenen Brücke von der für ein geplantes Bauwerk? Das folgende Zitat von Ivanyi aus einem Handbuch der Brückeninstandhaltung [4-35] macht das deutlich.

„Für derartige Untersuchungen gilt es stets, alle neuesten Erkenntnisse der Wissenschaft zu berücksichtigen und im Bedarfsfall mit Zustimmung der zuständigen Behörde auch von geltenden Normen und Richtlinien abzuweichen, falls dieses Vorgehen unter Beachtung der Sicherheitsanforderungen vertretbar ist. Keineswegs kann ein Tragfähigkeitsnachweis für ein bestehendes Bauwerk zum Ziel haben, stets im Einklang mit den neuesten DIN-Normen zu stehen, die ja für die Neubauten konzipiert sind und z.B. Vorhaltemaße für das Risiko der Errichtung enthalten, das bei bestehenden Bauwerken nunmehr erfassbar und bewertbar ist."

Ein vorhandenes Bauwerk ist also gewissermaßen durch wichtige Vorbelastungen in bestimmten Punkten erwiesenermaßen erprobt. Das betrifft:
- risikoreiche Bauzustände, Einleitung der Vorspannung, Lehrgerüstabsenkung, Koppelfugen usw.
- Die wichtigsten Eigenspannungszustände aus frühem Schwinden, abfließender Hydratationswärme usw. sind überstanden. Das Bauwerk hat diese Phasen entweder schadlos überdauert oder die aus Prüfbefunden bekannten Netzschwindrisse werden sich mit großer Wahrscheinlichkeit nicht mehr verändern.
- Im Laufe seiner Standzeit über viele Jahre hat das Bauwerk denkbare extreme Temperaturzustände wahrscheinlich schon einmal durchgestanden.

Einfach ausgedrückt heißt das, für rissverteilende Mindestbewehrungen, welcher Art auch immer, ist ohnehin alles zu spät.

Das bedeutet natürlich, dass diese Teile der Bemessungsvorschriften, die auf Vorsorge für Eigenspannungsrisiken während der Entstehung orientiert sind, bei der Beurteilung eines bestehenden Bauwerkes nur informativen Charakter haben können.

Für bestehende Brückenbauwerke ist also unvermeidlich immer eine Reihe von Abweichungen von den eingeführten technischen Vorschriften vorgegeben, wie z.B.:
- zu geringe Mindestbewehrung,
- zu geringe Querbewehrung bei Platten,
- unzureichende Mindest-Schubbewehrung,
- unzugängliche Verdrängungshohlkörper bei Hohlplatten sind nicht erlaubt,
- Betondeckung entspricht nicht den aktuellen Vorschriften,
- tragende Hauptkonstruktion aus unbewehrtem Beton (Bogentragwerke!),
- Hohlkästen ohne externe bzw. nachrüstbare Spannglieder usw.

Mit geringem Aufwand an Befundung oder Recherche und fast ohne eigenen Rechenaufwand lassen sich derartige Aussagen für den Einzelfall zusammenstellen. Sie sind richtig, also dürfen sie auch so resümiert werden. Aber sie sind dann in ihrer Bedeutung für die Beurteilung des Tragfähigkeitszustandes einer vorhandenen Brücke auch sachlich korrekt zu kommentieren.

Wenn sie dazu benutzt werden, die Instandsetzungsmöglichkeit von vornherein in Frage zu stellen und dem Bauherrn einen Ersatzneubau zu empfehlen, so entspricht das wohl nicht der verantwortungsvollen Profession des beratenden Ingenieurs.

Sachverhalt und Aussage

Die vorgenannten Feststellungen zum Aussagewert bestimmter Befunde oder Sachverhalte möchten wir im Folgenden noch an einem Beispiel etwas verallgemeinern. Unter der Voraussetzung einer korrekten Beschreibung wird aus einem Befund, einer Analyse, einem Vorgang usw. ein Sachverhalt, der zunächst wertfrei richtig ist.

Trotzdem kann eine solche richtige Aussage unzulässig, überflüssig oder auch notwendig und zwingend sein. An einem Beispiel aus der Praxis – leicht nachgetönt – wollen wir versuchen, das zu verdeutlichen:

An einer mehrfeldrigen Spannbetonbrücke wird ein abschnittsweise verschlechterter Erhärtungsverlauf des Betons festgestellt. In den zuletzt betonierten Bereichen wird die ursprünglich geplante Betonklasse deutlich und wahrscheinlich dauerhaft unterschritten. Als Ursache wird sehr bald eine Verwechslung beim Betonzusatzmittel erkannt. Zu entscheiden ist über den Weiterbau oder Abriss und Neubau. Die Vertragsparteien stützen sich auf Fachgutachten, die sich in wesentlichen Aussagen widersprechen. Schließlich kommt es zu Abbruch und Ersatzneubau. Soweit kurz der Sachverhalt.

In einem der Gutachten findet sich für den mangelhaften Endbereich des Überbaues folgende Aussage: „Eine nachträgliche Ausbildung von Spaltzugrissen im Verankerungsbereich der Spannglieder ist nicht zu erwarten."

Diese Formulierung unterstellt indirekt, dass beim Vorspannen Spaltzugrisse aufgetreten sind. Ist das aber nicht der Fall, dann wäre diese Aussage nicht nur überflüssig, sondern falsch.

Sind tatsächlich beim Spannen Spaltzugrisse aufgetreten, dann unterstellt diese Formulierung, dass diese Spaltzugrisse bei einer höheren Betonfestigkeit nicht aufgetreten wären. Das ist dann aber nur eine Vermutung, wenn nicht gleiche Verhältnisse an dem anderen Überbauende mit höherer Betonfestigkeit dafür den Beweis liefern. Dann wäre die Aussage immerhin zulässig.

Spaltzugrisse entstehen beim Vorspannen, wenn örtlich die Betonzugfestigkeit überschritten wird. Erst danach erreicht die eingelegte Spaltzugbewehrung ihre zweckbestimmende Beanspruchung. Nach dem Absetzen und Auspressen der Bündelspannglieder kommt den Spaltzugrissen im Verankerungsbereich keinerlei sicherheitsrelevante Bedeutung mehr zu. Damit wäre die o.g. Gutachterformulierung, die mit dem Begriff „Riss" beim Nichtfachmann einen Schaden oder Mangel assoziiert, mindestens überflüssig.

Anders ist der Sachverhalt zu betrachten, wenn Art und Größe der Rissbildung auf eine unterdimensionierte oder falsch eingelegte Spaltzugbewehrung hinweisen. Das ist aber im benannten Beispiel gar nicht Gegenstand der Begutachtung.

Ebenso sachlich ganz anders wäre der Sachverhalt von Spaltzugrissen zum Beispiel an einer unteren Umlenkstelle eines externen Spanngliedes ohne Verbund zu bewerten. In diesem Fall bleibt die auslösende Beanspruchung auf Dauer bestehen. Dynamische Beanspruchungen aus Verkehr und Kriechvorgänge können zu einer progressiven Rissentwicklung führen. In diesem Fall wird ein harmloser Spaltzugspannungsriss zu einem sicherheitsrelevanten Bauschaden. Für einen solchen Fall wäre die Gutachterformulierung als Aussage nicht nur zulässig, sondern zwingend notwendig.

Das Beispiel macht deutlich, dass ein scheinbar korrekt formulierter Sachverhalt – je nach Zusammenhang – zu einer Aussage von durchaus unterschiedlicher Qualität und Bedeutung werden kann.

Die grundsätzlichen Überlegungen zur Tragfähigkeitsbeurteilung einer vorhandenen Brücke möchten wir wie folgt zusammenfassen:

1. Ein einmal formuliertes negatives Ergebnis ist kaum zu korrigieren. Seine mögliche Übertragbarkeit auf eine größere Anzahl vergleichbarer Konstruktionen könnte weitreichende wirtschaftliche Folgen haben.
2. Moderne Baustoffe, Erkenntnisse und Verfahren bieten in der Mehrzahl der Fälle eine denkbare **Instandsetzungsmöglichkeit**.
3. Kostenaufwand, Kostenvergleiche, Kompromisse zu Funktionseinschränkungen, kulturelle und historische sowie städtebauliche Überlegungen führen letztendlich zur Beurteilung der **Instandsetzungswürdigkeit**. Erst dann kann die Entscheidung für oder gegen einen Ersatzneubau vorurteilsfrei getroffen werden.

4.3 Tragsicherheit und Instandsetzungsmöglichkeit

Zusammenfassung
Die Beschränkung auf wirklich notwendige Befunde, auf Nachweise der Tragsicherheit und die mögliche Ausnutzung von Systemannahmen werden erörtert.

Die Möglichkeit einer Instandsetzung soll nicht voreilig ausgeschlossen werden. Wertende Überlegungen zur Wirtschaftlichkeit kommen erst im Zusammenwirken mit anderen Kriterien zum Tragen.

An Beispielen werden die Nachweiskriterien der Dehnungsverträglichkeit sowie der Verbund- und Verankerungseigenschaften für Verstärkungsmaßnahmen dargestellt.

4.3.1 Statische Beurteilung des vorhandenen Zustandes

Entsprechend der Entwicklung der Befunde im Laufe der fälligen Hauptprüfungen wird irgendwann die Notwendigkeit einer Nachrechnung gegeben sein. Oder eine Änderung der funktionalen Anforderungen gibt den entsprechenden Anlass.

Im Allgemeinen wird dabei zunächst eine mit möglichst geringem Aufwand verbundene Lasteinstufungsberechnung beauftragt.

Bei gepflegten und vollständigen Bestandsunterlagen erfolgt dies im Allgemeinen auf der Basis von Schnittkraftvergleichen. Wird dabei ein negatives Ergebnis erzielt, so kann man diese Bearbeitungsstufe mit folgenden Empfehlungen abschließen:

- Funktionseinschränkungen: Beschilderung mit abgeminderter Tragfähigkeit oder Einengung auf einspurigen Verkehr oder Sperrung für den Fahrverkehr und Freigabe nur noch als Rad-/Gehweg usw.,
- Empfehlung für eine komplette Neuberechnung, gegebenenfalls nach Einholung ergänzender Befunde zum Zustand der Bewehrung (Zugzone) bzw. der Betonfestigkeit (Druckzone) im Rahmen einer Materialuntersuchung.

Bei der Empfehlung für zusätzliche Befundungen sollte der Tragwerksplaner kostenbewusst vorgehen. Es sollten nur solche Befunde verlangt werden, deren Einfluss auf das Ergebnis einer Neuberechnung des Tragwerkes überschaubar ist und auch maßgebend sein kann.

So ist zum Beispiel bei Plattenquerschnitten oder Plattenbalken von vornherein davon auszugehen, dass die Betondruckspannungen aus konstruktiven Überlegungen nicht ausgenutzt wurden und auch nicht ausgenutzt werden und dass die Ermittlung einer um 1 oder 2 Stufen höheren als der angenommenen Betonklasse das Ergebnis praktisch nicht beeinflusst.

Andererseits ist zum Beispiel bei einem Bogentragwerk die Betondruckfestigkeit von entscheidender Bedeutung. Dabei ist aber auch Folgendes zu bedenken:

Bei der Entnahme von Bohrkernen und deren statistischer Auswertung wird das Ergebnis von weniger guten Proben stets nach unten beeinflusst. Die ermittelte rechnerische Betonklasse ist eventuell zu ungünstig.

Demgegenüber würde zum Beispiel mit einer Probebelastung ein integratives Ergebnis erzielt. Das bedeutet, dass vereinzelte Schwachstellen durch Kräfteumlagerungen in einem wirksamen Querschnitt ausgeglichen werden. In diesem Sinne entspricht das integrative Ergebnis eher der Realität und kann unter Umständen deutlich höher liegen als die statistische Auswertung von Einzelproben [4-43].

Für die Befundung der vorhandenen Stahlbewehrung ist der Rückgriff auf die im zeitlichen Kontext stehenden Berechnungsvorschriften aus der Bauzeit des Tragwerkes aufschlussreich, insbesondere für die maßgebenden Stahlqualitäten.

Eine überschlägige Nachrechnung mit den zur Entstehungszeit gültigen Belastungsvorschriften führt mit großer Wahrscheinlichkeit zu einer realistischen Annahme der Bewehrung in der Zugzone.

In einem praktischen Beispiel wurde bei der Bewehrungsbefundung mittels induktivem Suchgerät und nachfolgend aufgestemmtem Schlitz nur die unterste Lage einer Trägerbewehrung erfasst. Das Ergebnis der Nachrechnung war, dass das Tragwerk bereits der Belastung aus Eigengewicht nicht gewachsen war und theoretisch sofort hätte gesperrt werden müssen. Derartige Befunde sind grundsätzlich zweifelhaft, denn die Erbauer des zu prüfenden Tragwerkes haben ihr Handwerk mit größter Wahrscheinlichkeit auch mit Sorgfalt und Sachkenntnis verrichtet.

Eine Neuberechnung des Tragwerkes darf zunächst auf Nachweise der Tragsicherheit für maßgebende Schnitte unter Hauptlasten begrenzt werden [4-31, 4-35].

Voraussetzung ist, dass keine speziellen Schadensbilder zu analysieren sind. Das bedeutet, dass im Allgemeinen für die Gründung, die Pfeiler und Nebentragglieder zunächst keine Nachweise geführt werden.

Diagnostik – Bestandsaufnahme

erforderliche Befunde	Bearbeitungsphase: Beurteilung der vorh. Tragsicherheit	Bearbeitungsphase: Planung einer Instandsetzung bzw. Ertüchtigung
Quellenstudium:		
Bestandsakten, Quellenstudium	**obligatorisch**	obligatorisch
Inaugenscheinnahme	empfehlenswert	obligatorisch
Fotodokumentation	alternativ	alternativ
Abklopfen der Oberfläche	empfehlenswert	obligatorisch
Öffnen von Hohlstellen	empfehlenswert	obligatorisch
Bewehrungsgehalt	**obligatorisch**	obligatorisch
Bestandsdokumentation	**Haupttragbewehrung**	Haupttragbewehrung
Bestätigung durch Suchgerät	empfehlenswert	empfehlenswert
eventuell Suchschlitze zur Ermittlung vorh. Bewehrung	alternativ	empfehlenswert Schubsicherung?
Probenahmen:		
Betonfestigkeiten	systemabhängig	empfehlenswert
Betondeckung		für Beschichtung
Carbonatisierungstiefe		für Beschichtung
Chloridgehalt		Abtrag, Beschichtung
Betonrezeptur		für Beschichtung
Risstiefen	nach Rissart	Art der Verpressung
Messungen am Bauwerk:		
Aufmaß, Kontrollen	**obligatorisch**	obligatorisch
Lagerfugen	Lagerzwängungen?	obligatorisch
Biegelinie	systemabhängig	empfehlenswert
Rissbreitenänderungen	Biegerisse?	bei Ertüchtigung
Probebelastungen	Ausnahme!	in Sonderfällen
Gründung, Baugrund		obligatorisch bei Verdacht auf Gründungsversagen oder bei Brückenerweiterung

Bild 4.1: Welche Befunde sind für das Ergebnis einer Nachrechnung notwendig?

Nachweise für Riss- und Mindestbewehrungen betreffen die Gebrauchstauglichkeit und sind bei bestehenden Tragwerken, die alle Risiken der Bauzustände und Herstellung wie Anfangsschwinden und abfließende Hydratationswärme überstanden haben, nicht maßgebend für die Beurteilung des Tragwerkes.

Für die Schubsicherung gilt der gleiche Grundsatz, jedoch ist im Einzelfall das Gefährdungspotenzial abzuwägen, ob bei schlanken Stegen Rissbefunde erkennbar sind und ein Sicherheitsrisiko bezüglich Schubbruch angenommen werden muss.

Bei Spannbetonbrücken darf bei der Planung von Neubauten der Bügelanteil der Standbügel der Spannglieder nicht mit in Ansatz gebracht werden. Das ist den Grundsätzen der Vorsorge und Robustheit [4-9] geschuldet und soll dem Bauausführenden die Auswahl von Material und Konstruktion freistellen. Für die Nachrechnung kann aber ein bekannter Bügelbestand durchaus mit angesetzt werden, solange keine Schubrissbefunde dagegen sprechen. Insbesondere bei Platten und Hohlplatten kann durchaus so verfahren werden.

Für die Neuberechnung bestehender Tragwerke sollten zulässige Systemannahmen ausgeschöpft werden. Verkehrslasten sollten entsprechend ihrer Lastausbreitung als Flächenlasten angesetzt werden und mit dem verwendeten FEM-Netz in Einklang stehen. Dem gleichen Grundprinzip folgt die Empfehlung, elastische Flächenlager realitätsnah anzusetzen und keine starre Einzelpunktstützung in der FEM-Berechnung anzunehmen [4-36, 4-41].

Die Grundsätze für die Zulässigkeit von Schnittkraftumlagerungen von der Stütze zum Feld können genutzt werden. Daraus folgt zum Beispiel, dass an einer schiefen Platte immer die Tragsicherheit am freien Rand maßgebend wird und derartige Nachweise über der stumpfen Ecke nicht dem wirklichen Versagen des Tragwerkes entsprechen (siehe dazu Bild 4.2). Man erkennt an dieser Darstellung, dass beim Übergang zu einem Versagenszustand die Winkeländerungen gerisse-

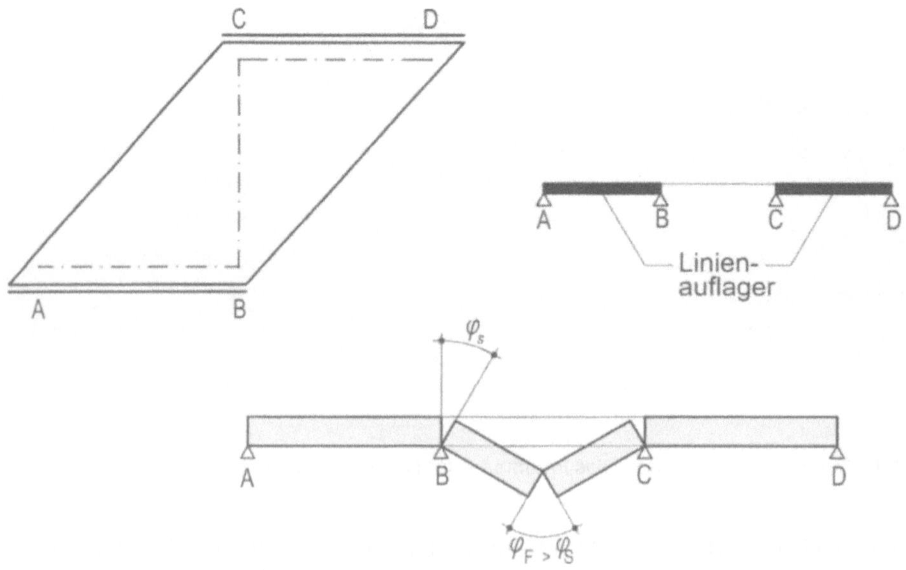

Bild 4.2: Schematisiertes Bruchmodell einer schiefen Platte

ner Querschnitte im Feld stets größer sein müssen als über der Stütze bzw. als über der stumpfen Ecke.

Für Plattentragwerke, die ursprünglich nach Meterstreifen oder früheren Tabellenwerken bemessen wurden, ist meist eine zu geringe Querbewehrung vorhanden. Auch hier ergibt sich aus der Überlegung, wie sich ein fortschreitender Versagenszustand entwickeln würde, dass zunächst der Zustand II in Querrichtung, das heißt Längsrisse, entstehen würde. Es ist daher folgerichtig und logisch, die Platte mit der Annahme einer Orthotropie neu zu berechnen [4-31]. Dabei ist festzustellen, dass die Verminderung der Schnittkräfte in Querrichtung nur geringen Einfluss auf die Schnittkräfte in der Haupttragrichtung hat.

Auf einen weiteren Sachverhalt, der oft übersehen wird, soll hier noch kurz hingewiesen werden. Randverstärkte Platten werden von gängigen FEM-Programmen so behandelt, als würden die Schwerachsen der Platte und der Verstärkungsträger auf gleicher Höhe liegen. Tatsächlich ergibt sich durch den realen Schwerachsenversatz eine zusätzliche Schubbeanspruchung zwischen Träger und Platte (siehe Bild 4.3). Bei der Instandsetzung derartiger Tragwerke sollte dieser Sachverhalt genauer untersucht werden [4-33, 4-42].

Für das abschließend formulierte Ergebnis der Neuberechnung des vorhandenen Tragwerkes ist Folgendes zu bedenken:
- Ein einmal formuliertes negatives Ergebnis ist praktisch kaum zu korrigieren.
- Die für eine Nachrechnung von Brücken zu treffenden Annahmen sollten vor Beginn der Bearbeitung mit einem dafür geeigneten Prüfingenieur abgestimmt werden.
- Für die überwiegende Zahl der Fälle ist mit heutigen Mitteln und Methoden eine Instandsetzungsmöglichkeit grundsätzlich gegeben. Sie sollte daher in dieser Phase der Bearbeitung nicht grundsätzlich ausgeschlossen werden, unabhängig davon, ob sie sich später im Zusammenwirken mit anderen Faktoren als wirtschaftlich sinnvoll erweist.

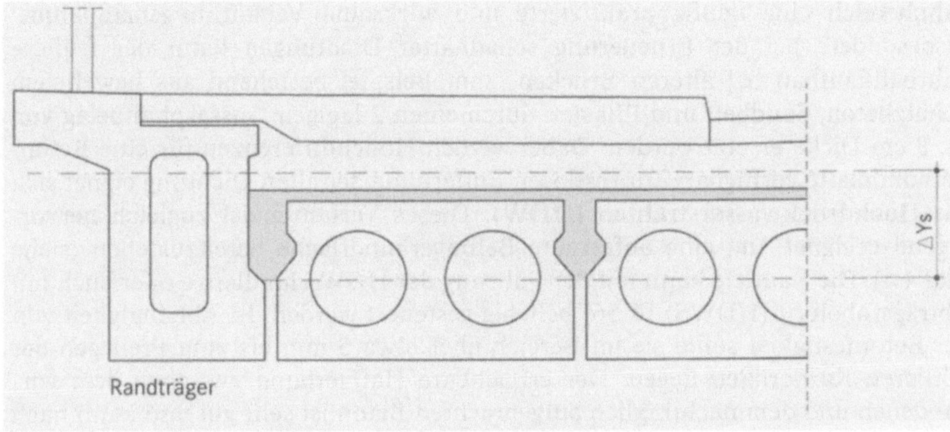

Bild 4.3: Schwerachsenversatz bei randverstärkten Platten

4.3.2 Nachweise für Verstärkungsmaßnahmen

4.3.2.1 Betondruckzone

Die Materialeigenschaften des Betons an sich lassen sich im Nachhinein kaum mehr beeinflussen.

Bei haufwerksporigem Beton oder schlecht verdichtetem Stampfbeton mit hohem Porengehalt können **Injektionen** zu einer Verbesserung führen [4-44, 4-45]. Zu bedenken ist dabei, dass es einen grundsätzlichen Zielkonflikt gibt zwischen der angestrebten Endfestigkeit des Injektionsmaterials und seiner Penetrationsfähigkeit bzw. Viskosität.

Bei überwiegend auf Druck beanspruchten Bauteilen, wie Stahlbetonstützen oder Stahlbetonbögen, hat sich das Aufbringen von **Spritzbeton**schalen mit Zusatzbewehrung bewährt. In [4-46] findet sich eine Übersicht zum aktuellen Stand der Entwicklung. Verfahrensbedingt wird bei relativ konstantem W/Z-Faktor von 0,48 bis 0,52 (Trockenspritzverfahren) eine hohe Verdichtung und damit eine zuverlässig hohe Betongüte erreicht. Bei fachgerechter Untergrundvorbereitung durch Strahlen, vorzugsweise Hochdruckwasserstrahlen mit Drücken über 600 bar, wird praktisch voller Verbund zum Kernbeton erreicht.

Für die Schubverbundspannungen werden ohne weitere Nachweise 80% der entsprechenden Höchstwerte nach DIN 1045, Tabelle 14 [4-83] für τ_{011} und τ_{012} zugelassen. Die Mitwirkung der Spritzbetonschale wird natürlich erst für nachträglich aufgebrachte Lasten wirksam.

Eine Instandsetzung oder Ertüchtigung von Stützen und anderen druckbeanspruchten Stäben ist auch durch eine zusätzliche außen liegende Umschnürung denkbar. In den Erdbebengebieten wie z.B. in Japan kommen in großem Umfang Stützenreparaturen mit **CFK-Matten** zum Einsatz. Die multidirektionalen Kohlefaser-Gelege bzw. Kohlefaser-Tücher (Sheets) werden außen umlaufend aufgeklebt [4-55].

Im Brückenbau sind vor allen Dingen **Ortbetonverbundplatten** im Fahrbahnbereich eine häufig praktizierte und wirksame Verstärkungsmaßnahme. Insbesondere bei der Erneuerung schadhafter Dichtungen kann der frühere Fahrbahnaufbau bei älteren Brücken, zum Beispiel bestehend aus bewehrtem Schutzbeton, Sandbett und Pflaster, durch einen 2-lagigen Gussasphaltbelag von ca. 8 cm Dicke ersetzt werden. Dabei werden Höhendifferenzen für eine Beton-Verbundplatte verfügbar. Zur restlosen Entfernung der alten Dichtung eignet sich das **Hochdruckwasserstrahlen (HDW)**. Dieses Verfahren ist zugleich hervorragend geeignet, um eine aufgeraute Betonverbundfläche bereitzustellen (siehe Bild 4.4). Die Rautiefe kann mit der Führung der HDW-Handlanze oder auch mit Abtragsrobotern (HDWS) [4-56] beliebig gesteuert werden. In Abhängigkeit von der Betonfestigkeit sollte sie im Bereich über etwa 5 mm bis zum Freilegen der mittleren Korngrößen liegen. Der erreichbare Haftverbund zwischen dem vorhandenen und dem nachträglich aufgebrachten Beton ist sehr gut und kann nach neueren Forschungsergebnissen [4-48, 4-49, 4-50] bei der Bemessung zusätzlicher Verbunddübel berücksichtigt werden.

Bild 4.4:
Betonverbundfläche einer
Fahrbahnplatte nach dem
Hochdruckwasserstrahlen

Allein durch die Vergrößerung des Hebelarmes der inneren Kräfte lässt sich die Verstärkungswirkung sehr gut abschätzen. Die Randspannungsnachweise von Spannbeton-Platten reagieren sehr stark positiv auf die entsprechende Veränderung der Querschnittswerte. Bei den Spannbeton-Fertigteil-Balkenreihenkonstruktionen, die in den neuen Bundesländern in großer Stückzahl gebaut wurden, lässt sich damit eine Erfolg versprechende Ertüchtigung erzielen [4-33].

Natürlich kann der Verbundquerschnitt nur für die nach dem Abbinden des Aufbetons aufgebrachten Ausbau- und Verkehrslasten in Ansatz gebracht werden.

4.3.2.2 Zugzone

Verschiedenartige Materialien und Methoden stehen für die Verstärkung der in der Zugzone von Biegeträgern vorhandenen Bewehrung zur Verfügung. Außen liegende Zusatzbewehrung in Spritzbetonschalen [4-46, 4-47], aufgeklebte Stahlblechlamellen, in Schlitze eingelegte Zusatzbewehrung und schließlich aufgeklebte oder eingeschlitzte CFK-Lamellen sind ausgeführt und erprobt [4-58 bis 4-70].

Auch die klassische externe Vorspannung, wie z.B. in [4-71] oder [4-72], gehört natürlich zu den erprobten Ertüchtigungsmöglichkeiten. Die nachträgliche Schaffung von Verankerungs- und Umlenkstellen erweist sich aber sehr oft als schwierig und aufwändig.

Bei jeder Verstärkungsmaßnahme ist die jeweilige Exposition gegenüber Bewitterung und Sonneneinstrahlung zu beachten.

Für die Ertüchtigung von Massivbrücken sollten vor einer Entscheidung über Material und Verfahren stets zunächst Überlegungen zur **Dehnungsverträglichkeit** angestellt werden. Die Zulagen, welcher Art auch immer, können nur anteilig für die nach ihrem Einbau aufgebrachten Ausbau- und Verkehrslasten wirksam werden.

Die Dehnungen im Endzustand müssen verträglich bleiben mit dem ursprünglich in der Konstruktion bereits vorhandenen Bewehrungsstahl.

Im Bild 4.5 sind die Spannungs- und Dehnungsverhältnisse für einen angenommenen Ausgangszustand mit einer vorhandenen Stahlspannung von 140 N/mm^2 dargestellt. In einem entlasteten Bauzustand steht dann eine Dehnungsdifferenz $\Delta\varepsilon$ zur Verfügung, mit welcher bei Wiederbelastung ein Verstärkungselement wirksam werden kann. Je nach Art der Entlastung des Bauteils, wie z.B. der Wegfall der Verkehrslast im Bauzustand oder auch der zusätzliche Einsatz von kraftgesteuerten Hilfsabstützungen, ist die zu erschließende Dehnungsdifferenz $\Delta\varepsilon$ unterschiedlich groß. Die zwischen Bauzustand und angestrebtem Endzustand verfügbare Dehnungsdifferenz entscheidet über die anteilige Mitwirkung der zugelegten Bewehrungselemente. Dabei spielt das Momentenverhältnis infolge Verkehrslast (M_P) und Eigenlast (M_G) eine wichtige Rolle.

Für Massivbrücken mit Verkehrslasten nach DIN 1072 [4-81] ist im Bild 4.6 das Momentenverhältnis stützweitenabhängig dargestellt. Der Kurvenverlauf hat qualitativen Charakter, das heißt, im Einzelfall können natürlich abweichende Werte auftreten. Folgende Aussagen sind in unserem Zusammenhang von Interesse:
– Straßenbrücken erreichen im Stützweitenbereich zwischen 25 und 35 m ein Momentenverhältnis M_P zu M_G von etwa 1,0. Im Stützweitenbereich unter 15 m steigt das Momentenverhältnis über 2,0 sehr stark an. Für kleine Stützweiten und Nebentragglieder wie vor allem Fahrbahnplatten wird der Entlastungseffekt im Bauzustand immer günstiger, das heißt, in diesen Fällen steht eine entsprechend größere Dehnungsreserve für die zusätzlichen Bewehrungselemente zur Verfügung.
– Im mittleren Stützweitenbereich zwischen 10 und 30 m erscheint es je nach örtlicher Morphologie des überbrückten Hindernisses aussichtsreich, die Konstruktion durch Joche zu unterstützen und kraftgesteuert den Eigenlastanteil mit in die Entlastung einzubeziehen. Damit kann die Dehnungsreserve für die Bewehrungszulagen entsprechend verbessert werden.
– Für die effektive Beanspruchung der Bewehrungszulagen ergeben sich wesentlich günstigere Verhältnisse, wenn die Zulagen vorgespannt werden können. Das wird vor allen Dingen bei Stützweiten oberhalb von 30 m fast zwingend notwendig.

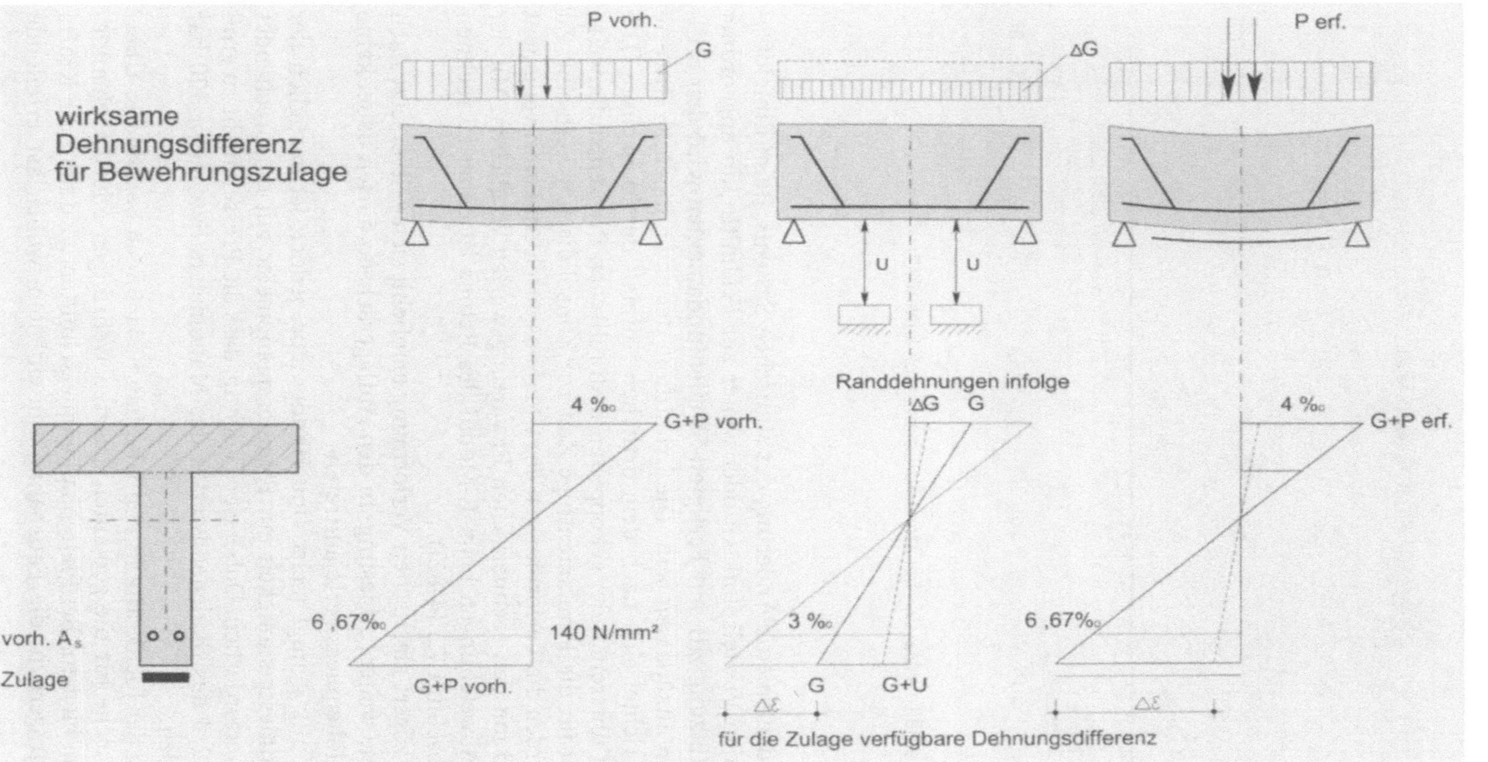

Bild 4.5: Verträglichkeit der Dehnungen, Dehnungsreserve für Verstärkungen

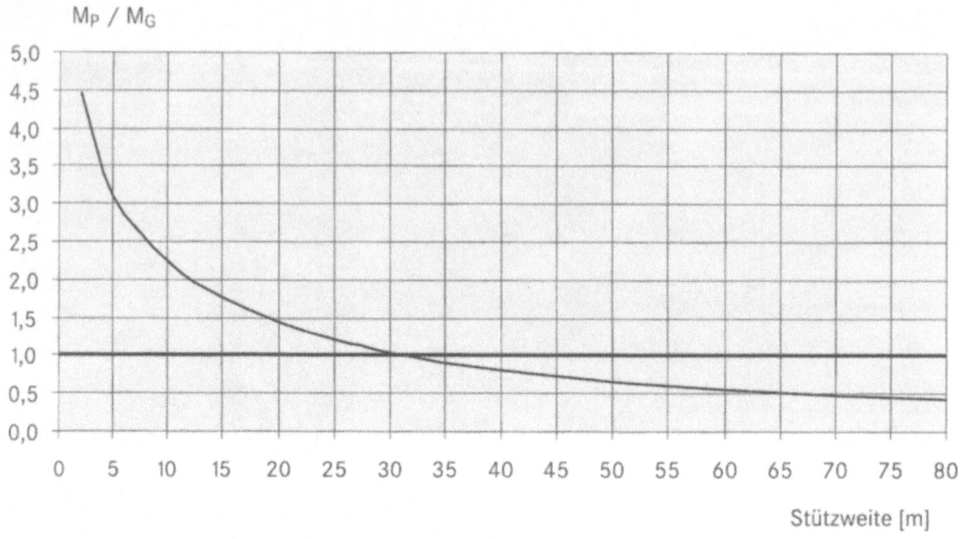

Bild 4.6: Momentenverhältnis M_P/M_G bei Massivbrücken nach DIN 1072

Stützjoche bedeuten eine Änderung des statischen Systems. Beim Einfeldträger sollten sie in den Viertelspunkten oder weiter zur Feldmitte hin angeordnet werden. Ihre Abstützung z.B. auf Fertigteil-Streifenfundamenten wird den örtlichen Verhältnissen anzupassen sein. Die Ermittlung der endgültigen Kraftwerte für das Anheben richtet sich nach dem örtlichen Aufmaß der Jochachsen. Die Kräfte werden mit untereinander gekoppelten hydraulischen Pressen stufenweise aufgebracht, damit für die Fundamentfuge Zeit zur Konsolidierung verbleibt. Zu jeder Laststufe werden die Verformungen des Überbaus durch ein Feinnivellement aufgenommen und mit den rechnerischen Erwartungswerten verglichen. Mit der Möglichkeit von Abweichungen beim E-Modul des Betons ist dabei zu rechnen (vgl. DIN 4227, Abschnitt 7.3 [4-82]).

Wegen der verzögert-elastischen Verformung empfiehlt sich zeitversetzt nach ca. 30 Minuten eine weitere Ablesung. In den Auflagerachsen dürfen dabei keine Änderungen der Höhenmesswerte auftreten.

Für die Hydraulik genügt meist eine Handpumpe, jedoch ist bezüglich der notwendigen Kraftmessgenauigkeit ein Feinmessmanometer mit entsprechender Ablesegenauigkeit erforderlich. Dabei ist es wichtig, dass die Pressen nicht zu groß sind, damit etwa 2/3 des Skalenendwertes des Manometers bzw. etwa 300 bar auch erreicht werden.

Die Einleitung der Jochkräfte in den Überbau bedarf noch besonderer Überlegungen. Die Bereiche für die geplanten Zusatzbewehrungen oder Laschenklebungen müssen frei bleiben. Bei Plattenbalkenquerschnitten wird man die Kräfte neben den Hauptträgern in die Fahrbahnplatte einleiten, wobei lastverteilende

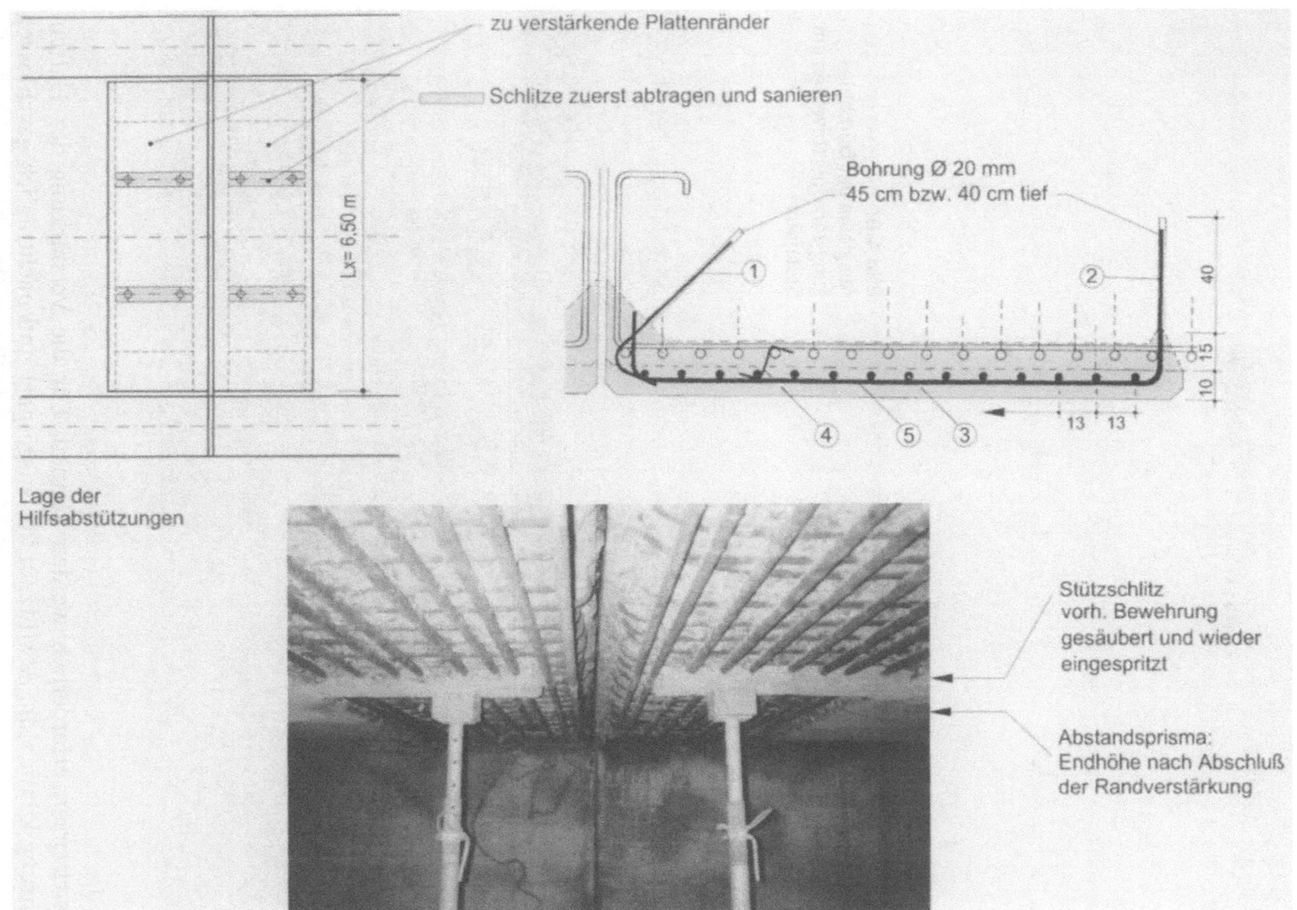

Bild 4.7: Ertüchtigung eines Plattenrandes, vorgeformter Abstützpunkt

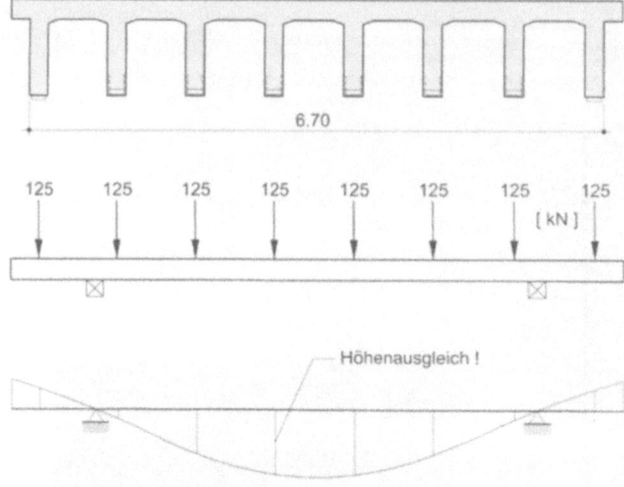

Bild 4.8:
Ausgleich der Durchbiegung von Quertraversen am Stützjoch

Längstraversen erforderlich werden können. Für die Verstärkung der Plattenbewehrung können die Abstützpunkte ausgespart und nachträglich geschlossen werden oder sie werden schon vorher bis zur endgültigen Oberfläche vorgefertigt (Bild 4.7). In diesem Beispiel sind die Stützen allerdings nur kraftschlüssig eingebaut zur Aufnahme von Verkehrslasten während der Bauzeit.

Kommt am Stützjoch eine Quertraverse zum Einsatz, so muss deren Durchbiegung durch Blechzulagen ausgeglichen werden (Bild 4.8). Anderenfalls würde dem Überbau im Endzustand eine abweichende Querverteilung zu Lasten der Randträger aufgezwungen.

4.3.2.3 Verbund, Verankerung, Schubsicherung

Aus den Darlegungen zur Dehnungsverträglichkeit erkennt man, dass hochwertige Materialien in ihren Eigenschaften nur durch Vorspannung ausgenutzt werden können. Geklebte Stahlblechplatten oder eingespritzte bzw. eingeschlitzte Betonstahlzulagen entsprechen den Dehnungsverhältnissen am besten. **Betonstahlzulagen** aus dem jetzt allgemein verwendeten BSt 500 dürfen aber meist ebenfalls nur zu etwa 50% ausgenutzt werden.

Die örtlichen Verbundspannungen sind im Allgemeinen sowohl bei den geklebten als auch bei den eingespritzten Lösungen nicht kritisch [4-78]. Jedenfalls muss man keinen großen Formelapparat bemühen und sollte sich an den einfachen Grundsatz erinnern, dass die zwischen zwei benachbarten Querschnitten ausgewiesene Änderung der Zugkraft eines Bewehrungselementes als Verbundschubspannung aufgenommen werden muss. Wo es möglich ist, die vorhandene Bewehrung und die Bewehrungszulagen durch gemeinsame Bügel oder Klammern zu fassen, sollte das auch ausgeführt werden (siehe Bilder 4.9 und 4.10 sowie 7.2).

Bei der Schubsicherung durch senkrecht nach oben bis zur Druckzone eingebohrte Bügel gemäß Bild 4.10 wird empfohlen, die Bügelbohrungen vom Stegaußenrand weg etwas nach innen zu verlegen, damit in Folge der Bohrungen keine Beschädigung der Betonaußenschale verursacht wird. Die Schubbügel müssen in zwei aufeinander folgenden Arbeitsgängen eingebracht werden und die Zulagen, die zwischen den Bügelschenkeln einzubauen sind, müssen vor dem 2. Bügelgang eingelegt sein.

Die freien Enden von Bewehrungszulagen müssen in jedem Fall bis in die Druckzone nach oben verankert werden. Bei Stahlbetonplatten mit geringer Schubbeanspruchung genügen Bohranker mit Flachblechlaschen, die mehrere Zulageeisen zusammenfassen.

In den Stegen von Stahlbetonträgern kann das senkrechte Durchbohren nach oben im Endbereich zu Schwierigkeiten führen. Dort ist die Wahrscheinlichkeit groß, dass die senkrechte Bohrung auf schräg liegende Schubaufbiegungen der vorhandenen Bewehrung trifft. Es empfiehlt sich daher in diesen Bereichen von vornherein die zusätzlichen Schubverankerungen in der gleichen Richtung, also überwiegend unter 45°, vorzusehen (siehe Bild 4.11).

Bei älteren Stahlbetonträgern kann man im Endbereich beim Freilegen der vorhandenen Bewehrung auch so genannte „schwimmende Eisen" antreffen (siehe Bild 4.12). Diese sind nach heutigem Verständnis als Schubsicherung unwirksam. Man sollte sie jedoch aus konstruktiven Überlegungen mit der vorhandenen und der zugelegten Bewehrung verklammern. Damit ist das Zusammenwirken der Zugzone mit der Schrägaufbiegung gewährleistet und es spricht nichts dagegen, sie auf die Gesamtschubsicherungsbewehrung mit anzurechnen.

Die **Schlitze** für den Einbau von Zusatzbewehrung sollten unter gar keinen Umständen mechanisch hergestellt werden, da dabei Mikrorisse im Betongefüge entstehen, die die Verbundeigenschaften deutlich herabsetzen. Das ist beim Hochdruckwasserstrahlen (HDW) nicht der Fall. Außerdem wird beim Betonabtrag mit Hochdruckwasserstrahl die vorhandene Bewehrung nicht beschädigt.

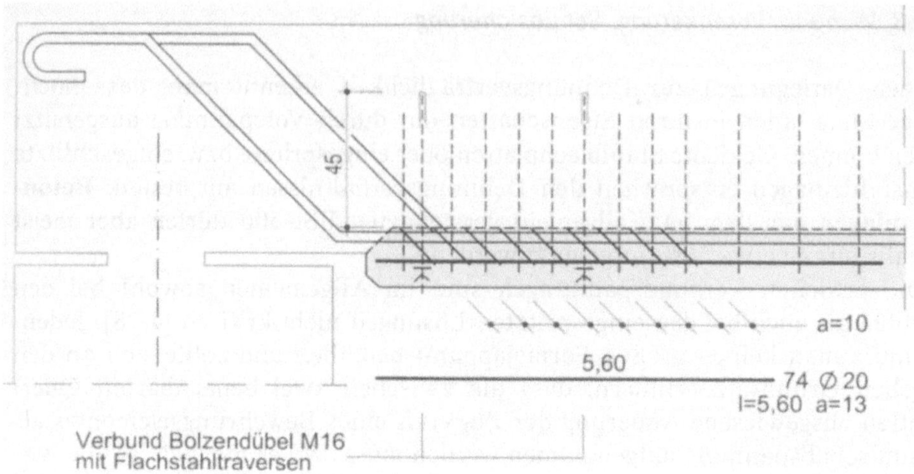

Bild 4.9: Bügelklammern zur Verbindung der Zulagen mit der vorhandenen Bewehrung

Betriebsdrücke um 1000 bar sind für den Betonabtrag geeignet. Dieser kann sowohl mit der Handlanze als auch vorrichtungsgeführt erfolgen [4-51 bis 4-53] (siehe Bild 4.13).

Da Bügel und Querbewehrung unbeschädigt freigelegt werden, kann die Zusatzbewehrung auch darüber bzw. dahinter eingeschoben werden.

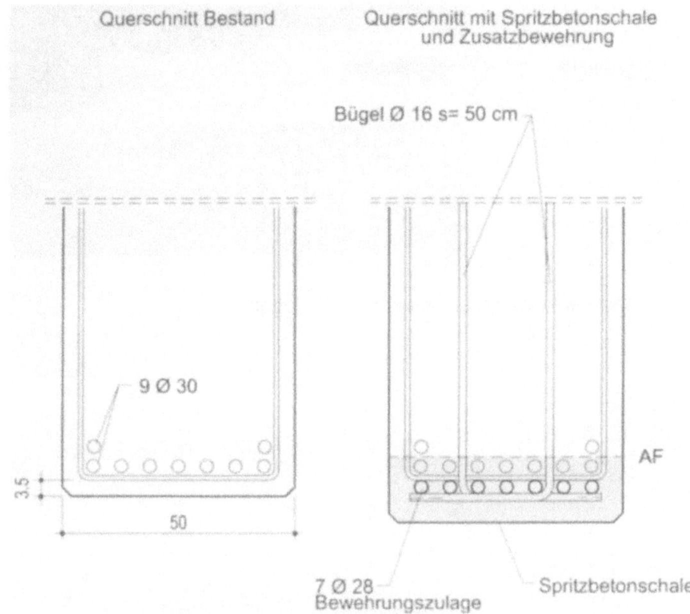

Bild 4.10:
Versetzte einschnittige Bügel für die Zusatzbewehrung

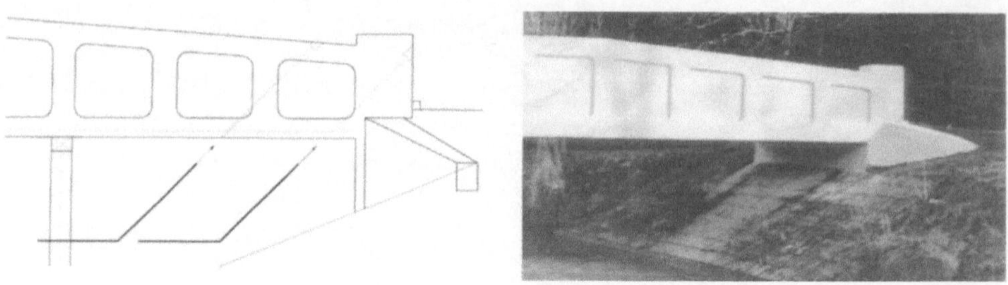

Bild 4.11: Schräg eingebohrte Schubverankerung der Bewehrungszulagen

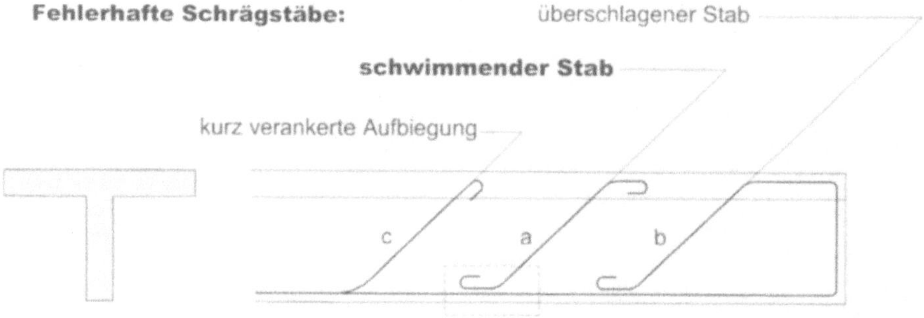

Bild 4.12: „Schwimmendes Eisen" im Bestand als Schubzulage

 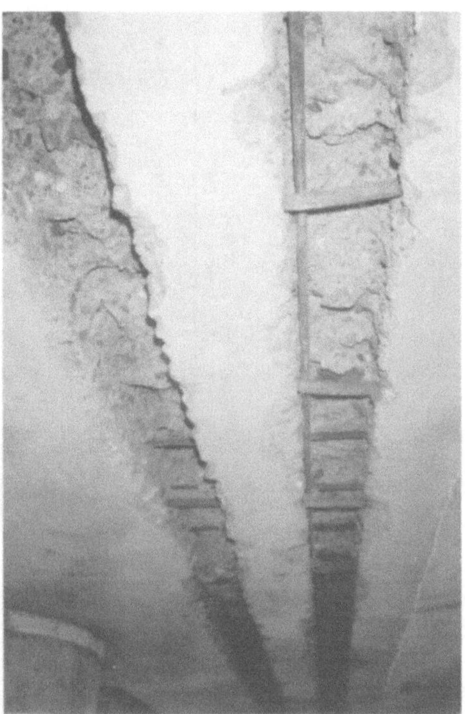

Bild 4.13: HDW-Schlitze 60 mm tief, vorrichtungsgeführt an der Unterseite einer Spannbetonbrücke, Beton etwa B 45

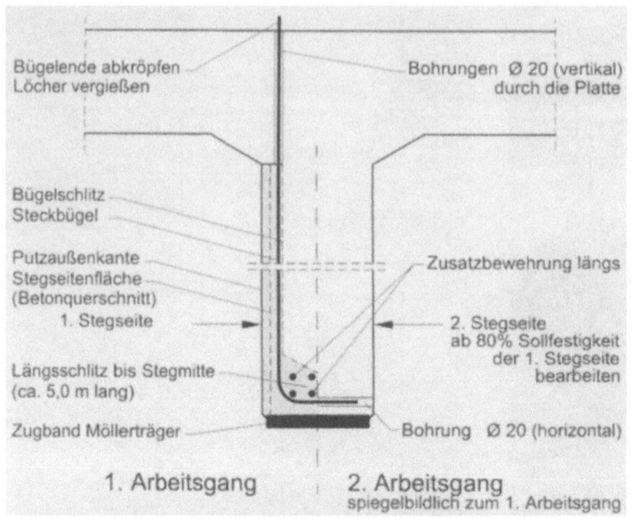

Bild 4.14:
HDW-Schlitz zweistufig über die gesamte Stegbreite
a) 1. Arbeitsgang
b) 2. Arbeitsgang

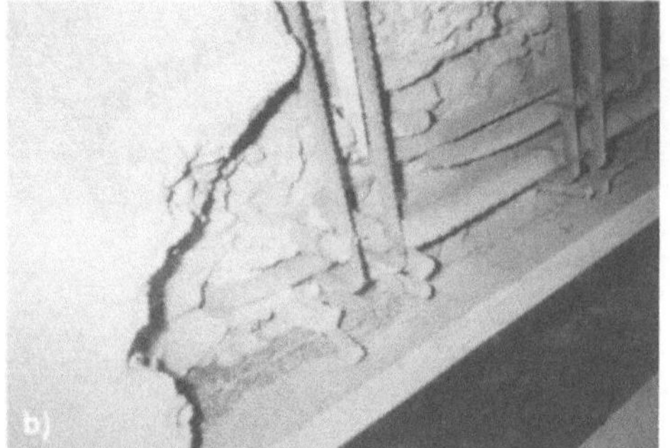

Das Beispiel im Bild 4.14 zeigt Zusatzbewehrung in Betonschlitzen, die mit einer HDW-Handlanze hergestellt wurden. In diesem besonderen Fall eines Möller-Trägers wurde über dem Flachstahlzuggurt von beiden Seiten des Steges nacheinander geschlitzt und Zulagebewehrung eingespritzt. Auf diese Weise wurde über die gesamte Stegbreite oberhalb des Flachstahlzuggurtes der Steg mit Zulagebewehrung ausgestattet und durch Spritzbeton (SPCC) [4-79] erneuert, einschließlich der Kontakt- und Haftfläche zum Flachstahlzuggurt.

Am Ende **einseitig geklebter Laschen** tritt das bekannte Schälproblem auf (Bild 4.15), das durch die Verklebung allein nicht beherrscht werden kann. Die starre Klebefuge bedingt eine Konzentration der Abreißkräfte auf kurzer Länge am Lamellenende und führt zum Bruchversagen im Beton. Es baut sich eine versetzte Zone konzentrierter Abreißkräfte auf, die ebenfalls wieder versagt. Dieser fortschreitende Bruchvorgang wird auch als **Reißverschlussversagen** bezeichnet [4-60]. Bei den eingeschlitzten CFK-Bändern tritt dieser Schäleffekt nicht auf, da sie zweiseitig, also quasi umlaufend verklebt sind [4-77].

Flach aufgeklebte Laschen benötigen daher am Laschenende besondere Verankerungselemente in Form von Klemmplatten, durchgebohrten Schraubenbolzen (nur bei Stahllaschen!) oder Kombinationen mit Blechformstücken, die die Balkenstege seitlich nach oben umfassen. CFK-Lamellen dürfen nicht durchbohrt werden!

Die CFK-Lamellen haben gegenüber Stahl keine ausgeprägte Streckgrenze. Bruchdehnung und Bruchspannung sind jedoch deutlich höher und liegen etwa beim Zweifachen der Werte für Spannstahl. Durch die Festlegung einer gegenüber der Bruchdehnung wesentlich niedrigeren Grenzdehnung von etwa 8‰ und einer entsprechend niedrigeren zulässigen Spannung wird die erforderliche Sicherheit gegen Sprödbruchversagen erreicht. Durch Mischung verschiedener Karbonfasertypen entstehen die hybriden CFK-Lamellen mit niedrigerem E-Modul und etwas günstigerem Bruchverhalten.

Tabelle 4.3 gibt eine vergleichende Übersicht von Materialwerten für die hier aufgeführten Verstärkungselemente [4-54].

Tab. 4.3: Materialkennwerte für Stahl und CFK-Lamellen

Material-wert	Einheit	BSt 220 (St 37-2) alt: St I	BSt 420 alt: St III	BSt 500 alt: St IV	Spannstahl 1570/1770	CFK-Lamellen	
Elastizitäts-modul	N/mm^2	210000	210000	210000	205000 Draht 195000 Litzen	160000 (170000)	300000 (640000)
Zugfestig-keit	N/mm^2	> 340	500	550	1770	2800	7000
Bruchdeh-nung	‰	> 180	100	120	60	16	16
Streck-grenze	N/mm^2	> 220	420	500	1570		
Dehnung	‰	2	2	2,4	7,6		
max. zul. Dehnung	‰	5	5	5	8	8	8
zul. Spannung	N/mm^2	140	240	286	973	1250 (1360)	2400

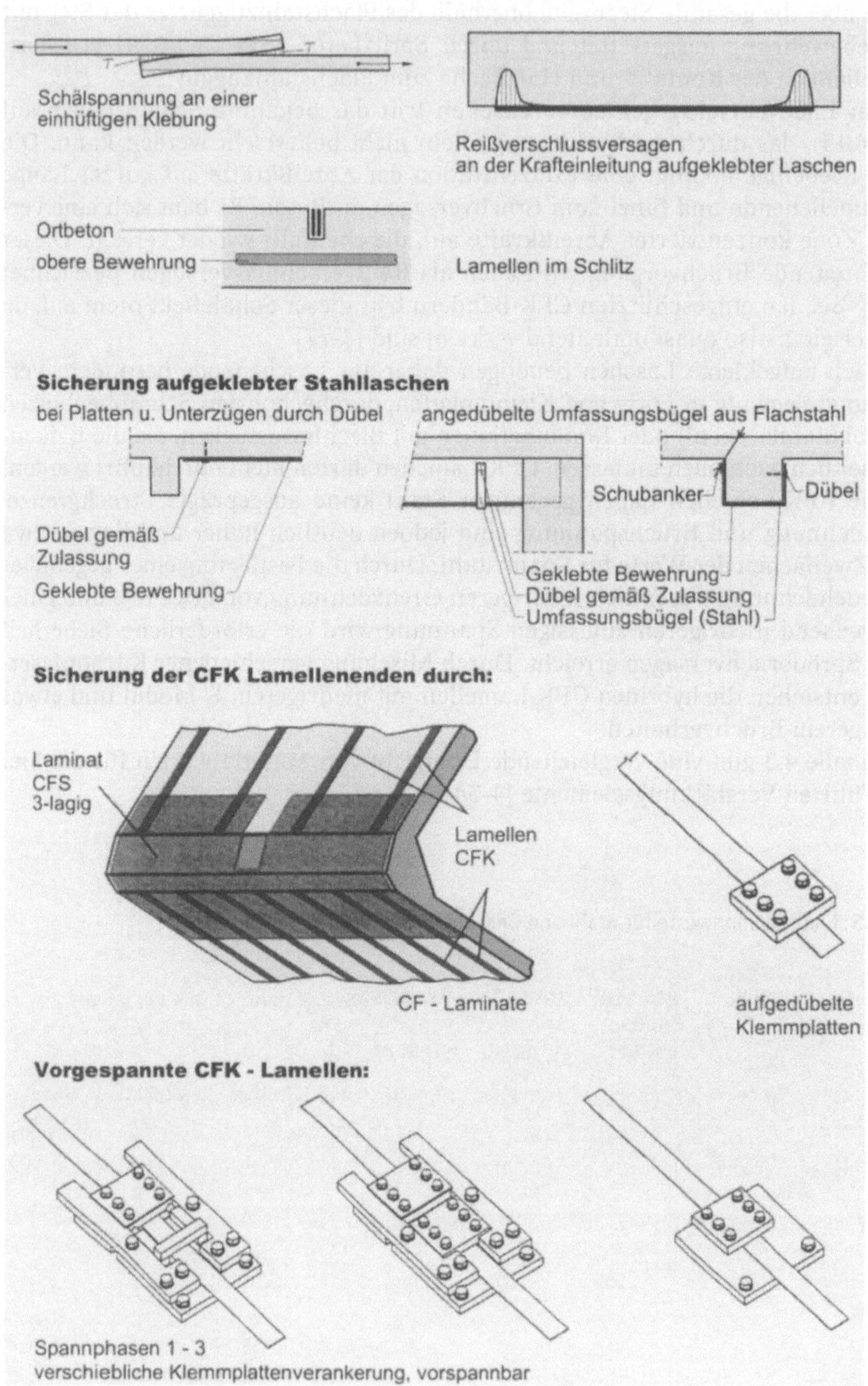

Bild 4.15: Endverankerungen aufgeklebter Laschen [4-60, 4-75]

CFK-Lamellen benötigen eine größere Differenzdehnung, um ihre hohe Zugfestigkeit voll ausnutzen zu können. Sie sind daher im Brückenbau vorwiegend für Fahrbahnplatten und Nebentragglieder geeignet oder ansonsten für biegeweiche Konstruktionen mit großer Differenzdehnung, wie z.B. Holzbalkendecken oder auch Brettschichtholzbalken.

Im Übrigen sind die vorgespannten Systeme die in Zukunft anzustrebende Konstruktionsform. **Vorgespannte CFK-Lamellen** mit einer aufgebolzten Klemmplattenverankerung am Ende sind bereits bauaufsichtlich zugelassen und verfügbar [4-14, 4-15, 4-60]. An anderen Lösungen wird intensiv gearbeitet, so zum Beispiel das Spannen in einer Spanntraverse nach dem Prinzip des Geigenbogens mit stufenweisem thermischem Aktivieren der Verklebung von der Mitte nach außen einerseits und stufenweisem Nachlassen der Spannkraft andererseits. Dabei entsteht eine zu den Endbereichen hin abnehmende Vorspannkraft in der Lamelle, die schließlich eine aufwändige Endverankerung überflüssig machen soll [4-15].

Für das Verkleben von Verstärkungslaschen aus Stahl oder CFK sind folgende Voraussetzungen für die Betonoberfläche zu erfüllen:
– Mindestbetonfestigkeit gemäß einer B 15,
– Ebenheit (nach Fräsen, Strahlen, staubfreiem Absaugen und Glätten):
  1 mm Stich auf 30 cm Länge bzw. 5 mm Stich auf 200 cm Länge,
– Oberflächenzugfestigkeit nach ZTV-SIB $\geq 1{,}5$ N/mm^2,
– Betonfeuchtigkeit oberflächennah (2 cm) ≤ 4 M-% mit CM-Gerät nach ZTV-SIB.

Umfangreiche Anweisungen für die Vorbereitung und Säuberung der Kontaktflächen sind in technischen Merkblättern der Hersteller bzw. in den bauaufsichtlichen Zulassungen enthalten.

Formeln für die Verankerungslänge werden von den Lamellenherstellern angegeben. Abhängig von der Oberflächenzugfestigkeit findet man für die 1,5 mm dicke CFK-Lamelle Verankerungslängen unter 300 mm, für die Bauteilabmessungen bei Brücken also unerheblich.

Für mit CFK-Lamellen verstärkte Bauteile soll der **Biegeverstärkungsgrad** $\eta_B \leq 2$ sein. Das Bruchmoment des verstärkten Querschnitts darf also höchstens doppelt so groß sein wie das Bruchmoment des unverstärkten Ausgangsquerschnittes. Dabei liegen der Berechnung Grenzdehnungen für Betonstahl und CFK-Lamellen zugrunde. Die im Einzelfall verfügbare Dehnungsdifferenz wird dabei vernachlässigt [4-55]. Für die Verhältnisse bei Massivbrücken scheint dieser Nachweis eher realitätsfern zu sein.

Ergänzend zu den Nachweisgrundsätzen für bestehende Tragwerke sind also bei den verstärkten Querschnitten zusätzlich nachzuweisen:
– die Verträglichkeit der Dehnungen (Verfügbare Dehnungsdifferenz),
– die Schubübertragung der Verbund- und Verankerungskräfte.

4.4 Literatur

[4-1]   DÄHNE, H.; SCHELLE, H.: *VOB von A – Z*. 2. Auflage. Verlag C.H. Beck
        1994

[4-2]   BOSSENMAYER, H.: Brauchen wir noch eine neue Normengeneration? In:
        Der Prüfingenieur, April 2000, S. 42–59

[4-3]   POLONYI, S.: Sicherheit – sich absichern. In: *Bautechnik* 72 (1995), H. 3,
        S. 199–205

[4-4]   Der Bundesminister für Verkehr (Hrsg.): *Informationen über Brücken,
        Tunnel und andere Ingenieurbauwerke der Bundesfernstraßen*. Ausg.
        1999

[4-5]   NAUMANN, J.; GROSSMANN, F.: Umstellung der bautechnischen Bestim-
        mungen im Brücken- und Ingenieurbau auf europäische Regelungen. In:
        Bauingenieur 76 (2001), H. 11, S. 523–526

[4-6]   TAUSCHER, F.: *DIN-Fachbericht 100: Beton. Einführung in die neuen
        Regelungen*. Bundesanstalt für Straßenwesen 2001

[4-7]   Deutscher Ausschuss für Stahlbeton (Hrsg.): *DAfStb-Richtlinie: Schutz
        und Instandsetzung von Betonbauteilen. Instandsetzungs-Richtlinie*.
        Beuth-Verlag 2001

[4-8]   *Neufassung der DAfStb-Richtlinie: Schutz und Instandsetzung von
        Betonbauteilen. Instandsetzungs-Richtlinie*. Schulungsmaterial der
        Technischen Akademie Esslingen – Weiterbildungszentrum. Technischen
        Akademie Esslingen Nov. 2001

[4-9]   Der Bundesminister für Verkehr (Hrsg.): *ZTV-K 96: Zusätzliche Techni-
        sche Vertragsbedingungen für Kunstbauten*. Verkehrsblatt-Verlag 1996

[4-10] *EZTV-K. Zusätzliche Technische Vertragsbedingungen für Freistaat
        Bayern*

[4-11] Der Bundesminister für Verkehr (Hrsg.): *ARS 17 / 1999: Richtlinie für
        Betonbrücken mit externen Spanngliedern*.

[4-12] LEONHARDT, F.: *Spannbeton für die Praxis*. 2. Auflage. Ernst & Sohn
        1962, S. 212 und S. 313

[4-13] LEONHARDT, F.; BAUR, W.: *Vorspannung mit konzentrierten Spannglie-
        dern*. Ernst & Sohn 1956

[4-14] ANDRÄ, H.-P.; KÖNIG, G.; MAIER, M.: Einsatz vorgespannter Kohlefaser-
        Lamellen als Oberflächenspannglieder. In: *Beton- und Stahlbetonbau* 96
        (2001), H. 12, S. 737–747

[4-15] Eidgenössische Materialprüfungs- und Forschungsanstalt (Hrsg.): *Effi-
        ziente nachträgliche Verstärkung von Tragwerken. Empa gewinnt inter-
        nationalen Innovationspreis*. Eidgenössische Materialprüfungs- und
        Forschungsanstalt. Medieninformation Mai 2001

[4-16] FEISTEL, D.: Langzeitverformungen an vorgespannten Taktschiebebrücken. In: *Beton- und Stahlbeton* 96 (2001), H. 4, S. 188–195

[4-17] KLINK, T.; MEISSNER, J.; SLOWIK, V.: Dehnungsmessung an einer Spannbetonbrücke mit Faser-Bragg-Gitter-Sensoren. In: *Bautechnik* 74 (1997), H. 6, S. 401–405

[4-18] HOLST, K.-H.: *Brücken aus Stahlbeton und Spannbeton. Entwurf, Konstruktion und Berechnung.* 2. Auflage. Ernst & Sohn 1990

[4-19] LEONHARDT, F.; REIMANN, H.: Betongelenke. In: *Bauingenieur* 41 (1966), H. 2, S. 49–56

[4-20] MÖNNIG, E.; NETZEL, D.: Zur Bemessung von Betongelenken. In: *Bauingenieur* 44 (1969), H. 12, S. 433–439

[4-21] LEONHARDT, F.; MÖNNIG, E.: *Vorlesungen über Massivbau.* Zweiter Teil: Sonderfälle der Bemessung im Stahlbetonbau. Springer-Verlag 1975, S. 91–98

[4-22] DENZLER, H.; BÄNZIGER, D. J.; SALLENBACH, H. H.; FESSLER, E. O.: Betongelenke am Hardturm-Viadukt der SBB in Zürich. In: *Schweizerische Bauzeitung* (1967), H. 33 und 34

[4-23] SOUTTER, D.: Die Stahlbetongelenke an den Viadukten des Verkehrsteiles der Autobahnen in Ecublens. In: *Schweizerische Bauzeitung* (1964), S. 393

[4-24] DRIGERT, K.-A.; GERSTNER, H.: *Erläuterung zum ETV Beton. Berechnung und bauliche Durchbildung.* VEB Verlag für Bauwesen 1982

[4-25] FREUNDT, U.; SCHUCHARDT, J.; MILDNER, K.; LIPPOLD, P.: *Vorschriftenwerk Brücken im Verkehrsbau.* Schriftenreihe Wissenschaft und Technik im Straßenwesen/25. Ministerium für Verkehrswesen der DDR

[4-26] Zentraler Erzeugnisgruppenverband Straßenwesen (Hrsg.): *Empfehlung für das Straßenwesen Sw 121, Februar 1975. Anwendung der „FIP-Richtlinie" für Massivbrücken.*

[4-27] Zentraler Erzeugnisgruppenverband Straßenwesen (Hrsg.): *Empfehlung für das Straßenwesen Sw 120, Oktober 1973. Nachrechnung bestehender Straßenbrücken.*

[4-28] Ministerium für Verkehrswesen der DDR (Hrsg.): *TGL 12999: Nachrechnung bestehender Straßenbrücken.* März 1977

[4-29] Ministerium für Verkehrswesen der DDR (Hrsg.): *Vorschrift der Staatlichen Bauaufsicht – SBA 169/89: Brücken im Verkehrsbau. Nachrechnungen von Straßenbrücken aus Beton und Mauerwerk*

[4-30] Ministerium für Verkehrswesen der DDR (Hrsg.): *TGL 42701/01: Brücken im Verkehrsbau. Lastannahmen für Straßenbrücken. Regellasten, Neubau.* April 1985

[4-31] Der Bundesminister für Verkehr (Hrsg.): *Richtlinie zur Tragfähigkeitsein-stufung bestehender Straßenbrücken der neuen Bundesländer in Last-klassen nach DIN 1072 (Ausg. 12/1985)*. Ausg. 04/1992

[4-32] Der Bundesminister für Verkehr (Hrsg.): *Beispielsammlung für die sta-tische Nachrechnung bestehender Straßenbrücken zur Einstufung in die Brückenklassen der DIN 1072 (Ausg. 12/1985) und STANAG 2021*. Ausg. 12/1991

[4-33] KASCHNER, R.: *Zur Nutzenserweiterung bisher in Brückenklasse 30, 45 oder 60 eingestufter Fertigteilbrücken BT 50 / 70 bzw. BT 500 / 700*. Abschlussbericht. Bundesanstalt für Straßenwesen, Außenstelle Berlin 1997

[4-34] Der Bundesminister für Verkehr (Hrsg.): *Sofortinstandsetzungsmaß-nahmen an Brücken und anderen Ingenieurbauwerken der Bundes-fernstraßen in den neuen Bundesländern*. Sammlung Nr. 1169, I-III. Verkehrsblatt-Verlag 1993

[4-35] VOLLRATH, F.; TATHOFF, H.: *Handbuch der Brückeninstandhaltung*. Beton-Verlag 1990

[4-36] MÜLLER, H.; HOFFMANN, A.; KLUGER, J.: FE - Modellierung von Balken-platten und Platten-Balkenplatten. In: *Bautechnik* 71 (1994), H. 5, S. 134–142

[4-37] SCHAPER, G.; SCHOLE, H.; TRIPPE, K.: Berechnung der Momente von Stahlbetonplatten mit Finite-Elemente-Programmen. In: *Der Prüfingeni-eur*, April 1997, S. 62–77

[4-38] HOBST, E.: Methode der finiten Elemente im Stahlbetonbau. Randbedin-gungen und Singularitäten – wie genau ist die Finite-Elemente-Methode? In: *Beton- und Stahlbetonbau* 95 (2000), H. 10, S. 572–583

[4-39] ROMBACH, G.: *Anwendung der Finite-Elemente-Methode im Betonbau. Fehlerquellen und ihre Vermeidung*. Ernst & Sohn 2000

[4-40] ROMBACH, G.: Prinzipielle Probleme von FEM–Berechnungen im Massiv-bau. In: *Der Prüfingenieur*, Oktober 2001, S. 34–49

[4-41] SCHLAEGER, H.-U.: Nicht immer richtig. Wann sind falsche FEM-Berech-nungen als solche auch zu erkennen? In: *Deutsches Ingenieurblatt* (2001), S. 52–55

[4-42] GILG, B.: Der Randträgereinfluss bei Plattenbrücken. In: *Schweizerische Bauzeitung* 71 (1953), H. 48, S. 701–705

[4-43] IVÁNYI, G.; BUSCHMEYER, W.: Beurteilung älterer Betonbrücken. Erforder-nis von Belastungsversuchen. In: *Beton- und Stahlbetonbau* 91 (1996), H. 1, S. 1–6, H. 2, S. 37–40

[4-44] IVÁNYI, G.: Verfestigung einer alten Stampfbetonbogenreihe durch Injek-tion mit Zementsuspension. In: *Beton-Instandsetzung*, 97. BMI 1/97, S. 131–140

[4-45] GÖTZ, H.: Anwendungstechnische Möglichkeiten durch Injektion mit Zementsuspension anhand von Beispielen. In: *Beton-Instandsetzung*, 97. BMI 1/97, S. 121–130

[4-46] NEUSER, A.: Instandsetzen und Verstärken von Stahlbetonbauteilen mit Spritzbeton. In: *Instandsetzung und Ertüchtigung von Tragwerken. Neue Materialien und Techniken. Bewährte Möglichkeiten.* IBK-Bau-Fachtagung 241: Darmstadt, März 1999

[4-47] ONKEN, P.; MATZDORFF, D.; HANKERS, C.: Verstärkung per Mausklick – Bemessungsprogramm für Spritzbeton. In: *Beton- und Stahlbetonbau* 96 (2001), H. 9, S. A26–A27

[4-48] RANDL, N.; WICKE, M.: Schubübertragung zwischen Alt- und Neubeton. Experimentelle Untersuchungen, theoretischer Hintergrund und Bemessungsansatz. In: *Beton- und Stahlbetonbau* 95 (2000), H. 8, S. 461–473

[4-49] BRÜHWILER, E.; BERNARD, O.; WOLF, S.: Beton-Beton Verbundbauteil bei der Verbreiterung eines Brückenüberbaus. Maßnahmen zur Begrenzung der Rissbildung im neuen Beton. In: *Beton- und Stahlbetonbau* 95 (2000), H. 3, S. 158–166

[4-50] TSCHEGG, E.K.; INGRUBER, M.; SURBERG, G.H.; MÜNGER, F.: Bruchverhalten von Alt-Neubeton – Verbunden mit und ohne Dübelverstärkungen. In: *Bauingenieur* 75 (2000), H. 4, S. 182–188

[4-51] IVÁNYI, G.: Eine neue Technik für die Ertüchtigung alter Betonbauteile in Ingenieurbauwerken. In: *Der Prüfingenieur*, September 1994, S. 24–29

[4-52] IVÁNYI, G.; SCHAUTES, H.; BUSCHMEYER, W.: Verstärken älterer Betonbrücken durch zusätzliche Betonstahlbewehrung. In: *Beton- und Stahlbetonbau* 91 (1996), H. 6, S. 132–137

[4-53] ELIGEHAUSEN, R.; SPIETH, H.; SIPPEL, T. M.: Eingemörtelte Bewehrungsstäbe. Tragverhalten und Bemessung. In: *Beton- und Stahlbetonbau* 94 (1999), H. 12, S. 512–523

[4-54] PETERS, H.: Hochfestes System zur „statischen Verstärkung" mit CFK-Lamellen. In: *Instandsetzung und Ertüchtigung von Tragwerken. Neue Materialien und Techniken. Bewährte Möglichkeiten.* IBK-Bau-Fachtagung 241: Darmstadt, März 1999

[4-55] HAASIS, J.: Die Bemessung von Bauteilverstärkungen mit CFK-Lamellen. Grundlagen, Bemessungsprogramm. In: *Instandsetzung und Ertüchtigung von Tragwerken. Neue Materialien und Techniken. Bewährte Möglichkeiten.* IBK-Bau-Fachtagung 241: Darmstadt, März 1999

[4-56] KAUW, V.; DORNBUSCH, J.: Optimierung der Verwendung von Hochdruck-Wasserstrahl-Systemen (HDWS) bei der Betonuntergrund-Vorbereitung. In: *Beton- und Stahlbetonbau* 92 (1997), H. 6, S. 149–155

[4-57] HANKERS, C.; ROSTÁSY, F. S.: Verbundtragverhalten laschenverstärkter Betonbauteile unter schwellender Verbundbeanspruchung. In: *Beton- und Stahlbetonbau* 92 (1997), H. 1, S. 19–23

[4-58] HESSELLE, J. DE: Kohlenfaserkunststoff, der neue Baustoff für die nachträgliche Verstärkung von Betonbauwerken. In: *Bauingenieur* 72 (1997), H. 6, S. 277–280

[4-59] Deutsches Institut für Bautechnik (Hrsg.): *Richtlinien für das Verstärken von Betonbauteilen durch Ankleben von unidirektionalen kohlenstoffaserverstärkten Kunststofflamellen (CFK-Lamellen).* Fassung September 1998. Vorabzug in: *Bauen mit Textilien* (2000), H. 1, S. 15–20

[4-60] ANDRÄ, H.-P.; MAIER, M.: Zukunftsweisende Entwicklung für Bauteilverstärkung und Ertüchtigung. LEOBA-CarboDur als Oberflächenspannglied. In: *Instandsetzung und Ertüchtigung von Tragwerken. Neue Materialien und Techniken. Bewährte Möglichkeiten.* IBK-Bau-Fachtagung 241: Darmstadt, März 1999

[4-61] KRAMS, J.; STARKE, W.-D.: Brückenverstärkung mit CFK-Lamellen. In: *Bautechnik* 76 (1999), H. 2, S. 184–187

[4-62] WÖRNER, J.-D.; DEUSSER, S.: Tragende faserverstärkte Kunststoffe im Bauwesen. In: *Der Prüfingenieur,* Oktober 1999, S. 34–39

[4-63] BLASCHKO, M.; ZILCH, K.: Verstärken einer historischen Bogenbrücke mit CFK. In: *Bauingenieur* 74 (1999), H. 10, S. 458–459

[4-64] SEIM, W.; KARBHARI, V.; SEIBLE, F.: Nachträgliches Verstärken von Stahlbetonplatten mit faserverstärkten Kunststoffen. In: *Beton- und Stahlbetonbau* 94 (1999), H. 11, S. 440–456

[4-65] FISCHER, L.: Tragwerksverstärkungen mit CFK-Lamellen. Anwendung bei Stahlbeton- und Spannbetonbauteilen. In: *Bauen mit Textilien* (2000), H. 1, S. 13–14

[4-66] MEIER, U.: Instandsetzung von Bauwerken mit kohlenstoffaserverstärkten Kunststoffen. In: *Beton- und Stahlbetonbau* 95 (2000), H. 3, S. 134–142

[4-67] Ein Heftpflaster für geschundene Brücken. Aufgeklebte CFK–Bänder verstärken Betonbauwerke. In: *Neue Zürcher Zeitung* Nr. 199 vom 29.08.2001, S. 69

[4-68] NEUBAUER, U.; ROSTÁSY, F. S.; Budelmann, H.: Verbundtragfähigkeit geklebter CFK-Lamellen für die Bauteilverstärkung. In: *Bautechnik* 78 (2001), H. 10, S. 681–692

[4-69] NIEDERMEIER, R.; ZILCH, K.: Zugkraftdeckung bei klebearmierten Bauteilen. In: *Beton- und Stahlbetonbau* 96 (2001), H. 12, S. 759–770

[4-70] BERGMEISTER, K.; GUGGENBERGER, A.; WEINGARTNER, E.: Karbonfaserbewehrung im Fertigteilbau. In: *Beton- und Stahlbetonbau* 97 (2002), H. 1, S. 36–42

[4-71] BERGMEISTER, K.: Tragwerksverstärkung durch externe Vorspannung. Verbesserung der Biege-, Schub- und Torsionstragfähigkeit. In: *Beton- und Stahlbetonbau* 95 (2000), H. 4, S. 253–253

[4-72] HOPPE-JOHNEN, B.; UHLENBERG, J.; BUCHERT, N.: Verstärkung der Brücke Benediktusstraße durch eine externe Vorspannung. In: *Bauingenieur* 75 (2000), H. 4, S. 172–176

[4-73] *Finite Elemente in der Baupraxis. Modellierung, Berechnung und Konstruktion.* FEM 98. Beiträge zur Tagung an der Technischen Universität Darmstadt am 5. und 6. März 1998

[4-74] DROESE, S.: Eine fast vergessene Brückenbauweise: Hängegurtbrücken „System Möller". In: *Bautechnik* 76 (1999), H. 8, S. 625 – 634

[4-75] ONKEN, P.; VOM BERG, W.; NEUBAUER, U.: Verstärkung der West Gate Bridge, Melbourne. In: *Beton- und Stahlbetonbau* 87 (2002), H. 2, S. 94 – 104

[4-76] Rödl GmbH, Nürnberg: *Verfahren und Vorrichtung zur Anbringung einer Zusatzbewehrung an einem armierten Betonbauteil.* Patentschrift DE 43 33 782 C 2 vom 30.03.1995, geändert am 21.10.1999.

[4-77] ZILCH, K.; ZEHETMAIER, G.: Verstärken von Brücken mit eingeschlitzt verklebten CFK-Lamellen. In: *Tagungsmaterial zum VFSVI-Bayern-Seminar 265: Ingenieurbau 2002*

[4-78] ELIGEHAUSEN, R.; SPIETH, H.: Anschlüsse mit nachträglich eingemörtelten Bewehrungsstäben. Verbundlängen eingemörtelter Bewehrungsstäbe sollten nach DIN 1045 oder Eurocode 2 bemessen werden. In: *Der Prüfingenieur*, April 2000, S. 14–28

[4-79] HAASIS, J.: Kunststoffmodifizierte Zementmörtel (SPCC). Grundlagen – Verarbeitung – Qualitätssicherung. In: *Beton- und Stahlbetonbau* 95 (2000), H. 3, S. 174–181

[4-80] DIN: *DIN 1076: Ingenieurbauwerke im Zuge von Straßen und Wegen – Überwachung und Prüfung.* Ausg. 11/1999. Beuth Verlag

[4-81] DIN: *DIN 1072: Straßen- und Wegbrücken, Lastannahmen.* Ausg. 12/85. Beuth Verlag

[4-82] DIN: *DIN 4227: Spannbeton, Bauteile aus Normalbeton mit beschränkter oder voller Vorspannung.* Ausg. 07/88. Beuth Verlag

[4-83] DIN: *DIN 1045: Beton und Stahlbeton, Bemessung und Ausführung.* Ausg. 07/88. Beuth Verlag

5 Bauwerks- und Bauschadensanalyse sowie ausgewählte Instandsetzungsverfahren

5.1 Verfahren zur Bestandsaufnahme sowie Bauwerks- und Bauschadensanalyse

Zusammenfassung:
Vor der Instandsetzung von Brückenbauwerken ist eine umfangreiche Bestandsaufnahme sowie Bauwerks- und Bauschadensanalyse erforderlich. Vorgesehene Instandsetzungssysteme müssen sorgfältig auf die vorhandenen, spezifischen Eigenschaften der verbauten Werkstoffe abgestimmt sein. In nachfolgendem Kapitel werden ausgewählte Verfahren zur Bestandsaufnahme, hier vor allem die Bauwerksprüfung und die Architekturfotogrammetrie, sowie Materialprüfungen und Bodenerkundungen am Bauwerk einschließlich weiterführende Untersuchungen an Bauwerksproben im Labor im Rahmen von Material- und Baugrundgutachten beschrieben.

5.1.1 Verfahren zur Bestandsaufnahme

5.1.1.1 Bauwerksprüfung

Das Bewusstsein für die Bedeutung der Bestandspflege im Brückenbau scheint sich positiv zu entwickeln. Turnusmäßige Brückenprüfungen sind die Grundlage. Reger Erfahrungsaustausch der beteiligten Bauwerksprüfingenieure und Spezialisten sollte der Schlüssel zum Erfolg in der Pflege der vorhandenen Bauwerke werden.

Vorschriften
Für Brücken und Ingenieurbauwerke sind in der DIN 1076 [5-60] turnusmäßige Inspektionen vorgeschrieben. Entsprechende Vorschriften gelten auch in anderen Ländern, wie z.B. in der Schweiz [5-61], oder auch in anderen Wirtschaftsbereichen wie für die Deutsche Bundesbahn in der DS 803 [5-62] und der DS 805 [5-63].

Alle legen begrifflich ein mehr oder weniger abgestuftes System der Inspektionen zugrunde. So unterscheidet die DIN 1076 wie folgt:

- laufende Beobachtung   – zweimal jährlich,
- regelmäßige Beobachtung   – einmal jährlich,
- einfache Prüfung   – alle drei Jahre,
- Hauptprüfung   – alle sechs Jahre,
- Sonderprüfung   – aus besonderem Anlass.

Damit sollte es möglich sein, für alle Bauwerke problematische Befunde rechtzeitig zu erkennen und z.B. Reparaturen oder Instandsetzungen an Entwässerungseinrichtungen, an Dichtungen und Fugen oder an Fahrbahnübergangskonstruktionen vorzunehmen, bevor weiter gehende Folgeschäden und dementsprechende Kosten entstehen. Diesem eigentlichen Ziel sind wir aber offensichtlich noch nicht viel näher gekommen. Der Gesamtbestand an Bauwerken wächst schneller als die Aufwendungen zur Bestandspflege. Der Verschleiß durch die zunehmende Dichte schwerer Achslasten auf Autobahnen ist ein weiteres schwer wiegendes Problem [5-69].

Die hundertprozentige Umsetzung der o.g. Inspektionsvorschriften erfordert einen entsprechenden Aufwand an qualifiziertem Personal und Verwaltungskosten. Wem es daran mehr mangelt – den Straßenbauverwaltungen der Länder, den kommunalen Bauämtern oder der Deutschen Bahn –, sei dahingestellt. Immer gibt es die Versuchung, dieses oder jenes kleinere Bauwerk mal im Turnus auszulassen. Aber auch ein „kleines Brückchen" kann Auslöser einer großen Havarie werden oder mindestens zur Sperrung eines ganzen Straßenzuges oder Streckenabschnittes führen.

Prüfergebnisse
Neben ihrer Bedeutung für das Einzelbauwerk sind die Prüfergebnisse in ihrer statistischen Gesamtheit die wichtigste Grundlage, um die Bereitstellung von Mitteln für die Bestandspflege und ihre zweckentsprechende Verteilung zu begründen.

Dazu ist natürlich eine Normierung der Einzelbewertungen und ihre Verdichtung zu einer Bauzustandsnote für das jeweilige Bauwerk erforderlich. In der RI-EBW-PRÜF [5-64] ist die Bewertung von Schäden und Mängeln für Brücken in Deutschland in die Attribute
- Standsicherheit   **S** Bewertung: 0 bis 4,
- Verkehrssicherheit   **V** Bewertung: 0 bis 4,
- Dauerhaftigkeit   **D** Bewertung: 0 bis 4,
untergliedert und durch zugeordnete Bewertungstabellen näher erläutert. In einem Anhang sind umfangreich typische Befunde und ihre Bewertungen zur leichteren Einarbeitung beigefügt.

Für die Bauwerkszustandsnote sind folgende Wertebereiche vorgesehen:
1,0 bis 1,4 – sehr guter Bauwerkszustand
1,5 bis 1,9 – guter Bauwerkszustand
2,0 bis 2,4 – befriedigender Bauwerkszustand
2,5 bis 2,9 – noch ausreichender Bauwerkszustand
3,0 bis 3,4 – kritischer Bauwerkszustand
3,5 bis 4,0 – ungenügender Bauwerkszustand

Um die Wahl der Bauwerkszustandsnote zu objektivieren, wird sie aus den Bewertungen der Einzelbefunde automatisch errechnet. Dazu muss das Programmsystem SIB-Bauwerke eingesetzt werden [5-70], woraus auch das Mitführen einer Kommastelle verständlich wird.

Da das Programmsystem nicht kostenfrei bereitgestellt und gepflegt wird, ist diese Lösung zwar wettbewerbsrechtlich bedenklich, aber sie erzwingt die Entstehung einer vereinheitlichten Datenbasis.

In der Schweiz und in Österreich wird die Einteilung in Zustandsklassen von 1 bis 5 praktiziert [5-65]. Für verschiedene Bauarten, Bauteile bzw. Schadenstypen sind in einem Schadenskatalog differenzierte Bewertungstabellen bereitgestellt. Die Einzelnoten werden mit dem jeweiligen Schadensanteil in Prozent bewertet und zu einer Gesamtzustandsnote zusammengeführt. Siehe hierzu auch Tabelle 2.1 im Kapitel 2.1 und die Grafiken zum Zusammenhang zwischen Bestandsstatistik und Zustandsnoten (Bilder 2.1 bis 2.6).

Um die Bauwerksprüfungen mit einer einheitlichen Qualität und im notwendigen Umfang durchzuführen sowie den Aufwand an Personal und Kosten richtig einzuschätzen, wurden in [5-66] entsprechende Leistungsabgrenzungen formuliert und auf dieser Basis eine statistische Erhebung ausgewertet. Gegenüber Regelleistungsbildern für die einfache Prüfung und die Hauptprüfung wurden besondere Leistungen und weiter gehende Prüfungen wie folgt abgegrenzt:
– Verkehrssicherungen,
– Besichtigungsgeräte und Rüstungen,
– Abdeckungen öffnen und schließen,
– Reinigungen, Bewuchs entfernen,
– weiter gehende Kontrollmessungen,
– weiter gehende Prüfungen im Einzelfall.

Zu den Letztgenannten zählen insbesondere zerstörende Prüfungen und Entnahme von Materialproben mit Auswertung im Labor, endoskopische Untersuchungen sowie Potenzialfeldmessungen, Ultraschallprüfungen usw. Gelegentlich wird auch empfohlen, den Hauptprüfungen eine begleitende Untersuchung der Baustoffeigenschaften zuzuordnen [5-71]. Das kann im Einzelfall bei einer absehbar notwendigen Instandsetzung sicher sinnvoll sein. Man sollte aber immer bedenken, welche Befunde für eine ausschreibungsreife Instandsetzungsplanung notwendig sind und welche davon besser im Rahmen der Baudurchführung, also z.B. erst nach Freilegen einer Dichtungsebene, erhoben werden, um endgültige Mengenkorrekturen vorzunehmen.

Große Erwartungen werden an die weitere Entwicklung von Verfahren der zerstörungsfreien Materialprüfung gestellt [5-73]. Sie basieren auf der Auswertung verschiedener physikalischer Effekte, wie z.B. reflektierter Ultraschallwellen beim Impuls-Echo-Verfahren, elektromagnetischer Wellen mit den dadurch angeregten Reaktionen als magnetische oder dielektrische Felder, oder auch der besonderen Dämpfungseigenschaften von Lichtwellenleitern. Auch die klassischen Dehnungsmessverfahren, die die Änderung der Induktivität oder des elektrischen Widerstandes nutzen (Dehnungsmessstreifen, Extensiometer, Druckmessdosen

usw.) gehören natürlich dazu. Es ist wichtig, dass neue Verfahrensangebote von der Bundesanstalt für Straßenwesen an geeigneten Bauwerken erprobt und ausgewertet werden. Der Anwender muss sich für seine Entscheidung im Einzelfall auf die folgenden Fragestellungen konzentrieren:
– Welche Messwerte werden im Ergebnis bereitgestellt?
– Welche Bezugswerte stehen zur Bewertung zur Verfügung?
– Welche Aussagen mit welcher Wahrscheinlichkeit sind daraus ableitbar?
– Welche Konsequenzen ergeben sich für den weiteren Fortgang der Planung von Erhaltungsmaßnahmen?

Das Impakt-Echo-Verfahren ist in der Baupraxis bereits bewährt und gut eingeführt. Es liefert Aussagen zur Bauteildicke und zur Lokalisierung von Fehlstellen. Wichtige Einsatzgebiete sind z.B. die Dickenprüfung von Tunnelinnenschalen, die Bestimmung der Risstiefe von Oberflächenrissen und die flächenhafte Überprüfung der Betonqualität [5-76].

Die Ultraschall-Echo-Verfahren sind ähnlich einsetzbar zur Ortung von Fehlstellen im Beton und zur Ortung von Stählen und Spanngliedern. Das hierzu gehörende Impuls-Echo-Verfahren liegt beispielsweise der dynamischen Pfahlprobebelastung sowie dem Integritätsnachweis für Bohrpfähle zugrunde.

Das Georadarverfahren wertet Grenzflächenreflexionen an Materialien mit unterschiedlichen dielektrischen Eigenschaften aus. Damit wird die flächige Ortung von Bewehrung und Spanngliedern möglich, wie z.B. in Fahrbahnplatten. Auch Aussagen zu Korrosionsschäden und zur Chloridisierung des Betons sollen künftig möglich sein.

Mittels Potenzialfeldmessungen auf der Betonoberfläche können Bereiche mit aktiver Bewehrungskorrosion geortet werden (siehe hierzu Kapitel 5.1.3.4). Magnetfeldmessungen eignen sich zur Bestimmung der Tiefenlage der Bewehrung sowie zur Lokalisierung von Spannstahlbruchstellen.

Faseroptische Sensoren [5-74, 4-17] bieten für Formänderungsmessungen erweiterte Einsatzmöglichkeiten. Sie sind temperaturunempfindlich und daher praktisch kalibrierungsfrei über längere Zeit auswertbar. Je nach Einsatzgebiet sind beliebig abgestufte Längen und korrosionsfeste Applikationen der Sensoren möglich. Statische oder dynamische Messgrößen können verzögerungsfrei aufgenommen werden. Die Firmenpräsentation [5-74] enthält eindrucksvolle Anwendungsbeispiele.

Bei Überlegungen zu den Einsatzmöglichkeiten im Brückenbau muss beim Preis-Leistungs-Verhältnis bedacht werden, dass die Ergebnisse von Formänderungsmessungen nur im Vergleich zu vorausberechneten Bezugswerten zu einer qualitativen Aussage führen. Das Monitoring, d.h. die Übertragung der Messwerte oder ihre Zwischenspeicherung auf Abruf, ist natürlich nicht an die Art der Sensoren gebunden, sondern auch mit anderen Messgrößen zu praktizieren. So kann die zeitparallele Zuordnung von meteorologischen Daten für die Auswertung notwendig sein.

Abschließend sei noch einmal an das Ziel einheitlicher Prüfdaten erinnert: Datenbanken sollen der Planung des Gesamtaufwandes der Bestandspflege dienen und auch Hinweise und Empfehlungen für den Einzelfall geben können.

Schädigungsprognosen unter Berücksichtigung der Entwicklung der Einwirkungen aus dem Schwerlastverkehr sollen möglich sein [5-67, 5-69]. Eine besondere Herausforderung entsteht aus der Notwendigkeit des Datentransfers von und zu anderen Systemen, wie z.B. Straßendatenbanken, Straßenentwurfssystemen und grafischen Informationssystemen. Dazu soll der Objektkatalog für das Straßen- und Verkehrswesen OKSTRA geschaffen werden [5-68].

Qualifizierung von Bauwerksprüfingenieuren
Was wird vom Bauwerksprüfingenieur erwartet?

Das Wissensprofil sollte die verschiedenen Materialarten und Bauformen vom Natursteingewölbe bis zur Spannbeton- oder Stahlbrücke umfassen. Neben dem aktuellen Vorschriftenwerk sind Kenntnisse der Technikgeschichte und der technischen Spezifikationen aus den jeweiligen Bauzeiten der Brücken zweckmäßig.

Die umfänglichen Form- und Verfahrensvorschriften seines Ressorts, die Verwaltung des eigenen Bauwerksbestandes, die Pflege der Bestandsunterlagen bis zur laufenden Aktualisierung der lokalen und zentralen Datenbanken sollten tägliche Routine sein. Dazu kommen vielleicht hier und da noch eine Bauüberwachung mit Rechnungsprüfungen sowie Nachtragsstreitigkeiten und schließlich die eigentlichen Brückenprüfungen vor Ort. Da muss natürlich auch noch Wissen über Einsatzplanung und Sicherheit und Gesundheitsschutz verlangt werden. Solche Universalisten kommen von keiner Universität, sondern können sich nur in jahrelanger Berufspraxis entwickeln.

Arbeitsteilung und Spezialisierung sind erforderlich, ergänzt durch regelmäßigen Erfahrungsaustausch und durch Weiterbildungsangebote. Vom Bund-Länder-Hauptausschuss Brücken und Ingenieurbau wurde ein erstes Lehrgangsprofil vorbereitet [5-72], das bald zu einer Standard-Fortbildung werden sollte.

Das Spezialwissen des erfahrenen Bauingenieurs ist vor allem unersetzlich für die Analyse der angetroffenen Befunde, das Erkennen von Ursachen und die Erarbeitung von entsprechenden Lösungsvorschlägen.

Die anderen Tätigkeiten der Brückenprüfung erfordern zwar Sorgfalt und Zuverlässigkeit und möglichst Ortskenntnisse zum Bauwerk, können aber auch in andere Hände gelegt werden. Einsatzvorbereitung, einschließlich Fahrzeug und Geräte, kann ein erfahrener Meister oder ein eingewiesener Ingenieurabsolvent übernehmen.

Datenerfassung vor Ort ist wohl eher ein überflüssiger Schönwettergedanke. Mit Kamera, Diktiergerät und Fernglas hat man alle Hände voll zu tun. Der Feldbuchrahmen mit den Arbeitskopien der Befunde der letzten Prüfung zum Vergleich gehört auch noch in Reichweite. Effektiver scheint es daher, die Befunde im Büro anhand der Bildauswertungen zusammenzustellen und die Prüfberichte auszudrucken bzw. die Daten an die lokalen und zentralen Datenbanken zu übergeben.

Neben diesen Überlegungen zur Arbeitsteilung wird der Bauwerksprüfer sich vernünftigerweise auf ein Spezialgebiet konzentrieren, in dessen Bereich die Mehrzahl der ihm anvertrauten Bauwerke eingeordnet ist. Im Idealfall hat er über viele Jahre den Überblick über seinen Bestand und sein Erfahrungsschatz ist mit allen Veränderungen entsprechend mitgewachsen. Seine Ausnahmefälle sollte er jedoch geeigneten Ingenieurbüros anvertrauen.

Brückenprüfung durch Ingenieurbüros
Viele Ingenieurbüros verfügen über qualifizierte Bauwerksprüfer und natürlich
auch über die geforderten Erfassungsprogramme. Das starke Interesse der Pla-
nungsbüros an Bauwerksprüfungen erklärt sich daraus, dass damit wertvolle
Erfahrungen gewonnen werden, die der Qualifizierung der laufenden Planungen
zugute kommen.

Wenn es insbesondere um die Prüfung von Bauwerken geht, die vom betreffenden Büro oder dessen Mitarbeitern ehemals geplant wurden, ist ein fruchtbarer
Erfahrungsrücklauf zum gegenseitigen Vorteil zu erwarten.

Auch bei der Vergabe von Prüfaufträgen sind die grundsätzlichen Rahmenbedingungen der VOF [5-77] zu beachten. Für die Ausschreibung sollten Regelleistungen und die besonderen Leistungen in Anlehnung an [5-66] getrennt benannt
werden. Für die Regelleistungen wird der Bieter seine Aufwandskalkulation (Zeit-
aufwand, Schwierigkeitsgrad, Haftungsrisiko gemäß § 3 VOF) vorlegen, während
die besonderen Leistungen im Verhandlungsverfahren einvernehmlich mit dem
Auftraggeber nach vorliegenden Angeboten ausgewählt werden können. Unter
wirtschaftlichen Gesichtspunkten sind die Regelungen zu den Möglichkeiten wie-
derholter Vergabe nach § 5, Abs. f von Interesse. Damit wäre – ebenfalls wieder
durchaus in gegenseitigem Interesse – die spezialisierte Betreuung einer bestimmten Gruppe von Bauwerken möglich.

Aber auch die Vergabe von Teilleistungen der Bauwerksprüfung kann bei hybriden Bauweisen oder auch bei Großbrücken im beiderseitigen Interesse liegen,
wenn bestimmte eigene Spezialkapazität fehlt [7-78].

Problembeispiel: Lagerung
Dieses Beispiel soll der Illustration dazu dienen, dass vom Bauwerksprüfingenieur auf dem Weg zwischen Befund und Ursache Überlegungen verlangt werden,
die so nirgendwo geregelt oder beschrieben sind. In der DIN 1076 [5-60] sind im
Abschnitt 5.2.7 die Lager und Übergangskonstruktionen angesprochen. Für die
Lager gibt es auch noch weiter gehende Prüfanweisungen der Hersteller. Dass aber
trotz intakter Lager die Lagerung insgesamt schadhaft sein kann bzw. ihren Soll-
zustand verlassen haben kann, sollen folgende Fälle kurz beleuchten.

Im Fall im Bild 5.1 trat ein zunächst unerklärlicher Schubriss an der ersten
Innenstütze auf. Die Auswertung der Langzeit-Kontrollmessungen an dem Ent-
nahmeturm zeigten jahreszeitliche irreguläre Auslenkungen in Längsrichtung der
Brücke. Soweit einsehbar waren die Elastomerlager und die horizontale Lagerfuge
am Turm ohne Befund. Die Ursache stellt sich letztlich wie folgt dar: Die Brücke
war ursprünglich in Querlage am Hang gefertigt und danach mit Hilfsabspan-
nung eingedreht worden [5-71]. Nach Einlagerung am Turm wurde nachträglich
die Turmdecke betoniert. Die verlorene Schalung gegen den Endquerträger der
Brücke war an der unteren Ecke unterlaufen. Diese Betonplombe blockierte die
Brücke. Von einer Hängerüstung aus wurden zunächst Pressennischen in der
Turmwand ausgebildet. Der relativ biegeweiche Überbau konnte dann um etwa
10 cm ausgehoben werden, um die Blockierung wegzustemmen. Langzeitmessun-
gen an der Lagerfuge brachten danach den erwarteten Nachweis der regulären
Beweglichkeit der Brücke.

Bild 5.1: Spannbetonbrücke an der Talsperre Zeulenroda (Länge: 120 m). Ein Schubriss an der Innenstütze weist auf eine Lagerblockade am Endauflager

Im Fall der Elsterbrücke in Gera [5-81] im Bild 5.2 wurden zweidimensionale Fugenspaltmessungen erforderlich. Das Problem der Zwängungsrotation schiefer, vorgespannter Rahmen führt zu einer zusätzlichen Tangentialbewegung in den Fahrbahnübergangsfugen [5-80]. Bei einer Instandsetzung 1993 mussten unter anderem die Fahrbahnübergangsfugen erneuert werden. Nach Freilegen kam an der Spitze Ecke oberstrom eine Betonblockade zwischen der Brücke und der anschließenden Stützmauer zum Vorschein und musste beseitigt werden. Nach Abschluss der Instandsetzung wurde an jeder Ecke ein Messpunktdreieck angebracht und turnusmäßig mittels Schieblehre über dem Lagerfugenspalt vermessen. In Abhängigkeit zur Bauwerkstemperatur wurden die ursprünglich an einem maßstäblichen Kunststoffmodell prognostizierten orthogonalen und tangentialen Bewegungen in etwa wieder erreicht.

Das Problem der Blockierung der Lagerung kommt auch relativ häufig bei eigentlich lagerlosen Brücken vor. Nicht fachgerecht ausgeführte verlorene Schalungen, z.B. aus in den 60er und 70er Jahren üblichen HWL-Platten (Holzwolle-Leichtbauplatten) mit Abdeckung aus unbesandeter Bitumenpappe, führen auch bei Einfeldplattenbrücken zu Blockierungen mit typischen Schrägrissbildern in den seitlichen Widerlagerschürzen und in den darüber liegenden Kragplatten.

Ein- und mehrfeldrige Fertigteilbrücken, auf Mörtelleisten montiert, wurden als horizontal-elastisch gelagerte Durchlaufträger berechnet. Die angenommene Symmetrie der Verhältnisse in der Kontaktfuge an den Brückenenden zwischen Überbau und anschließender Dammschüttung gibt es praktisch aber nicht. Wenn eine der Endfugen etwas steifer reagiert, wird das typische Pumpen der Fugen infolge Wassereinfluss und Frost-Tau-Wechsel an der anderen Endfuge umso stärker. Über Jahre führt dieser Prozess zum Festsitzen eines Endauflagers und der

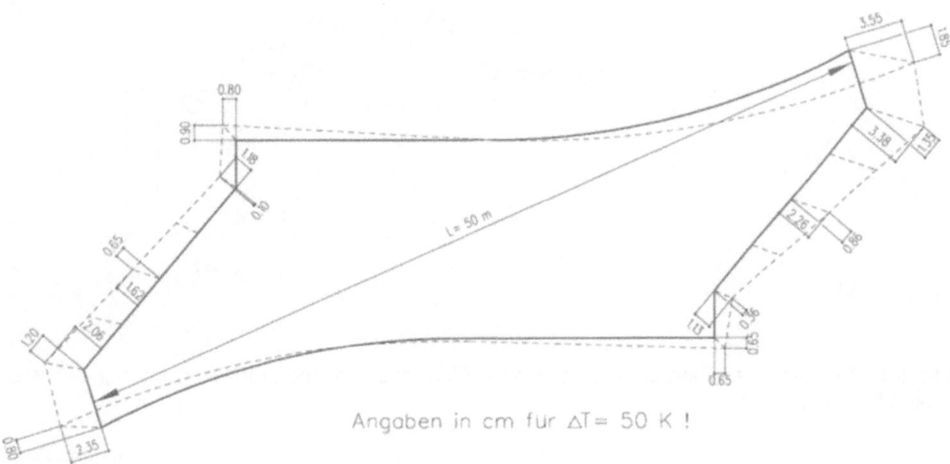

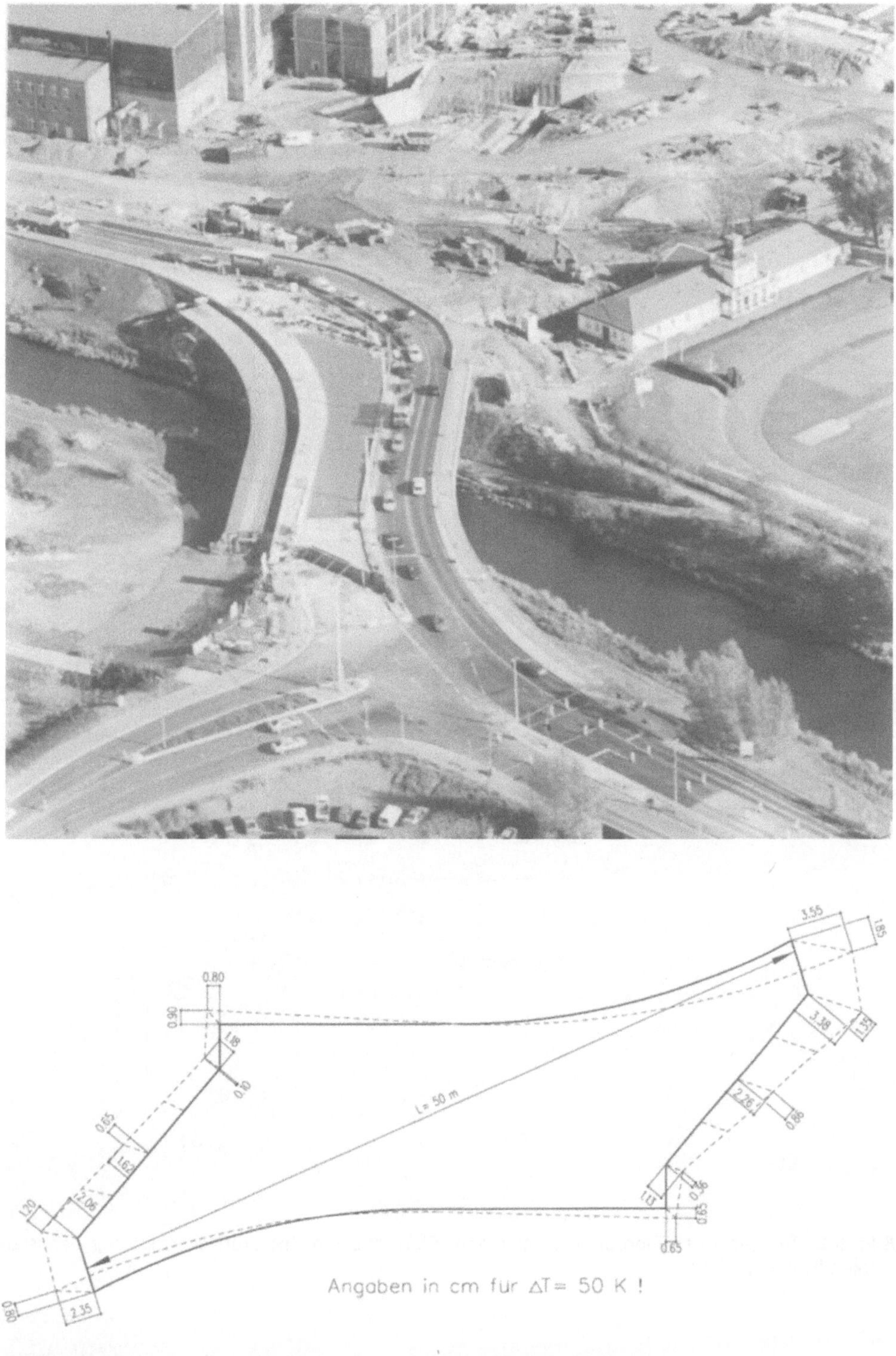

Bild 5.2: Schiefer Spannbetonrahmen über die Weiße Elster in Gera. Zweidimensionale Verschiebungsmessungen

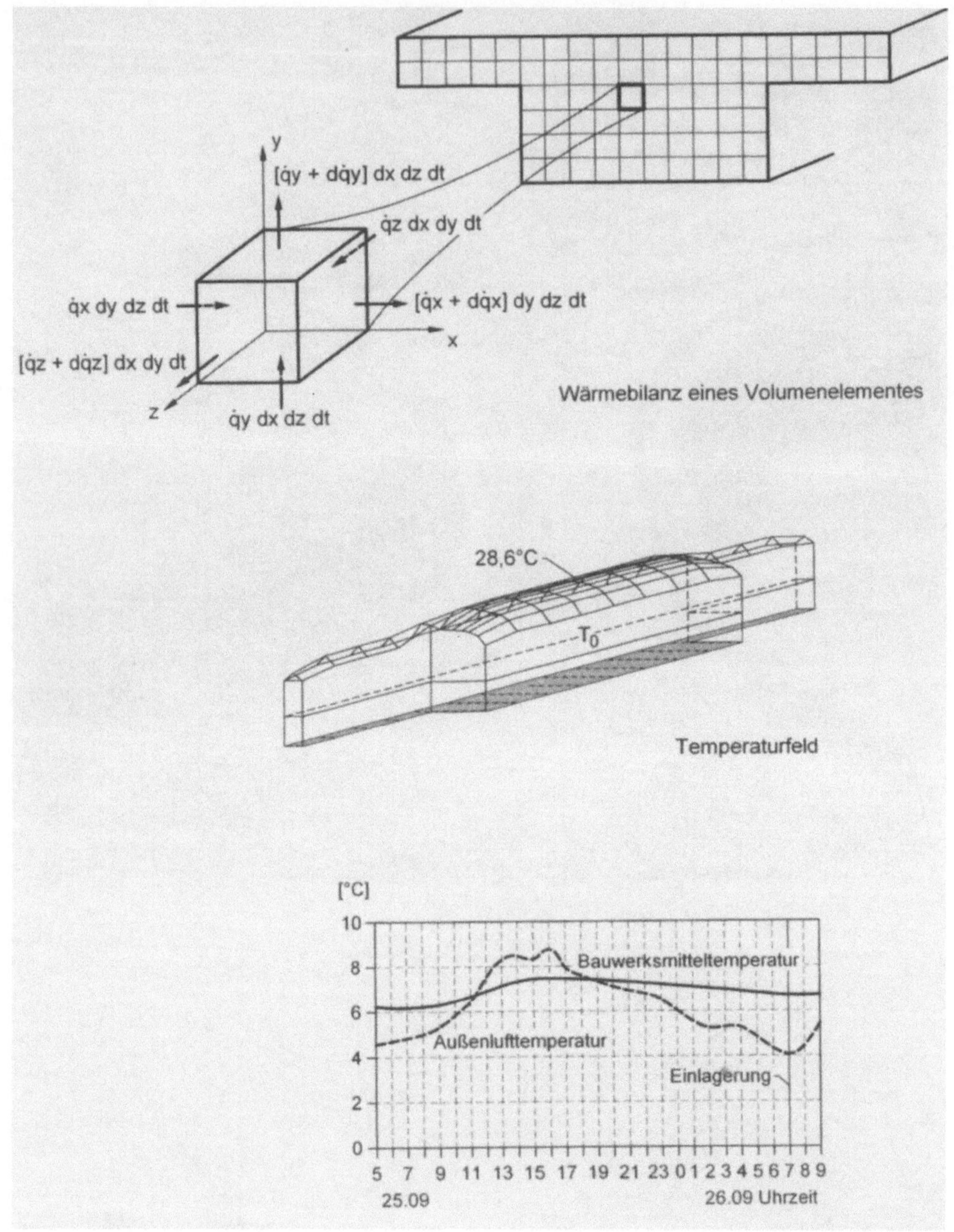

Bild 5.3: Temperaturfeldberechnung an einem Plattenbalken: Integrative Ermittlung der Bauwerksmitteltemperatur

Konzentration aller Dilatationen auf das andere Brückenende. Damit ändern sich die Zwängungsschnittkräfte in den Zwischenstützen entsprechend. Folgeschäden sind nicht auszuschließen.

Eine weitere wichtige Frage zum Problemschwerpunkt Lagerung ist die nach der realitätsnahen Ermittlung der bei bestehenden Brücken zukünftig zu erwartenden Überbauverschiebungen, welche alleinig nur noch aus der Temperaturentwicklung infolge Klimaeinfluss resultieren. Als Ausgangspunkt gilt hierbei die vorhandene Bauwerksmitteltemperatur des Brückenüberbaus zu einem Zeitpunkt, welcher entweder frei gewählt oder beispielsweise durch eine erneute Einlagerung nach Abschluss etwaiger Instandsetzungsarbeiten an der Lager- oder Fahrbahnübergangskonstruktion vorgegeben ist. Die genaue Kenntnis der mittleren Bauwerkstemperatur ermöglicht die Reduzierung der in den Normen angegebenen jahreszeitlichen Bauwerks-Grenztemperaturen für Massivbrücken um den hier enthaltenen Schätzfehlerzuschlag. Ihre Bestimmung stellt sich in der Praxis aber oft als Problem dar. Die Möglichkeit der im Bild 5.3 gezeigten rechnerischen Ermittlung über die Betrachtung einer Temperaturfeldentwicklung unter Berücksichtigung der Außenlufttemperatur sowie der Sonnen- und Wärmestrahlung ist in [5-91] beschrieben.

Wird das mathematische Modell durch die Temperaturfeldentwicklung infolge Hydratation sowie die Feuchtefeldentwicklung infolge Austrocknung zur Ermittlung der Schwinddehnungen ergänzt, können Zwangsspannungs- und Eigenspannungszustände, denen der Brückenüberbau während seiner Herstellung unterlag, nachsimuliert und daraus auf eventuelle Vorschädigungen geschlossen werden [5-92, 5-94].

5.1.1.2 Fotogrammetrische Bauwerksaufnahme

Begriffsbestimmung, Vor- und Nachteile
Die geometrische Bestandsaufnahme eines Brückenbauwerkes besteht aus dem Aufmaß und der zeichnerischen Wiedergabe der Bauwerksgeometrie. Die verschiedenen Verfahren hierzu reichen vom klassischen Handaufmaß über moderne Vermessungsverfahren bis zur Architekturfotogrammetrie. Neben den örtlichen Bedingungen sind vor allem die geforderten Ergebnisse und Genauigkeiten für die Auswahl der Verfahren ausschlaggebend. Die Fotogrammetrie ist ein indirektes physikalisches Messverfahren zur Gewinnung zuverlässiger geometrischer Informationen oder der Zustandsänderung eines Objektes aus fotografischen Bildern oder digitalen Aufzeichnungen, die mit berührungsfrei arbeitenden Aufnahmesystemen gewonnen werden. Unter dem Begriff Architekturfotogrammetrie sind alle Aufnahme- und Auswerteverfahren zusammengefasst, die sich auf Ingenieurbauwerke, also auch auf Massivbrücken, beziehen [5-53, 5-54]. In Deutschland entwickelte ALBRECHT MEYDENBAUER (1834–1921) das erste Verfahren zur Architekturdokumentation aus Messfotos. Grundprinzip der fotogrammetrischen Aufnahme ist die Abbildung eines Objektes auf dem Messbild entsprechend der Gesetze der Zentralprojektion, d.h., ein Objektpunkt, das Projektionszentrum und der zugehörige Bildpunkt liegen auf einer Geraden. Da die Abbildung nicht

eindeutig umkehrbar ist, können aus einem Messbild nur ebene Objekte rekonstruiert werden, während für räumliche Objekte mindestens zwei Messbilder für eine Rekonstruktion notwendig sind.

Die Effektivität der Fotogrammetrie wächst mit der Kompliziertheit der Objektformen und der Anzahl zu vermessender Punkte. Im Vergleich zum Handaufmaß oder zu geodätischen Methoden bietet der Einsatz der Fotogrammetrie folgende Vorteile:
– Die Messbilder haben eine hohen Gehalt an metrischen Informationen.
– Die Aufnahme des Objektes erfordert einen geringen Messaufwand in der Örtlichkeit unabhängig von der Messpunktdichte.
– Fotogrammetrische Auswerteverfahren ermöglichen die linienweise Vermessung komplizierter Objektformen.
– Die Trennung zwischen Aufnahme und Auswertung ermöglicht eine Auswertung zu einem beliebigen Zeitpunkt und unter verschiedenen Aspekten.
– Die Messung erfolgt berührungslos, so dass unzugängliche Objekte aufgenommen werden können.

Der hauptsächliche Nachteil der Fotogrammetrie resultiert aus den Abbildungsgesetzen der Zentralprojektion, infolgedessen sich im Messbild Informationsverluste – so genannte sichttote Räume – ergeben können, welche wiederum zu einer lückenhaften Auswertung führen und durch andere Messverfahren ergänzt werden müssen.

Verfahren der Architekturfotogrammetrie

Die Verfahren der Architekturfotogrammetrie können in Abhängigkeit von der Objektform und -größe in Einbild-, Zweibild- und Mehrbildverfahren eingeteilt werden. Bei den Zweibildverfahren unterscheidet man hinsichtlich der Aufnahmedisposition zwischen Stereo- und Einschneidefotogrammetrie. Die Auswerteverfahren kann man in Entzerrung, Digitalisierung, Stereokartierung und numerische Auswertungen unterteilen. Hier können entzerrte Messbilder / Bildpläne, Ansichtszeichnungen / Stereoauswertungen, Schadenskatasterpläne (siehe auch Kapitel 5.1.3.21), Fotodokumentationen oder Koordinatenverzeichnisse angefertigt werden.

Die Einbildfotogrammetrie wird zur Vermessung ebener Objekte oder von Objektquerschnitten eingesetzt. Bei Normalaufnahmen schließt die Aufnahmeachse mit der Objektebene einen rechten Winkel ein. Die Messergebnisse können als auf fotografischem Weg hergestellte entzerrte Messbilder bzw. Bildpläne oder mit Hilfe eines CAD-Systems digitalisierte und transformierte Bilder vorliegen. Bei der Einschneidefotogrammetrie sind die Aufnahmeachsen von zwei oder mehreren Messbildern konvergent zueinander. Dieses Verfahren erlaubt bei Verwendung einfacher Messsysteme, meist Digitalisiertabletts, die Herstellung von Bestandsplänen auf der Basis von Punktmessungen. Die Stereofotogrammetrie ermöglicht die dreidimensionale Messung räumlicher Objekte, wobei zwei Messbilder mit annähernd parallelen Aufnahmeachsen und einer Basis aufgenommen werden. Die stereoskopische, d.h. dreidimensionale Auswertung dieser Modelle kann durch die geometrisch exakte, kontinuierliche Messung linienförmiger

Objekte mit speziellen Stereoauswertegeräten erfolgen. Damit erlaubt dieses Verfahren die effektive linienweise Messung und daraus abgeleitet die Darstellung von Aufrissen, Grundrissen, Schnitten in horizontalen und vertikalen Ebenen sowie beliebigen Ansichten. Die Zuordnung in das Koordinatensystem des Brückenbauwerkes wird über Passpunkte realisiert.

Aufnahme- und Auswertesysteme
Als optische Aufnahmesysteme mit fotografischer Bilderfassung werden Messkammern oder so genannte Messkameras bzw. Teilmesskammern eingesetzt. Messkammern sind speziell für fotogrammetrische Verfahren entwickelte Aufnahmesysteme, die sich durch Hochleistungsobjektive und eine hohe Konstanz der Daten der inneren Orientierung auszeichnen. Messkammern besitzen Rahmenmarken, deren Abbildung ein Bildkoordinatensystem definiert. Für Aufgaben der Architekturfotogrammetrie sind vor allem Weitwinkel- und Überweitwinkelkammern von Bedeutung. Messkameras sind speziell für fotogrammetrische Verfahren adaptierte Kleinbild- oder Mittelformatkameras, welche zur Festlegung der Daten der inneren Orientierung und zur Sicherung ihrer Konstanz in der Regel mit einem Reseau (Messgitter) in der Bildebene ausgerüstet sind. Messkameras haben vor allem den Vorteil, dass sie durch ihre Handlichkeit und den Einsatz von Wechselobjektiven unter allen Aufnahmebedingungen flexibel einsetzbar sind. Für Spezialaufgaben stehen Aufnahmesysteme mit elektronischer Bilderfassung, z.B. Videokameras oder Reseau-Scanner, zur Verfügung. Auswertesysteme lassen sich unterteilen in Systeme zur Messung von Bildkoordinaten und anschließender numerischer Koordinatenbestimmung (Komparatoren, Digitalisiertabletts), in Systeme zur linienweisen Stereoauswertung (analoge und analytische Stereokartiergeräte), in Geräte zur fotografischen Transformation von Messbildern (Entzerrungsgeräte) und in Systeme zur digitalen Bildauswertung (digitale fotogrammetrische Stationen).

Darstellungsinhalte, Darstellungsformen und Genauigkeiten
Die Auswahl und der Einsatz der Aufnahme- und Auswerteverfahren ist im Wesentlichen von den Darstellungsinhalten, den -formen und den geforderten Genauigkeiten abhängig. Bei den Darstellungsinhalten kann man zwischen der Geometrie des Brückenbauwerkes und der Geometrie der Bauwerksschäden unterscheiden. Die Darstellungsformen lassen sich in folgende drei Gruppen gliedern:
- Fotografische Darstellung (Foto):
  - entzerrtes Messbild,
  - Bildplan (Montage entzerrter Messbilder),
  - digitales Orthofoto,
  - Fotodokumentation (unmaßstäblich).
- Grafische Darstellung (Zeichnung):
  - Ansichten, Abwicklungen,
  - Grundrisse,
  - Horizontal- und Vertikalschnitte, Profile,
  - 3-D-Ansichten.

– Numerische Darstellung (Listen):
  – Koordinaten,
  – Koordinatenunterschiede,
  – Deformationen im Sinne zeitlich abhängiger Veränderungen.

Von entscheidender Bedeutung für die Verfahrensauswahl ist die Festlegung des Maßstabes und der Genauigkeiten für die Bestandspläne. Entsprechend den Anforderungen ergibt sich folgende Einteilung:
– Stufe 1: Aufmaß im Maßstab 1:50 oder 1:100, annähernd wirklichkeitsgetreu, Darstellungsgenauigkeit: ± 5 ... 10 cm.
– Stufe 2: Aufmaß im Maßstab 1:50, exaktes und formgetreues Aufmaß auf der Grundlage eines dreidimensionalen Vermessungssystems, Darstellungsgenauigkeit: ± 2,5 cm
– Stufe 3: Aufmaß im Maßstab 1:25, 1:20 oder größer, exaktes und formgetreues Aufmaß auf der Grundlage eines dreidimensionalen Vermessungssystems mit erhöhter Darstellungsgenauigkeit und höherem Detaillierungsgrad, Darstellungsgenauigkeit: ± 0,5 ... 2,5 cm

Ausgewählte Anwendungen
Für die Planung von Instandsetzungsmaßnahmen an Brücken stellt die Architekturfotogrammetrie entzerrte Messbilder bzw. Bildpläne zur Verfügung (Bild 5.4). Diese kombinieren die fotografische Zustandsdokumentation mit den geometrischen Eigenschaften einer maßstäblichen Zeichnung. Bei einem definierten Maßstab können aus den Messbildern Maße entnommen werden, deren Richtigkeit nur für eine festgelegte Ansichtsebene gilt. Messungen an vorspringenden oder zurückgesetzten Bauteilen sind nicht möglich. Entzerrte Messbilder oder Bildpläne werden in der Regel in den Maßstäben 1:50 oder 1:100 auf maßhaltigem Film oder Fotopapier angefertigt. Die Genauigkeit beträgt ca. ± 0,5 mm im Auswertemaßstab, d.h., bei einem Maßstab von 1:50 können Messungen im Bild mit einer Genauigkeit von ± 2,5 cm vorgenommen werden.

Ist im Zuge der Instandsetzungsmaßnahme eine statische Ertüchtigung oder konstruktive Veränderung bzw. Erweiterung des vorhandenen Brückenbauwerkes vorgesehen, erfordert die wirklichkeitsgerechte geometrische Bestandsaufnahme ein dreidimensionales Vermessungssystem und ein formgetreues Bauaufmaß mit hoher Genauigkeit. Zur Anfertigung von Bestandsplänen in den Maßstäben 1:50 oder größer wird hier die Stereoauswertung eingesetzt. Die Darstellung punkt- und liniengenauer Ansichtselemente in ihrem gesamten Formenreichtum ist mit einer Genauigkeit von < ± 2 cm möglich. Bei Bedarf können Fugen, Steinschnitte sowie sichtbare Bauwerksschäden wie Risse und Ausbrüche wiedergegeben werden.

Die für die Planung notwendigen Bestandspläne unterteilen sich in 2-D- und 3-D-Darstellungen. Während die 2-D-Darstellung (z.B. ebene Ansichten) durch eine Digitalisierung mit Hilfe eines CAD-Systems am Bildschirm erzeugt wird (Bild 5.4), erhält man eine 3-D-Darstellung (räumliche Abbildung eines Bauwerkes) in Auswertung einer Stereoaufnahme durch Digitalisierung mit einem

Bild 5.4: Ziegelstein-Gewölbebrücke: Entzerrtes Messbild (unten) und mit Hilfe digitaler Bildauswertung erstellter 2-D-Bestandsplan (oben)

3-D-Messsystem. Die dreidimensionale Auswertung erlaubt auch die Erfassung
gekrümmter Bauwerksflächen (z.B. Zylinderformen).

Zur Lösung von Spezialaufgaben der Bauwerksvermessung können über den
bisher beschriebenen Rahmen hinaus spezielle fotogrammetrische Erzeugnisse
bereitgestellt werden. Numerische Auswerteverfahren mittels terrestrischer Bün-
deltriangulation oder der Parallaxenfotogrammetrie mit Zeitbasis erlauben die
Koordinatenbestimmung am dreidimensionalen Objekt sowie die Erfassung zeit-

abhängiger Bauwerksdeformationen (z.B. Setzungen) in Millimetergenauigkeit. Eine wichtige Anwendung der Fotogrammetrie ergibt sich auch bei der Rekonstruktion zerstörter und nicht mehr vorhandener Gebäude aus historischen Fotos. Unter Berücksichtigung der Gesetze der Zentralprojektion können bei Einmessung weniger, auf den Aufnahmen vorhandener und in der Örtlichkeit auffindbarer Punkte wesentliche Maße eines Bauwerkes mit ausreichender Genauigkeit rekonstruiert werden. Durch den Einsatz der Multispektralfotogrammetrie, d.h. den Einsatz mehrerer Aufnahmen unter Verwendung schmalbandiger Filter verschiedener Spektralbereiche des sichtbaren Lichts, können zusätzliche Informationen und Erkenntnisse über Baumaterialien und Bauwerksschäden gewonnen werden [5-53, 5-54].

5.1.2   Baugrunduntersuchung

Nachfolgende Ausführungen geben einen Überblick zu den geotechnischen Untersuchungen im Allgemeinen und zu den Besonderheiten derartiger Untersuchungen bei bestehenden Brückenbauwerken. Inwieweit diese im Zuge einer Instandsetzung oder Tragfähigkeitsermittlung in ihrer Gesamtheit notwendig sind, ist im Einzelfall abhängig vom konkreten Bauwerkszustand, von der zukünftigen Bauwerksbeanspruchung und vom Instandsetzungsziel.

5.1.2.1 Zur Notwendigkeit geotechnischer Untersuchungen

Die Notwendigkeit geotechnischer Untersuchungen wird laut DIN 4020 [5-87] unter Abschnitt 4.1 lapidar wie folgt umrissen:

„Für jede Bauaufgabe müssen Aufbau und Beschaffenheit von Boden und Fels im Baugrund oder in den Gewinnungsstätten für Baustoffe sowie die Grundwasserverhältnisse ausreichend bekannt sein. Hierzu sollen Untersuchungen projektbezogen ausgeführt werden."

Damit wird zunächst ausgesagt, dass:
- Boden und Fels den Ingenieur als Baugrund oder Baustoff beschäftigen bzw. dass der Baugrund oder Baustoff Boden oder Fels sein kann,
- für die Baumaßnahme die Grundwasserverhältnisse von entscheidender Bedeutung sein können.

Weiterhin wird festgestellt, dass die Kenntnis über den Aufbau und die Beschaffenheit für die jeweilige Bauaufgabe ein unverzichtbares „Muss" ist [5-56].

Oben angeführtem Zitat kann entnommen werden, dass diese Kenntnisse in der Regel zunächst nicht vorliegen. Daher sollen (das bedeutet: „müssen im Regelfall") Untersuchungen durchgeführt werden, bei denen es sich im Sinne der DIN 4020 [5-87] um eine Verpflichtung handelt, von der nur in begründeten Fällen abgewichen werden darf.

Letztendlich sollten die Untersuchungen projektgebunden ausgeführt werden, d.h. zur Beantwortung von Fragen, die die jeweilige Bauaufgabe an den Untergrund stellt, also z.B.:
- ob und wie ein Gebiet bebaut werden kann,
- wie eine Tiefgründung ausgeführt werden kann,
- ob für das jeweilige Bauwerk ausreichende Tragfähigkeitseigenschaften des Untergrundes vorliegen bzw. ob Schäden am Bauwerk untergrundbedingt sein können, usw.

5.1.2.2 Untersuchungsbeteiligte

Die Norm nennt den Entwurfsverfasser, den Bauherrn und den Sachverständigen für Geotechnik als die an einer Untersuchung Beteiligten und gibt ihre Rolle bei der Baugrunduntersuchung an [5-56].

Entwurfsverfasser: veranlasst die geotechnische Untersuchung, schlägt erforderlichenfalls den Sachverständigen für Geotechnik vor, informiert über Bauwerk und Fragestellungen.

Bauherr: gibt die geotechnischen Untersuchungen in Auftrag.

Sachverständiger für Geotechnik: ermittelt, welche geotechnischen Informationen für eine optimale Planung und Durchführung der Baumaßnahme notwendig sind, hält den Kontakt mit dem Entwurfsverfasser und empfiehlt erforderlichenfalls Ergänzungen der Untersuchungen.

5.1.2.3 Planung und Ablauf der geotechnischen Untersuchung

Wird ein Sachverständiger für Geotechnik eingesetzt, so ist die Planung der Untersuchungen dessen Aufgabe. Da die Untersuchungen objektbezogen durchgeführt werden sollen, müssen für das jeweilige Objekt entsprechende Planunterlagen vorliegen. Änderungen im Projekt können ergänzende Untersuchungen zur Folge haben, so dass ein ständiger Kontakt zwischen Entwurfsverfasser und dem Sachverständigen gegeben sein muss. Ebenso muss der Sachverständige den Entwurfsverfasser über Zwischenergebnisse in der Untersuchung informieren, die Auswirkungen auf die Entwurfsbearbeitung haben können. Die Untersuchung kann somit als iterativer Prozess angesehen werden [5-56].

Die Untersuchung selbst, die eine obligate Ortsbegehung beinhaltet, sollte während der Grundlagenermittlung oder Vorplanung erfolgen. Die Ergebnisse werden in einem geotechnischen Bericht dargestellt.

Während der Bauphase besteht dann die Aufgabe zu überprüfen, ob die tatsächlich angetroffenen Baugrundverhältnisse jenen entsprechen, die im geotechnischen Bericht beschrieben wurden, und ob die geotechnischen Empfehlungen berücksichtigt wurden. Diese Aufgabe obliegt zunächst in der Regel der Bauleitung des Bauherrn, wobei unter Umständen weitere geotechnische Untersuchungen notwendig werden können.

Gegebenenfalls können auch Kontrolluntersuchungen an Bauteilen oder Messungen zur Überwachung von Baugrund und Bauwerk ausgeführt werden. Für die Messergebnisse ist eine begleitende Auswertung und Interpretation notwendig.

5.1.2.4 Aussagefähigkeit der geotechnischen Untersuchung

Boden und Fels sind als Produkte der Natur anzusehen, wobei geologische Zusammenhänge gewisse Vorkenntnisse und Erwartungen über die Art und die Beschaffenheit des Untergrundes geben können. Es ist vorwiegend im Ergebnis nachfolgend aufgeführter Sachverhalte mit variierenden Eigenschaften des Untergrundes zu rechnen:
– Homogenbereiche, in denen die Schwankungen zwar gering sind, deren Begrenzung aber als uneben anzusehen ist,
– Verwitterungsübergänge sowie Sedimentationsveränderungen,
– Unregelmäßigkeiten durch zeitliche Abfolge von Sedimentation, Diagenese und Tektonik, Verwitterung sowie Erosion am gleichen Ort.

Weiterhin ist festzustellen, dass die mit den Baugrundaufschlüssen gewonnenen Informationen nur Stichproben darstellen. Zwischen den Untersuchungspunkten sind nur hypothetische Aussagen möglich. Die Wahrscheinlichkeit einer Aussage über den Untergrund wächst dabei im Allgemeinen:
– mit dem Untersuchungsaufwand,
– mit der sinnvollen Anordnung der Aufschlüsse,
– mit der richtigen Wahl der Aufschluss- und Untersuchungsmethoden sowie deren richtigen Kombination und Interpretation.

Die Wahrscheinlichkeit einer Aussage nimmt dagegen ab bei:
– sehr wechselhaftem Untergrund,
– mangelhaftem geologischem „Know-how" und ungenügender Ortskenntnis der an der Untersuchung Beteiligten.

5.1.2.5 Geotechnisches Risiko

Unsicherheiten, die aus der Beschaffenheit des Untergrundes abgeleitet werden können, begründen das geotechnische Risiko (Baugrundrisiko). Es können dadurch das spätere Bauwerksverhalten, die Baudurchführung sowie die Baukosten negativ beeinflusst werden.
Hinsichtlich der Risikoarten kann unterschieden werden zwischen:
– **bekanntem Risiko:** Gefahr ist bekannt, wird aber bewusst in Kauf genommen (z.B. mögliches Hochwasser mit Flutung der Baugrube)

– **unbekanntem Risiko:** Gefahr ist nicht bekannt, d.h., es werden auch keine Vorsorgemaßnahmen ergriffen (z.B. lokale Torflinsen)

Aufgabe der Baugrunduntersuchung ist es, das unbekannte geotechnische Risiko im Hinblick auf ein Projekt einzugrenzen, wobei ein gewisses Restrisiko nicht völlig ausgeschlossen werden kann.

5.1.2.6 Untersuchungsmethoden

Bei der Baugrunderkundung ist eine rein schematische Vorgehensweise zu vermeiden. Liegen bereits Informationen zu Schadensursachen und möglichen Sanierungsverfahren vor, sind diese bei der Festlegung des Untersuchungsprogramms mit zu berücksichtigen. Besonders bei größeren Sanierungsvorhaben ist es empfehlenswert, alle bereits vorliegenden Informationen von einem Sachverständigen für Geotechnik auswerten zu lassen. Dabei sollte dieser Sachverständige die besonderen Fragestellungen bei der Untersuchung historischer Bauwerke nach Tabelle 5.1 kennen und auf der Grundlage aller Daten ein Untersuchungsprogramm vorschlagen [5-56].

Als direkte Aufschlussverfahren kommen in Frage [5-5]:
– **Schürfgruben:** liefern beste Informationen über den oberflächennahen Aufbau des Untergrundes; eine Entnahme von ungestörten Proben kann erfolgen; gleichzeitig ist es möglich, die Beschaffenheit des vorhandenen Gründungskörpers durch Probenahmen festzustellen (Bild 5.5).
– **Bohrungen:** sind erforderlich, um unterhalb der Gründungssohle Erkenntnisse über den Untergrund gewinnen zu können; die einzelnen Bohrverfahren sind in DIN 4021 [5-5] beschrieben und werden unterteilt in:
  – Verfahren mit durchgehender Gewinnung gekernter Bodenproben (Bilder 5.6 und 5.7),
  – Verfahren mit durchgehender Gewinnung nicht gekernter Bodenproben,
  – Kleinbohrverfahren (Einsatz von Kleingeräten, z.B. Rammkernsondierungen, Bild 5.8).

Als indirekte Aufschlussverfahren zur Abschätzung der Lagerungsdichte bzw. der Konsistenz sowie zur Überprüfung der Schichtgrenzen zwischen zwei direkten Aufschlüssen dienen Sondierungen. Es werden dabei unterschieden:
– **Rammsondierungen:** Je nach Bodenbeschaffenheit stehen unterschiedliche Fallgewichte zur Verfügung, wobei im Regelfall die Schlagzahl je 10 cm Eindringung gemessen wird; die Auswertung hat durch den geotechnischen Sachverständigen zu erfolgen, da durch verschiedene Einflüsse (z.B. Mantelreibung am Gestänge) eine höhere Festigkeit des Bodens vorgetäuscht werden kann, als tatsächlich vorhanden ist (Bild 5.9).
– **Drucksondierungen:** Pressen drücken dabei das Gestänge mit konstanter Geschwindigkeit in den Boden, wobei Spitzendruck und Mantelreibung gemes-

Bild 5.5: Schürfgrube an einem Brückenpfeiler mit Holzpfahlgründung

Bild 5.6: Kernbohrgerät

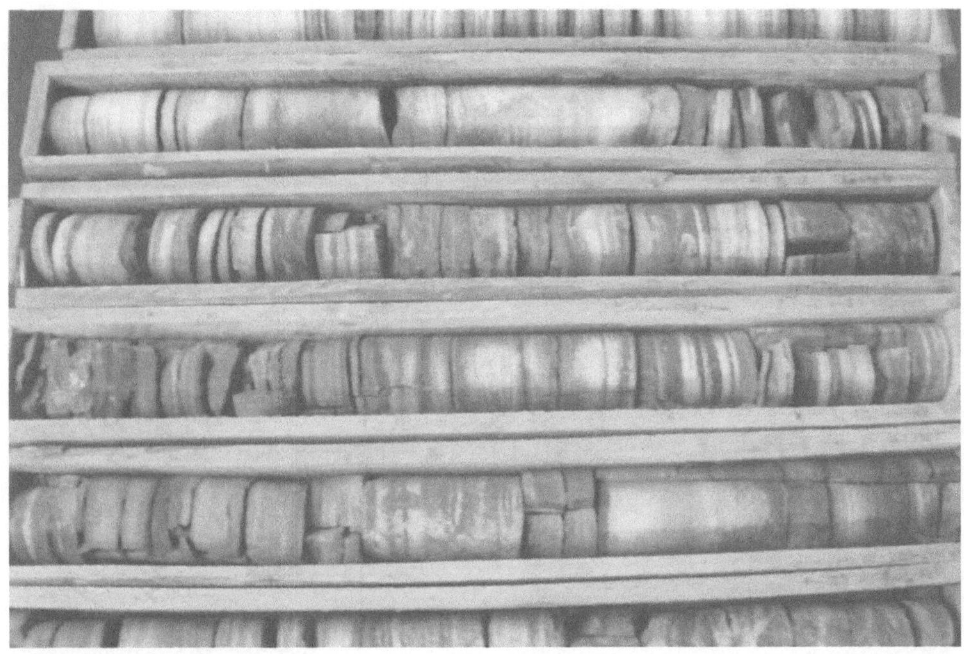

Bild 5.7: Kernbohrung

Bild 5.8: Rammkernsondierung

Bild 5.9: Rammsondierausrüstung

sen werden; da ein schweres Pressenwiderlager erforderlich ist (z.B. 20-t-Fahrzeug), muss das Gelände entsprechend befahrbar sein.
– **Flügelsondierungen:** In weichen, bindigen Böden ist damit die Kohäsion des undrainierten, nicht entwässerten Bodens feststellbar.

Von besonderer Bedeutung für ein Bauwerk sind die jeweiligen Grundwasserverhältnisse. Ermittelt werden muss dabei der Verlauf des Grundwasserspiegels bzw. die Druckhöhe einzelner, durch wasserundurchlässige Schichten getrennter Grundwasserstockwerke. Letztere können nur mit speziellen Pegelbrunnen untersucht werden, während beim Vorhandensein nur eines Grundwasserstockwerkes der Grundwasserspiegel in den einzelnen Bodenaufschlüssen einfach gemessen werden kann (z.B. mit einem Lichtlot). Für längerfristige Grundwasseraussagen stehen häufig wasserwirtschaftliche Messstellen zur Verfügung, die dann mit auszuwerten wären.

5.1.2.7 Darstellung der Ergebnisse

Die Ergebnisse der Baugrunduntersuchung werden in einem geotechnischen Bericht zusammengestellt. Ein wesentlicher Teil davon ist die zeichnerische Darstellung der Bodenaufschlüsse sowie vorhandener Gründungsverhältnisse. Grundlage dafür ist ein entsprechender Lageplan, aus dem die Lage des Bauwerkes, die Art und die Position der einzelnen Untersuchungspunkte sowie die Lage möglicher Profilschnitte ersichtlich ist. Die Darstellung der Bodenaufschlüsse ist in DIN 4023 [5-88] genormt, wobei daraus die Bodenart, die Konsistenz oder Lagerungsdichte, eventuelle Besonderheiten sowie die angetroffenen Grundwasserstände hervorgehen sollen.

Von besonderer Bedeutung für eine Schadensdiagnose ist die Darstellung der erkundeten Gründungsverhältnisse. Dabei sollte aus den Schurfaufzeichnungen die Qualität und Geometrie der Fundamente erkennbar sein, d.h., die Fundamentbreite, schadhaftes Material, nachträgliche Verbreiterungen und die Sohltiefe sollten dargestellt sein. Bei einer möglichen Holzpfahlgründung (Bild 5.5) ist außerdem die Lage der Pfähle, die Holzart und der derzeitige Zersetzungsgrad zu dokumentieren [5-57].

5.1.2.8 Besonderheiten bei der Baugrund- und Gründungsuntersuchung für historische Brückenbauwerke

Gerade bei der Beurteilung der Baugrund- und Gründungsverhältnisse historischer Brückenbauwerke bestehen für den Sachverständigen für Geotechnik besondere Fragestellungen, welche in Tabelle 5.1 zusammengefasst sind.

Der prinzipielle Ablauf einer Baugrund- und Gründungsuntersuchung an einem historischen Brückenbauwerk ist im Bild 5.10 dargestellt.

Vorerkundungen
Als erster Schritt der Baugrunduntersuchung für historische Bauwerke ist die Auswertung bereits vorhandener Informationsquellen (Archivrecherche) anzusehen. Daraus können sich möglicherweise bereits erste Hinweise auf relevante Ursachen vorhandener Schäden ergeben. Für die Festlegung eines zweckmäßigen und wirtschaftlichen Untersuchungsprogramms sind Angaben über mögliche Veränderungen am Bauwerk sowie Informationen über die zu erwartenden Untergrundverhältnisse unerlässlich.

Bauwerk
Es sollte immer versucht werden, eventuell vorhandene Berichte über Bauwerksveränderungen und historische Sanierungsversuche auszuwerten, da dadurch häufig vorhandene Schäden in ihrer Entstehung rekonstruiert werden können. Sind dabei verschiedene Bauphasen unterscheidbar, ist das Anordnen der Auf-

Tab. 5.1: Fragespiegel zur Beurteilung der Baugrund- und Gründungsverhältnisse von historischen Brückenbauwerken [5-57]

Baugrunduntersuchung	Fragestellung

Erste Schadensbeurteilung
Zwischendiagnose
	a) Welche Untergrundverhältnisse sind aufgrund der Vorinformationen zu beachten?
	  – Welche Art der Gründung und deren Tiefe sind dokumentiert bzw. sind aufgrund des Baugrundes zu erwarten?
	  – Welche Schadensursachen können in den Baugrundverhältnissen vermutet werden?
	  – Befindet sich der Standort des Bauwerkes im Bereich unterirdischen Bergbaus bzw. sind Auslaugungserscheinungen möglich?
	b) Planung des Programms zur Baugrunduntersuchung
	  – Mit welchen Methoden und an welchen Stellen soll die Untersuchung an Baugrund und Gründung erfolgen?
	  – Welche Aufschlussverfahren sind zweckmäßigerweise einzusetzen?
	  – Sind Messungen des Grundwasserstandes und chemische Analysen des Grundwassers erforderlich?

Weitere Untersuchungen
Anamnese
	a) Welche Beschaffenheit der Gründung konnte festgestellt werden?
	  – Konnte eine Holzpfahlgründung angetroffen werden?
	  – Wie ist der Zustand einer derartigen Gründung zu beurteilen?
	  – Sind Holzuntersuchungen erforderlich?
	  – In welcher Tiefe liegt die Gründungssohle und mit welcher Breite wurde diese ermittelt?
	b) Welche Baugrundverhältnisse wurden ermittelt?
	  – Wie ist die Schichtung des Untergrundes und welche Homogenbereiche lassen sich angeben?
	  – Welche bodenmechanischen Kenn- und Berechnungswerte lassen sich angeben?
	c) Wie sind die Grundwasserverhältnisse zu beurteilen?
	  – Ist Grundwasser vorhanden und liegen anthropogen bedingte Veränderungen des Wasserstandes vor?
	  – Ist eine Grundwasseranalyse erforderlich?
	  – Konnten Veränderungen des Grundwasserstandes ermittelt werden?
	  – Welche Grundwasserhöchst- und -tiefststände können angegeben werden?

Endgültige Schadensbeurteilung Diagnose	– Welche Ursachen können für die ermittelten Baugrundsetzungen genannt werden? – Wie sicher sind die gemachten Aussagen? – Können andere Ursachen ausgeschlossen werden? – Wie ist die Sicherheit gegen Grundbruch einzuschätzen? – Wie ist der Einfluss der geplanten oder zu erwartenden Veränderungen am Bauwerk und im Untergrund auf die Standsicherheit zu beurteilen? – Müssen in Zukunft weitere Setzungen erwartet werden?

Baugrunduntersuchung	Fragestellung

Schadenssanierung
Therapie
	– Mit welchen Veränderungen am Bauwerk und in dessen Umgebung kann die derzeitige Standsicherheit des Bauwerkes erhöht werden?
	– Können die Veränderungen im Baugrund aufgehalten bzw. beschränkt werden?
	– Welche Bereiche der Gründung müssen saniert werden?
	– Aufgrund der angetroffenen Untergrundverhältnisse können welche Sanierungsverfahren empfohlen werden?
	– Welche Erschütterungen und Setzungen treten bei den jeweiligen Verfahren auf?
	– Welche Parameter (Setzungen, Erschütterungen, Material- und Bodenfestigkeiten) sind zulässig bzw. werden gefordert?
	– Sind Kontrollen während der Bauausführung erforderlich?
	  a) am Bauwerk (z.B. Setzungen, Hebungen, Schiefstellungen, Schwingungen)
	  b) am Baugrund (Grundwasserstände, Ausbreitung von Injektionen)
	  c) an den zur Sanierung eingesetzten Materialien und Konstruktionselementen
	– Müssen Langzeitbeobachtungen vorgenommen werden?

schlüsse, wie z.B. Schürfen und Bohrungen, darauf abzustimmen. Als Quellen für o.g. Informationen können genannt werden:
– Bauurkunden,
– historische Berichte, Bilder, Karten,
– Chroniken,
– alte Ausführungspläne.

Letztere bedürfen allerdings einer Überprüfung in der Örtlichkeit, da häufig Änderungen während der Bauarbeiten vorgenommen wurden.

Baugrund
Für die Informationen hinsichtlich des Baugrundes ergeben sich keine wesentlichen Besonderheiten. In erster Linie sind folgende Unterlagen auszuwerten:
– verschiedene geologische Kartenwerke,
– vorhandene Baugrundkarten,
– vorhandene Grundwassergleichenkarten,
– alte Landkarten, Bilder usw.

Es empfiehlt sich auch eine Recherche nach entsprechenden Baugrunduntersuchungen für eventuell vorhandene benachbarte Bauwerke. Sind solche vorhanden, können die eigenen Untersuchungen gezielter und wirtschaftlicher eingesetzt werden. Ebenso kann der Zustand der Bausubstanz benachbarter Bauwerke in Verbindung mit der jeweiligen Gründungsart erste Hinweise auf die Untergrundverhältnisse geben. Diese können auch aus Sanierungen abgeleitet werden, die an der Nachbarbebauung feststellbar sind.

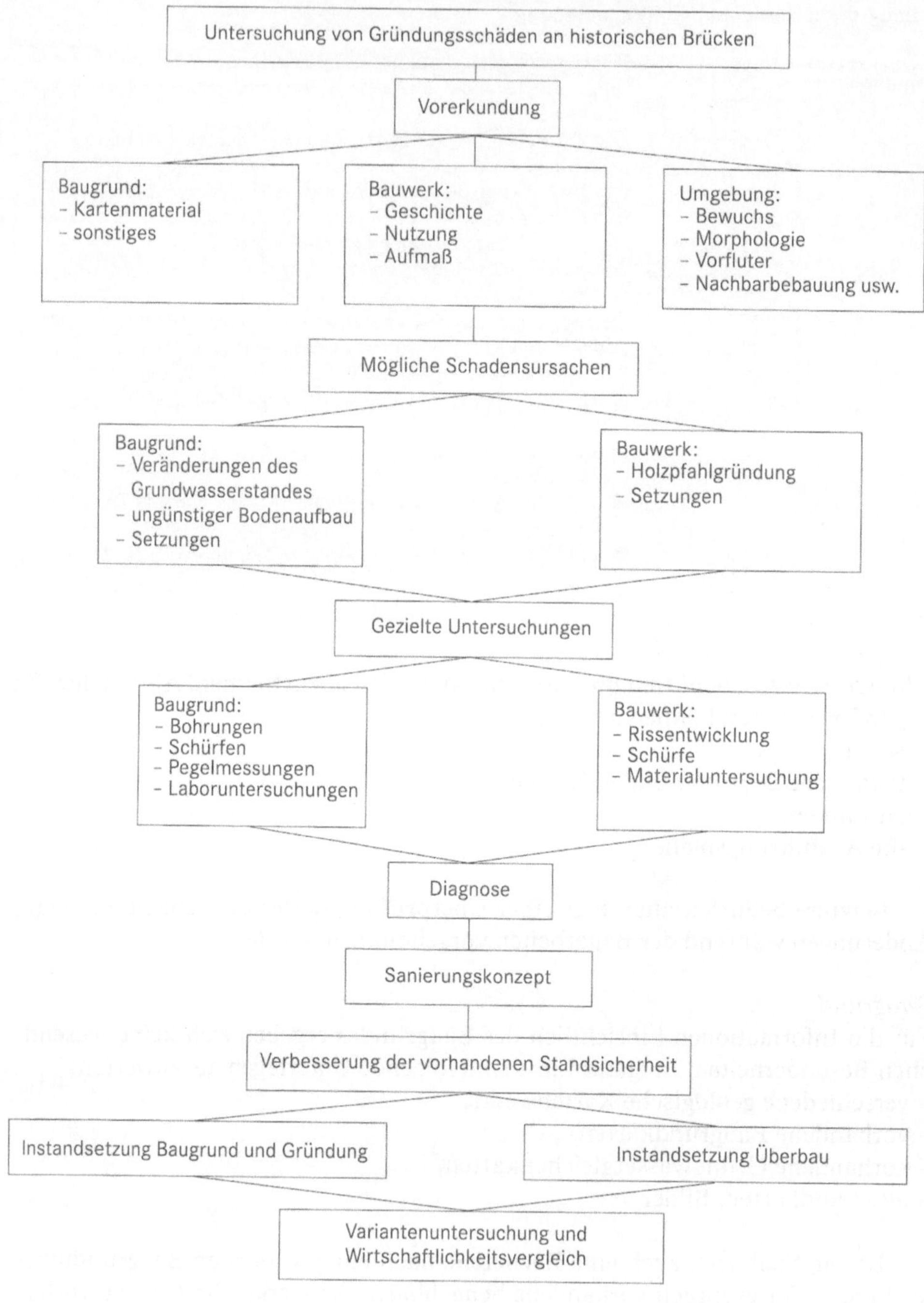

Bild 5.10: Organigramm zum Ablauf einer Baugrund- und Gründungsuntersuchung

Historische Reparaturen und Instandsetzungen
Es sollte überprüft werden, ob Angaben zu früheren Untersuchungen im Zuge zurückliegender Instandsetzungsmaßnahmen am Bauwerk vorliegen. Diese sind dann bei Festlegung des erforderlichen Untersuchungsprogramms entsprechend zu berücksichtigen. Ebenso ist eine Wertung der bis zum Eintritt neuer Schäden bekannten Instandsetzungen mit folgenden Fragestellungen zu empfehlen:
– Sind neue Schadensgründe aufgetreten?
– Haben frühere Instandsetzungsmaßnahmen nicht die Ursachen, sondern nur die Auswirkungen beseitigt?
– Liegt in den vorangegangenen Instandsetzungsversuchen möglicherweise die Ursache weiterer Schäden?

Schadensaufnahme
Bauwerksaufnahme
Infolge des häufigen Fehlens von Planunterlagen für historische Bauwerke bzw. deren Ungenauigkeit ist meist eine Bauwerksaufnahme im Sinne der Erstellung eines Bestandsplanes erforderlich. Dabei ist zur Erkundung des statischen Zustandes, der Bauwerksbewegungen, der Schadensursachen sowie zur Planung der Instandsetzungsmaßnahme ein genaues Aufmaß erforderlich (siehe hierzu Kapitel 5.1.1.2). Besondere Bedeutung kommt der Aufnahme vorhandener Bauwerksrisse infolge eines hier betrachteten Gründungsversagens zu. In diesem Zusammenhang sind im Wesentlichen folgende Aussagen von Interesse:
– Richtung, Länge, Breite und soweit wie möglich Tiefe eines Risses,
– Veränderung der Rissbreite,
– Sind frühere Beobachtungen dokumentiert, welche auf das Alter des Risses schließen lassen?

Weitere Bauwerksuntersuchungen
Nachdem das Bauwerk analysiert ist (Geometrie, Geschichte, Statik), eine Auflistung vorhandener Schäden besteht und die vorliegenden Informationen über den zu erwartenden Baugrund ausgewertet wurden, sollte eine Analyse möglicher Schadensursachen erfolgen. Diese erste Diagnose ist die Basis für die Planung weiterer – nun aufwändigerer – Untersuchungen, die mit anderen beteiligten Sonderfachleuten abzustimmen sind. Ziel der weiteren Untersuchungen ist die Feststellung der vorhandenen Gründungsverhältnisse, d.h. das Erkunden der Beschaffenheit der Gründungen sowie deren Sohltiefen. Außerdem ist festzustellen, ob mögliche Schadensentwicklungen zur Ruhe gekommen sind oder ob sich das Bauwerk noch in Bewegung befindet. Bei der Planung der weiteren Untersuchungen sind auch Belange des Denkmalschutzes zu berücksichtigen und im Zweifelsfall mit dem zuständigen Denkmalschützer abzustimmen.

Feststellung der Gründungsverhältnisse, Besonderheiten von Holzpfahlgründungen
Bei der Feststellung der jeweiligen Gründungsverhältnisse sind die verschiedenen historischen Gründungstechniken der einzelnen Zeitetappen zu berücksichtigen [5-57].

Schürfe stellen die beste Untersuchungsmethode zur Erkundung der Gründungsverhältnisse dar. Mit ihnen kann der oberflächennahe Bodenaufbau festgestellt und gleichzeitig die Beschaffenheit der Gründung bestimmt werden. Außerdem ist es möglich, Proben aus dem Baugrund und aus dem Gründungskörper zu entnehmen. Eine Feststellung der Gründungstiefe ist gegeben, wenn die Schürfgrube bis zur Sohltiefe hergestellt werden kann. Es ist dann auch möglich festzustellen, ob das Fundament flach auf dem anstehenden Boden abgesetzt wurde oder ob die Bauwerkslasten bei schlechten Baugrundverhältnissen über Holzpfähle, als eine frühe Form der heutigen Tiefgründung, in tiefer gelegene Bodenschichten abgeleitet wurden.

Die Holzpfahlgründung ist meist eine gezimmerte Pfahl-Schwellenkonstruktion [5-55] (Bild 5.11). Während die Holzpfähle die Bauwerkslasten abtragen, dienen die Schwellen einerseits analog einer Sauberkeitsschicht der Schaffung einer ebenen Unterlage und erfüllen andererseits die Funktion der Verteilung der Bauwerkslasten auf die Holzpfähle. Ramm- und Spickpfähle wurden bei weichen Bodenschichten eingesetzt, wenn das Grundwasser sehr hoch stand. Die häufigsten Ursachen für Schäden an Holzpfahlgründungen und die damit einhergehende Verminderung der inneren Tragfähigkeit sind Pilzbefall und lang andauernder Angriff von Säuren. In den meisten Fällen ist hierfür eine kurzzeitige oder intervallweise Absenkung des Grundwasserspiegels verantwortlich, wodurch die Pfahlköpfe mit Luft in Berührung kommen. Pfahlbereiche können dann von holzzersetzenden Pilzen befallen werden, wobei diese umso eher als Lebensraum geeignet sind, je näher sie der Geländeoberfläche sind [5-57]. Die Länge der Holzpfähle einer Holzpfahlgründung kann bis auf eine Genauigkeit von $\pm 10\%$ mit Hilfe der Hammerschlagmethode bestimmt werden [5-59].

Die erreichbare Tiefe der Schürfgruben wird im Allgemeinen durch den jeweiligen Grundwasserstand begrenzt. Ein kurzzeitiges Absenken des Wasserstandes ist dabei nur bei standfestem Boden bzw. in Verbindung mit Verbaumaßnahmen realisierbar. Ein Untergraben der Fundamentsohle sollte bei ausreichender Sicherheit nur kurzzeitig in sehr kleinen Abschnitten erfolgen. Im Übrigen sind beim Aushub der Schürfgruben die entsprechenden Unfallverhütungsvorschriften zu beachten, damit Gefährdungen der Bauausführenden und des Bauwerkes vermieden werden können. Das Verfüllen der Schürfgruben nach Abschluss der Untersuchungen soll möglichst mit dem ausgehobenen Erdstoff erfolgen, wobei die ursprüngliche Erdstoffdichte wiederherzustellen ist. Gelingt das nicht, so kann Kies als Ersatzboden eingebaut werden. Beim Verdichten selbst ist auf die Erschütterungsempfindlichkeit des Bauwerkes Rücksicht zu nehmen.

Eine weitere, weit aufwändigere Möglichkeit der Erkundung der Gründungssituation besteht in der Ausführung von Bohrungen. Dabei werden z.B. Kernbohrungen lotrecht bzw. in verschiedenen Winkeln im Bereich des Gründungskörpers abgeteuft und daraus direkt der Umriss des Gründungskörpers bestimmt. Eine mögliche Holzpfahlgründung kann damit zwar festgestellt, aber nicht ausgeschlossen werden.

Ist nur die Sohltiefe der Fundamente von Interesse, besteht die kostengünstige Möglichkeit, diese mittels Sondierbohrungen zu erkunden. Dabei wird der Umstand ausgenutzt, dass in der Regel bei Bauwerken, die direkt auf dem Bau-

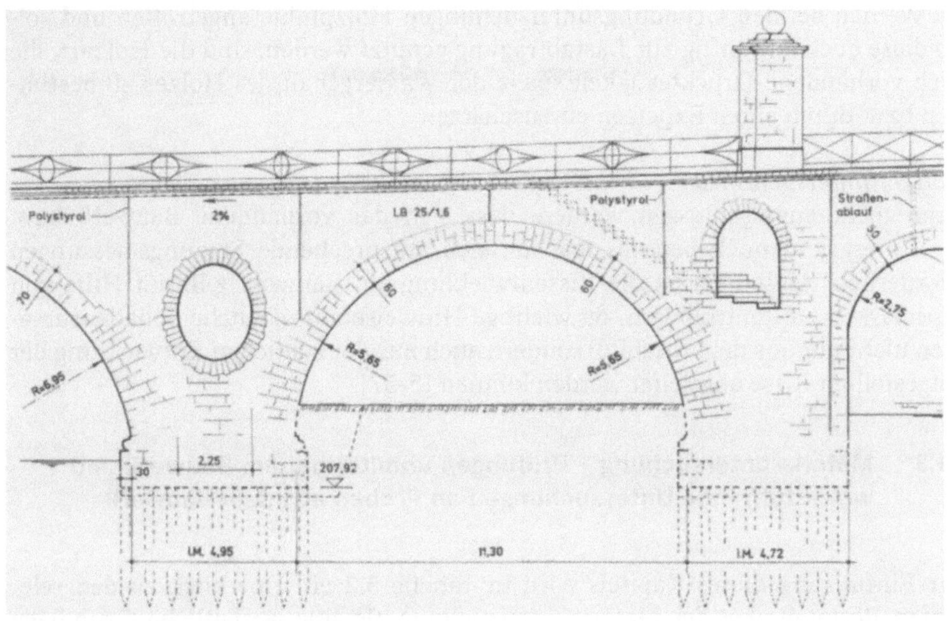

Bild 5.11: Sternbrücke über die Ilm in Weimar (Bj. 1651–1653), Brückenlängsschnitt

grund abgesetzt sind, die Gründungssohle dort liegt, wo auch die Unterkante der Arbeitsraumverfüllung zu finden ist.

Sind baugrundverbessernde Bodeninjektionen vorgesehen, müssen im Rahmen der Baugrunduntersuchung Aussagen zu folgenden Sachverhalten getroffen werden:
– Schichtung des Untergrundes (Kreuzschichtungen, Wechsellagerungen usw.),
– Profil des Grundwasserstandes (Strömungsrichtung),
– Chemische Zusammensetzung des Grundwassers,
– Lagerungsdichte,
– Baugrundtemperatur,
– Kornverteilung,
– Geometrie der Fließwege,
– Porenengstellenverteilung.

Materialuntersuchung
Aus den Fundamenten können mittels beliebig geneigter Kernbohrungen Proben entnommen werden, wobei die Materialuntersuchungen dann in entsprechenden Prüfanstalten vorzunehmen sind. Meistens werden dabei die Druckfestigkeiten sowie die chemischen Zusammensetzungen der einzelnen Materialien bestimmt. In den Bohrlöchern selbst besteht die Möglichkeit, den inneren Aufbau der Gründung mittels Endoskop zu beurteilen, wobei auch Fotografien aufgenommen werden können. Sind die Untersuchungen beendet, werden die Bohrlöcher mit Baustoffen geschlossen, die mit den Gründungsmaterialien verträglich sind.

Werden bei den Gründungsuntersuchungen Holzpfähle angetroffen und sollen diese auch zukünftig zur Lastabtragung genutzt werden, sind die Holzart, die noch vorhandene Druckfestigkeit sowie der Wassergehalt des Holzes zu bestimmen bzw. durch einen Experten einzuschätzen.

Langzeituntersuchungen
Kann nicht ausgeschlossen werden, dass sich das vorhandene Bauwerk bzw. der Untergrund noch bewegt, machen sich entsprechende Setzungsmessungen erforderlich. Außerdem ist die Rissentwicklung am Bauwerk z.B. mit Hilfe von Gipsmarken zu kontrollieren, da wichtige Hinweise auf mögliche Schadensursachen nicht nur aus dem Rissbild, sondern auch aus der zeitlichen Entwicklung der festgestellten Risse abgeleitet werden können [5-57].

5.1.3 Materialuntersuchung – Prüfungen unmittelbar am Bauwerk und weiterführende Untersuchungen an Proben aus dem Bauwerk

Zur Einführung dieses Kapitels wird in Tabelle 5.2 ein Überblick zu den relevanten Bestandteilen der Materialuntersuchung als eine wesentliche Grundlage zur Instandsetzung von Massivbrücken gegeben. Grundsätzlich lassen sich die notwendigen Prüfungen und Untersuchungen nach dem Ort ihrer Durchführung entweder unmittelbar am Bauwerk (Kapitel 5.1.3.1 bis 5.1.3.7) oder im Labor an Proben aus dem Bauwerk (Kapitel 5.1.3.8 bis 5.1.3.19) unterscheiden.

5.1.3.1 Kernbohrungen

Kernbohrungen sind in der Bauwerks- und Bauschadensdiagnose die am häufigsten eingesetzten Untersuchungsverfahren. Sie erbringen das Bohrkernmaterial für die weiteren physikalisch-chemischen Untersuchungen und schaffen mit dem Bohrloch die Möglichkeit der Endoskopie. Die unterschiedlichen Bohrkernteile werden später für verschiedene Untersuchungen genutzt (Bild 5.12).

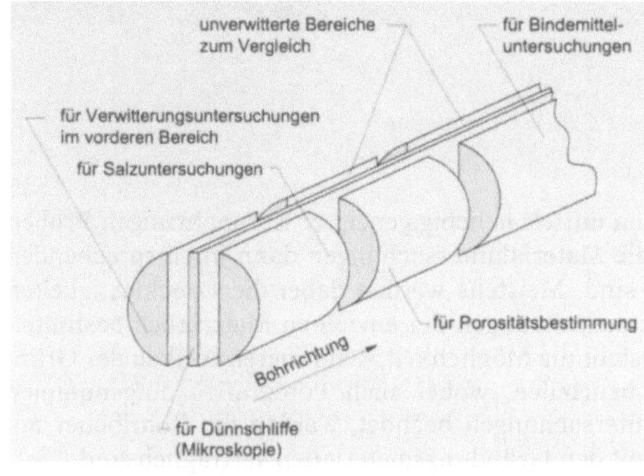

Bild 5.12:
Bohrkernaufteilung

Tab. 5.2: Bauwerks- und Bauschadensanalyse im Überblick

Materialuntersuchung	Art	Bemerkungen
a) **Festlegung des Untersuchungsumfanges**	im Rahmen eines Materialgutachtens	der Umfang ergibt sich aus der Instandsetzungszielstellung (Bauwerkserhaltung und/oder Bauwerksertüchtigung und/oder Bauwerkserweiterung), die erforderlichen und im Rahmen einer Materialuntersuchung zu ermittelnden Materialkenngrößen bestimmt der Planer in Abstimmung mit dem Auftraggeber
b) **Erfassung sämtlicher Probeentnahmestellen, Probezuordnung, Lagezuordnung und Probebeschreibung**	Eintragung in: – Ansichtspläne – Skizzen – Lagepläne	verbale Beschreibung der Proben, Beschreibung von Ereignissen bei der Probeentnahme (z.B. Hohlräume, Spülungsverluste usw.)
c) **Ermittlung von Festigkeitsparametern an Beton, Naturstein und Mörtel** – Druckfestigkeit – Spaltzugfestigkeit – Biegezugfestigkeit – Elastizitätsmodul – Haftzugfestigkeit	an Bohrkernen und Prismen	
d) **Chem. Untersuchungen** – qualitative Bestimmung von Schadsalzen	chemische Nachweisverfahren	flächen- und tiefengestaffelt
– quantitative Bestimmung – leicht löslicher Salze – schwer löslicher Salze – säurelöslicher Salze	fotometrisch	aufwändige Analytik
– Bestimmung biologischer (biogener) Anteile	Mikroskopie	sehr hoher Aufwand, deshalb wenig ausgeführt, praktische Umsetzung noch ungeklärt
– Bestimmung vorhandener Beschichtungen (z.B. Anstriche, Konservierungen, Imprägnierungen)	chemisch-organische Analytik oder Röntgenfluoreszenzspektroskopie	sehr aufwändig, wenig ausgeführt
e) **Mörtel- und Putzuntersuchungen** – Bindemittelbestimmung	chemische Analysen	
– Bestimmung des Bindemittelgehaltes	Röntgendiffraktometrie	sehr hoher Aufwand
– Bestimmung der Zuschlagstoffsieblinie	Siebanalyse	
– Ermittlung eventueller organischer Bestandteile	Röntgendiffraktometrie, Mikroskopie	wird für die Nachstellung der Originalrezeptur benötigt

Materialuntersuchung	Art	Bemerkungen
f) Petrographische Untersuchungen – Ermittlung der Gesteinsparameter – Ermittlung des Herkunftssteinbruches	Lupe, Anschliff, Dünnschliff, Röntgendiffraktometrie, Säure Register, geologische Karten, Auskünfte Ortsansässiger	Mineralbestimmung der Natursteine entsprechend der geologischen Zuordnung

g) Risserfassung
– Erfassung der Parameter:
  – Rissbreite und -tiefe
  – Rissart und -ursache
  – Rissverlauf
  – Risszustand
  – Rissweitenänderungen
	Risslupe, Rissbreitenmaßstab, Kernbohrungen, Ultraschall
	
	Gipsmarken, Messuhren, induktive Schwingungs-messungen
		
		sehr aufwändig

h) Schadstellenerfassung – Ermittlung der Carbonatisierungstiefen – Zustand der Bauwerksfugen	Indikative Bestimmung, chemische Analyse Lupe, Kartierungen	einfaches Verfahren
– Feuchtebestimmung	Darr-Methode, CM-Gerät (Karbid)	flächen- und tiefengestaffelt
– Porosität	Dichte-Bestimmungen	zur Beurteilung der Gesamtporosität und der Beschichtungsvarianten
– Sättigungsfeuchte	Darr-Versuche	
– kapillare Wasseraufnahme		Feuchteverteilungen können auch zerstörungsfrei ermittelt werden: Röntgen-, Gamma- und Infrarotstrahlen (flächen- und tiefengestaffelt), sehr aufwändig
– Salzverteilung	Titrationsanalyse, elektr. Widerstandsmessung	Salzverteilungen können auch zerstörungsfrei ermittelt werden: Röntgen-, Gamma- und Infrarotstrahlen (flächen- und tiefengestaffelt), sehr aufwändig

– Oberflächenschäden
  – Abplatzungen
  – Schalenbildung
  – Steinzersetzungen
  – Kantenausbrüche
	optische Aufnahme, Kartierung	

– Schäden im Bauteilinneren	Endoskopie mit Video-aufzeichnung, Georadar, Ultraschall, optische Aufnahme nach Aufstemmen	sehr aufwändig
– Bewertung des Korrosionszustandes der vorhandenen Bewehrung	Freilegen von Hand, elektro-chemische Potenzialfeld-messung, Chloridgehalt-bestimmung	aufwändig

Materialuntersuchung	Art	Bemerkungen
i) Ergänzende Untersuchungen		
– Prüfung d. Frost- u. Frost-Tausalzbeständigkeit	CIF- und CDF-Verfahren, Klimatruhen	zur Ursachenfindung von Verwitterungs-, Oberflächen- und Steinschäden
– Erprobung von Beschichtungen und Konservierungs-anstrichen	Wasseraufnahme vor und nach der Konservierung, Eindring-tiefe, Verbrauch, Prüfung der Wasserdampfdiffusionsfähig-keit, Anlegen von Muster-flächen	
– Prüfung der Injektionsfähigkeit	Probeinjektionen mit verschiedenen Stoffen im Labor und am Bauwerk	aufwändig

Der erfahrene Untersuchungsingenieur bohrt besonders bei Natursteinobjekten häufig selbst oder ist beim Bohren vor Ort zugegen. Aus dem unterschiedlichen Bohrwiderstand kann auf variierende Festigkeiten und aus den Spülungsverlusten auf offene Fugenbereiche oder Hohlräume geschlossen werden.

Zur Untersuchung von Salzen und Mineralzusammensetzungen von Putzen und Mörteln muss unbedingt mit Trockenbohrtechnik (Luftspülung) gearbeitet werden. Eine Bohrkernentnahme ist erst bei Materialfestigkeiten > 5 N/mm^2 möglich. Unterhalb dieses Wertes kann nur Bohrklein erbohrt werden. Die Lage der Bohrpunkte ist wie im Bild 5.13 auf der Bauwerkszeichnung oder auf Fotos zu dokumentieren.

Wichtig ist der Bohrdurchmesser. Bei Beton muss er größer als das 3fache, besser das 5fache, des Größtkornmaßes betragen. Hierzu ein Beispiel:

Bei der Bewertung der Festigkeit eines Brückengewölbebetons wurden 10 cm Bohrkerndurchmesser festgelegt und eine Bohrfirma mit der Ausführung beauftragt. Da es sich um einen Konglomeratbeton mit Kornabmessungen bis zu 6 cm handelte, konnten zu 90% keine Bohrkerne, sondern nur Bohrklein erbohrt werden. Eine nochmalige Kernentnahme mit Durchmesser 20 cm ergab prüffähige Bohrkerne mit einer Druckfestigkeit von 5 N/mm^2 und eine genaue Analyse des Gewölbeaufbaus (Bilder 5.14 und 5.15).

5.1.3.2 Endoskopie

Kernbohrungen lassen sich mittels Endoskopie sehr gut untersuchen. Es gibt viele unterschiedliche Endoskope, die mit Fotokameras, Videomonitoren und Video-aufzeichnungsgeräten bestückt werden können.

Das im Bild 5.16 dargestellte Endoskop besitzt einen in alle Richtungen schwenkbaren Aufnahmekopf mit Lichtquelle. Es kann Kernbohrlöcher ab 14 mm

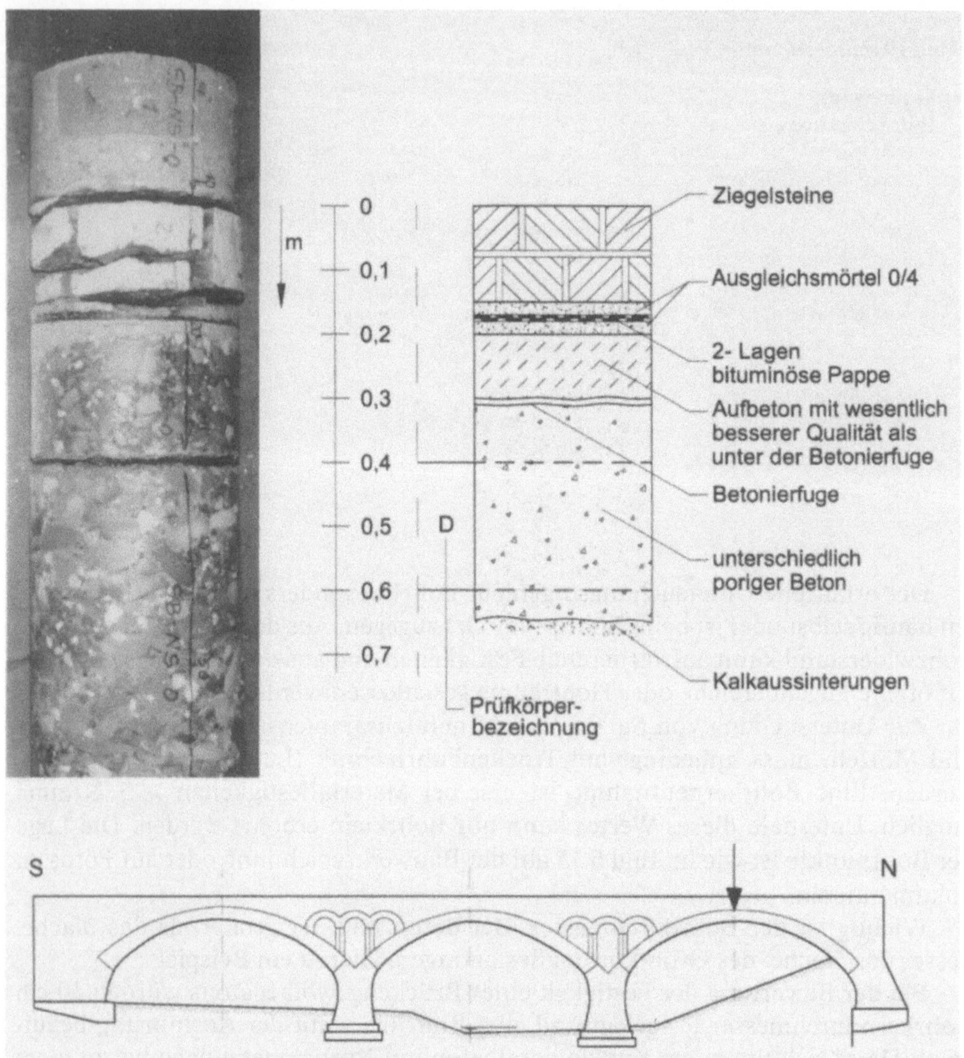

Bild 5.13: Bohrkern aus dem Scheitel einer Bogenreihenbrücke

Durchmesser bis zu 10 m Tiefe erkunden. Die Aufnahmen werden auf einem Monitor des Bedienenden übertragen und sind nach Wahl speicherbar.

Mit der Endoskopie lässt sich zum Beispiel der Zustand von Mauerwerksfugen tiefengestaffelt untersuchen. Weiter lassen sich Klüfte und Hohlstellen orten und der Mauerwerksaufbau bei Vorsatzschalen ermitteln. Rissverschmutzungen und Salzaussinterungen sowie mineralische Gesteins- und Mörtelbesonderheiten sind bei entsprechender Vergrößerung ebenfalls erkennbar. Die Bilder 5.17 und 5.18 zeigen verschiedenartige Endoskopaufnahmen im Mauerwerk.

Bild 5.14:
Kernbohrgerät

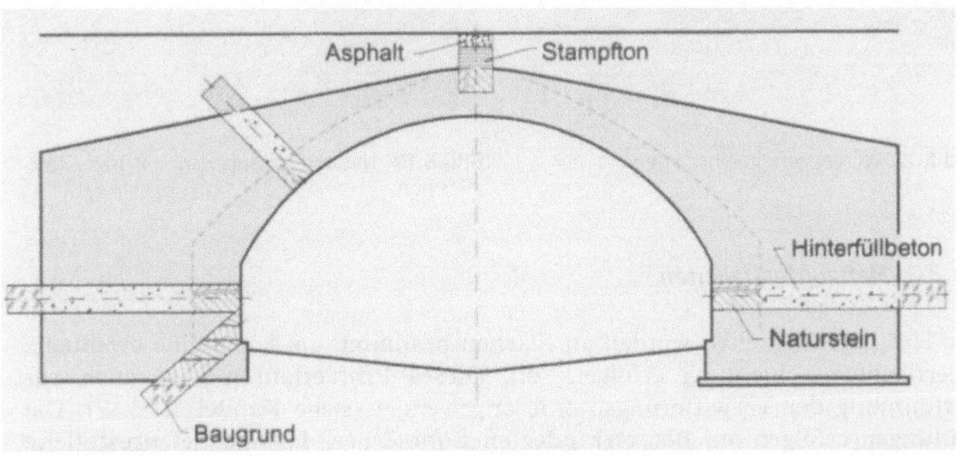

Bild 5.15: Ermittlung der Bauwerksgeometrie anhand von Kernbohrungen

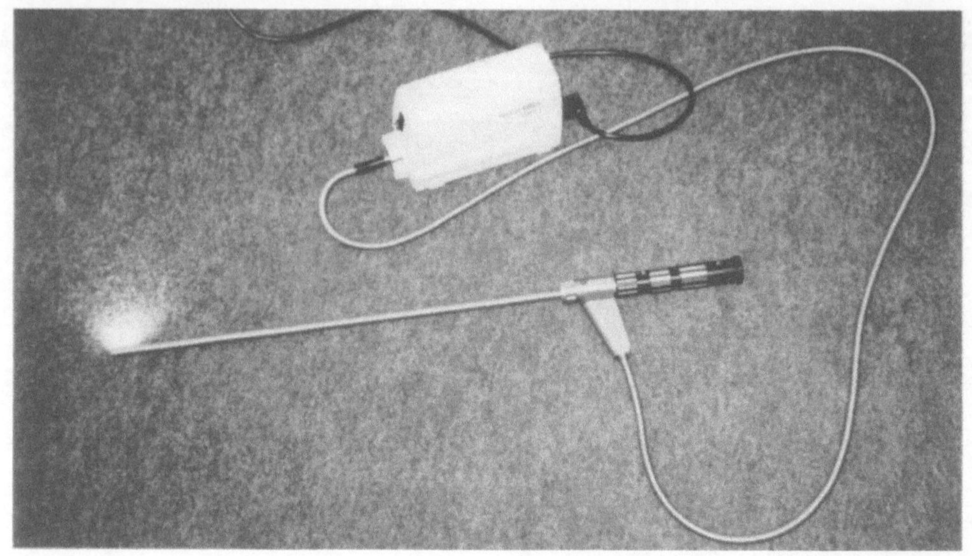

Bild 5.16: Starres Endoskop mit Lichtquelle sowie Kamera- und Videoanschlussmöglichkeit

Bild 5.17: Wurzelwerk in einer Fuge

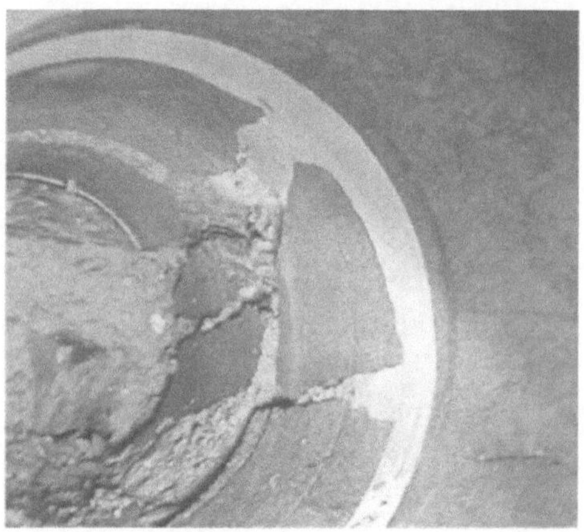

Bild 5.18: Natursteinmauerwerk mit Trass-Kalk-Injektion

5.1.3.3 Haftzugfestigkeiten

Die Haftzugfestigkeiten werden an Flächen bestimmt, an denen eine eventuelle Oberflächenbeschichtung erfolgen soll. Dieses Prüfverfahren wird auch zur Bestimmung der Verwitterungsprofile angewendet (siehe Kapitel 5.1.3.12). Die Prüfungen erfolgen am Bauwerk oder an Bohrkernen. Es sind tiefengestaffelte Prüfungen erforderlich, um die Abtragstiefe für eine ausreichende Haftung der Oberflächenbeschichtung zu ermitteln. Im Rahmen der Prüfung werden Prüf-

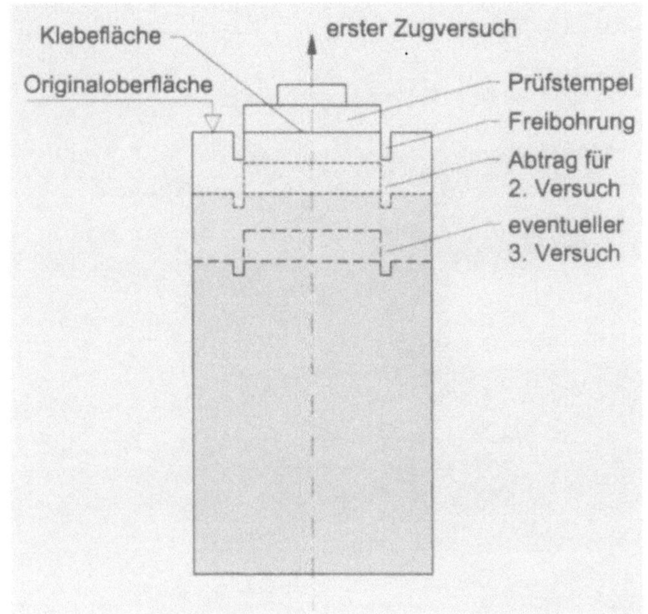

Bild 5.19:
Tiefengestaffelte Haftzugfestigkeitsermittlung

stempel auf die Oberfläche geklebt. Der Prüfbereich wird vorher freigebohrt, ebenso werden die Festigkeiten ermittelt. Ergeben sich aus der Prüfung an der Originaloberfläche keine ausreichenden Haftzugfestigkeiten, werden die Prüfungen tiefengestaffelt fortgesetzt, bis die für die Beschichtung erforderlichen Werte erreicht sind (Bild 5.19).

5.1.3.4 Bewehrungssuche und Bewertung des Korrosionszustandes

Die einfachste Methode zur Ortung von Bewehrungseisen sind Dauermagnete. Allgemein werden induktive Messgeräte eingesetzt (Bild 5.20). Bei bekanntem Bewehrungsdurchmesser wird mit diesen Geräten die Betondeckung angezeigt. Zusätzlich gibt es Tiefensonden. Weiterhin sind bei großflächigen Untersuchungsobjekten Messgeräte mit rechnergestützter Messdatenerfassung und -auswertung üblich.

Für die Bauzustandsbewertung ist die Ermittlung des Korrosionszustandes und des Abrostungsgrades der Bewehrung besonders wichtig [5-1]. Bewehrung kann korrodieren, wenn entweder der Korrosionsschutz durch Carbonatisierung der Betondeckschicht aufgehoben ist oder eine Chlorideinwirkung z.B. durch Tausalze vorliegt.

Bei Chlorideinwirkung kommt es zu einer örtlich stark konzentrierten Eisenauflösung, einer so genannten Lochfraßkorrosion. Diese ist bei Sauerstoffmangel nicht wie bei einer Korrosion infolge Carbonatisierung der Betonrandzone mit einer Volumenzunahme der Korrosionsprodukte und einer damit einhergehenden Absprengung der Betondeckung verbunden. Das heißt, sie ist nur schwer zu

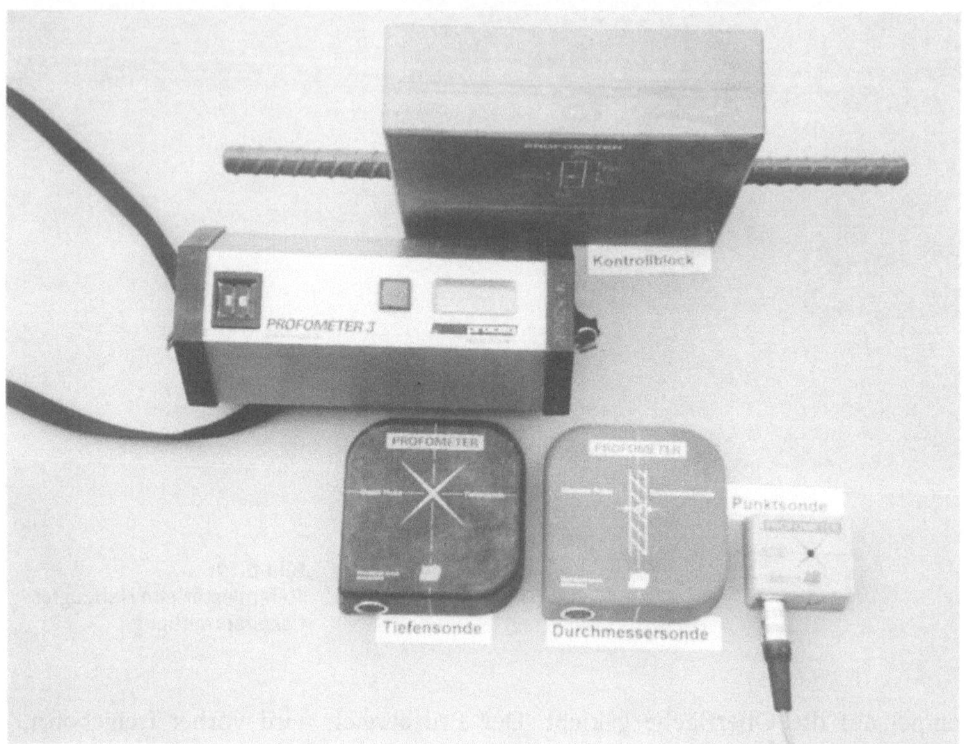

Bild 5.20: Induktives Messgerät

diagnostizieren. Da die Eisenauflösung örtlich sehr konzentriert sein kann, ist der Tragfähigkeitsverlust der Bewehrung infolge der so genannten Kerbwirkung viel größer als bei einer carbonatisierungsinduzierten Korrosion. Dieser Umstand macht die chloridinduzierte Korrosion so gefährlich [5-90]!

Eine mögliche chloridinduzierte Korrosion kann mit einer elektrochemischen Potenzialfeldmessung (Bild 5.21) in Verbindung mit einer Chloridgehaltbestimmung erkannt werden. Das Prinzip der Potenzialfeldmessung geht davon aus, dass Korrosionsstellen ein geringeres Potenzial haben als nicht korrodierter Stahl. Die Differenzen werden gemessen [5-2, 5-90]. Anhaltswerte für Chloridgehalte in der Betondeckschicht bzw. im Einpressmörtel, bei deren Überschreitung eine Korrosionsgefahr für die Bewehrung bzw. den Spannstahl im Verbund gegeben ist, sind:
– 0,5% Chlorid bezogen auf die Zementmasse bei Stahlbetonbauteilen,
– 0,2% Chlorid bezogen auf die Zementmasse bei Spannbetonbauteilen.

Bei unbekannter Betonzusammensetzung ist dabei der Zementgehalt auf der sicheren Seite liegend abzuschätzen [5-31].

Zur Aufhebung des Korrosionsschutzes infolge Carbonatisierung der Betondeckschicht siehe Kapitel 5.1.3.19. Auf die Wiederherstellung des Korrosionsschutzes der Bewehrung wird im Kapitel 5.2.5 eingegangen.

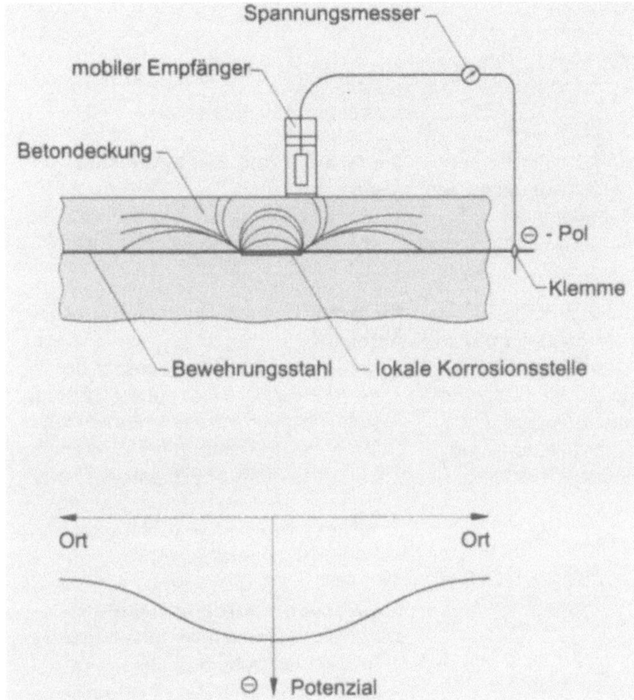

Bild 5.21:
Prinzip der Potenzialfeldmessung

5.1.3.5 Rissaufnahme und Rissveränderungen

Im Rahmen der Aufnahme von Rissen sind primär folgende Parameter zu erfassen:

1. Rissart und Rissursache

   Vor einer Bewertung von Rissen muss grundsätzlich die Ursache der Rissbildung analysiert werden. Nur auf der Basis der Ursachenkenntnis der Rissbildung können eine Bewertung und gegebenenfalls eine Entscheidung über notwendige und Erfolg versprechende Instandsetzungsmaßnahmen getroffen werden. Bei der Auswahl von Instandsetzungsmaßnahmen ist insbesondere zu berücksichtigen, ob es sich um Rissbildung infolge einer einmalig auftretenden Ursache (z.B. abfließende Hydratationswärme) oder um wiederholt auftretende Ursachen (z.B. Lasten) handelt. Dementsprechend müssen Instandsetzungsmaßnahmen gegebenenfalls zukünftige Rissbewegungen ermöglichen, um Schäden am sanierten Bauteil (z.B. der Betonbeschichtung) bzw. neue Schäden (z.B. bei kraftschlüssiger Rissverpressung) zu vermeiden. Eine Bewertung der Instandsetzungsbedürftigkeit von Rissen muss vom sachverständigen Ingenieur in jedem Einzelfall auf die besonderen Bedingungen und Anforderungen des zu beurteilenden Bauteils abgestimmt werden [5-47]. Anhaltswerte zur Bewertung von Rissen im Stahlbetonbau sind in Tabelle 5.3 und im Bild 5.22 zusammengefasst. Eine umfangreiche Analyse von Systemrissen an Bogen- und Gewölbebrücken aus Mauerwerk und unbewehrtem Beton wird im Kapitel 6.3.1 gegeben.

Tab. 5.3: Rissursachen und Bewertung von Rissen: Anhaltswerte für Grenzwerte im Stahlbetonbau nach SCHIESSL [5-47]

Rissursachen	Rissbild	Bewertung im Regelfall
Spannungsinduzierte Risse	Netzrissbildung an der Betonoberfläche infolge Eigenspannungen aus Temperatur (z.B. abfließende Hydratationswärme) und Schwinden (Bild 5.22a)	**Rissbreiten und Risstiefen sind gering** →keine Maßnahmen erforderlich, allenfalls ein ästhetisches Problem
	Risse aus Last infolge Biegung, Zug, Schub, Torsion, Verbund, Eintragung konzentrierter Lasten (Bild 5.22b) oder Zwang (Bild 5.22c) infolge Behinderung lastunabhängiger Verformungen (z.B. zentrischer Zwang aus Abkühlung oder Schwinden)	**für Tragfähigkeit, Korrosion und Ästhetik:** $w \leq 0{,}4$ mm (d.h., Streckgrenze der Bewehrung wird nicht überschritten) →keine Maßnahmen erforderlich mit folgender Ausnahme: bei starker Chlorideinwirkung (Tausalz auf horizontalen Flächen) ist eine Instandsetzung erforderlich (Chloridzutritt ist sicher zu vermeiden) **für Wasserundurchlässigkeit:** keine Maßnahmen erforderlich bei: - Druckzonenhöhe 3–5 cm - bei Trennrissen mit $w \leq 0{,}1$–$0{,}15$
Infolge betontechnologischer Einflüsse (z.B. unzureichende Nachbehandlung und Verdichtung)	Netz- oder Trennrissbildung infolge Frühschwinden (Bild 5.22d) oder plastischer Setzung (Bild 5.22e)	**für Tragfähigkeit:** häufig $w > 1$ mm →kann in extremen Fällen die Tragfähigkeit beeinflussen, bei geringer Ausnutzung der Druckzonenhöhe und ungerichtetem Rissverlauf ggf. keine Maßnahmen erforderlich **für Korrosion und Ästhetik:** $w \leq 0{,}4$ mm →keine Maßnahmen erforderlich
Infolge von Umwelteinwirkungen (z.B. Bewehrungskorrosion (Bild 5.22f), Frost- und Sulfateinwirkung)	unterschiedlich	**verschiedene Strategien sind möglich:** - werden keine Maßnahmen ergriffen →Verringerung der Nutzungsdauer - Konservierung des Ist-Zustandes - Instandsetzung - Teil- bzw. vollständige Erneuerung

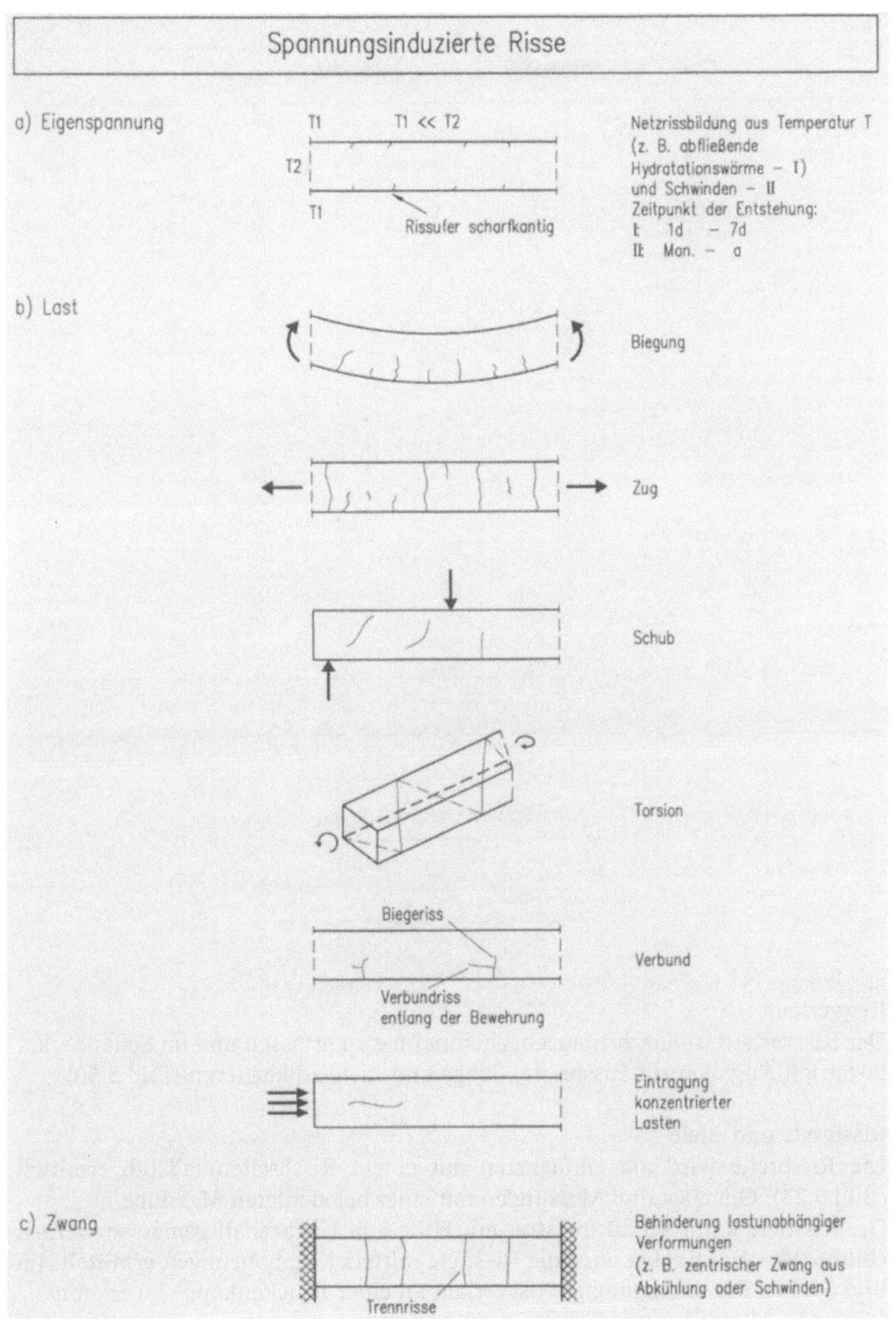

Bild 5.22: Rissbildung im Stahlbetonbau: Rissursachen und Rissbilder [5-47]

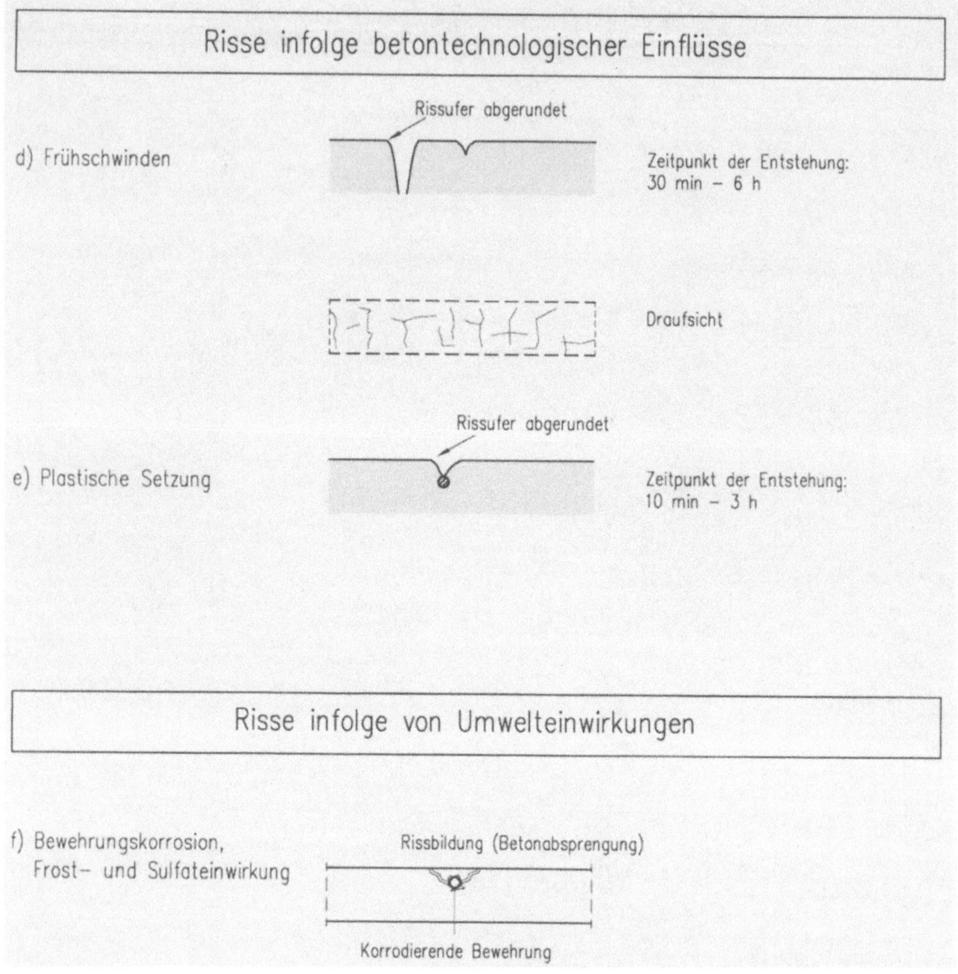

2. Rissverlauf

Der Rissverlauf ist durch Inaugenscheinnahme zu erfassen und im Schadenskataster mit Angaben zur Rissbreite, -länge und -tiefe zu kartieren (Bild 5.50).

3. Rissbreite und -tiefe

Die Rissbreite wird am einfachsten mit einem Rissbreitenmaßstab ermittelt (Bild 5.23). Genauer sind Messungen mit einer beleuchteten Messlupe.
Die Risstiefe kann zerstörungsfrei mit Hilfe von Ultraschall gemessen werden (Bild 5.24). Praktikabel wird die Risstiefe mittels Kernbohrungen ermittelt. Im Bild 5.25 ist der durchgängige Rissverlauf an einer Brückenkappe zu erkennen.

4. Risszustand (z.B. feucht, verschmutzt, verkalkt)

Der Zustand der Rissufer kann an trockengebohrten Bohrkernen durch Inaugenscheinnahme gegebenenfalls mit Lupen ermittelt werden. Bei Fremdstoff-

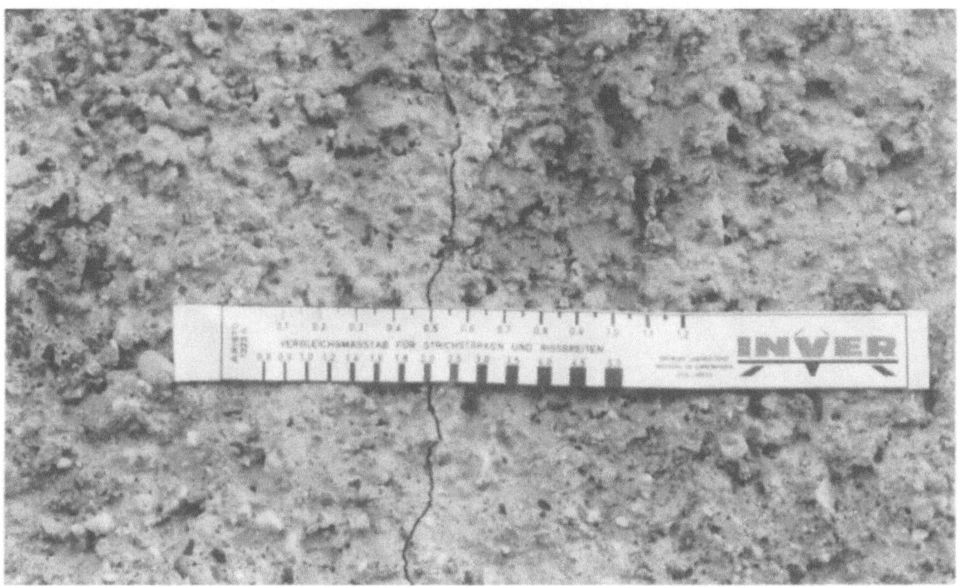

Bild 5.23: Rissbreitenmaßstab

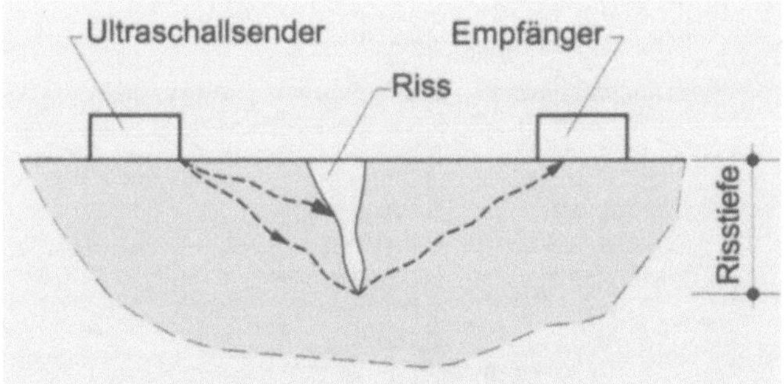

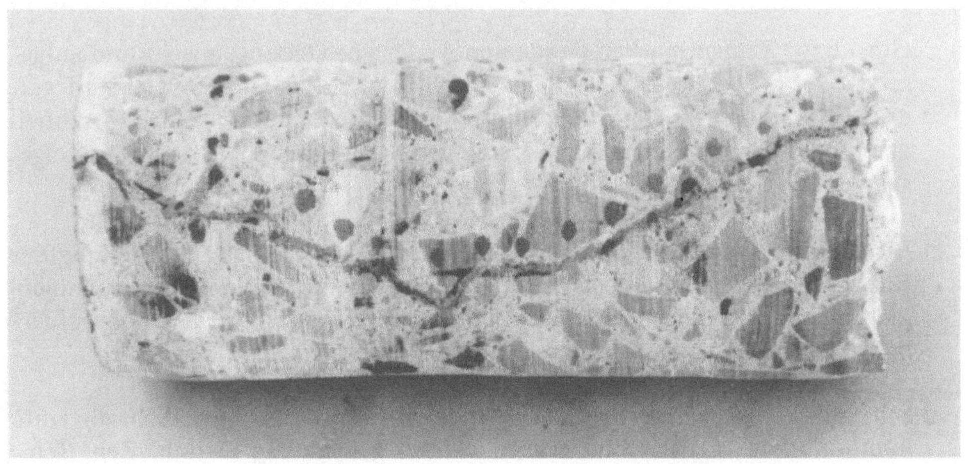

verschmutzungen geben chemische Analysen Auskunft über die vorhandenen Stoffe. Mit Endoskopen können Untersuchungen im Bohrloch durchgeführt werden.

Zur Findung der Rissursache ist die Kenntnis von Rissveränderungen wichtig. Hierzu sollte das Verhalten von Rissen messtechnisch beobachtet werden. In Abhängigkeit von Belastungs- und Witterungsbedingungen sind Messungen über große Zeitintervalle (z.B. mehrere Monate) und in verschiedenen Jahreszeiten notwendig. Eine Übersicht der Messverfahren zeigt Tabelle 5.4.

Tab. 5.4: Messverfahren zur Aufnahme von Rissveränderungen

Messverfahren	Messgenauigkeit	Messgröße	Vorteile	Nachteile
a) Gips- bzw. Zementmarken	Veränderungen müssen gemessen werden, Genauigkeit entspricht der des Messgerätes	Längenänderung	einfach	– relativ ungenau – Messmarken lösen sich ab
b) Rissmonitore	± 0,5 mm	Längenänderung	einfach	ungenau
c) Messuhren	± 0,01 mm	Längenänderung	einfach	
d) Induktive Wegaufnehmer	± 0,001 mm	Längenänderung	sehr genau	aufwändig
e) Schwingungs- messverfahren		– Schwingungs- amplitude – Schwingungs- elongation – Schwingungs- frequenz	nur in Verbindung mit induktiven Wegaufnehmern exakteres Verfahren	sehr aufwändig

a)   Gips- bzw. Zementmarken werden entweder vor Ort angemischt und aufgesetzt oder aus vorgefertigten Gips- oder Zementstreifen mit Klebstoff aufgeklebt. Letztere Variante ist sicherer, da sich die Marken nicht so schnell ablösen können. Wichtig ist ein ausreichend großer und über dem Riss freigesparter Halbkreis (Bild 5.26).

b, c) Rissmonitore und Messuhren sind für Nachmessungen zur Beurteilung der Rissveränderungen gut geeignet. Messuhren, die auf angeklebten Lochmarkierungsmarken eingemessen und später nachgemessen werden, liefern hierbei genauere Ergebnisse (Bild 5.27).

d, e) Mit induktiven Wegaufnehmern sind Verformungen über Schreibgeräte kontinuierlich registrierbar. Dabei werden gleichzeitig Datum, Zeit, Tem-

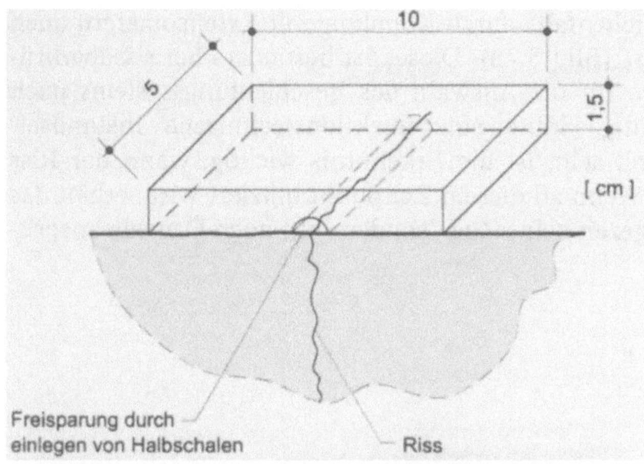

Bild 5.26:
Abmessungen einer Gips- bzw. Zementmarke
und Zementmarke über einem Querriss einer
Bogenbrücke

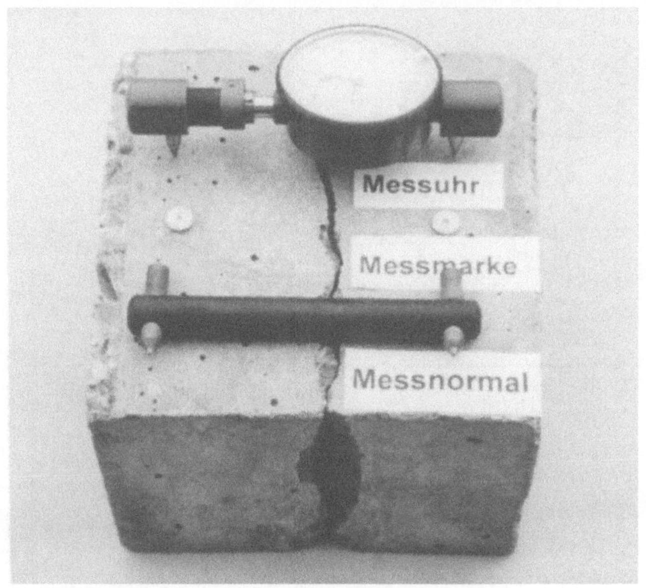

Bild 5.27:
Messanordnung für eine
Rissweitenänderungsmes-
sung mittels Messuhr

peraturen und erforderlichenfalls durch Kopplung mit Extensometern auch Schwingungen registriert (Bild 5.28). Dieses ist besonders bei rissüberbrückenden Beschichtungen für die Auswahl des Beschichtungssystems nach Belastungsklassen wichtig. Sollte eine injektionstechnische Instandsetzungsmaßnahme möglich sein, ist die Erkenntnis wichtig, wann der Riss seine größte Weite hat. Wenn zu diesem Zeitpunkt injiziert wird, erhält das Injektionsgut in der Folgezeit keine Zug-, sondern nur noch Druckbeanspruchungen [5-3].

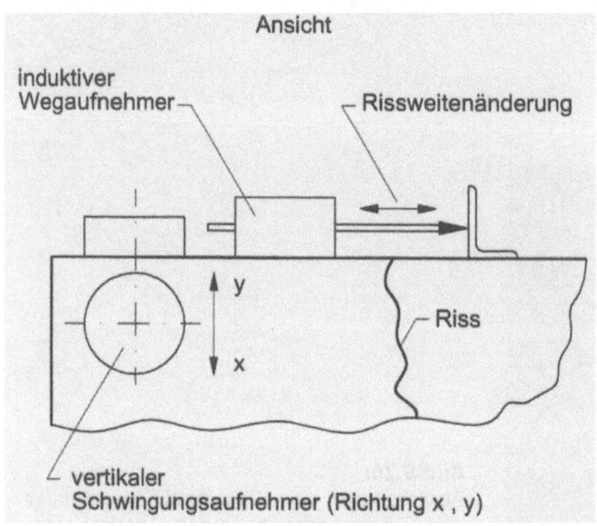

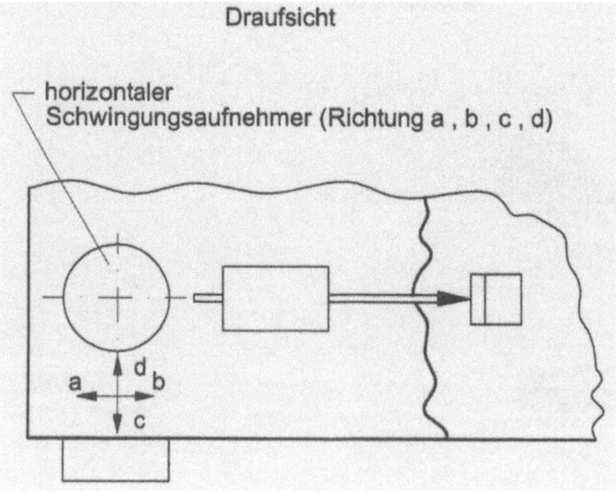

Bild 5.28:
Schwingungsabhängige Rissweitenänderungsmessung

5.1.3.6 Biogene Schäden

Biogener oder auch biologischer Bewuchs sind Moose, Algen, Flechten und Pilze, aber auch Pflanzen, die unter bestimmten Bedingungen wachsen können. In der Vergangenheit wurde dieser Schädigungsform wenig Bedeutung zugemessen. Die biogenen Substanzen können bei Natursteinmauerwerk das Bindemittel zerstören. Mikroorganismen können aus Luftstäuben schwache Säuren bilden, die zu Verwitterungserscheinungen führen [5-4].

Physikalisch-chemische Faktoren sind:
- pH-Wert,
- Temperatur und Luftfeuchte,
- Struktur der Umgebung,
- Nährstoffgehalt,
- UV-Lichtanteile,
- Vorhandensein von Wasser.

Mikrobielle Faktoren sind:
- Artenvorkommen der Umgebung,
- Mikroorganismus-Konzentrationen und -aktivitäten.

Bei den hier betrachteten Massivbrücken können sich nur einzellige Mikroorganismen ansiedeln, die ihre Nährsubstanz aus anorganischen Baustoffen beziehen. Während an Betonoberflächen nur wenige Schäden auftreten, die meistens nur in Verfärbungen sichtbar werden, sind bei Natursteinmauerwerken durch biogenen Bewuchs vor allem in Fugen und Rissen Schadensbildungen zu verzeichnen, die in Mörtelauflockerungen und Gefügezerstörungen bestehen. Diese Vorgänge laufen allerdings über einen größeren Zeitraum ab. Bei Putzen und Beschichtungen spielen biogene Schäden eine größere Rolle, da Mikroorganismen polymere Zusätze in Bindemitteln und Weichmachern abbauen können und damit beträchtliche Schäden anrichten. Sollten zu biogenen Schäden Untersuchungen erforderlich sein, sind entsprechende Sachverständige (z.B. Mikrobiologen) einzubeziehen, die mikroskopisch die Arten der Mikroorganismen bestimmen und eventuelle Maßnahmen zur wirksamen Beseitigung benennen. Mögliche Stoffe hierzu sind Fungizide und antibakterielle Lösungen.

5.1.3.7 Probeinjektionen am Bauwerk

Im Rahmen der Bauschadensanalyse können bedarfsweise Probeinjektionen ausgeführt werden, wenn sich abzeichnet, dass im Zuge der Instandsetzung solche notwendig werden. Die Ausführung von Injektionen erfordert große Erfahrung und umfassende Kenntnisse über Bohrtechniken, Injektionsmittelverhalten, Injektionszubehör und Pumpen. Vom Können des Injekteurs hängt der Erfolg einer Injektionsmaßnahme entscheidend ab. In der Injektionstechnik, ob als Probeinjektion oder produktive Ausführung, ist ein Nachweis des Injektionserfolges erforderlich. In den nachfolgenden Ausführungen wird deshalb auch auf diesen Aspekt eingegangen.

Im Massivbrückenbau gibt es fünf gebräuchliche Injektionsformen, die nachfolgend mit dem Schwerpunkt Probeinjektion im Einzelnen vorgestellt werden. Weiterführende Aussagen zu labortechnischen Untersuchungen bzw. zur konkreten Technologie im Rahmen der Bauausführung sind den Kapiteln 5.1.3.16 sowie 5.2.2 zu entnehmen.

a) Injektion von Mauerwerksfugen

Bei dieser Probeinjektion werden Packer in erforderlicher Tiefe auf die Fugen gesetzt. Anschließend wird ein vorausgewähltes Injektionsmittel, das hinsichtlich seiner Rezeptur auf den Altmörtel abgestimmt ist, injiziert. Es wird erprobt, bei welchen Injektionsdrücken welche Materialaufnahmen möglich sind. Die Ausbreitmaße des Injektionsgutes lassen sich dadurch ermitteln, dass man in unterschiedlichen Abständen Bohrlöcher in den Fugen anordnet und diese hinsichtlich eines Austrittes von Injektionsgut visuell beobachtet. Bei Injektionsmörteln als Injektionsgut werden in verschiedenen Abständen Kleinbohrkerne nach der Aushärtung entnommen. An diesen Bohrkernen lässt sich exakt erkennen, in welchem Maße die Injektion erfolgreich war. Auch die erreichte Tiefe der Injektionsgutausbreitung ist so leicht feststellbar. Sollten wegen zu geringen Festigkeiten keine Bohrkerne gewinnbar sein, so lassen sich die Bohrlöcher endoskopisch untersuchen.

b) Schleierinjektion zur Dichtung von Brückenbauwerken

Bei Brückenbauwerken mit schadhafter Dichtung, deren Instandsetzung wegen zu großer Überschüttungen oder der nicht gegebenen Möglichkeit zur Beräumung (z.B. bei notwendiger Aufrechterhaltung des Fahrverkehrs) schwierig ist, werden häufig Abdichtungsinjektionen von der Brückenunterseite aus durchgeführt.

Bei Natursteinen mit großem Fugenanteil ist hierbei eine Füllinjektion zu aufwändig. Auch bei Betonbrücken mit vielen Rissen ist eine Rissverpressung unökonomisch. Die Ausführung einer so genannten Schleierinjektion ist unter den gegebenen Rahmenbedingungen eine Erfolg versprechende Abdichtungsvariante. Im Zuge der Ausführung einer solchen Injektion wird zwischen der aus Beton oder Mauerwerk bestehenden Tragkonstruktion und dem angrenzenden Hinterfüllmaterial ein vollflächiger Schleier injiziert (Bild 5.29).

Durch Probeinjektionen soll hier ein geeignetes Injektionsgut gefunden werden, das im Bereich zwischen Brückenbogen und Hinterfüllung gut verpressbar ist. Dabei soll möglichst wenig Material in die Mauerwerksfugen bzw. Risse zurückströmen.

Die Ausbreitradien bei diesem Verfahren können durch unterschiedliche Injektionspackerabstände im Bereich eines zentralen größeren Bohrloches ermittelt werden (Bild 5.30).

Begonnen wird mittels Injektion an einem Packer, der zum Bohrloch den größten Abstand besitzt (linker Packer im Bild 5.30). Ist kein Injektionsaustritt im Bohrloch erkennbar, folgt eine Injektion an einem Packer mit dem nächst-

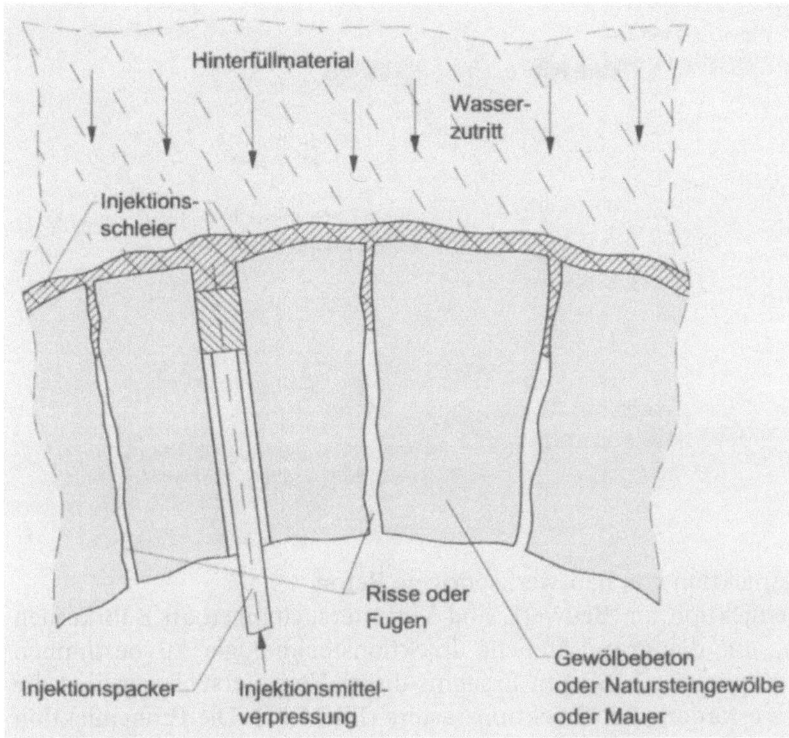

Bild 5.29: Detail eines Injektionsschleiers

Bild 5.30:
Probeinjektionen

kleineren Abstand. Die im Bild 5.30 an den Injektionspackern erkennbaren Manometer dienen der Injektionsdruckmessung. Weitere Einzelheiten dieses Verfahrens werden im Kapitel 5.2.2.5 beschrieben.

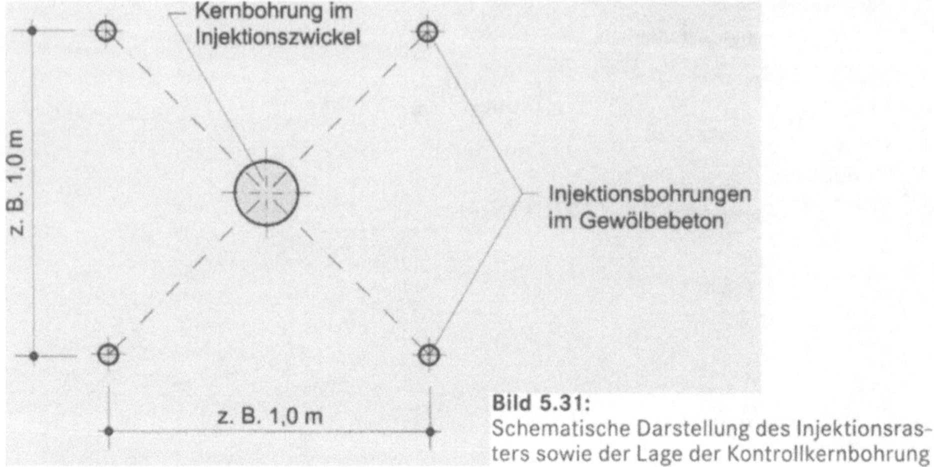

Bild 5.31:
Schematische Darstellung des Injektionsrasters sowie der Lage der Kontrollkernbohrung

c) Ertüchtigungsinjektion von haufwerksporigem Beton
Vor der Probeinjektion am Bauwerk sind Voruntersuchungen an Bohrkernen vorzunehmen, um die grundsätzliche Injektionstechnologie zu bestimmen (siehe hierzu Kapitel 5.1.3.16). Ein Ergebnis dieser Voruntersuchungen ist die Festlegung des erforderlichen Injektionsrasters (Bild 5.31). Die Probeinjektion am Bauwerk dient der Überprüfung der vorausgewählten Injektionstechnologie in situ (Bilder 5.32 und 5.33).
Im Verlaufe dieser Erprobung wird nach Aushärtung des Injektionsgutes im Injektionszwickel ein Bohrkern entnommen und geprüft. Ein solcher Bohrkern ist im Bild 5.34 abgebildet. Der Injektionszement ist gut an der dunklen Färbung erkennbar. Aus dem Bohrkern werden Probekörper hergestellt, an denen die nachzuweisenden Eigenschaften (z.B. Festigkeiten) geprüft werden können. Im Falle einer nicht vollkommenen Porenfüllung ist das Injektionsraster zu verkleinern und die Probeinjektion zu wiederholen.

d) Rissinjektionen
Rissinjektionen, kraftschlüssig oder abdichtend, werden mit den unterschiedlichsten Injektionsmitteln seit langer Zeit ausgeführt. Probeinjektionen werden hierzu sehr selten verlangt. Allerdings erfordern detaillierte Ausschreibungstexte Angaben zu Verbrauchsmengen, infolgedessen können im Rahmen eines Materialgutachtens Aussagen hierzu erforderlich werden.

e) Baugrundverbessernde Bodeninjektionen unter Widerlagern und Pfeilern
Sollten nach Aussagen des Baugrundgutachtens in Korrespondenz mit einer Lasteinstufungsberechnung Baugrundverbesserungen unter Widerlagern oder Pfeilern notwendig sein, sind Baugrundinjektionen im Vergleich zu anderen Instandsetzungsmaßnahmen des Spezialtiefbaus eine wirtschaftlich günstige Möglichkeit. Grundsätzlich kann man drei unterschiedliche Injektionsverfahren unterscheiden [5-51]:

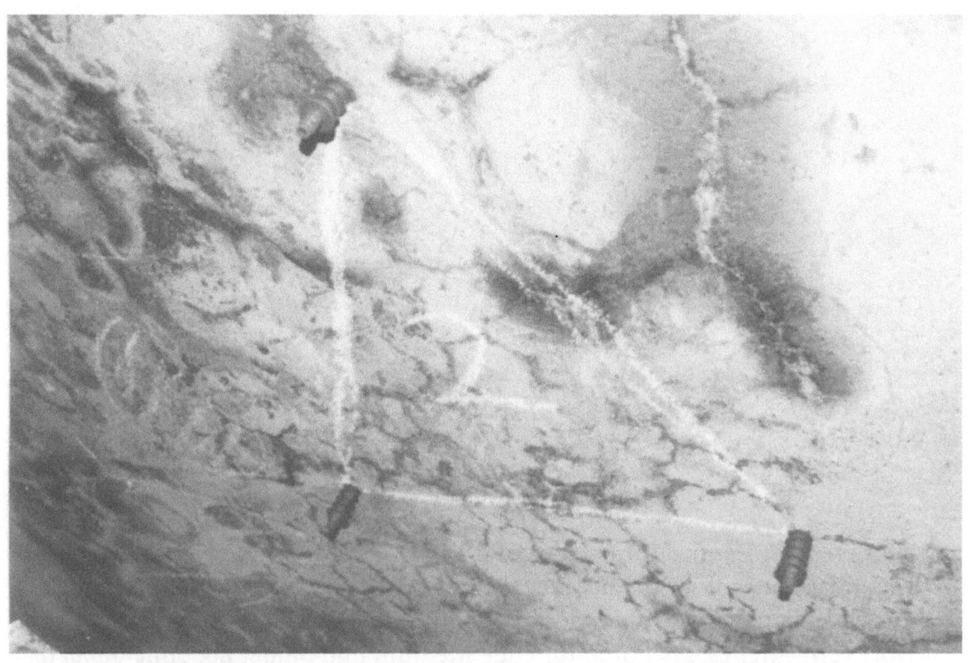

Bild 5.32:
Packer im Injektionsraster
an der Brückenunterseite
(oben)

Bild 5.33:
Kunststoffschlagpacker

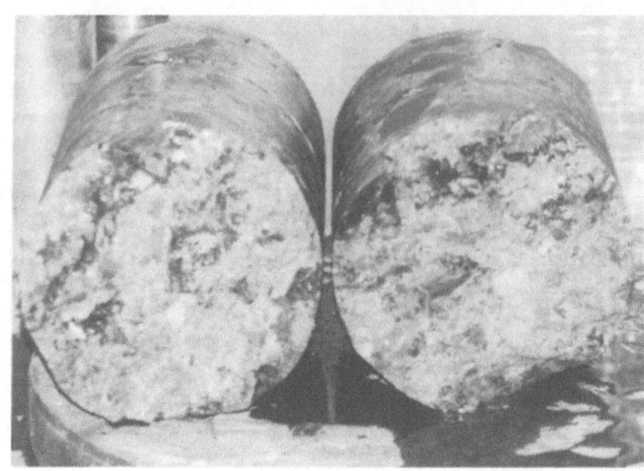

Bild 5.34:
Bohrkern aus dem
Injektionszwickel

1. **Niederdruck-Penetrations-Injektion**
   Das Injektionsgut wird von einer zentralen Station aus über Verpresspunkte
   mit verschiedenen Techniken in die Hohlräume des Untergrundes gepumpt.
   Dort verdrängt es das Poren füllende Medium und bindet ab, ohne dabei das
   Gefüge des Untergrundes zu verändern oder zu zerstören.
2. **Düsenstrahlverfahren** (*jet grouting, soil crete, HDI-Hochdruckinjektion*)
   Hier wird die Bodenstruktur beim Abbohren durch einen Wasser- oder Sus-
   pensionsstrahl bei Drücken bis zu 800 bar und Geschwindigkeiten bis zu
   400 m/s rotierend aufgeschnitten und der entstehende Hohlraum mit Injektionsgut verfüllt.
3. **soil-frac-Verfahren**
   Bei diesem Verfahren wird der Untergrund aufgesprengt und die entstehenden Risse mit Injektionsgut verfüllt. Dadurch lassen sich zusätzlich zur
   Erhöhung der Bodentragfähigkeit Hebungen erzeugen, die eingetretene Bau-
   werkssetzungen ausgleichen können.

Zur Durchführung der genannten Verfahren stehen Injektionsmittel zur Verfügung, die gemeinsam mit ihren möglichen Anwendungen in Tabelle 5.5 zusammengestellt sind [5-51].
Die Wahl des konkreten Verpressgutes und seine Aufbereitung hängen vom
Zweck der Injektion (z.B. Verfestigung und Abdichtung), der Beschaffenheit
des Baugrundes (Größe, Zahl und Struktur der Fließwege in Form von Poren
und Klüften) und vom Fließverhalten des Injektionsgutes und der damit erziel-
baren Reichweite ab. Aus diesen Kriterien resultieren für das Injektionsmittel
Anwendungsgrenzen, welche in Abhängigkeit von der Korngrößenverteilung
des Baugrunds im Bild 5.35 dargestellt sind.
Einen weiteren Hinweis zur Injizierbarkeit des Baugrundes liefert auch das folgende amerikanische Kriterium:

Tab. 5.5: Injektionsmittel und mögliche Anwendungen für baugrundverbessernde Bodeninjektionen

Art	Mörtel	Suspensionen	Lösungen	Emulsionen
Definition	Suspensionen mit sehr hohem Feststoffanteil	Feine Verteilung eines nicht gelösten Stoffes in einer Trägerflüssigkeit	Auflösung von festen Stoffen in Lösungsmittel	Aufschwemmung zweier versch. flüssiger Medien meist mit Stabilisatoren
Zusammensetzung	Wasser, Zement, Sand und ggf. spezielle Zusätze, $W/Z < 1$	Wasser, Zement oder Feinstbindemittel*) und ggf. Bentonit oder Flugasche, $W/Z > 1$ *) $0,5 \leq W/B \leq 6$	Wasser, Wasserglas, Härter, Kunstharze, Kunststoffe	Wasser, Bitumen, Emulgatoren, wasserlösliche Wasserglashärter
Anwendung	Verfüllen von Hohlräumen und Spalten, Herstellen von Injektions- und Unterwasserbeton	Abdichten und Verfestigen von Kies- und Sandböden, Klüften und Spalten im Fels, Risse im Mauerwerk, Schadstoffimmobilisierung	Abdichten und Verfestigen von Sand- und Feinkiesböden, Haarrisse im Mauerwerk	Abdichten von Feinsandböden

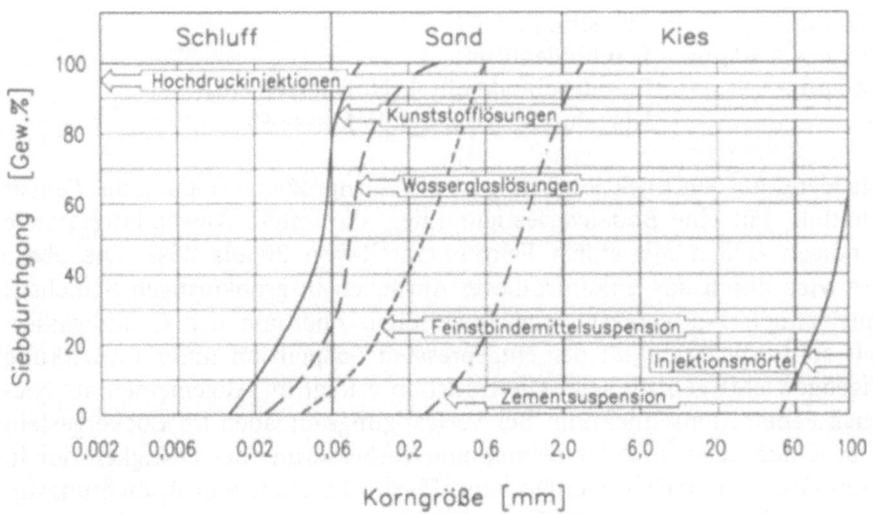

Bild 5.35: Injektionsverfahren: Bodenabhängige untere Anwendungsgrenzen

$$N = \frac{d_{15}\ \text{Boden}}{d_{85}\ \text{Verpressgut}}$$

$N > 24$:	Injektion ist möglich
$N < 11$:	Injektion ist nicht möglich
d_{15} Boden:	Korndurchmesser des Bodens bei 15% Siebdurchgang
d_{85} Verpressgut:	Korndurchmesser der Suspensionsfeststoffe bei 85% Siebdurchgang

Im zurückliegenden Zeitraum besaßen Injektionen mit Zementsuspensionen [5-42] und chemische Injektionen auf Wasserglasbasis eine große Bedeutung. Infolge strengerer Anforderungen aus dem Umweltschutz (Gewässerschutz) kam es zu Einschränkungen beim Einsatz chemischer Mittel (Hart- und Weichgele). Hierfür traten die seit einigen Jahren verfügbaren Feinstbindemittel in den Vordergrund, die einen Ersatz von chemischen Injektionen in Sandböden ermöglichen. Feinstbindemittel, die auch unter der Bezeichnung Feinstzement, Ultrafeinstzement oder Mikrofeinstzement geführt werden, sind sehr feinkörnige, hydraulische Bindemittel, die durch stetige und eng abgestufte Kornverteilungen sowie durch ihre chemisch-mineralische Zusammensetzung charakterisiert sind. Sie besitzen eine gegenüber Normalzementen bis zu dreimal höhere spezifische Oberfläche, die als so genannter Blain-Wert in cm^2/g angegeben wird. Stofflich können sie mit Zementen nach DIN EN 196 [5-86] verglichen werden. Feinstbindemittel grenzen sich zu Fein- und Standardbindemitteln wie folgt ab:

$d_{95} \leq 20$ µm:	Feinstbindemittel
20 µm $< d_{95} \leq 40$ µm:	Feinbindemittel
$d_{95} > 40$ µm:	Standardbindemittel (Normalzement)
mit d_{95}:	Korndurchmesser bei 95 Masse-%

Entscheidend für den Injektionserfolg ist die Korngrößenverteilung des Feinstbindemittels. Für eine Bodenverfestigung liegt die untere Anwendungsgrenze bei sandigen Böden mit einem Feinsandanteil von 20 bis 25%. Die obere Grenze wird durch das unkontrollierte Abfließen in grobkörnigen Schichten gekennzeichnet. Bei vorgesehenen Injektionen oberhalb des Grundwasserspiegels sollte die Stabilität der eingepressten Suspension unter Einwirkung des Eigengewichts geprüft sein. Die Injektion erfolgt im Allgemeinen als Niederdruck-Penetrations-Injektion. Bei Verfestigungsaufgaben im Lockergestein ist zu beachten, dass im Allgemeinen eine Verbesserung der Festigkeit nur in gewissen Grenzen erreicht werden kann [5-85]. Im Zuge von Abdichtungsinjektionen zur Verminderung der Durchlässigkeit des Lockergesteins kann man Injektionswände und -sohlen herstellen. Durch Immobilisierungsinjektionen bindet man die im Untergrund vorhandenen Schadstoffe in eine mechanisch feste und chemisch stabile Matrix ein. Sowohl bei Verfestigungsinjektionen als auch bei der Herstellung von Injektionswänden kommt überwiegend das Manschettenrohrverfahren zur Anwendung. Vorzugsweise wird von den durchlässi-

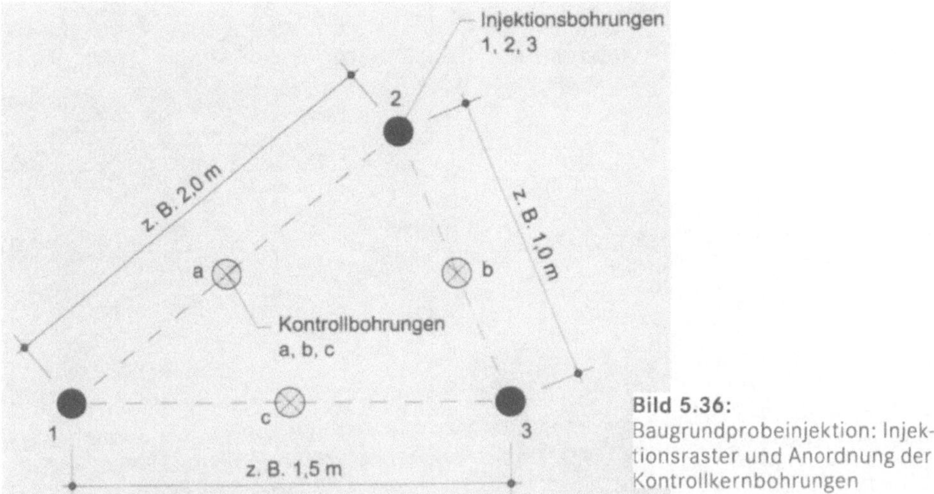

Bild 5.36:
Baugrundprobeinjektion: Injektionsraster und Anordnung der Kontrollkernbohrungen

gen zu den weniger durchlässigen Bereichen verpresst. Feinstbindemittelinjektionen sind kostenintensiv.

Für eine Baugrundinjektion gilt immer der Grundsatz, dass von den möglichen Injektionsmitteln das gröbste auszuwählen ist. Lässt sich ein Baugrund beispielsweise sowohl mit einer Normalzementsuspension als auch mit einer Feinstbindemittelsuspension verpressen, ist die erstgenannte Variante auszuwählen. Feinstbindemittelsuspensionen könnten in grobkörnige Baugrundbereiche abwandern und bei großen Materialaufnahmen Räume auffüllen, deren Injektion nicht vorgesehen war.

Bei Probeinjektionen in situ können Optimierungen in Bezug auf Injektionsraster (Bild 5.36), Injektionsvolumen sowie Injektionsraten vorgenommen werden. Nach Erhärtung des Injektionsgutes sind Kontrollkernbohrungen, wie im Bild 5.36 gezeigt, zu entnehmen. An diesen lassen sich der Ausbreitradius des Injektionsgutes und die erreichbaren Festigkeiten ermitteln.

Weil bei Baugrundverfestigungen bereits einaxiale Druckfestigkeiten von 5 N/mm^2 als erfolgreich gelten, sind Bohrkernentnahmen nicht immer möglich. Selbst bei sorgfältigstem Bohren schälen sich die Zuschlagstoffe aus der Injektionsmittel-Matrix, so dass die Herstellung eines prüfbaren Bohrkerns nicht immer gelingt. Deshalb empfiehlt sich hier ein Freilegen des Injektionskörpers, wie im Bild 5.37 gezeigt. Aus diesem können Bohrkerne oder Bruchstücke für weitere Untersuchungen gewonnen werden. Im Bild 5.38 ist ein solches Bruchstück zu sehen, in dem die hellen Zementleim-Injektionsbereiche deutlich erkennbar sind.

Vor der Baugrundprobeinjektion empfiehlt sich ein so genannter Sandsäulenversuch im Labor. Im Rahmen dieses Versuches, der im Kapitel 5.1.3.16 ausführlich beschrieben ist, können vorab wichtige Injektionsparameter ermittelt werden.

Bild 5.37:
Freigelegter Probeinjektions-
körper einer Zementleim-
Injektion (oben)

Bild 5.38:
Bruchstück eines Probe-
injektionskörpers (links)

Probeinjektionen sind allgemein möglichst mit ähnlichen Maschinen und Zubehörteilen (Bohrgeräte, Pumpen, Packer usw.) auszuführen, die auch im Rahmen der Bauausführung vorgesehen sind [5-6]. Aus Probeinjektionen können nachfolgend genannte Parameter der Injektionstechnologie für eine erfolgreiche Instandsetzungsplanung ermittelt werden:

- Bohrverfahren,
- Injektionsverfahren,
- Injektionsmaterial,
- Injektionsraster,
- Aufpress- und Arbeitsdrücke,
- Materialaufnahmen,
- Kontrollmaßnahmen zum Nachweis des Injektionserfolges,
- Festigkeit des Injektionskörpers.

Sicherlich sind die beschriebenen Probeinjektionen am Bauwerk aufwändig und kostenintensiv, aus qualitativer und wirtschaftlicher Sicht sowie als Grundlage für eine vertragsgerechte Ausschreibung aber unbedingt zu empfehlen.

5.1.3.8 Prüfung der Dichte und Porosität am Mörtel, Putz, Beton und Naturstein sowie Korngrößenanalyse der Zuschlagstoffe

Die Dichte und Porosität gehören zu Einzelaspekten der Baustoffcharakteristik. Von der Dichte und Porosität hängt die Dauerhaftigkeit von Baustoffen ab. Dichte Baustoffe verhindern das Eindringen von Wasser und Schadstoffen, die zu Zerstörungen durch Frost- und Salzsprengungen und zu Bindemittelauflösungen führen können. Die Art der Poren und die Porengröße bestimmen wesentlich die Wasser- und Schadstoffaufnahme. Für die Instandsetzung ist die Kenntnis von Dichte und Porosität bei der Bewertung des Wasserhaushaltes, beispielsweise zwischen Steinersatzmörteln und Natursteinen, von Bedeutung. Aber auch bei einem vorgesehenen Einsatz von Steinkonservierungsmitteln, die über Poren in den Stein eindringen müssen, sind Kenntnisse zur Dichte und Porosität wichtig. Dichte Materialien nehmen nur wenig Konservierungsmittel auf. Die Bestimmungsverfahren für Dichte und Porosität sind in Deutschland in der DIN 52102 [5-9] geregelt.

Die Korngrößenzusammensetzung der Zuschlagstoffe im Mörtel und Beton ist nach der chemischen Herauslösung der Bindemittel durch Sieben zu ermitteln. Sie wird als Korngrößenverteilung dargestellt. Im Zuge dieses Verfahrens lässt sich auch das Bindemittel-Zuschlagstoff-Verhältnis bestimmen. Nachteilig ist dabei, dass manche Zuschläge vom Lösungsmittel (Säure) angelöst werden und sich damit ein zu hoher Bindemittelwert ergibt.

5.1.3.9 Prüfung der Festigkeitsparameter Druck-, Spaltzug- und Biegezugfestigkeit sowie Elastizitätsmodul

Die Druckfestigkeit kann im einfachen Fall mit einem Rückprallhammer zerstörungsfrei ermittelt werden. Es werden die Rückprallwege gemessen und nach Tabelle die zugeordneten Druckfestigkeiten abgelesen. Dieses Verfahren hat aber ebenso wie das zerstörungsfreie Ultraschallprüfverfahren nur eine untergeordnete Bedeutung.

Innerhalb der Bauwerksanalyse werden am häufigsten Bohrkernprüfungen ausgeführt. Dieses begründet sich darin, dass an den Bohrkernen auch die Spaltzugprüfung und die Elastizitätsmodul-Prüfung vorgenommen werden können, die Baustoffstruktur gut sichtbar ist und das Bohrloch für die Endoskopie genutzt werden kann. Weiterhin sind an den geprüften Restbohrkernen weiterführende Untersuchungen wie Porositätsermittlung, Mineralanalyse, Bestimmung des Salzgehaltes, Korngrößenanalyse und Prüfung der Wasseraufnahme möglich.

Die Druckfestigkeit wird auf Prüfpressen ermittelt. Die Prüfkörpergeometrie sollte so gewählt werden, dass die Länge gleich dem Durchmesser des Bohrkerns ist. Dies resultiert aus dem Sachverhalt, dass bei zunehmendem Schlankheitsgrad (Länge / Durchmesser > 1) die ermittelte Druckfestigkeit bei mineralischen Baustoffen abnimmt. Wichtig ist die Abstimmung über die Prüfung in Belastungsrichtung mit dem Planer. Zum Beispiel stimmen Bohrkerne, die aus Bogen- und Gewölbebrücken entnommen wurden, nicht mit der Belastungsrichtung überein. Zwischen Bohr- und Belastungsrichtung gibt es Druckfestigkeitsunterschiede. In solchen Fällen besteht die Möglichkeit, den Bohrkern nochmals quer aufzubohren, so dass die Prüfrichtung gleich der Belastungsrichtung ist. Für diese Verfahrensweise müssen natürlich großkalibrige Kernbohrungen ausgeführt werden, um aus den Querbohrungen noch geeignete Prüfkörper herstellen zu können (Bild 5.39). An Natursteinen ist die Prüfrichtung besonders bei Sedimentationsgesteinen bedeutsam. Es ist einleuchtend, dass entsprechend den Schichtungen die Festigkeiten sehr unterschiedlich sind (Bild 5.40).

Als problematisch muss die Klassifizierung von historischen Beton- und Mörtelproben gemäß dem jeweils aktuellen Normenwerk angesehen werden, da zum Zeitpunkt der Errichtung der betreffenden Bauwerke dieses noch gar nicht bestand. Vor allem bei Hinterfüllbetonen und Konglomeratbetonen sind keine normgerechten Bindemittel und Zuschlagstoffe verwendet worden, so dass eine nur aus der Druckfestigkeitsermittlung vollzogene Zuordnung zu einer bestimmten Beton- bzw. Festigkeitsklasse nur bedingt zutreffend ist. Mit einer Betonklas-

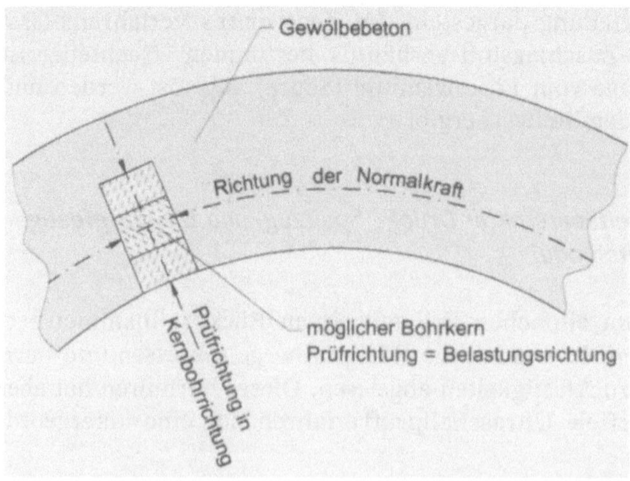

Bild 5.39:
Gewölbekernbohrungen

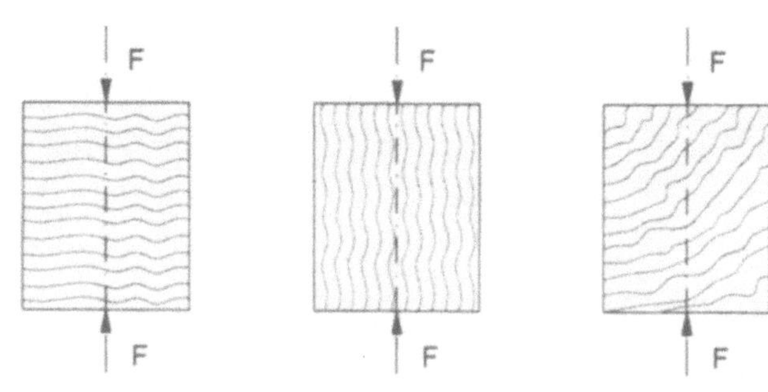

Bild 5.40:
Natürliche Schichtungen, Bankungen oder Schieferungen

senzuordnung nach Norm sind ganz besondere rheologische Eigenschaften verbunden (E-Modul, Kriechverhalten, usw.), die für die Zusammensetzung der hier betrachteten historischen Betone und Mörtel oft nicht zutreffen.

Die Spaltzugfestigkeit wird in den meisten Fällen an Bohrkernen oder Prismen ermittelt. Aus den Spaltzugfestigkeiten lassen sich rechnerisch die Zugfestigkeiten bestimmen. Dies macht Sinn, da die Prüfung der zentrischen Zugfestigkeiten gegenüber der Ermittlung der Spaltzugfestigkeiten apparativ wesentlich aufwändiger ist. Die Biegezugfestigkeit wird bei Beton allgemein an einem quadratischen Balken mit der Abmessung $15 \cdot 25 \cdot 70$ cm^3 geprüft, der bei einer Stützweite von 60 cm entweder mit einer Mittellast oder 2 Einzellasten in den Drittelspunkten belastet wird [5-12]. Die Biegezugfestigkeit von Natursteinmaterialien wird an herausgeschnittenen Prismen verschiedener Kantenlängen aus unterschiedlichen natürlichen Schichtungen, Bankungen oder Schieferungen ermittelt [5-13]. Auch hier werden die Prüfkörper im Mittelpunkt oder den Drittelspunkten belastet.

Die Bestimmung des Elastizitätsmoduls (E-Modul) wird bei Beton an Bohrkernen mit einem Durchmesser von 15 cm und einer Länge von 30 cm ausgeführt. Bei homogenen Natursteinen ist ein Bohrkern mit minimal 5 cm Durchmesser und 10 cm Länge ausreichend. Die Erfahrungen besagen, dass mehrfache Vorbelastungen vor der endgültigen Prüfung unabdingbar sind, um zu korrekten E-Modulwerten zu gelangen. Die Vorbelastungen sollten so oft durchgeführt werden, bis große Teile der plastischen Verformung eliminiert sind, d.h., Rückstellverformungen nach der Entlastung unverändert bleiben (Bild 5.41). Weiterhin sollten die Verformungsmessungen mindestens an 3 Stellen mit Messuhren mit 0,001 mm Messgenauigkeit oder entsprechenden induktiven Messgeräten durchgeführt werden, da analog zu den Inhomogenitäten des Betons unterschiedliche Stauchungen auftreten und so zu voneinander abweichenden Prüfwerten führen [5-14].

Die Bestimmung der Mörteldruckfestigkeit ist für die Zuordnung in die Mörtelgruppen sowie zur Beurteilung der Tragfähigkeit des Mauerwerks erforderlich. Die Gewinnung geeigneter Proben zur Druckfestigkeitsbestimmung ist problematisch. Praktikabel ist das im Bild 5.42 dargestellte ibac-Verfahren (Institut für Bauforschung an der RWTH Aachen) [5-15]. Zur Bestimmung der Normfestigkeiten müssen die geprüften Druckfestigkeiten mit Korrekturfaktoren umgerechnet werden. Für die Zuordnung in die Mörtelgruppen wird zur Sicherheit neben der Druckfestigkeit die Mörtelzusammensetzung (Bindemittelart und -menge) hinzugezogen.

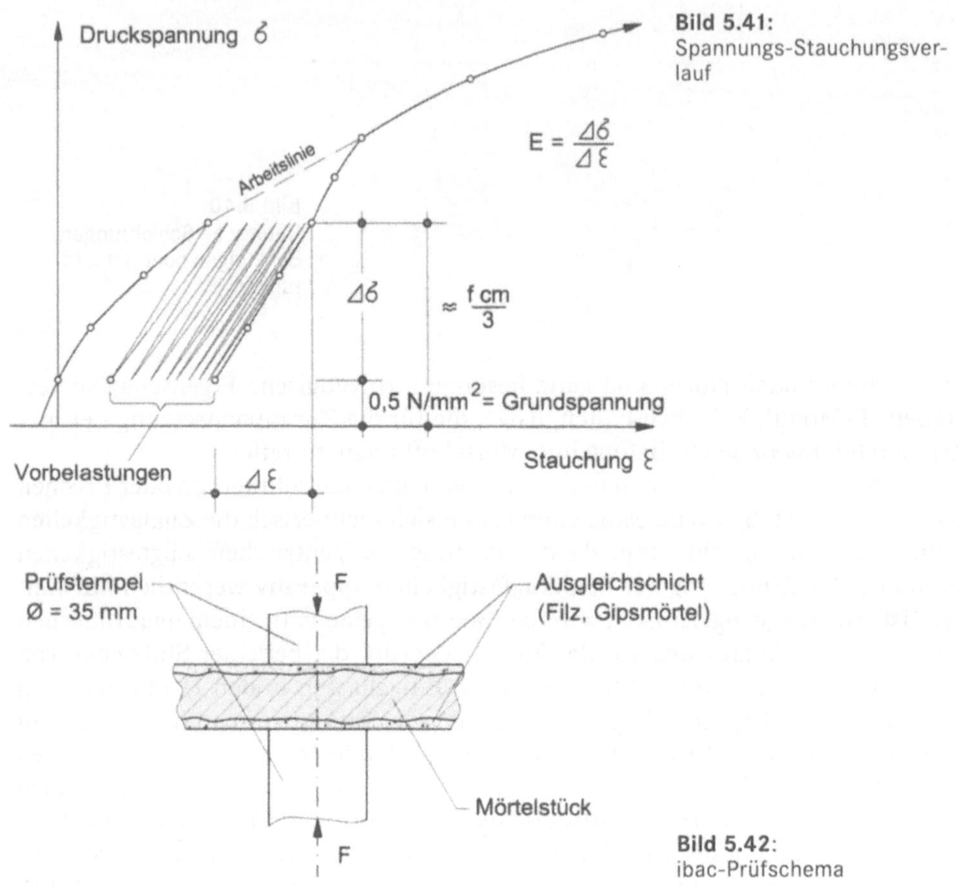

Bild 5.41:
Spannungs-Stauchungsverlauf

Bild 5.42:
ibac-Prüfschema

Im Kapitel 6.2.2.1 wird ein rechnerischer Ansatz zur Ermittlung der Mauerwerksdruckfestigkeit und des -elastizitätsmoduls auf Basis geprüfter Stein- und Fugenmörteldruckfestigkeiten bzw. Stein- und Fugenmörtelelastizitätsmoduln beschrieben.

5.1.3.10 Prüfung Wasseraufnahme, Wassergehalt und Wasserdurchgang

Zur Prüfung der Wasseraufnahme von Baustoffen gibt es verschiedene Verfahren. Diese sind nachfolgend kurz zusammengestellt. Im Ergebnis dienen sie der komplexen Bauwerksanalyse und tragen zur Findung geeigneter Instandsetzungsverfahren bei.

Das Verfahren nach KARSTEN ist einfach und am Bauwerk ausführbar. Aus der Wassereindringung über mehrere Stunden ist ableitbar, wie saugfähig die Baustoffoberflächen sind (Bild 5.43). Dieses Verfahren wird wegen seiner Einfachheit auch zur Wirksamkeitsprüfung bei hydrophobierten Oberflächen angewendet.

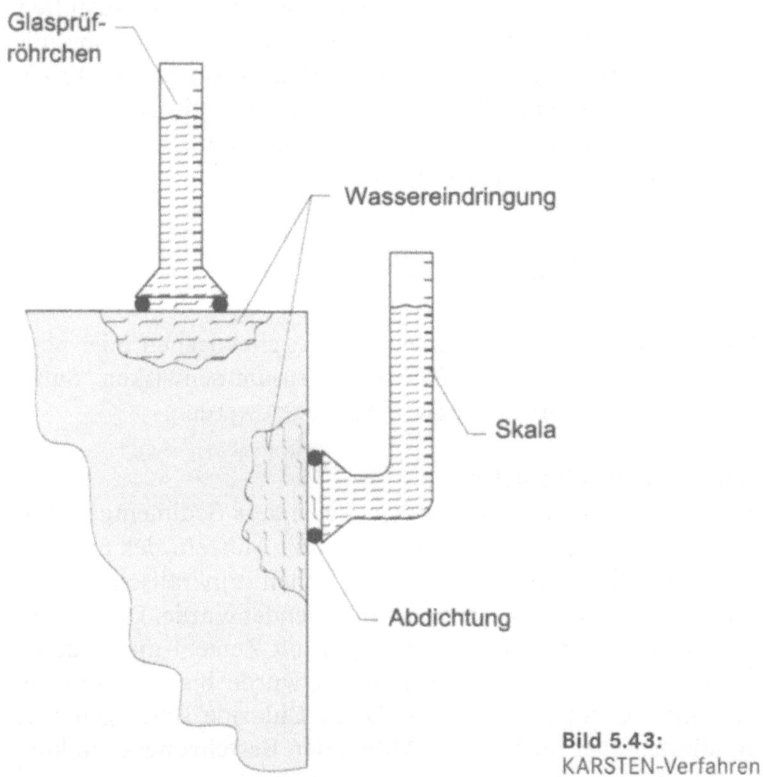

Bild 5.43:
KARSTEN-Verfahren

Die Bestimmung der kapillaren Wasseraufnahme nach DIN 52617 [5-10] ist zur Einschätzung der Saugfähigkeit bei Regenwasser- und Bodenfeuchtigkeitseinflüssen von Bedeutung. In DIN 52103 [5-16] ist die Wasseraufnahme bei Wasserlagerung ohne Druck beschrieben. Hier wird die maximale Wassermenge ermittelt, die ein Baustoff unter Normalbedingungen aufnehmen kann. Danach kann eingeschätzt werden, welcher Sättigungswert erreicht wird. Daraus lassen sich Rückschlüsse auf die Frostempfindlichkeit ziehen. Weiterhin können mit diesem Verfahren Wasseraufnahmen vor und nach einer Hydrophobierung ermittelt und verglichen werden.

Die Wasserdurchgangs- bzw. Wasserdampfdurchlässigkeitsprüfung erfolgt nach DIN 52615 [5-17]. Die Prüfergebnisse ergeben Aussagen über das Diffusionsverhalten von Natursteinen. Trennt z.B. eine Brückenflügelmauer zwei verschiedene Temperatur- und Feuchtigkeitsbereiche, nämlich die Flügelmauerhinterfüllung und die Luftseite, so entstehen Dampfdruckunterschiede. Hat die Flügelmauer keine erdseitige Abdichtung, diffundiert Wasserdampf erdseitig in die Mauer und bei porösen Gesteinen durch sie hindurch. Dieses hat Einfluss auf die Bildung von Kondenswasser, eventuelle Frostsprengungen, Veränderungen der Bindemittel sowie auf Lösungs- und Transportvorgänge von Salzen. Die Wasserdampfdiffusion hat große Bedeutung für Oberflächenschutz- und Beschichtungssysteme. Hierauf wird im Kapitel 5.2.4 eingegangen.

Die Prüfung der Wasserundurchlässigkeit von zementgebundenen Baustoffen (Beton, Mörtel) erfolgt nach DIN 1048 [5-12]. Hier wird die Baustoffprobe mit einem Wasserdruck von 5 bar drei Tage lang belastet. Durch Aufspalten der Probe ist die Wassereindringtiefe feststellbar. Beton gilt als wasserundurchlässig bei Wassereindringtiefen bis zu 5 cm. Als hochwertige, besonders dauerhafte Betone bezeichnet man solche mit Wassereindringtiefen bis zu 3 cm.

5.1.3.11 Prüfung auf vorhandene Salze

Salze sind in Baustoffen nur dann schädlich, wenn sie in chemischen oder physikalischen Reaktionen mit mineralischen Baustoffen zusammenwirken. Salze können in verschiedenen Formen vorliegen bzw. eingetragen werden.

a) Sie sind Bestandteil des Baustoffes selbst.

Salze sind in manchen Natursteinen vorhanden. Besonders Sedimentgesteine enthalten Salze, vor allem Sandsteine. In Betonen und Mörteln der neueren Zeit sind Salze nicht enthalten, während in historischen mineralischen Baustoffen Gips als Bindemittel und als Zusatzstoff angewendet wurde. Damit sind Sulfate vorhanden, von denen im Zusammenwirken mit Zement die gefürchteten Treiberscheinungen ausgehen. Bei Spritzbeton wurde bis ca. 1960 als Erstarrungsbeschleuniger Chlorid verwendet. Diese Chloride schädigen den Beton selbst nicht, können aber im feuchten Milieu den Bewehrungsstahl korrosiv angreifen.

b) Salze werden durch äußere Umwelteinflüsse eingetragen.

Bei Brückenbauwerken geschieht dies vor allem durch Auftausalze und -solen. Ist Feuchtigkeit vorhanden, werden Salze gelöst. In porösen Baustoffen findet durch Feuchtigkeitsbewegungen auch ein Transport der gelösten Salze statt. Gelangen diese an die Oberfläche und verdunstet das Wasser, kristallisieren die Salze aus. Salze sind hygroskopisch, können sich also wieder auflösen und erneut in den Baustoff eindringen. Wiederholte Wechsel zwischen Austrocknung einschließlich der damit einhergehenden Kristallisation und Auflösung führen zu einer langzeitigen Baustoffzermürbung, da mit der Kristallisation der Salze eine Volumenvergrößerung verbunden ist. Diese erzeugt einen Kristallisationsdruck. Können die Salze an der Oberfläche auskristallisieren, sind diese als Ausblühungen sichtbar. Kristallisieren sie im Baustoffinneren aus, weil ihr Transport z.B. durch Beschichtungen behindert wird, wirkt der Kristallisationsdruck. Das kann zu schalenförmigen Absprengungen führen. Im Bild 5.44 sind sowohl Ausblühungen als auch Abplatzungen, die aus der Einwirkung von Auftaumitteln (Chloride) resultieren, sichtbar.

Nur wasserlösliche Salze sind schädigend. Von wasserunlöslichen Salzen gehen keine Wirkungen aus. Die wichtigsten wasserlöslichen Schadsalze sind Natriumsulfat, Natriumnitrit, Natriumchlorid, Calciumnitrat (Salpeter), Calcium- und Magnesiumchlorid, Calciumsulfat (Gips) und Magnesiumsulfat. Die Salz-

Bild 5.44: Ausblühungen und Abplatzungen am Natursteinmauerwerk

analyse erfolgt hauptsächlich mit chemischen Titrationsanalysen. Anhand trockengebohrter Bohrkerne lassen sich durch Pulverisierung, Lösung und Titration die unterschiedlichen Bestandteile ermitteln. Es kann auch mit Normalbohrern trockengebohrtes Bohrmehl entnommen werden. Zur Feststellung der Salzhorizonte ist die tiefengestaffelte Entnahme an prädestinierten Stellen zu empfehlen. Schwerpunktbezogen sind Sulfate, Carbonate, Chloride, Nitrate und Ammonium zu analysieren. Zusätzlich empfiehlt sich die Nachweisbestimmung von Natrium, Kalium und Magnesium. Bei Sandstein sollten auch Eisen und bei Verdacht auf Tonminerale Aluminiumoxid bestimmt werden. Eine umfassende Beschreibung aller möglichen Salze ist in [5-18] enthalten. Zerstörungsfrei lassen sich nur allgemeine Salzverteilungen mittels elektrischer Widerstandsmessung feststellen. Das Verfahren, welches in der Praxis nur wenig angewendet wird, nutzt die physikalische Eigenschaft, dass das Vorhandensein von Salzen die elektrische Leitfähigkeit erhöht. Baupraktisch ist die Kenntnis vorhandener Schadsalze für folgende Instandsetzungsvorhaben relevant:
- Entsalzungsmaßnahmen,
- Mörtelersatz oder -austausch,
- Steinergänzung durch Steinersatzmörtel,
- Putzauftrag,
- Oberflächenbeschichtungen,
- Spritzmörtel und -beton,
- Injektionen,
- Hydrophobierungen.

Salzablagerungen am Natursteinmauerwerk können als Ausblühungen, Auslaugungen und Aussinterungen auftreten. Ausblühungen setzen lösliche Stoffe voraus, welche aus dem Stein selbst, aus dem Mörtel oder aus Umwelteinflüssen stammen können. Zudem muss im Mauerwerk eine Wasserwanderung zur Außenfläche stattfinden. Auslaugungen liegen vor, wenn das noch nicht carbonatisierte Kalkhydrat im Mauermörtel in wässriger Lösung an die Mauerwerksoberfläche transportiert wird, dort mit Luftkohlensäure reagiert und sich nach Verdunstung des Wassers als aus Calciumcarbonat bestehende Kalkfahnen niederschlägt. Aussinterungen treten überwiegend an historischem Mauerwerk auf. Sie entstehen, wenn Feuchtigkeit und Kohlensäure aus der Luft ins Mauerwerk eindringen. Dort wird das vorhandene Calciumcarbonat umgewandelt und als wässrige Calciumhydrogencarbonatlösung an die Mauerwerksoberfläche transportiert. Beim Verdunsten des Wassers entstehen ebenfalls aus Calciumcarbonat bestehende Kalkablagerungen [5-58]. Die Entfernung von Ausblühungen, Auslaugungen und Aussinterungen an der Oberfläche von Natursteinmauerwerk ist im Kapitel 6.3.3 beschrieben.

5.1.3.12 Prüfung der Verwitterungsbeständigkeit

Die Prüfung der Verwitterungsbeständigkeit bezieht sich auf natürliche Gesteine. Anhand nachfolgend aufgeführter Kriterien, die im Rahmen dieser Prüfung am Bauwerk zu untersuchen sind, können Aussagen zur Verwitterungsbeständigkeit der entsprechenden Bauteile getroffen werden:
- klimatologische Verhältnisse (z.B. Niederschläge, Frosttemperaturen, Luftfeuchtigkeit usw.),
- Nässe, aufsteigende Feuchtigkeit,
- Bestandsaufnahme der durch Verwitterung eingetretenen Schäden:
  - Risse,
  - Abplatzungen,
  - Zerfall,
  - Verfärbungen,
  - Krustenbildungen,
  - Ausblühungen,
  - Bewuchs,
- Ermittlung vorangegangener Steinbehandlungen (z.B. Reinigung, Imprägnierungen, Anstriche).

Ergänzende Untersuchungen, vorrangig zur Klärung von Schädigungsmechanismen, sind:
- die Ermittlung der Frost- und Frost-Tausalzbeständigkeit,
- die Ermittlung von Verwitterungsprofiltiefen durch Haftzugprüfungen,
- die Prüfung der Porosität und Wasseraufnahme,
- die Prüfung auf vorhandene Salze.

Zusätzlich lässt sich ein so genannter Salzsprengtest durchführen, der in DIN 52111 [5-20] als Kristallisationsversuch beschrieben ist. Damit ist sowohl das Resistenzverhalten des Natursteins bei Salzbelastung bestimmbar als auch die Wirksamkeit von Hydrophobierungsmitteln überprüfbar. Ergänzende Verfahren zur Beurteilung der Verwitterungsbeständigkeit sind in DIN 52201 und DIN 52106 [5-19] genannt.

Folgende Verwitterungsarten können unterschieden werden:
– mechanische Verwitterung durch Wassereindringung und Frosteinwirkung,
– chemische Verwitterung durch Umwelteinflüsse aus der Einwirkung von Schwefeldioxid (SO_2), Kohlendioxid (CO_2) oder Chlorwasserstoffgas (z.B. aus Müllverbrennungsanlagen),
– biologische Verwitterung.

Diese Verwitterungsarten wirken komplex, so dass die Beständigkeit der betroffenen Steinoberflächen gegenüber den einzelnen Verwitterungsarten schwer zu bestimmen ist.

Aus der bisherigen Schadensentwicklung lassen sich weiterführend Rückschlüsse zur Lebensdauererwartung der aus Naturstein bestehenden Bauteile ableiten. Festzustellen ist, dass Nässe im Naturstein die Hauptursache für Verwitterungsschäden darstellt. Deshalb muss im Zuge der Instandsetzung versucht werden, Natursteine vor übermäßigem Wassereintrag zu schützen.

5.1.3.13 Ermittlung der Natursteinart

In diesem Kapitel sollen keine gesteinstheoretischen mineralogischen Einstufungskategorien dargestellt, sondern Möglichkeiten der Steinidentifizierung beschrieben werden. Diese dienen dazu, die Art des Natursteines einschließlich der damit verbundenen Eigenschaften sowie Schlussfolgerungen für aussichtsreiche Instandsetzungsverfahren zu finden [5-11].

Es ist möglich, mit aufwändigen Verfahren, die nur von Sachverständigen ausgeführt und bewertet werden können, eine mineralogische Steinzusammensetzung zu analysieren. Derartige Verfahren sind:
– Durchlichtmikroskopie,
– Elektronenmikroskopie,
– Rasterelektronenmikroskopie,
– Spektralanalysen.

Größtenteils sind derartige Untersuchungen im Rahmen üblicher Materialgutachten nicht erforderlich. In der Baustoffforschung und der Lagerstättenkunde haben diese Verfahren sicherlich Bedeutung. Die Natursteine für Brückenbauwerke sind vorwiegend aus Steinbrüchen der Region gebrochen worden. Gezielte Recherchen geben mit hoher Wahrscheinlichkeit Auskunft über die Herkunft der

Natursteine. Mit der Feststellung des Steinbruches lässt sich auch Art und Zusammensetzung des Natursteines klären. In vielen Fällen existieren Beschreibungen und Analysen. So gibt es neben einer umfangreichen Literatur [5-21] so genannte Lagerstättenkarten mit konkreter Gesteinszuordnung. Hierzu ein Beispiel:

Bei einer Natursteinbrückenuntersuchung im Vorharz wurde ein Kalkstein mit eigenartigen kugelförmigen Einlagerungen vorgefunden. Durch Recherchen in den Archiven der nahe gelegenen Stadt konnte dieser Kalkstein als oolithischer Kalkstein in Form von Rogenstein identifiziert werden. Außerdem war dem Archivmaterial eine Beschreibung der speziellen Eigenarten, Verwendungszwecke und Eigenschaften des Gesteins, der Entstehungsgeschichte und der Steinbrüche in der Umgebung zu entnehmen.

Sind weitere ergänzende Angaben zur Natursteinart notwendig, sind entsprechende Mineralogen und Geologen hinzuzuziehen.

5.1.3.14 Mikroskopie

Die Verfahren der Mikroskopie gehören zu speziellen Untersuchungsverfahren bei Bauschadensanalysen. Sie werden nur dann ausgeführt, wenn besondere Sachverhalte zu untersuchen sind. Untersuchung und Auswertung sind nur von Fachleuten ausführbar. Während die Verfahren der Elektronen- und Rasterelektronenmikroskopie sowie der Spektralanalyse vorwiegend in der Baustoffforschung üblich sind, haben sie in der praktischen Tätigkeit zur Feststellung von Bauschäden nur eine geringe Bedeutung. Gelegentlich werden mit Mikroskopen und Stereomikroskopen die Größe, Gestalt, Korngrößenverteilung sowie die Gefügeschäden von Gesteinen und mineralischen Baustoffen qualitativ bestimmt [5-21]. In Ausnahmefällen wird im Rahmen von Untersuchungen auf die Dünnschliff-Mikroskopie zurückgegriffen (Bild 5.45).

5.1.3.15 Bindemitteluntersuchungen

Unter Bindemitteluntersuchungen versteht man die Bestimmung der Bindemittelart und des Bindemittelgehaltes. Bindemitteluntersuchungen an Mörteln, Putzen und Betonen [5-7] gehören wie die physikalischen Parameter zur Identifikationsbeschreibung von Baustoffen. Derartige Untersuchungen sind Hauptbestandteil der Ermittlung der Originalrezeptur. Diese Rezepturkenntnis ist für historische Bauwerke bedeutsam, weil aus denkmalpflegerischer Sicht oft die originalgetreue Nachstellung dieser Baustoffe gefordert wird. Weiter ist die Bindemittelcharakteristik sehr bedeutsam für den Einsatz von Instandsetzungsmaterialien [5-8].

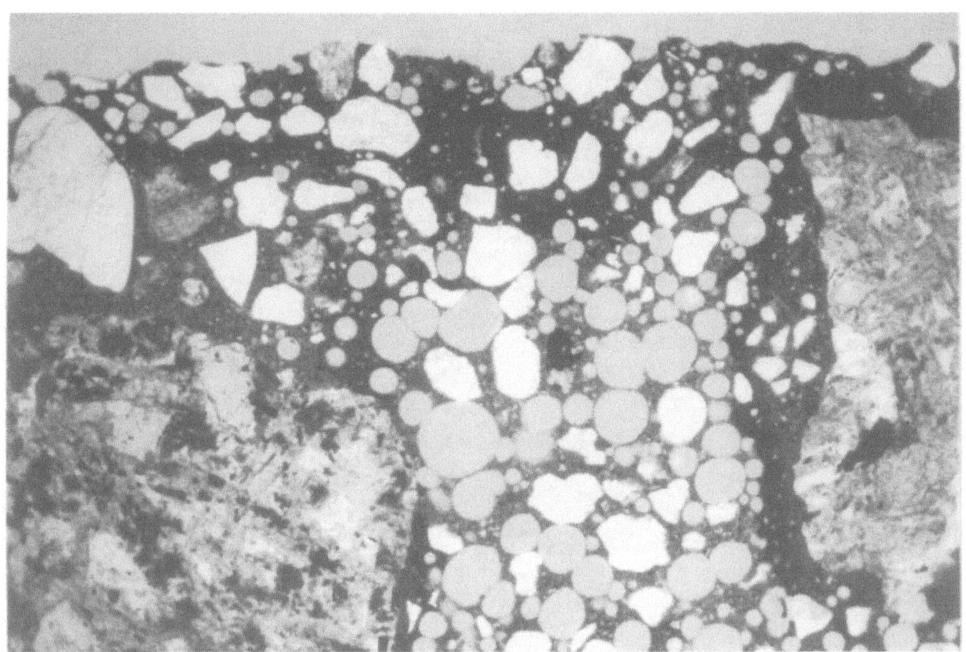

Bild 5.45: Dünnschliffaufnahme einer Luftporenanreicherung im Beton mit 30facher Vergrößerung

Diese müssen mit der vorhandenen Bausubstanz verträglich sein und dürfen sie keinesfalls schädigen. Aus Unkenntnis möglicher schädigender Wirkungen zwischen vorhandener Bausubstanz und eingesetzten Instandsetzungsmaterialien sind in der Vergangenheit viele Schäden entstanden. Hervorgehoben sei nachfolgend kurz die Problematik des Einsatzes zementgebundener Materialien bei gipshaltiger Bausubstanz.

Tricalciumaluminat (C_3A) ist eine der vier Hauptklinkerphasen des Zementklinkers. Ist die vorhandene Bausubstanz gipshaltig, so bildet das C_3A nach der Wasserzugabe mit den aus dem Gips resultierenden Sulfationen das Hydratationsprodukt Trisulfat oder auch Ettringit genannt (Bild 5.46).

Durch Gitterumlagerungen kommt es dabei zu einer Volumenvergrößerung und bei hohem C_3A-Gehalt zu Treiberscheinungen und damit verbundenen Bauwerksschäden. Beispielhaft sei hierzu das im Bild 5.47 gezeigte Schadensbild im Rahmen der Sanierung eines Stahlbetonfachwerkes einer Bogenbrücke beschrieben. Das Stahlbetonfachwerk sollte mit einem nach ZTV-SIB 90 zugelassenen SPCC-Mörtel (Spritzmörtel) saniert werden. Nach Fertigstellung wurden partielle Hohlstellen festgestellt. Untersuchungen des Untergrundes ergaben das Vorhandensein von Ettringit. Daraufhin wurde die Sanierung mit einem sulfatbeständigen, C_3A-armen Spritzmörtel fortgesetzt. Nach Überprüfung der Spritzmörteloberfläche wurden wiederum Hohlstellen diagnostiziert. An der Trennfläche zwischen Untergrund und Betonersatzsystem zeigten sich Weißverfärbungen. Schließlich wurden eine Haftbrücke auf der Basis von Polymersilicaten, die für

Bild 5.46:
Ettringitkristalle in Poren:
Rasterelektronenmikroskop-
aufnahme mit 3000facher
Vergrößerung

problematische Untergründe geeignet ist, und ein C$_3$A-freier SPCC-Mörtel mit hoher Sulfatbeständigkeit eingesetzt. Treiberscheinungen mit daraus resultierenden Hohlstellen wurden nicht mehr festgestellt.

Generell besteht heute, auch bei Kenntnis der chemischen Zusammenhänge, Unklarheit darüber, bei welchem C$_3$A-Gehalt die beschriebenen Treiberscheinungen bezogen auf die konkret instand zu setzende Bausubstanz auftreten.

Während bei Baustoffen ab ca. 1900 die Analyse der Zusammensetzung relativ einfach ist, hierzu gibt es Beschreibungen und Aufzeichnungen, sind die Verfahren zur Ermittlung der Rezepturen von historischen Baustoffen aufwändig. Ähnlich der Vorgehensweise bei der Ermittlung der Natursteinart sollten aus vorhandenen Aufzeichnungen Hinweise auf die verwendeten Stoffe gesucht werden. Bei neueren Bauwerken ab ca. 1930, als bereits die DIN-Normen existierten, vereinfachen sich derartige Untersuchungen mit dem Nachweis der DIN-gerechten Zusammensetzung. Anders ist es bei historischen Baustoffen, bei denen die Bindemittel vorwiegend aus Kalk und Gips bestehen, denen oft zusätzlich tierische Eiweiße, Tierhaare, Pflanzenfasern sowie Zumahlstoffe (Ziegel- und Kalksteinmehl) zugegeben wurden.

Bei der Analyse der Bindemittel empfiehlt sich eine schrittweise Vorgehensweise. Zunächst sollten mit chemischen Analysen, den Säurelöseverfahren, Aufschlüsse über die Bindemittelart gewonnen werden. Größtenteils gelingt dieses und auch die Mengenanteile lassen sich ermitteln. Mit den Verfahren der Mikroskopie lassen sich ebenfalls Untersuchungen zur Gefügestruktur und zum Bindemittel vornehmen. Die Auswertung erfordert viel Erfahrung. Ein Laie kann das sichtbare Mikroskopbild nicht deuten.

Eine weiterführende Untersuchungsmethode ist die Röntgendiffraktometrie. Die aufgemahlene Baustoffprobe wird hierbei unter verschiedenen Winkeln mit Röntgenstrahlen bestrahlt. Die unterschiedlichen Strahlenbeugungen werden

Bild 5.47:
Ettringittreiben an einem Stahlbetonfachwerk
einer Bogenbrücke

als Interferenzlinien aufgezeichnet. Dieses Verfahren ist nur für Bindemittel mit kristallinen Phasen geeignet. Die Ausführung und Auswertung dieser Untersuchungen sind nur an ausgewählten Instituten möglich. Die Analyseauswertung ermöglicht die Bestimmung des Bindemittels, der Zuschläge sowie der stattgefundenen Bindemittelveränderungen und Versalzungen. Als Beispiel wird nachfolgend das Untersuchungsergebnis eines historischen Fugenmörtels beschrieben.

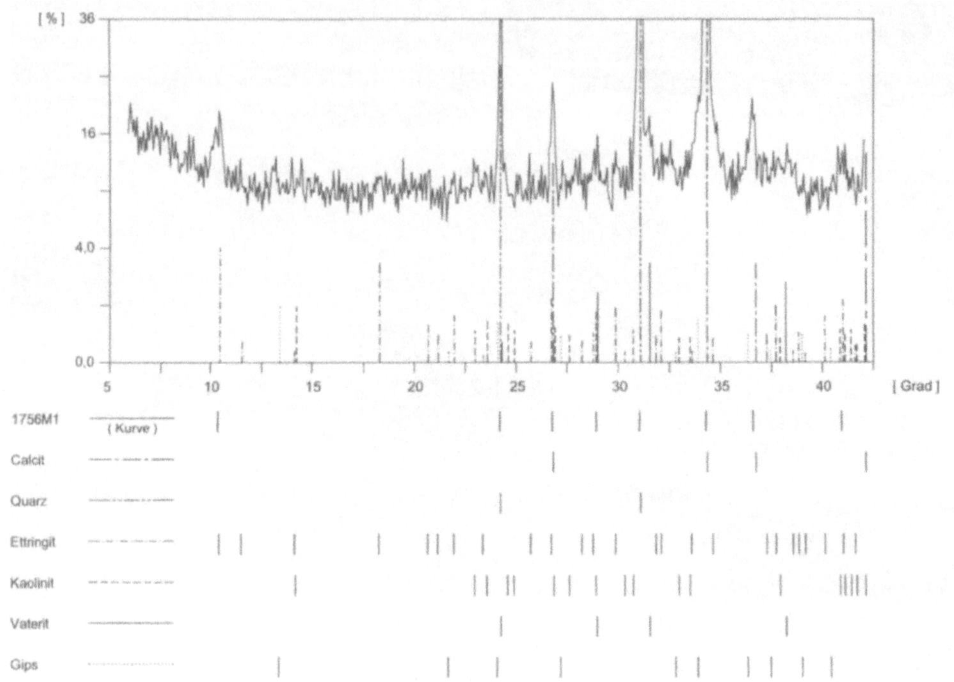

Bild 5.48: Interferenzlinien der Diffraktometrie

In Auswertung der Interferenzlinien (Bild 5.48) kann ein Kalkmörtel mit seinen Modifikationen (Calcit, Vaterit) diagnostiziert werden. Weiter sind Spuren freien Gipses vorhanden. Die hohen Tongehalte (Kaolinit) haben mit ihren Anteilen an Aluminat durch die Reaktion mit dem Kalk zu einer Treibmineralbildung (Ettringit) geführt, die aber vollständig abgeschlossen ist. Somit ergibt sich die wichtige Aussage, dass für die Instandsetzung bedenkenlos zementgebundene Baustoffe einsetzbar sind.

Die aufwändigste Untersuchungsmethode ist die Dünnschliff-Durchlicht-Mikroskopie mit dem Polarisationsmikroskop. Hier lassen sich neben dem Bindemittel auch das Zuschlaggefüge und Zusätze wie Fasern, Ziegel- oder Trassmehl ermitteln. Auch dieses Verfahren ist nur an ausgewählten Instituten ausführbar. Es ist aufwändig und sollte nur für besondere Fälle eingesetzt werden.

5.1.3.16 Prüfung der Injizierbarkeit an Proben

Den im Kapitel 5.1.3.7 beschriebenen Probeinjektionen am Bauwerk gehen für die Injektion von haufwerksporigem Beton und für die baugrundverbessernde Bodeninjektion folgende labortechnische Voruntersuchungen voraus:

a) Probeinjektionen an haufwerksporigem Beton

Vor der eigentlichen Probeinjektion sollte zunächst an Kernbohrungen augenscheinlich geprüft werden, ob die Betonporen untereinander verbunden sind, da vernetzte Poren die Voraussetzung für eine erfolgreiche Ertüchtigungsinjektion sind. Liegen die Poren geschlossenporig vor wie in einem Normalbeton, ist die Injektionsgutaufnahme so gering, dass eine praktische Ausführung nicht sinnvoll ist. Aus den vorhandenen Porositäten des Betons können weitere Rückschlüsse auf den Erfolg einer Injektion gezogen werden.

Sind die genannten Voraussetzungen gegeben, sollte eine Probeinjektion an einem Bohrkern mit möglichst großem Durchmesser R und einer Mindestlänge von $2 \cdot R$ ausgeführt werden. Damit kein Injektionsgut aus der Mantelfläche austreten kann, ist der Bohrkern einzukapseln. Dies kann durch Auftrag eines Kunstharzspachtels und das Eingießen in Beton erfolgen. Nach Abschluss dieser Arbeiten können an der Bohrkernstirnseite Bohrlöcher gebohrt und ausgewählte Bohrpacker gesetzt werden.

Für die hier betrachteten Ertüchtigungsinjektionen, mit denen eine Verbesserung der Festigkeiten des Altbetons erreicht werden soll, kommen größtenteils Zement-, Feinzement- und Feinstzementsuspensionen (zur Bindemittelunterscheidung siehe auch Kapitel 5.1.3.7, Abschn. e)) mit unterschiedlichen Wasser-Zement-Faktoren (W/Z-Faktoren) zum Einsatz. Diese bewegen sich bis in eine Größenordnung von W/Z = 10. Mit zunehmendem W/Z-Faktor verbessert sich die Injektionsgutaufnahme bei sich verringernden Injektionsdrücken und sich vergrößernden Ausbreitradien. Gleichzeitig verringern sich aber auch die erreichbaren Betonfestigkeiten. Zum Erzielen nennenswerter Festigkeiten sollte der W/Z-Faktor unter einem Wert von 0,8 bleiben [5-52]. Beton, der mit Feinstzement injiziert wurde, erreicht gegenüber einer Injektion mit Fein- oder auch Normalzement (Zementleim) geringere Druckfestigkeiten. Dieser Umstand erklärt sich aus dem Sachverhalt, dass eine große Mahlfeinheit eine große spezifische Oberfläche bedingt, die eine große Wasseraufnahme und damit einen hohen Gehalt an Kapillarporen nach sich zieht. Aufgrund der gegenüber Normalbetonen sehr hohen W/Z-Faktoren sowie der mitunter geringen Festigkeit des Altbetons können durch eine Feinstzementinjektion nur Druckfestigkeiten von maximal 25 N/mm^2 erreicht werden.

Im Zuge der Probeinjektionen wird mit einem geringen W/Z-Faktor begonnen. Mit Druck- und Mengenmessungen lässt sich das Injektionsverhalten einschätzen und daraus schlussfolgernd gegebenenfalls eine notwendige Korrektur des W/Z-Faktors bestimmen. Bei hohen Drücken oder zu geringen Aufnahmen ist eine W/Z-Faktor-Erhöhung möglich, die aber, wie erwähnt, Festigkeitsverluste nach sich zieht. Neuerdings lässt sich mit polymeren Zusätzen, den so genannten schmierenden Injektionshilfen (IH), eine Verbesserung des Eindringverhaltens erreichen. Zu beachten ist, dass vor Zementinjektionen grundsätzlich mit Wasser vorzuverpressen ist.

Das Ziel der Probeinjektion sollte sein, mit möglichst niedrigem W/Z-Faktor und geringem Druck einen großen Ausbreitradius zu erreichen. Die injizierten Probekörper können nach Aushärtung des Injektionsgutes gespalten, augenscheinlich begutachtet und weiteren Prüfungen (z.B. Prüfung der Druck-, Zug-

und Haftzugfestigkeit sowie der Wasserdurchlässigkeit) unterzogen werden.
Für die sich anschließende Probeinjektion am Bauwerk (Kapitel 5.1.3.7) kön-
nen in Auswertung der Probeinjektion am Bohrkern folgende Parameter ermit-
telt werden:
– Rezeptur (Bindemittel, W/Z-Faktor, notwendige Injektionshilfen),
– Bohrtechnologie zur Herstellung der Packerlöcher, Bohrlochabstand,
– Packerart,
– Wasserabpressdruck,
– Normal- und Höchstverpressdruck,
– Vorgaben zur Festigkeit und Wasserdurchlässigkeit.

Feinstzementinjektionen erfordern sehr hohe Fachkenntnis und Erfahrung.
Von der Qualifikation der vorbereitenden Ingenieure und des ausführenden
Personals hängt maßgeblich der Injektionserfolg ab [5-22].

b) Probeinjektionen für baugrundverbessernde Bodeninjektionen
   Vor Probeinjektionen in situ (siehe Kapitel 5.1.3.7) sind labortechnisch die notwendigen Parameter für eine erfolgreiche Injektion zu ermitteln [5-23].
   Zur Abschätzung der Penetrierbarkeit sind die Bestimmung der Korngrößenverteilung der Böden im zu injizierenden Bereich sowie die Ermittlung der
   Dichte bei lockerster und dichtester Lagerung erforderlich. Weiter können
   Untersuchungen zur Kornform und zu ihrem Einfluss auf die Porengröße
   angebracht sein. Auch sind etwaige Auswirkungen aus chemischen oder organischen Beimengungen bzw. Verunreinigungen im Boden oder Grundwasser
   auf das vorgesehene Injektionsgut zu untersuchen [5-85].
   Zur Bestimmung wichtiger Injektionsparameter empfiehlt sich der im Bild
   5.49 dargestellte Sandsäulenversuch. Im Rahmen dieses Versuches wird der zu
   verbessernde Boden in einem Glasrohr in seiner natürlichen Lagerungsdichte
   eingebaut und von unten nach oben mit dem vorausgewählten Injektionsgut
   verpresst. So können notwendige Verpressdrücke sowie Mengenaufnahmen
   ermittelt werden. Weiter lassen sich das Eindringverhalten beobachten sowie
   Abfilterungen bei Zementen oder Entmischungserscheinungen feststellen. Im
   Verlauf der Versuche sind Veränderungen am Injektionsgut möglich. Diese
   können den Wasser-Zement-Faktor, Verdünnungen bei Kunststoffen oder
   Rezepturänderungen bei Hartgelen (Joosten-Verfahren) betreffen. An den aus-
   gehärteten, aus dem Glasrohr gewonnenen Proben lassen sich weitere physikalisch-chemische Parameter (z.B. Druckfestigkeit, Wasserdurchgang und Elastizitätsmodul) prüfen. Aus dem Injektionsverhalten im Allgemeinen können
   erste Rückschlüsse auf das erforderliche Injektionsraster gezogen werden. Mit
   den so gewonnenen Erkenntnissen können anschließend Probeninjektionen in
   unmittelbarer Bauwerksnähe durchgeführt werden.

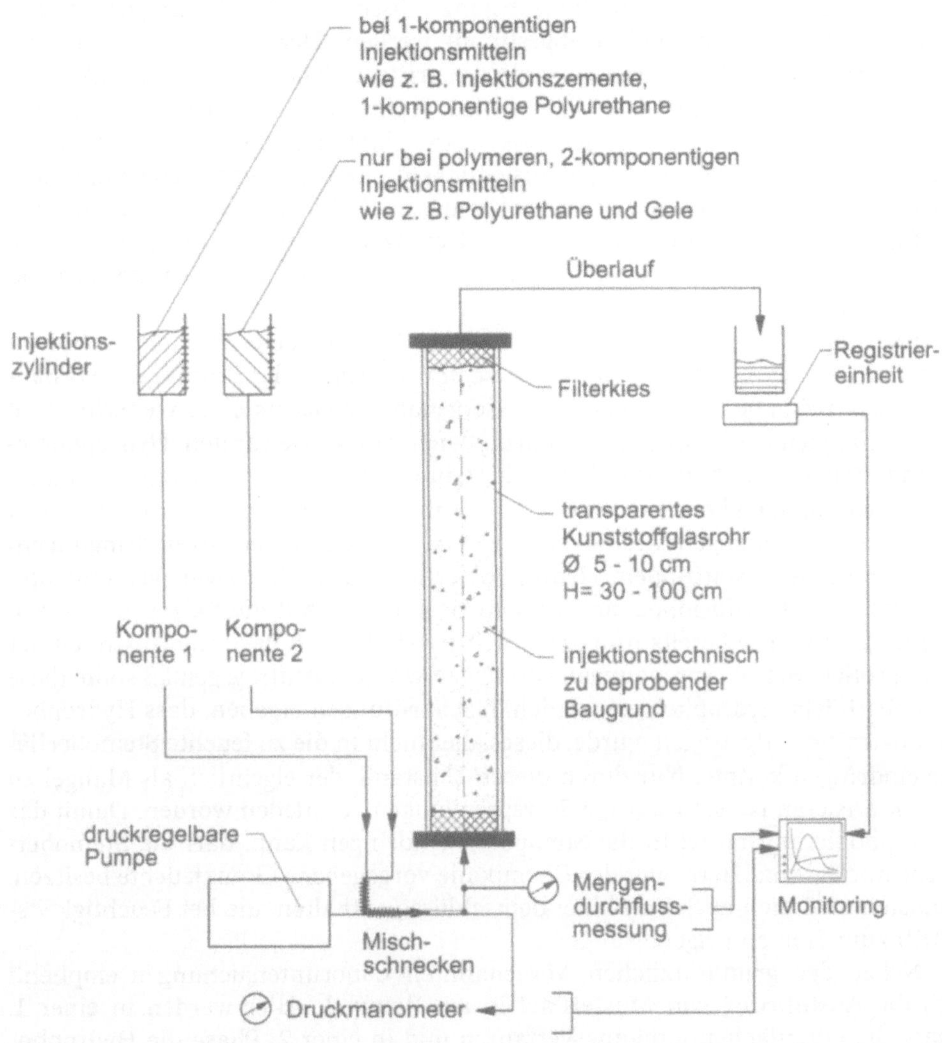

Bild 5.49: Sandsäulenprüfstand

5.1.3.17 Prüfungen zur Konservierung, Oberflächenbeschichtung und zum Einsatz von Steinersatzmaterialien

Während bei Betoninstandsetzungsmaßnahmen die Voraussetzungen, Vorprüfungen und Ausführungen von Konservierungen und Oberflächenbeschichtungen detailliert in Regelwerken beschrieben sind [5-24, 5-31], stellt sich diese Problematik bei Natursteinmaterialien aufgrund ihrer Unterschiedlichkeit in Korrespondenz mit dem jeweils vorhandenen Schadensbild komplizierter dar [5-43].

Alle Eingriffe in die Natursteinsubstanz müssen mit den Auftraggebern und Denkmalschützern im Vorfeld abgestimmt werden. Der Einsatz von Oberflächen verändernden Maßnahmen ist ein umstrittenes Thema, das in Fachkreisen unterschiedlich beurteilt wird. Während zu Beginn des 19. Jahrhunderts Anstriche üblich waren, vertrat beispielsweise KARL FRIEDRICH SCHINKEL (1781-1841) die Forderung nach absoluter „Steinsichtigkeit". Er ließ vorhandene Putze und Anstriche entfernen, da sie seiner Auffassung nach Bauschäden nur kaschierten [5-26]. Auch heute halten viele Denkmalschützer nichts von der „Chemie am Stein", sie möchten die vorhandene Patina erhalten wissen und die Materialstrukturen wahren.

Bei vorgesehenen Konservierungen mittels Hydrophobierung müssen Voruntersuchungen erfolgen [5-21]. Diese bestehen vor allem in der Prüfung auf vorhandene wasserlösliche Salze und den Wassergehalt der Natursteine. Weiterhin sind die Aufnahmemengen und die Eindringtiefen des ausgewählten Hydrophobierungsmittels zu ermitteln. Bei Vorhandensein von Salzen, die besonders in Sandsteinen vorkommen können, besteht die Gefahr, dass bei zutretender Feuchtigkeit (z.B. durch eine mangelhafte Dichtung, Risse oder durch Tausalzeindringungen) Salzwanderungen stattfinden. Hydrophobierte Flächen sind zwar wasserdampfdurchlässig, Salzdiffusionen sind aber nicht möglich. Auf die Salzausblühungen im Bild 5.44 wurde bereits hingewiesen. Hier sind durch das freie Austreten der Salze größere Steinabsprengungen vermieden worden. Auftragsgemäß sollte diese Steinoberfläche hydrophobiert werden. Nachprüfungen ergaben, dass Hydrophobierungsmittel aufgetragen wurde, dieses aber nicht in die zu feuchte Steinoberfläche eindringen konnte. Nur durch diesen Umstand, der eigentlich als Mangel zu charakterisieren ist, sind weitere Salzsprengungen vermieden worden. Damit das Hydrophobierungsmittel in die Steinporen eindringen kann, darf die Steinoberfläche nur die vom Hersteller der Chemikalie vorgegebene Grenzfeuchte besitzen. Sandsteine können auch Tonmineraleinschlüsse enthalten, die bei Feuchtigkeitszutritt zum Treiben neigen.

Neben den grundsätzlichen, vorgenannten Laboruntersuchungen empfiehlt sich die Ausführung von Musterflächen am Bauwerk. Hier werden in einer 1. Phase die Oberflächenreinigungsverfahren und in einer 2. Phase die Hydrophobierungsmittel erprobt. Anhand dieser Musterflächen ist auch eine Begutachtung durch den Auftraggeber möglich. Empfohlen wird, die Musterflächen über einen möglichst langen Zeitraum zu beobachten.

Eine allgemeine Empfehlung ist, die Materialhersteller bei der Auswahl geeigneter Beschichtungssysteme einzubeziehen. Bei Beschichtungen treten sehr häufig Mängel auf, die für den Ausführenden unangenehme Folgen haben. Die Mängel können auf die Materialien, Verarbeitungsfehler oder auf eine Kombination von beiden zurückgeführt werden. Nach der Mitwirkung des Bauchemikalherstellers bei der Materialauswahl sollte dieser beim Anlegen von eventuellen Musterflächen anwendungstechnische Hinweise geben. Spätestens sollten diese aber zu Beginn der eigentlichen Beschichtungsarbeiten, möglichst in Schriftform, gegeben werden. Nur so ist die Möglichkeit vorhanden, den Hersteller bei Materialfehlern in eventuelle Haftungsansprüche bei Mängelanzeigen des Auftraggebers einzubeziehen. Materialersatzansprüche werden von den Baustofflieferanten meistens nur mit gutachterlichem Nachweis anerkannt. Die anfallenden Nebenkosten einer Mängelbeseitigung sind daher oft viel höher als die eigentlichen Materialkosten des fehlerhaft empfohlenen Produktes.

Vor der Anwendung von Steinergänzungsmaterialien, wie z.B. Steinersatzmörtel, müssen die bauphysikalischen Eigenschaften des Natursteins bekannt sein. Eine ausführliche Beschreibung hierzu ist im Kapitel 6.3.3 gegeben.

Sind im Naturstein Salze vorhanden, machen sich bei allen Beschichtungen besondere Vorgehensweisen notwendig, so dass die Einbeziehung von Sonderfachleuten angeraten ist.

5.1.3.18 Prüfung der Frost- und Frost-Tausalzbeständigkeit

Die Prüfung der Frost- und Frost-Tausalzbeständigkeit von Beton und Naturstein erfolgt an Prüfkörpern, die in Klimatruhen ca. 50 Einfrier- und Auftauzyklen in einem Temperaturbereich zwischen –20 °C und +20 °C ausgesetzt sind. Ausgewertet werden die dabei entstehenden Abwitterungsmengen. Die Grenzwerte für die Beständigkeitszuordnung sind innerhalb der länderbezogenen unterschiedlichen Prüfverfahren differenziert. In Deutschland haben sich von verschiedenen Prüfverfahren das CIF-Verfahren für die Prüfung der Frostbeständigkeit und das CDF-Verfahren für die Prüfung der Frost-Tausalzbeständigkeit durchgesetzt [5-37].

Bei der Prüfung der Frostbeständigkeit werden die Proben eine Woche lang in destilliertem Wasser gelagert und anschließend 50-mal eingefroren und aufgetaut. Der Baustoff gilt als frostbeständig, wenn die auszuwiegende Abwitterung weniger als 2 kg/m^2 beträgt und der Elastizitätsmodul größer als 60% gegenüber dem Ausgangs-Elastizitätsmodul ist. Bei der Prüfung der Frost-Tausalzbeständigkeit erfolgt die Lagerung und Prüfung in einer dreiprozentigen Natriumchlorid(Kochsalz)-Lösung. Der Baustoff gilt hier als beständig, wenn die Abwitterung weniger als 1,5 kg/m^2 ist. Bei frostbeständigen Betonen handelt es sich um Betone der höheren Betonfestigkeitsklassen, die zusätzlich eine geringe Wasseraufnahme besitzen. Die frost-tausalzbeständigen Betone erreichen diese Eigenschaft durch Zugabe von Luftporenbildnern zum Frischbeton.

Bei Naturstein wird nur der Frost-Tau-Wechsel-Versuch gemäß DIN 52104 [5-45] durchgeführt. An wassergetränkten Proben werden nach 50 Frost-Tau-Wechseln bis auf –20 °C folgende Veränderungen begutachtet:
- Druckfestigkeitsverringerung,
- Gewichtsverlust,
- Absplitterungen,
- Rissbildung.

Unabhängig davon besteht auch bei Natursteinen die Tendenz nach dem CIF- und CDF-Verfahren zu prüfen.

5.1.3.19 Prüfung der Carbonatisierungstiefe

Diese Prüfung hat nur für bewehrten Beton Bedeutung. Das Kohlendioxid (CO_2) der Luft wandelt an der Betonoberfläche das im Zementstein enthaltene Calziumhydroxid ($Ca(OH)_2$) in Calziumcarbonat ($CaCO_3$) um. Dieser Vorgang heißt Carbonatisierung und schreitet in der Betonrandzone voran. Der Beton selbst erleidet dadurch keine Schädigung. Mit der Carbonatisierung wird aber das basische Milieu des Betons, welches den Bewehrungsstahl schützt, verringert. Der pH-Wert bei Stahlbeton sinkt von etwa 13 auf unter 9 ab. Bei einem pH-Wert unter 9 ist der Korrosionsschutz der Bewehrung nicht mehr gegeben. Mit der Carbonatisierungstiefenmessung wird festgestellt, ob sich die Betonbewehrung noch im alkalischen Schutzmilieu des Betons befindet. Dazu wird die Betonrandzone bis auf die Bewehrung aufgestemmt. Praktisch reichen dazu einige Stellen an unterschiedlichen Bauteilen aus, da der Carbonatisierungsfortschritt überall gleich ist und nur von Unterschieden in der Betongüte abhängt. Die so freigelegte Betonrandzone wird anschließend mit einer Indikatorlösung (in der Regel 1%ige Phenolphthaleinlösung) eingesprüht. Auf der frischen Betonoberfläche verfärbt sich im basischen Bereich (pH > 9) die aufgesprühte Indikatorlösung dunkelviolett. Die carbonatisierten Bereiche (pH < 9) zeigen keine Färbung. Ferner kann die Carbonatisierungstiefe durch die Bestimmung des pH-Wertes des Betonporenwassers festgestellt werden.

5.1.3.20 Zerstörungsfreie Prüfverfahren (ZfP)

Im Rahmen dieses Kapitels sind bereits verschiedene zerstörungsfreie Prüfmethoden, so genannte ZfP, beschrieben worden. Die induktive Bewehrungssuche und die Endoskopie sind einige davon und stellen relativ einfache Untersuchungsverfahren dar. Gegenwärtig kommen vereinzelt auch Prüfverfahren zum Einsatz, die technisch-apparativ sehr aufwändig sind. Solche Verfahren sind Radaruntersuchungen, mit denen beispielsweise mehrschalige Bauwerksaufbauten und Feuchtezonen ermittelbar sind bzw. Hohlräume und Gründungstiefen geortet werden können. Auch mit Mikrowellen oder der Widerstandselektrik sind Feuchte- und Salzverteilungen erkennbar. Mit den Verfahren der Mikroseismik und des Ultraschalls lassen sich mechanische Materialeigenschaften prüfen [5-28]. So kann beispielsweise der Elastizitätsmodul des Betons bestimmt werden, indem die Ultraschallgeschwindigkeit im Beton gemessen wird. Weiter können mit Schallemissionsmessungen aktive Rissbildungsprozesse diagnostiziert werden [6-57].

Eine immer größer werdende Bedeutung nimmt die zerstörungsfreie Materialprüfung im Rahmen der turnusmäßig durchzuführenden Brückenprüfungen ein. Entsprechende Ausführungen hierzu sind Kapitel 5.1.1.1 zu entnehmen.

Die genannten Untersuchungsmethoden werden zurzeit in überwiegendem Maße von universitären Einrichtungen angewandt und befinden sich teilweise noch in der Entwicklung. Die durch Anwendung dieser Prüfmethoden erreichbaren Ergebnisse stehen zum gegenwärtigen Zeitpunkt noch in keinem vertretbaren Verhältnis zum hohen Aufwand für die Gerätetechnik.

5.1.3.21 Erstellung eines Schadenskatasters

Alle im Rahmen einer Bauwerksanalyse an Massivbrücken ermittelten Schäden und Instandsetzungsempfehlungen sind in einem Schadenskatasterplan als Bestandteil der Entwurfsplanung, welche die Grundlage der Ausschreibung der durchzuführenden Instandsetzung bildet, aufzunehmen [5-29]. Bild 5.50 zeigt einen solchen Schadenskatasterplan, der auf der Grundlage einer fotogrammetrischen Aufnahme einer Brückenansichtsfläche (siehe Kapitel 5.1.1.2) angefertigt wurde. Über die dort angegebenen Informationen hinaus kann ein solcher Plan auch Angaben zum Durchfeuchtungszustand, zu früheren Instandsetzungen sowie zum biogenen Befall enthalten.

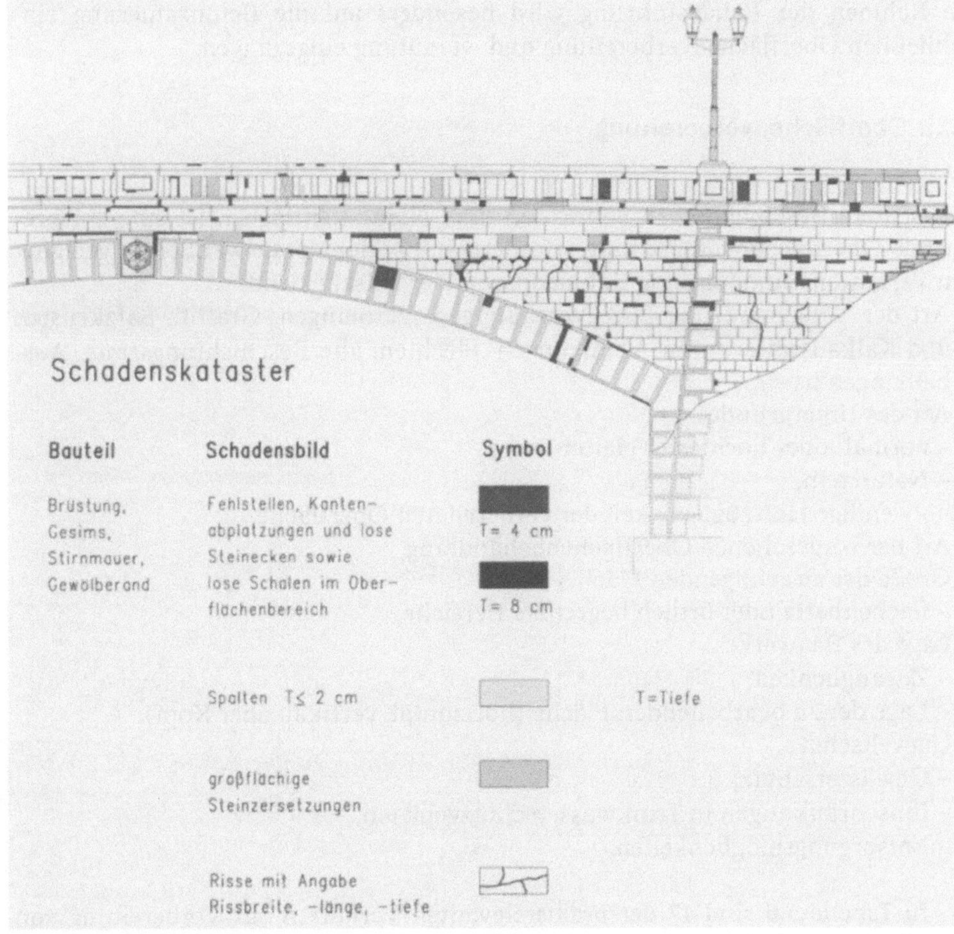

Bild 5.50: Schadenskatasterplan als Bestandteil der Entwurfsplanung zur Instandsetzung der Krämpfertorbrücke in Erfurt in den Jahren 1998/99

5.2 Ausgewählte Instandsetzungsverfahren

Zusammenfassung:
Allgemein betrachtet bestehen für eine Instandsetzungsmaßnahme folgende Ziele:
- die Erhöhung der Widerstandsfähigkeit gegen äußere Einwirkungen,
- der dauerhafte Ersatz und anschließende Schutz von zerstörtem Baustoff,
- der dauerhafte Korrosionsschutz der Bewehrung,
- das Füllen von Rissen und Hohlräumen.

Nachfolgendes Teilkapitel erläutert aufbauend auf der genannten Zielstellung und unter Bezug auf baupraktische Beispiele ausgewählte Instandsetzungsverfahren an Massivbrücken. Neben einer ausführlichen Beschreibung von Injektionen im Rahmen der Bauausführung wird besonders auf die Betonsanierung einschließlich Oberflächenvorbereitung und -vergütung eingegangen.

5.2.1 Oberflächenvorbereitung

Für spätere Beschichtungen von Beton- und Natursteinflächen ist eine entsprechende Oberflächenvorbereitung erforderlich. Bei der Vorauswahl eines geeigneten Verfahrens sind folgende Rahmenparameter entscheidend:
- Art der Verschmutzung (z.B. Verrußungen, Verölungen, Graffiti, Salzkrusten und Kalkaussinterungen, Veralgungen, Flechten, alte Beschichtungsreste, Ausblühungen usw.),
- Art des Untergrundes,
  - normal- oder hochfester glatter Beton,
  - Naturstein,
- notwendige Haftzugfestigkeit der vorbereiteten Oberfläche,
- Art der vorgesehenen Oberflächenbehandlung,
- Größe der zu reinigenden Fläche,
  - flächenhafte oder örtlich begrenzte Bereiche,
- Lage des Bauwerkes ,
  - Zugänglichkeit,
  - Lage der zu bearbeitenden Fläche (horizontal, vertikal, über Kopf),
- Umweltschutz,
  - Gewässerschutz,
  - Einschränkungen in Trinkwasserschutzgebieten,
  - Entsorgungsmöglichkeiten.

In Tabelle 5.6 sind 17 der praxisrelevanten Verfahren zur Vorbereitung von Oberflächen aufgeführt. Neben einer kurzen Prinzipbeschreibung werden Vor- und Nachteile sowie Anwendungsbereiche genannt.
Wirksamkeit, Eignung, optisches Aussehen, erforderliche Abtragstiefe und Rauigkeit für die spätere Beschichtung sowie die technologischen Parameter wie die Wahl des Strahldruckes, die Auswahl des Strahlgutes einschließlich Aussagen

zu Materialverbrauchsmengen und zur Umweltverträglichkeit des vorausgewählten Verfahrens müssen vor den eigentlichen Arbeiten an Muster- bzw. Probeflächen getestet werden. Empfehlenswert ist hierbei, Maschinen und Geräte einzusetzen, die auch im Zuge der Ausführungsarbeiten zum Einsatz gelangen.

5.2.2 Injektionen im Rahmen der Bauausführung

Im Nachfolgenden wird aus baupraktischer Sicht auf die Ausführungstechnologie von Injektionen im Rahmen der Instandsetzung von Massivbrücken eingegangen. Die allgemeinen Injektionsziele bestehen im Schließen, Abdichten sowie im kraftschlüssigen und begrenzt dehnfähigen Verbinden [5-82].

Die Ausführung von Injektionen basiert grundsätzlich auf dem Instandsetzungskonzept des sachkundigen Planers. Dieser hat, basierend auf der vorgenommenen Schadensanalyse, die Anforderungen zur Erhaltung der Tragfähigkeit und Gebrauchstauglichkeit zu beurteilen.

Vorbereitende Untersuchungen sowohl an Proben im Labor als auch am Bauwerk direkt (Kapitel 5.1.3.16 und 5.1.3.7) sind unabdingbar für den Erfolg der Injektionsmaßnahme. Die aus diesen Voruntersuchungen resultierende Arbeitsanweisung beinhaltet das ausgewählte Injektionsverfahren einschließlich der Festlegung aller technologischen Rahmenparameter. Die im Brückenbau üblichen Injektionsformen sind:
– Rissinjektionen,
– baugrundverbessernde Bodeninjektionen,
– Ertüchtigungsinjektionen von haufwerksporigem Beton,
– Injektionen von Mauerwerksfugen,
– Schleierinjektionen zur Schaffung einer Dichtungsebene.

Im Zuge der Bauausführung kommt der Tätigkeit des ausführenden Injekteurs eine entscheidende Bedeutung für den Erfolg der Injektion zu. Sie erfordert neben der Kenntnis der Bohrverfahren, der Injektionsmaterialien, des Injektionszubehörs und der Injektionspumpen vor allem Erfahrung in den Wechselwirkungen zwischen Injektionsdruck und Injektionsmittelaufnahme.

In der Injektionstechnik gilt allgemein der Grundsatz mit dem gröbsten Material zu beginnen, um bei Nichtgelingen zu feineren Materialien überzugehen.

5.2.2.1 Ausführung von Rissinjektionen

Entsprechend den o.g. allgemeinen Injektionszielen kann für die Ausführung von Rissinjektionen wie folgt spezifiziert werden [5-82]. Während das Schließen von Rissen dem Korrosionsschutz der Bewehrung dient, werden die Rissflanken beim kraftschlüssigen Verbinden zug- und druckfest miteinander verbunden. Ist die Rissursache statisch bedingt, hat sich z.B. ein Gelenk in einem Betonbogen ausgebildet, besteht das Injektionsziel in der Herstellung einer dehnfähigen (begrenzt dehnfähigen) Verbindung.

Tab. 5.6: Verfahren zur Oberflächenvorbereitung

Verfahrensart	Prinzipdarstellung	Vorteile	Nachteile	Anwendungsbereich
Strahlen mit festem Strahlmittel				
Sandstrahlen	Druckluft und Strahlmittel (Schlacken-granulate, Strahlkies), Schichten werden abgetragen, Lunker und Poren geöffnet	hohe Abtragsleistung, hohe Flächenleistung, einfaches Verfahren	hohe Staubentwicklung	allgemeine Anwendung, für Natursteinflächen ungeeignet
Sandstrahlen mit Absaugung	analog Sandstrahlen, jedoch mit Absaugung	geringe Staubentwicklung	hoher Geräte- und Wartungsaufwand, geringere Flächenleistung	
Kugelstrahlen	Es werden Stahlstrahlmittel auf die zu bearbeitenden Flächen geschleudert. Über die Absaugung werden Strahlmittel und Abtragsgut zu Abscheidern geführt.	sehr gute Abtragsleistung	nur für waagerechte oder schwach geneigte Flächen geeignet	Betonkappen, Dichtungsflächen
Niederdruck-Rotationswirbel-Verfahren (JOS-Verfahren)	Mit Druckluft wird durch eine rotierende Düse ein Gemisch aus Luft, Wasser und Granulat mit geringem Druck (1 bar) auf die zu reinigende Oberfläche gebracht.	untergrundschonendes Verfahren	geringe Leistung	zur Reinigung von Natursteinflächen geeignet
Niederdruckverfahren (Schmidt-Verfahren)	Trockenstrahl-Verfahren, bei dem verschieden große Granulate mit unterschiedlicher Härte zum Einsatz kommen können, wird mit einem Druck von 0,1 bis 4 bar betrieben	untergrundschonendes Verfahren		neueres Verfahren, zur Reinigung von Natursteinflächen geeignet
Wasserstrahlen und Hochdruckwasserstrahlen				
Wasserstrahlen (< 600 bar)		einfaches Verfahren	der Abtragseffekt ist gering, geringe Leistung	zum Abtragen loser poröser Betonschichten, zur Reinigung von Natursteinflächen, zur Nachreinigung von mechanisch abgetragenen Flächen

Verfahrensart	Prinzipdarstellung	Vorteile	Nachteile	Anwendungsbereich
Wasserstrahlen und Hochdruckwasserstrahlen (Fortsetzung)				
Hochdruckwasserstrahlen (> 600 bar)	mit Wasserdrücken bis 3.000 bar, nach Druck- und Werkzeugeinsatz vielseitig zu variieren	sehr effektives Verfahren, Feuchteeintrag bei hohen Arbeitsdrücken minimal, lokale Beton-Verbundflächen, Abtragsroboter verfügbar	erfordert spezielle Kenntnisse und Fertigkeiten	Säubern, Entfernung von Beschichtungen, Aufrauen von Verbundflächen, Betonabtrag, Schlitzen für Zusatzbewehrung, Nacharbeiten gefräster oder gestemmter Beton-Verbundfl.
Feuchtstrahlen, Nasssandstrahlen	Im Prinzip wie Sandstrahlen. Um die Nachteile der Staubentwicklung zu vermeiden, wird das Strahlgut unterschiedlich stark an der Düse befeuchtet. Wegen des Zusetzens der Poren mit feuchtem Strahlgut muss z.B. mit Wasserstrahlen nachgereinigt werden.	staubfreies Verfahren	Nachreinigung erforderlich	wird wenig angewendet
Druckwasser mit Zusatz von festem Strahlmittel	Hier werden beim Wasser- und Hochdruckwasserstrahlen zusätzlich an der Düse Strahlmittel zugeführt. Dieses erhöht die Abrasion besonders bei glatten Oberflächen.	sehr wirtschaftliches Verfahren	hoher Wasseranfall, der bei chemischen Zusätzen besonders zu entsorgen ist	in der Betoninstandsetzung
Dampf- oder Heißwasserstrahlen	zum Abtrag minderfester Oberflächen, 150 bar Druck und 155 °C Temperatur, wird besonders bei ölverschmutzten Flächen unter Zusatz von chemischen Reinigungsmitteln häufig angewendet			Entfernen von Altanstrichen, zur Reinigung von ölverschmutzten Flächen
Mechanische Abtragsverfahren				
Stemmen, Meißeln	mit Spitz- und Stemmwerkzeugen unter Verwendung von elektrisch, pneumatisch oder hydraulisch angetriebenen Hämmern	einfaches Grobabtragsverfahren	bei größeren Flächen infolge der notwendigen Sonderwerkzeuge aufwändig, Mikrorisse im Untergrund	Bewehrungsfreilegung im Betonbau, für Vorarbeiten bei Natursteinarbeiten

Verfahrensart	Prinzipdarstellung	Vorteile	Nachteile	Anwendungsbereich
Mechanische Abtragsverfahren (Fortsetzung)				
Nadelpistole	In einer Hülse werden mehrere Nadeln mit Druckluft hin- und herbewegt. Die Spitzenschlagenergie zertrümmert die Oberfläche.		nur für kleine Bereiche geeignet, unwirtschaftliches Verfahren	für partielle Natursteinbearbeitung
Fräsen	Mittels spezieller Fräsköpfe werden mit Fräsmaschinen Betonoberfl. abgefräst. Unterschiedliche Frästiefen sind möglich.	wirtschaftliches Grobabtragsverfahren	Nachreinigung mit Sand- oder Wasserstrahlen erforderlich	Straßenbetoninstandsetzung, Kappenbetoninstandsetzung
Weitere spezielle Verfahren				
chemische Verfahren zur Natursteinreinigung	Mit chemischen Zusätzen zur Wasserreinigung können hartnäckige Verschmutzungen besser entfernt werden. Neben den Tensiden werden auch verdünnte Säuren oder Laugen verwendet. Zur Entfernung von oberflächennahen Salzen können spezielle Kompressen zum Einsatz kommen.		erfordert in der Anwendung viel Erfahrung	für Natursteinreinigung
Flammstrahlen	Ähnlich dem Schweißbrennerprinzip wird die Betonoberfläche so schockartig erhitzt, dass mehrere millimeterdicke Betonschichten abplatzen. Das sich bildende Oberflächenschmelzgut muss anschließend entfernt werden (z.B. durch Kugelstrahlen).	besonders bei stark verschmutzten Oberflächen (Öle, Fette) wirtschaftliches Verfahren	Es kann durch die hohen Temperaturen zur Rissbildung im Unterbeton kommen	für Industrieböden, Fahrbahnbeton, Kappenbeton und Parkdecks
Ultraschall für Natursteinreinigung	Harte Oberflächenverkrustungen bei Natursteinen lassen sich ohne Schädigung des darunter befindlichen Steines nur schwer entfernen. Mit Schallköpfen werden besonders bei strukturierten Natursteinoberflächen diese Verkrustungen durch Schallenergie zerstört.	schonende Reinigung	aufwändiges Verfahren, nur für Kleinflächen geeignet	nur bei ziselierten, strukturierten Natursteinoberflächen für spezielle denkmalgeschützte Objekte

Verfahrensart	Prinzipdarstellung	Vorteile	Nachteile	Anwendungsbereich
Weitere spezielle Verfahren (Fortsetzung)				
Reinigung mit Laser für Natursteine	Mit bestimmten Lasertypen werden besonders im Denkmalschutzbereich äußerst schonende Reinigungen der Oberflächen möglich. Ähnlich der Flammstrahltechnik wird hier durch Laserenergie die Oberfläche so stark thermisch aufgeheizt, dass die Verschmutzungen und Abplatzungen an der Oberfläche regelrecht verbrannt werden.	sehr schonende Reinigung	aufwändiges Verfahren, nur für Kleinflächen geeignet	für Natursteinflächen und nur für spezielle denkmalgeschützte Objekte, bei schwer lösbaren Farben (z.B. Graffiti)

Bezüglich des Verfüllens von Rissen unterscheidet man in Verfüllen unter Druck durch Injektion (I) und drucklosem Verfüllen durch Tränkung (T). Während sich erstgenannte Füllart zum Verfüllen von Trennrissen eignet, wird die zweitgenannte Füllart zum Schließen von oberflächennahen Rissen verwendet.

In Deutschland ist das Füllen von Rissen und Hohlräumen in der Instandsetzungsrichtlinie [5-31] und in der ZTV-ING [5-83] geregelt. Im europäischen Rahmen gilt die DIN EN 1504-5 [5-84].

Sollen Risse injiziert werden, hängt die richtige Injektionstechnologie von einer Vielzahl von Parametern ab. Diese sind u.a. der Risszustand, die Ursache der Rissbildung und daraus abgeleitet die Frage nach zukünftigen Rissbewegungen (siehe Kapitel 5.1.3.5), die zur Verfügung stehenden technologischen Möglichkeiten und natürlich der Kostenaufwand. In Tabelle 5.7 sind in Anlehnung an [5-3] und [5-82] die gebräuchlichsten Injektionsverfahren und -mittel einschließlich aller relevanten Rahmenparameter aufgeführt, so dass eine zielsichere Auswahl der in Frage kommenden Technologie vorgenommen werden kann.

Die in Tabelle 5.7 angeführten Zementleim-Injektionen (ZL-I) und Zementsuspension-Injektionen (ZS-I) sind hinsichtlich der möglichen kraftschlüssigen Ausführung sehr umstritten. Das Zusintern der Risse mit Kalk oder Verschmutzungen verhindern eine kraftschlüssige Verbindung der Rissflanken. Für die Festigkeit der kraftschlüssigen Verbindung ist allein die Adhäsion des Injektionsmittels zu den Rissflanken maßgebend, weniger ihre Eigenfestigkeit. Genau wie in der Klebetechnik oder bei der Oberflächenbeschichtung ist die Adhäsionsfestigkeit die entscheidende Komponente. Selten treten bei Versagensfällen Brüche im zu beschichtenden Grundwerkstoff (Untergrund) oder im Beschichtungsmaterial ein, sondern meistens im Grenzflächenbereich zwischen Untergrund und Beschichtung. Bei Rissinjektionen spricht man dann von einem so genannten Adhäsionsversagen oder auch Adhäsionsbruch in der Grenzfläche zwischen Injektionsmittel und Beton. Sind die Rissflanken feucht, wächst die Wahrscheinlichkeit des Adhäsionsbruchs. Injektionsmaterialien auf Kunstharzbasis (EP) haben bei trockenen Fugenflanken eine wesentlich höhere Adhäsion als zementgebundene Systeme. Die erneute Rissbildung bei Überbelastung erfolgt hier im benachbarten Beton.

Oftmals sind Risse mit Kalk zugesintert, infolgedessen mit einer Wasservorinjektion versucht wird, Fließwege für die in diesem Fall gut geeigneten Polyurethane zu schaffen. Bei Überkopfarbeiten müssen Risse, wie im Bild 5.51 zu sehen, verdämmt werden. Sind an einer Brückenunterseite viele Risse vorhanden oder existieren viele undichte Mauerwerksfugen, so ist im Gegensatz zu einer Verpressung aller Risse und Fugen die Ausführung einer Schleierinjektion wirtschaftlicher.

Die Ausführung von Rissinjektionen an Massivbrücken sei nachfolgend am Beispiel der Instandsetzung einer Fußwegbogenbrücke über den Flutgraben in Erfurt gezeigt. Die im Bild 5.67 dargestellte Stampfbetonbrücke aus dem Jahre 1898 besitzt eine lichte Weite von 28 m und einen Bogenstich von 3,5 m. Als gestalterische Besonderheiten sind die über den Kämpferpunkten angeordneten Nebengewölbe und das reich verzierte Jugendstilgeländer anzusehen. Die Innenleibung des Bogens ist als dreiteiliger Korbbogen ausgeführt. Das Rissbild und die zugehörige Risscharakteristik (Rissgeometrie und Risszustand) sowie das in

Bild 5.51: Längsriss in Gewölbemitte: Rissverpressung über Packer sowie Rissverdämmung

Abhängigkeit von der Rissursache (siehe hierzu Kapitel 6.3.1) ausgewählte Injektionsmittel einschließlich der zugehörigen Injektionstechnologie sind im Bild 5.52 dargestellt.

5.2.2.2 Ausführung von baugrundverbessernden Bodeninjektionen unter Widerlagern und Pfeilern

Im Zuge der so genannten Niederdruck-Penetrations-Injektion werden entsprechend dem vorgegebenen Injektionsraster Injektionslanzen bis zu 1,5 m schräg unter die Fundamentunterkanten in den Baugrund gerammt. Die Lanzen besitzen eine verlorene Spitze, infolgedessen das Injektionsgut stirnseitig austreten kann. Bei der ersten Injektionsstufe ist es oft erforderlich, mit einem Druck bis zu 20 bar das beim Rammen verdichtete Baugrundgefüge aufzubrechen. Diese Aufbrechinjektionen werden, besonders bei trockenem Baugrund, auch mit Wasser ausgeführt. Anschließend erfolgt die eigentliche Injektion mit Betriebsdrücken bis zu 8 bar. Die Lanzen werden in Abständen von 0,2 bis 0,6 m gezogen und die jeweils vorgegebene Injektionsgutmenge wird verpresst. Zum Nachweis des Materialverbrauches werden mit Schreibern die Injektionsdrücke und die Injektionsgutmengen aufgezeichnet. Die Lanzeninjektion hat den Nachteil, dass das Injektionsgut in lockere Bereiche ausbrechen kann, indem es den Weg des geringsten Widerstandes sucht. Dadurch kann es zu unvollständigen Injektionskörpern kommen. Durch eine Manschettenrohrinjektion kann dieses vermieden werden. Hier tritt

Tab. 5.7: Injektionsverfahren und -mittel zur Ausführung von Rissinjektionen

Injektionsmittel	Riss-zustand	kraft-schlüssig	ab-dichtend	Rissbreiten während der Injektion w [mm]	Rissweiten-änderungen nach Erhärtung Δw	Injektionsverfahren	Reaktions-zeiten bei 20 °C [min]	Einfluss von vorausge-gangenen Maßnahmen	Kosten-relation
1. EP-T	trocken	nein	nein	> 0,1	keine	Pinsel	> 5 ... 60	ohne Einfluss	5
2. ZL-T	trocken, feucht	nein	nein, nur verfüllend	> 0,5	keine	Pinsel, Trichter	90 ... ∞	nur für unge-füllte Risse	3
3. ZS-T	trocken, feucht	nein	nein, nur verfüllend	> 0,5	keine	Pinsel, Trichter	90 ... ∞	nur für unge-füllte Risse	1
4. EP-I	trocken, feucht*	möglich	ja	≥ 0,1	keine	Handpumpe, 1-Komponenten-Pumpe (elektr., pneu-mat.), Klebepacker, Bohrpacker	> 5 ... 60	nur wenn Riss ungefüllt, mit Ausnahme ZS-I, ZL-I	5
5. PUR-I	trocken, feucht	nein	ja	≥ 0,3	$\Delta w \leq 0{,}1 \cdot w$ (gilt bis w = 1 mm) Ausführung bei max. w !	Handpumpe, 1-Komponenten-Pumpe (elektr., pneu-mat.), Klebepacker, Bohrpacker	> 2 ... 20	für alle Nach-injektionen geeignet	5 ... 6
6. ZS-I	trocken, feucht	möglich***	ja	≥ 0,2	keine	Handpumpe, Elektropumpe (spezielle Ausführung), Bohrpacker, Spezialmischer	180 ... ∞	ohne Einfluss, nur nicht bei Vorinjektion mit 1, 2, 3, 6, 7	3
7. ZL-I	trocken, feucht	möglich***	ja	≥ 0,8	keine	Handpumpe, Normalelektropumpe, Kolbendruckluft-pumpe, Bohrpacker	90 ... ∞	ohne Einfluss, nur nicht bei Vorinjektion mit 1, 2, 3, 6, 7	1
8. Acrylat-Gel-Injektion**	trocken, feucht	nein	ja	≥ 0,05	möglich	2-Komponenten-Pumpe, korrosionsge-schützt, Bohrpacker	> 2 ... 180	ohne Einfluss	1 ... 2

Injektionsmittel	Riss-zustand	kraft-schlüssig	ab-dichtend	Rissbreiten während der Injektion w [mm]	Rissweiten-änderungen nach Erhärtung Δw	Injektionsverfahren	Reaktions-zeiten bei 20 °C [min]	Einfluss von vorausge-gangenen Maßnahmen	Kosten-relation
9. PUR 2-K Integral-Schaum-Injektion	trocken, feucht	nein	ja	$\geq 0,1$	möglich	2-Komponenten-Pumpe, Bohrpacker	> 2 ... 20	ohne Einfluss	5 ... 6
10. Verfüll- bzw. Injektions-mörtel (mineralisch)	trocken, feucht	nein	nein	> 5	bedingt möglich	Mörtelpumpe	90 ... ∞	ohne Einfluss, nur nicht bei Vorinjektion mit 1, 2, 3, 6, 7	0,8
11. Wasserglas-verfahren									
11.1 Joosten II	trocken, feucht	bedingt	bedingt	> 0,05	bedingt möglich	alle Pumpensysteme möglich	stufenlos von 0 ... 90	ohne Einfluss	1
11.2 Verfahren nach Jähde		bedingt	bedingt	> 0,05	bedingt möglich	alle Pumpensysteme möglich	stufenlos von 0 ... 90	ohne Einfluss	2
12. Polymer-silicat	trocken, feucht*	bedingt	bedingt	> 0,05	möglich	1-Komponenten-Pumpe	stufenlos von 5 ... 120	ohne Einfluss	3

Erklärung:

EP-T: Epoxidharz-Tränkverfahren
ZL-T: Zementleim-Tränkverfahren
ZS-T: Zementsuspension-Tränkverfahren
EP-I: Epoxidharz-Injektion
PUR-I: Polyurethan-Injektion
ZS-I: Zementsuspension-Injektion
ZL-I: Zementleim-Injektion

Anwendung:

8. vorwiegend für Schleierinjektionen
9. vereinigt die bei Pos. 3 teilweise erforderliche Wasserstop-Schaum-Vorinjektion und Nachinjektion in einem Produkt
10. zur Hohlraumverfüllung
11.1 niedrigviskose Produkte zur Wasserstop-Injektion
11.2 vorwiegend zur Verfestigung des Baugrundes
12. Verfestigung

* mit Eignungsnachweis der Hersteller
** mit Prüfung zur Beurteilung einer möglichen Korrosionsförderung
*** maximal nur bis zur Eigenfestigkeit des Injektionsgutes entsprechend einer C 25/30

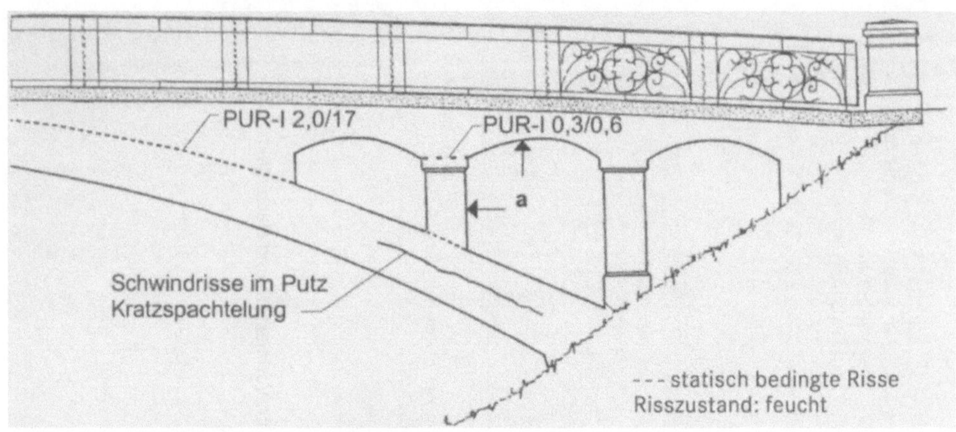

Bezeichnung:
Injektionsmittel gemäß Tabelle 5.7
Rissbreite [mm] / Risslänge [m]

Technologie bei Risstiefe $T > 10$ cm:
1. Bohrlöcher $\varnothing$ 14 mm im Abstand von 30 cm setzen, dabei Riss unter 45° in einer Tiefe von $\frac{3}{4} \cdot T$ anschneiden
2. Bohrpacker $\varnothing$ 13 mm setzen
3. Injektion

Bild 5.52:
Rissinjektionen an einer Fußwegbogenbrücke:
Ansicht (oben und mitte),
Nebengewölbe a (unten)

das Injektionsgut gezielt aus den einzelnen Manschettenventilen aus. Dieses Verfahren ist gegenüber der Lanzeninjektion wesentlich aufwändiger, weil hier zuerst gebohrt und anschließend ein verlorenes Manschettenrohr in eine minderfeste Zementsuspension gesetzt werden muss. Die Injektion erfolgt über Doppelpacker, die von Ventil zu Ventil versetzt werden. Verpresst wird meistens von unten nach oben. Der Injektionserfolg ist durch Rammsondierungen, Kernbohrungen oder Schürfen nachweisbar [5-6].

Am häufigsten kommen hydraulisch gesteuerte Kolbenpumpen zum Einsatz. An den Kolbenhüben kann der Injekteur sehr einfach die aktuelle Injektionsaufnahme beobachten. Generell sind Kontrollprüfungen während der Injektionsmaßnahme unerlässlich. Folgende Prüfungen sind nach [5-51] vorzunehmen:
– Rückstellproben des Trockenproduktes für eine mögliche spätere Untersuchung mittels Lasergranulometrie,
– Prüfung der Lieferscheine sowie der Beschriftung der Ware,
– ständige Überwachung der Suspensionseigenschaften auf:
  – Sedimentationsverhalten (Verlauf und Endwert),
  – Suspensionsdichte,
  – Fließparameter.
– Dokumentation von Rezeptur, Reihenfolge der Zugabe der Komponenten, Mischdauer und -intensität,
– Dokumentation von Verpressmenge und Pumprate,
– Überprüfung des Injektionserfolges durch Erkundung der Abmessung des Injektionskörpers.

Am Beispiel der Instandsetzung der Krämpfertorbrücke in Erfurt wird im Kapitel 6.5.2 die injektionstechnische Vergütung von Bogenwiderlagern einschließlich der sich darunter befindenden Baugrundschichten beschrieben.

5.2.2.3 Ausführung von Ertüchtigungsinjektionen von haufwerksporigem Beton

Die Injektion von haufwerksporigem Beton ist ein neues Verfahren und wird zunehmend zur Ertüchtigung von Brücken eingesetzt. Ziel einer solchen Injektion ist die Herstellung einer kraftschlüssigen Verbindung im Gefüge von Konstruktionsbeton auch bei kleinen Abmessungen von Hohlstellen und geringen Rissbreiten. Für das Injizieren muss eine bauwerksspezifische Ausführungsanweisung auf Basis entsprechender Probeinjektionen (Kapitel 5.1.3.7 und 5.1.3.16) erstellt werden.

Zur Anwendung kommen Zement-, Feinzement- und Feinstzementsuspensionen. Meistens werden diese mit Wasser angesetzt. Hierbei sollte als Anmachwasser demineralisiertes Wasser verwendet werden [5-52]. Die Mischungsaufbereitung muss besonders intensiv erfolgen, um die großen Injektionszementoberflächen ausreichend mit Wasser zu benetzen. Die besten Mischeffekte werden mit Kolloidalmischern oder Turbolösern erreicht. Ein besseres Eindringen ermöglichen Feinstzementsuspensionen, die mit einer mitgelieferten Flüssigkomponente anzumischen sind. Diese enthält verschiedene Zusätze, welche die Verarbeitung verbessern.

Im Zuge der Ausführungsarbeiten ist durch eine entsprechende Oberflächenvorbereitung ein tragfähiger Untergrund für die flächig aufzubringende Verdämmung herzustellen. Diese kann als Spritzbetonschicht aufgetragen werden. Anschließend sind entsprechend dem gewählten Raster die Bohrungen für die Injektionspacker zu setzen. Sie sollten vorzugsweise als Kernbohrungen ausgeführt werden. Bei normalen Bohrungen kann es zu Verschmierungen an der Bohrlochwandung kommen, infolgedessen das Injektionsgut schlecht in den Beton eindringen kann. Eine Reinigung der Bohrung durch Ausblasen mit Druckluft oder Hochdruck-Spülen ist daher erforderlich. Um ein unkontrolliertes Verfließen des Injektionsgutes z.B. bei Bogenbrücken in die Kämpferpunkte zu verhindern, sollten diese Bereiche durch eine abdichtende Schleierinjektion zuvor gesichert werden. Vor der eigentlichen Injektion empfiehlt es sich, mit Wasser vorzuverpressen. Dadurch werden zum einen Fließwege geschaffen und zum anderen wird verhindert, dass der Beton durch sein Saugverhalten der Injektionssuspension Wasser entzieht, was zur Verschlechterung des Eindringverhaltens führen würde. Allerdings muss an dieser Stelle auf die Gefahr der Bildung von Wasserrückständen und -säcken aufmerksam gemacht werden [5-52].

Bei historischen Brückenbauwerken wurde vielfach Gips und auch Anhydrit verwendet. Das Vorhandensein dieser Stoffe verbietet die Anwendung zementgebundener Materialien, da andernfalls mit der gefürchteten Treibmineralbildung (Ettringit, Thaumasit) gerechnet werden muss. Oftmals werden an Stelle zementgebundener Materialien Kalk oder Trass-Kalk als Bindemittel eingesetzt.

Bei der Injektion von haufwerksporigem Beton im Bereich von Brückenüberbauten muss beachtet werden, dass sich die vorhandenen Eigenlasten um das Gewicht des injizierten Materials erhöhen.

Die injektionstechnische Ausrüstung ist ähnlich der bei Baugrundinjektionen. Allerdings werden kleinere Membran-Pumpen wegen der geringeren Injektionsgutaufnahme eingesetzt. Auf Schreibern werden Druck und Injektionsgutaufnahme aufgezeichnet, nach denen auch die Leistungsabrechnung erfolgen kann. Bild 5.53 zeigt beispielhaft ein solches Schreiberdiagramm. Erkennbar ist, dass bei Injektionsbeginn 3,8 bar Druck und nur rund 1 l/min Injektionsgutaufnahme zum Aufbrechen der Fließwege erforderlich waren. Nach diesem so genannten „Fracen" fällt der Injektionsdruck bei sich erhöhenden Injektionsmengen. Während des weiteren Füllvorganges bleiben Druck und Mengenaufnahme nahezu konstant. Nachdem die Umgebungsporen gefüllt sind, tritt ein Druckanstieg bei sich verringernder Mengenaufnahme ein.

Im Rahmen der Eigenüberwachung sollten auch die Vorbereitungsarbeiten (z.B. Ausführung der Verdämmung, Einbau der Packer usw.), die fachgerechte Bereitstellung der Suspension, die Einhaltung der planmäßigen Viskosität sowie die Verarbeitungszeit einer ständigen Kontrolle unterliegen.

5.2.2.4 Ausführung von Mauerwerksfugeninjektionen

Mörtelfugen können verschiedene Schädigungen aufweisen. Oftmals ist der Mörtel nur bis in definierte Tiefen verwittert und kann durch eine Neuverfugung ersetzt werden (siehe hierzu Kapitel 6.3.3). Sollte es technisch nicht möglich sein,

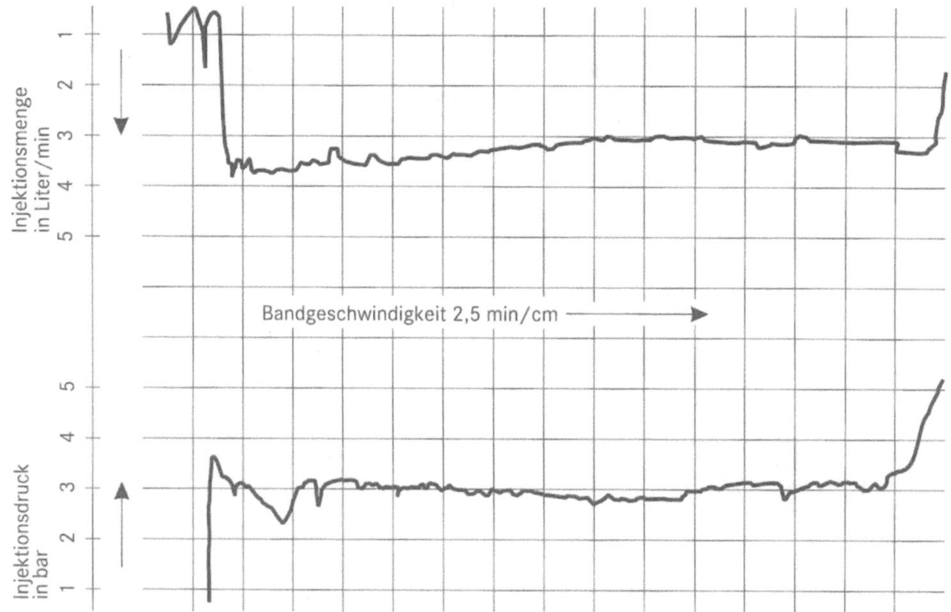

Bild 5.53: Schreiberdiagramm

den Mörtel bis in die geforderte Tiefe auszuräumen, oder sollte der ursprüngliche Mörtel bei schmalen Fugen infolge von Verkehrsbelastungen zerrieben oder gar nicht mehr vorhanden sein, besteht die Möglichkeit die Fugen durch Injektionen zu schließen. Dabei kann es erforderlich werden, verschiedene Verdämmungen auszuführen, damit ein vorder- und/oder rückseitiger Austritt des Injektionsgutes vermieden wird (Bild 5.54).

Die Injektionen können – je nach Fugengeometrie – sowohl mit Mörteln verschiedener Zuschlagstoffgrößen als auch mit reinen Bindemittelgemischen ausgeführt werden. Häufig werden in der Naturstein-Fugen-Instandsetzung Trass-Kalk- und Trass-Zement-Bindemittel verwendet. In Vorbereitung dieser Arbeiten sind Probeinjektionen angeraten (Kapitel 5.1.3.7).

Als gelungenes Beispiel für eine derartige Instandsetzung können die Arbeiten an der im Bild 5.55 dargestellten Aare-Brücke bei Brugg in der Schweiz angesehen werden.

Der 1873–1875 von der Schweizerischen Nordostbahn erbaute 235 m lange Viadukt überquert mit seinen fünf Öffnungen das Aaretal in 32 m Höhe. Die größte Spannweite beträgt 58 m. Resultierend aus den Anforderungen des modernen Bahnbetriebes ergab sich die Notwendigkeit den Überbau der Brücke zu erneuern. In den Jahren 1993 bis 1996 wurde daher der vorhandene Überbau durch einen längs und quer vorgespannten Betonhohlkastenträger mit variabler Höhe ersetzt. Der schwerere Durchlaufträger führte zu einem Zuwachs der vertikalen Pfeilerbelastungen von bis zu 55% [5-35]. Aufgrund dieses Sachverhaltes ergab sich die Notwendigkeit die aus Kalksteinmauerwerk mit Betonkern bestehenden Brückenpfeiler mittels Injektionen instand zu setzen und zu ertüchtigen (Bild 5.56).

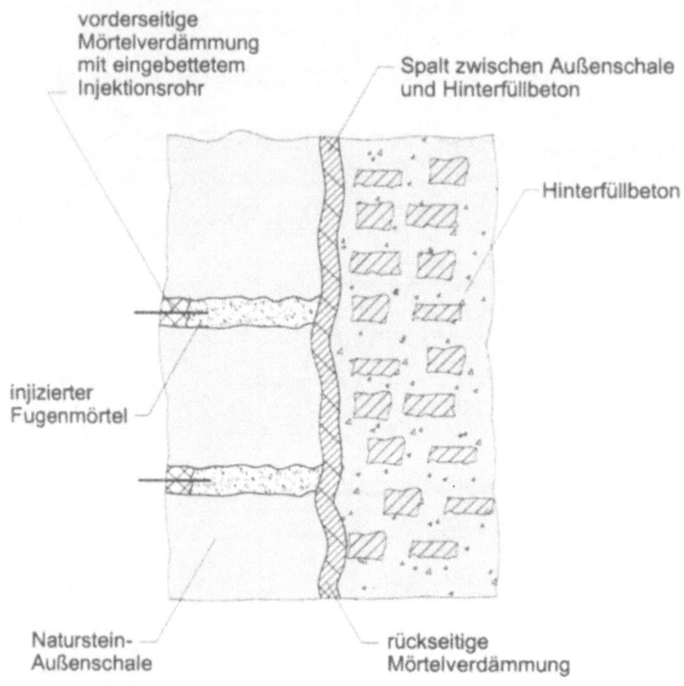

Bild 5.55: Aare-Brücke, Schweiz

Bild 5.56:
Mauerwerkspfeiler mit integrierter Fußwegbrücke

Im Rahmen der Bauschadensanalyse wurde der innere Zustand der Brückenpfeiler über horizontale Kernbohrungen diagnostiziert. Mit Hilfe eines Stabendoskops konnte dabei festgestellt werden, dass größere Bereiche des inneren Mauerwerkes schadhaft waren (Bild 5.57). Als wesentlichste Schadensbilder konnten ausgewaschene, minderfeste Stoß- und Lagerfugen des Mauerwerkes sowie Minderfestigkeiten des aus Beton bestehenden Pfeilerkerns ermittelt werden. Das Instandsetzungskonzept sah daher folgende Instandsetzungsmaßnahmen vor [5-34]:
- Fugenausräumung durch Hochdruckwasserstrahlen,
- Tiefenverfugung mit Nassstromspritztechnik,
- Fugenglättung von Hand,
- Fugeninjektion im Niederdruckverfahren,
- Hohlrauminjektion des Pfeilerinneren im Niederdruckverfahren.

Bild 5.57:
Untersuchung des Brückenpfeilers mit einem Stabendoskop

Im Zuge der Fugenausräumung mittels Hochdruckwasserstrahlens konnten die Fugen bei Drücken von maximal 1200 bar bis in eine Tiefe von ca. 60 cm freigelegt werden (Bild 5.58).

Der pastöse, mineralische Ersatzfugenmörtel auf Trass-Zement-Basis wurde mit einer Schneckenpumpe über eine Lanze direkt bis in die jeweils vorhandene Fugentiefe gefördert (Bild 5.59). Mittels des Einpressdrucks der Schneckenpumpe erfolgte eine Verdichtung. Der äußere witterungsbeanspruchte Fugenverschluss wurde durch Glätten von Hand realisiert. Das Fugenbild konnte so funktional wie auch ästhetisch qualitativ gut hergestellt werden.

Für die nachfolgenden Injektionsarbeiten konnte der Fugenmörtel die Funktion einer Verdämmung übernehmen. Das Herauslaufen des hochfließfähigen Zementleimes wurde dadurch verhindert. Um das Injektionsmittel einpressen zu können, mussten Bohrkanäle angelegt werden. Diese sollten das Verpressen in zwei vertikalen Ebenen ermöglichen. Die Injektion des verbliebenen morbiden Fugenmaterials erfolgte über Bohrungen mit einer Tiefe von 60 cm. Die Injektion der Flanken zwischen Natursteinschale und Kernbeton bzw. angrenzender Hohlräume im Beton wurde über Bohrkanäle mit einer Länge von ca. 120 cm ausgeführt. In die vorbereiteten Bohrungen mit einem Durchmesser von 18 mm wurden Verpressschläuche eingesetzt. Über diese wurde Zementleim zum kraftschlüssigen Füllen von Rissen und Hohlräumen im Mauerwerk mit luftbetriebenen Doppelmembranpumpen injiziert (Bild 5.60). Nur doppelt wirkende Membranpumpen ermöglichen einen pulsationsarmen Förderstrom in hoher Qualität.

Bild 5.58: Ausräumung der Mauerwerksfugen mit Hochdruckwasserstrahlen

Bild 5.59: Einbringung des Fugenmörtels mit Hilfe einer Lanze

Bild 5.60: Injektion des Zementleims über Einfüllstutzen

Das Anmischen des Injektionsleimes erfolgte mit Hilfe von Kolloidalmischern. Der maximale Injektionsdruck lag unterhalb des für das Verpressen von mineralischen Systemen anzusehenden Grenzwertes von 10 bar. In Anpassung an die vorhandene Bausubstanz waren sowohl für den Fugenmörtel als auch für den zu injizierenden Zementleim folgende Bedingungen und Materialkennwerte einzuhalten [5-34]:
– einheitliche mineralische Materialbasis,
– Druckfestigkeiten von 15 bis 20 N/mm^2,
– Elastizitätsmoduln von 10000 bis 20000 N/mm^2.

Im Rahmen der fremdüberwachten Ausführungsarbeiten wurden zahlreiche Materialprüfungen durchgeführt. Wichtig waren hierbei vor allem verarbeitungsbestimmende Eigenschaften wie die Viskosität der Injektionssysteme und das Langzeitverhalten wie z.B. die Frostbeständigkeit. Der Injektionserfolg und somit der Erfolg der gesamten Instandsetzungsmaßnahme wurde an nachträglich

Bild 5.61:
Bohrkern aus dem Mauerwerk des Brückenpfeilers nach Beendigung der Injektionsarbeiten

gezogenen und geprüften Bohrkernen nachgewiesen. Der im Bild 5.61 abgebildete Bohrkern zeigt die gute Verbindung zwischen neuem Fugenmaterial und Injektionsgut. Die frei liegenden Zuschlagkörner des alten Fugenmaterials weisen eine gute Umhüllung auf. Weiterhin ist die gute Ausfüllung der Flankenspalten zwischen Naturstein und Mörtel sowie der Risse im Naturstein erkennbar.

5.2.2.5 Ausführung von Schleierinjektionen

Das Injektionsziel bei Schleierinjektionen besteht in der Erneuerung schadhafter, flächiger, nicht oder nur schwer zugänglicher Dichtungsebenen. Diese Rahmenbedingungen sind bei hoch überschütteten Brückenbauwerken oder der Unzulässigkeit einer Beräumung der Brücke z.B. bei Eisenbahnviadukten gegeben.

In diesen Fällen wird versucht, von der Brückenunterseite aus abzudichten. Manchmal reicht hier bereits eine Rissinjektion aus. Sind aber viele Risse oder defekte Fugen vorhanden (Bild 5.62), ist die Ausführung einer Schleierinjektion wirtschaftlicher.

Für Schleierinjektionen gibt es verschiedene Injektionsmaterialien. In der Vergangenheit wurden Zementinjektionen mit wenig Erfolg eingesetzt. Die langen Abbindezeiten führten dazu, dass die Zementsuspensionen in die Widerlager- und Pfeilerbereiche abliefen und Abdichtungseffekte an den Gewölbeoberseiten nicht erreicht werden konnten. Heute kommen Gelinjektionen zum Einsatz. Hierbei werden Gele auf der Basis von Acrylat, aber auch Wasserglas und Polyurethan verwendet.

Gute Ergebnisse ergaben Injektionen mit einem Polyurethan-2-Komponenten-Integralschaum (Tabelle 5.7, Zeile 9). Dieses Material bildet in der ersten Phase im Kontakt mit Wasser einen geschlossenporigen Schaum. Wenn das vorhandene Wasser gebunden ist, reagiert das Material zu einem kompakten harzähnlichen Stoff aus, der aber noch hart-elastisch ist. Dieser Integralschaum wird in verschiedenen Abbindezeit-Einstellungen geliefert. Treten bei Schleierinjektionen normal eingestellter Integralschaummaterialien hohe Verpressgutmengen auf, deutet dieses auf Klüfte oder Hohlräume hin, die abzusperren sind. Das heißt, es muss mit Sperrinjektionen der Abfluss des Materials gestoppt werden. Der erfahrene Injekteur nimmt in diesem Fall eine schneller reagierende Mischung. Er variiert die Reaktionsgeschwindigkeit durch eine veränderte Dosierung der Chemikalien

Bild 5.62: Kalkaussinterungen an einer Brückenunterseite infolge schadhafter Dichtungsebene

unter Beachtung der aktuellen Temperatur und entsprechend des anstehenden Wasserdrucks.

Acrylat-Gele besitzen gegenüber Integralschäumen eine wesentlich geringere Viskosität. Dieser Sachverhalt ist in der Injektionstechnik ein gravierender Unterschied. Die Gele sind praktisch wasserflüssig, also ein ideales Injektionsmaterial auch hinsichtlich stufenlos einstellbarer Reaktionszeiten. Aber auch Acrylat-Gele haben Nachteile. Ihr ausgehärteter Zustand ist nur eine steife „Aspikkonsistenz". Sie sind deshalb für Rissverpressungen nicht immer geeignet und benötigen einen Porenraum, um sich zu „verkrallen". Dieser Effekt ist bei Schleierinjektionen gegeben, insofern Gelinjektionen für Brückenabdichtungen bevorzugt verwendet werden. Allerdings ist dieses Verfahren hinsichtlich seines Frostverhaltens und seiner Reversibilität im Feucht-Trocken-Wechsel noch nicht vollständig ausgereift. Bei vorhandener Bewehrung ist zu beachten, dass die Härterkomponente korrosiv angreifend wirkt. Die Deutsche Bahn AG hat diese Abdichtungsverfahren zum Gegenstand einer Dienstvorschrift für Abdichtungen unter laufendem Zugverkehr ohne Nutzungseinschränkungen gemacht [5-30].

Bei Abdichtungsinjektionen erreicht man meistens nach der ersten Injektion keinen vollständigen Erfolg. Das Wasser sucht sich neue Zutrittswege. Eine Nachinjektion oder mehrere gehören zur allgemeinen Praxis bei der Ausführung von Abdichtungsinjektionen.

5.2.3   Betonsanierung

5.2.3.1 Reparaturmörtel

Ausbruchsstellen im Oberflächenbereich von Betonen oder im Zuge einer Betono-
berflächen-Instandsetzung abgetragene Schichten müssen mit Betonersatzstoffen
reprofiliert werden. In jedem Instandsetzungsfall müssen für jedes Bauteil die
Beanspruchbarkeitsklasse festgelegt und die zu verwendenden Betone und Mörtel
danach ausgewählt werden. Nach [5-31] werden in Deutschland folgende Beanspruchbarkeitsklassen M1 bis M3 unterschieden:

Beanspruchbarkeitsklasse M1:
Die Betone und Mörtel müssen zum Ausfüllen von Fehlstellen im Betonuntergrund geeignet sein. Sie müssen eine ausreichende Festigkeit als Untergrund für
die vorgesehenen Oberflächenschutzsysteme aufweisen. Der Korrosionsschutz
der Bewehrung wird durch die im Kapitel 5.2.5 genannten Prinzipien W, C oder
K gewährleistet.

Beanspruchbarkeitsklasse M2:
Zusätzlich zu den Anforderungen an die Beanspruchbarkeitsklasse M1 müssen
bei den zementgebundenen Betonen und Mörteln Mindestwerte des Carbonatisie-
rungswiderstandes eingehalten werden. Eine einwandfreie Applikation (Anwendung) und Aushärtung bei dynamischer Beanspruchung muss gegeben sein. Alle
Instandsetzungsbetone und -mörtel außer PCC I und PC I müssen für die Anwendung an senkrechten Flächen und über Kopf geeignet sein.

Beanspruchbarkeitsklasse M3:
Zusätzlich zu den Anforderungen an die Betone und Mörtel der Beanspruch-
barkeitsklasse M2 werden erhöhte Anforderungen im Hinblick auf die Berück-
sichtigung bei den Nachweisen der Tragfähigkeit und der Gebrauchstauglichkeit
gestellt. Hierzu zählen insbesondere:
– Festigkeits- und Verformungseigenschaften einschließlich Kriechen und
  Schwinden,
– Verbund mit vorbehandeltem Bewehrungsstahl,
– erhöhte Haftung am Betonuntergrund,
– Brandverhalten.
Sollen also Betone und Mörtel ausgewählt werden, die nach ihrem Einbau einer
statischen Beanspruchung unterliegen, so ist dem entsprechenden Bauteil die
Beanspruchbarkeitsklasse M3 zuzuordnen.

Entsprechend den Beanspruchbarkeitsklassen M1 bis M3 kommen für den
Einsatz als Reparaturmörtel folgende Systeme, deren detailliertes Anforderungs-
profil [5-31] entnommen werden kann, zur Anwendung:
a) **CC** (Cement-Concrete): Zementmörtel
   CC-Mörtel sind hydraulische Mörtel und werden nur noch für großflächige
   Beschichtungen im Spritzverfahren angewendet. Die Mörtel sind als werksmä-

ßig konfektionierte Fertigmischungen beziehbar. Eine Prüfung dieser Systeme ist erforderlich. Die Oberflächenfestigkeit muss vor dem Auftrag geprüft werden und den Vorgaben entsprechen. Haftbrücken sind zur Verbesserung der Haftung zwischen Betonuntergrund und Mörtel einsetzbar. Sie können systembezogen geliefert werden. Der Mörtelauftrag muss auf die noch frische Haftbrücke erfolgen. Bei gutem Betonuntergrund ist in vielen Fällen ein Vorfeuchten ausreichend. Dabei sollte die Betonoberfläche mattfeucht sein.

b) **PCC** (**P**olymer-**C**ement-**C**oncrete): kunststoffmodifizierter Zementmörtel
Dieses Material ist in fast allen Belangen den CC-Mörteln überlegen. Es ist als fremdüberwachter Werktrockenmörtel im Handel und wird vielfach im Betonspritzverfahren als **SPCC**(**S**pritz-**PCC**)-Mörtel verarbeitet. Vor allem seine wesentlich bessere Untergrundhaftung und geringere Rissneigung sowie der niedrigere Elastizitätsmodul machen diesen Werkstoff zu einem guten Beschichtungsmörtel, der jedoch gegenüber dem CC-Mörtel kostenintensiver ist. In der ZTV-SIB [5-24] sind folgende Anwendungsbereiche definiert:
PCC I: befahrbare waagerechte oder schwach geneigte Flächen, dynamisch beansprucht (z.B. unter Brückenbelägen),
PCC II: nicht befahrbare Flächen in beliebigen Lagen (z.B. an Brückenuntersichten, Widerlager- und Pfeilerflächen).
Vor dem PCC-Auftrag sind systemabhängige Haftbrücken aufzubringen. Der Mörtelauftrag muss auf die noch frische Haftbrücke erfolgen. Bei einer maschinellen Mörtelverarbeitung kann gegebenenfalls auf eine Haftbrücke verzichtet werden.

c) **PC** (**P**olymer-**C**oncrete): reaktionsharzgebundener Mörtel
Diese Kunstharzmörtel werden nur in Ausnahmefällen dort eingesetzt, wo hohe Abriebwiderstände, erhöhte Haftzugfestigkeiten und schnelle Aushärtezeiten verlangt werden. Besonders zu beachten ist, dass diese Systeme nicht wasserdampfdiffusionsfähig sind. Aus diesem Grunde werden sie auch nicht für vollflächige Beschichtungen eingesetzt. Als Haftbrücken werden Reinharze eingesetzt, die auch das Bindemittel des Mörtels sind. Die Mörtelbeschichtung muss auch hier „frisch in frisch" erfolgen, andernfalls ist entsprechend abzusanden. Analog b) unterscheidet man PC I und PC II entsprechend der vorgesehenen Anwendung.

Während Tabelle 5.8 die Zuordnung der Betonersatzstoffe zur entsprechenden Beanspruchbarkeitsklasse gemäß [5-31, 5-49] ermöglicht, wird in Tabelle 5.9 eine Zusammenstellung der realisierbaren Schichtdicken gegeben.
Ergänzend sei erwähnt, dass nach ZTV-SIB [5-24] nur Beton B II nach DIN 1045, Spritzbeton nach DIN 18551 [5-32], PCC, SPCC und PC als Betonersatzstoffe zugelassen sind.

Tab. 5.8: Unterscheidung der Betonersatzstoffe nach der Beanspruchbarkeitsklasse

Beanspruchbarkeitsklasse		
M1	M2	M3

- keine Entsprechung in der ZTV-SIB
- nur für örtlich begrenzte Fehlstellen
- für Instandsetzungsprinzip R nicht geeignet
- dynamische Beanspruchung nicht zulässig
- Stofftyp: zementgebunden
	PCC:
	- entspricht PCC I und PCC II nach ZTV-SIB
	- für Instandsetzungsprinzip R geeignet
	- dynamische Beanspruchung bei und nach Applikation zulässig
	- Flächengröße beliebig
	- Lage der Flächen:
	  PCC I: waagerecht oder bis 2% geneigt
	  PCC II: beliebig
	
	SPCC:
	- entspricht SPCC nach ZTV-SIB
	- für Instandsetzungsprinzip R geeignet
	- dynamische Beanspruchung bei und nach Applikation zulässig
	- Flächengröße beliebig
	- Lage der Flächen:
	  über Kopf, vertikal und stark geneigt
	
	PC:
	- entspricht PC I und PC II nach ZTV-SIB
	- für Instandsetzungsprinzip R nicht geeignet
	- dynamische Beanspruchung bei und nach Applikation zulässig
	- nur örtlich begrenzt anwendbar
	- Lage der Flächen:
	  PC I: waagerecht oder bis 2% geneigt
	  PC II: beliebig
		- keine Entsprechung in der ZTV-SIB
		- für Instandsetzungsprinzip R geeignet
		- dynamische Beanspruchung bei und nach Applikation zulässig
		- **statische Mitwirkung zulässig**
		- Flächengröße beliebig
		- Lage der Flächen beliebig
		- Stofftyp: zementgebunden
		- PCC und SPCC mit Prüfzeugnis

5.2.3.2 Reparaturspachtel

Spachtel kommen zum Einsatz, wenn Oberflächenstrukturen verbessert werden sollen. Dieses kann auch eine Voraussetzung für später aufzutragende Oberflächenbeschichtungen sein. Die Ausführung kann als Ausgleichs- oder Kratzspachtelung erfolgen.

Meistens kommen konfektionierte, kunststoffvergütete Spachtel zum Einsatz, die auf untergrundvorbehandelte, fein strukturierte Betonoberflächen oder auf Reparaturmörtel-Beschichtungen zum Feinabgleich aufgetragen werden. Diese Spachtel lassen sich noch glätten, nachdem sie leicht angezogen haben.

Tab. 5.9: Unterscheidung der Betonersatzstoffe nach Schichtdicke und Größtkorn

Betonersatzstoff	Größtkorn [mm]	Mindestschichtdicke [mm]	max. Schichtdicke [mm]
Beton nach DIN 1045	8–16	50	keine Angabe
Spritzbeton nach DIN 18551	8–16	30 50 bei dynamisch beanspruchten Bauteilen	keine Angabe
CC	bis 4	20	40
PCC	bis 8	10 > 20 bei Instandsetzungsprinzip R	50 bis 100 örtlich begrenzt
SPCC	bis 8	10 > 20 bei Instandsetzungsprinzip R	50 bis 80 herstellerabhängig, örtlich begrenzt
PC	bis 8	5	40

5.2.3.3 Spritzbeton und Spritzmörtel

Spritzbeton ist im Rahmen der Instandsetzung von Massivbrücken für Sicherungsarbeiten, für notwendige Verstärkungsmaßnahmen (z.B. zur Verstärkung von Querschnitten oder als Spritzbetonummantelung von Bewehrungsergänzungen) und zur Schaffung von ebenen Unterlagen von Bedeutung. Spritzmörtel (CC- und SPCC-Mörtel) kommen häufig bei Fugeninstandsetzungsarbeiten, auf die im Kapitel 6.3.3 ausführlich eingegangen wird, zur Anwendung.

Verfahrenstechnisch unterscheidet man nach dem Trocken- und dem Nassspritzverfahren sowie der Dünn- oder Dichtstromförderung. Beim Trockenspritzverfahren wird ein Bereitstellungsgemisch (Trockenbeton oder Trockenmörtel) durch eine Spritzmaschine der Förderung zugeführt und im Dünnstrom mit Druckluft zur Spritzdüse gefördert, in der die notwendige Wassermenge und gegebenenfalls flüssige Additive zugegeben werden. Beim Nassspritzverfahren wird Frischbeton oder Frischmörtel im Allgemeinen im Dichtstrom mit einer Pumpe zur Spritzdüse gefördert, in der gegebenenfalls flüssige Additive zugegeben werden und durch Einleitung von Druckluft die notwendige Materialbeschleunigung erreicht wird [5-48]. Das Nassspritzverfahren lohnt sich nur bei großen Spritzleistungen. Nachteilig ist hier der technologisch bedingte hohe Reinigungsaufwand. Allgemein, gerade bei notwendigen Sicherungsmaßnahmen, spielen die zu garantierenden Frühfestigkeiten, die durch den Einsatz von Beschleunigern erreicht werden, eine große Rolle. Problematisch sind hierbei die erhöhten Alkali-Ionen-Konzentrationen aus den zum Einsatz kommenden alkalihaltigen Erstarrungsbeschleunigern. Hier besteht zum einen ein Verunreinigungspotenzial bei

Arbeiten im Grundwasserbereich und zum anderen eine Gesundheitsgefährdung des Bedienpersonals bei erhöhter Alkalität (pH-Wert > 11,5). Moderne Spritzbetonbauweisen müssen daher neben ihren bautechnischen Eigenschaften, dies sind beispielsweise Anforderungen an die Festigkeit, die Festigkeitsentwicklung, das Schwinden und Kriechen, den Elastizitätsmodul und die Dichtigkeit, auch umweltgerechte Eigenschaften nachweisen [5-48]. Neuerdings werden alkalifreie Beschleuniger angeboten, welche die oben genannten negativen Eigenschaften minimieren.

Die Vorteile der Spritzbetontechnologie begründen sich im möglichen Verzicht auf eine Schalung (außer Kantenschalung) und in einem geringen Einbau- und Verdichtungsaufwand auch bei Überkopfarbeiten. Die DIN 18551 [5-32] enthält alle Angaben zur Herstellung und Güteüberwachung.

Im Merkblatt „Kunststoffmodifizierte Spritzbetone und Spritzmörtel" [5-33] werden Grundsätze der Verarbeitung für PCC und SPCC beschrieben.

Das bei der Spritzbetonverarbeitung an der Auftragsfläche herabfallende Spritzgut wird als Rückprall bezeichnet. Die Größe dieses nicht zu vermeidenden Verfahrensnachteils wird durch die richtige Dosierung der Wassermenge an der Düse, den Düsenabstand zur Auftragsfläche, den Winkel der Düse zur Auftragsfläche und durch die richtige kreisende Düsenbewegung bestimmt. Es liegt also wesentlich mit am Geschick des Düsenführers, wie hoch der Rückprall ist. Gute Düsenführer erreichen Rückprallanteile von 20% bezogen auf die Auftragsmischung. Bei Überkopfarbeiten fällt bis zu 50% Rückprall an. Erhöhen kann sich der Rückprall bei einzuspritzender Mattenbewehrung [5-93]. Kaum wirtschaftlich herstellbar sind Spritzbetonausführungen mit zweilagigen Mattenbewehrungen. Für den Düsenführer ist kein Qualifikationsnachweis gefordert, wenn es sich um Spritzbeton nach DIN 18551 [5-32] handelt. Bei SPCC-Anwendungen muss der Ausführende einen entsprechenden Düsenführerschein erwerben.

Die Baustoffzulieferer stellen eine große Palette von konfektionierten Trockenspritzbetonen und -mörteln bereit. In den üblichen Betonklassen ist von B 15 bis B 55 alles vorhanden. Bei der Auswahl eines für die Instandsetzung geeigneten Betons sollte man sich nicht davon leiten lassen, dass ein hochfester Beton unbedingt das Beste ist. Wichtig ist, dass die Betongüte zur Güte des Unterbetons passen muss. Es ist beispielsweise nicht empfehlenswert, einen Unterbeton der Güte B 15 mit einem Spritzbeton der Güte B 35 instand zu setzen. Die großen Unterschiede im Baustoffverhalten können zu Risserscheinungen im Spritzbeton führen. Neuerdings wird versucht, die übliche Bewehrung durch Faserzusätze zu ersetzen. Solche Zusätze sind Stahl-, Glas- und Kunststofffasern. Aus Kosten- und Verfahrensgründen bleibt ein solcher Einsatz auf Spezialfälle beschränkt. Zusätze von Microsilica verbessern wesentlich die Betonfestigkeiten, ohne den Beton spröder zu machen. Vor allem können die Rückprallmengen bis auf ca. 5% reduziert werden.

Zur Kostenminimierung wird neuerdings versucht, die Spritzbetonausgangsmischungen vor Ort selbst herzustellen, vor allem, wenn es sich um größere Objekte, z.B. im Tunnelbau, handelt. Mit der Bereitstellung so genannter Spritzbetonzemente, die die Verwendung feuchter Zuschlagstoffe ermöglichen, können die Zuschlagstoffe aus dem Territorium bezogen und die Mischung dosiert vor

Bild 5.63:
Spritzraue Oberfläche,
Mattenbewehrung und links
eingespritzte Injektions-
packer

Ort zubereitet werden. Wenn hierfür eine geforderte Eignungsprüfung vorliegt, ist nichts gegen diese Verfahrensweise einzuwenden. Auch die nachteilige starke Staubentwicklung beim Trockenspritzverfahren wird durch dieses neue Verfahren stark reduziert.

Nach dem Spritzbetonauftrag darf die Oberfläche nach DIN 18551 [5-32] zur Vermeidung struktureller Schädigungen im Unterschied zum SPCC nicht geglättet werden. Nachbehandlung (Befeuchtung) des flächig aufgebrachten Spritzbetons ist zur Vermeidung von Rissen unbedingt erforderlich. Soll die Oberflächenstruktur des Spritzbetons z.B. für den Auftrag von Oberflächenschutzsystemen verbessert werden, sind Spritzmörtel dazu geeignet. Ist eine Ebenflächigkeit gefordert, sind diese bedarfsweise mehrlagig aufzutragen. Diese Oberflächen können dann geglättet werden.

Abschließend sei noch auf das Problem des Auftrags einer Spritzbetonschale auf Mauerwerk hingewiesen. Diese Verfahrensweise hat sich in der Vergangenheit nicht bewährt, weil z.B. bei einer erneuerten Bauwerksdichtung die Austrocknung des Mauerwerkes stark eingeschränkt wird. Die dadurch möglicherweise ausgelösten Verwitterungsvorgänge können infolge der vorhandenen Spritzbetonschale zudem nur schwer diagnostiziert werden.

5.2.4 Oberflächenvergütung

5.2.4.1 Oberflächenschutzsysteme

Oberflächenschutzsysteme erfüllen auf Betonflächen folgende Aufgaben:
- Schutz vor betonschädigenden Stoffen,
- Korrosionsschutz der Bewehrung,
- Wiederherstellung einer einheitlichen optischen Ansicht nach partiellen Instandsetzungsarbeiten sowie Überdeckung von Rissen und Oberflächenschäden.

Den unterschiedlichen Systemen, die in Tabelle 5.10 gemäß Instandsetzungsrichtlinie [5-31] auszugsweise beschrieben werden, können schwerpunktmäßig folgende wirksame Schutzfunktionen zugeordnet werden:
- Wasserdampfdiffusionsfähigkeit,
- Reduzierung der Kohlendioxiddiffusion,
- Rissüberbrückung,
- Temperaturwechselbeständigkeit,
- Verschleißfestigkeit.

Weiterhin kann mit Hilfe eines Oberflächenschutzsystems eine farbliche Oberflächengestaltung realisiert werden. In Kenntnis der Regeln für eine harmonische Farbgebung sollten bei den hier betrachteten instand zu setzenden Massivbrücken im Rahmen der konkreten Farbauswahl natürliche und warme Farbtöne, so genannte Erdfarben, den Vorzug erhalten [5-25]. Bei der konkreten Farbauswahl sind folgende Kriterien zu beachten:
- Sparsamkeit in der Zahl der gegeneinander abgestuften Farbflächen,
- Beschränkung auf einen Farbtonkreis [5-50] bei Auswahl der Farbtöne,
- Auswahl von Kontrastfarben nur für kleinflächige Bauteile,
- der Farbname ist bei großen Flächen oft nicht zutreffend.

Ein gelungenes Beispiel zur Farbgebung eines Ingenieurbauwerkes, bei welchem die genannten Kriterien zur Farbauswahl berücksichtigt wurden, stellt der im Bild 5.64 gezeigte Möller-Träger dar.

Vor dem Auftrag von Oberflächenschutzsystemen sind die Oberflächen mit Verfahren nach Abschnitt 5.2.1 vorzubereiten. Die erforderliche mittlere Abreißfestigkeit (Oberflächenzugfestigkeit) des Betonuntergrundes ist in Abhängigkeit des einzusetzenden Beschichtungssystems in Tabelle 5.10 angegeben. Zusätzlich muss die Betonoberfläche eine zur vorgesehenen Beschichtung angepasste Rauigkeit aufweisen.

Bei CC- und PCC-Beschichtungen soll das Zuschlagstoffkorn frei liegen, damit sich diese im Untergrund „verkrallen" können. Eine als Beton-Verbundflä-

Bild 5.64: Möller-Träger mit farblich gestaltetem Oberflächenschutzsystem OS 5a (OS D II)

che gut vorbereitete Oberfläche zeigt Bild 5.65. Einzelne Zuschlagstoffkörner sind ausgebrochen, der überwiegende Teil liegt frei.

Wie wichtig diese Problematik bei zementgebundenen Beschichtungssystemen ist, verdeutlicht folgender Sachverhalt. Die relativ rauen Betonoberflächen historischer Brücken aus Stampfbeton wurden oft verputzt und geglättet. Sollen derartige Oberflächen im Zuge von Instandsetzungsarbeiten neu beschichtet werden, bleiben diese ca. 2 cm dicken Schichten meist erhalten, da die darunter befindliche Stampfbetonrandzone oftmals keine ausreichende Oberflächenhaftzugfestigkeit besitzt.

Bild 5.65:
Zur Beschichtung vorbereitete Betonoberfläche

Tab. 5.10: Oberflächenschutzsysteme (T: unter Temperaturbeanspruchung, V: unter Lastbeanspruchung aus Verkehr, OSS: Oberflächenschutzschicht)

Oberflächenschutzsystem	Allgemeine Kurzbeschreibung	Einsatzbereich	Ausgwählte geforderte Eigenschaften	OS-Schichtmaterialart	Schichtaufbau	Rissüberbrückung	Erf. Oberflächenhaftzugfestigkeit des Untergrundes Mittel-/Einzelwert
OS 1 (OS A)	Hydrophobierung	Feuchte-, Wetter-, Regenschutz an vertikalen und geneigten Flächen	zeitlich begrenzte Reduzierung der kapillaren Wasseraufnahme	Silan, Siloxan	– mehrere Tränkungen	nein	keine Forderung
OS 2 (OS B)	Beschichtung für nicht begeh- und befahrbare Flächen ohne Spachtelung	Feuchteschutz freibewitterter Betonflächen	Verringerung der Wasseraufnahme u. der CO_2-Diffusion, Verbesserung des Frost- und Frost-Tausalzwiderstandes	Polymerdispersionen (Acrylate), Polyurethan	– Hydrophobierung – ggf. Grundierung – mind. zwei Deckschichten	nein	0,8/0,5 N/mm^2
OS 4 (OS C)	Beschichtung mit erhöhter Dichtheit für nicht begeh- u. befahrbare Flächen	freibewitterte Betonflächen, auch bei Tausalzangriffen, Regelmaßnahme nach den Korrosionsschutzprinzipien W und C bei rissfreiem Untergrund (Kapitel 5.2.5)	Verringerung der Wasseraufnahme u. der CO_2-Diffusion, Verbesserung des Frost- und Frost-Tausalzwiderstandes, farbiger Carbonatisierungsschutz	Polymerdispersionen (Acrylate), Polyurethan	– Spachtelung – weiter wie OS 2	nein	0,8/0,5 N/mm^2
OS 5a (OS DII)	Beschichtung mit geringer Rissüberbrückungsfähigkeit für nicht begeh- u. befahrbare Flächen	freibewitterte Betonflächen mit oberflächennahen Rissen	Rissüberbrückungsfähigkeit für oberflächennahe Risse, starke Verringerung der CO_2-Diffusion, Verbesserung des Frost- und Frost-Tausalzwiderstandes	Polymerdispersion	mind. Kratzspachtelung mit 2 rissüberbrückenden OSS	Rissbreitenüberbrückung bis max. 0,15 mm, Rissbreitenänderung unter T bis max. 0,05 mm	0,8/0,5 N/mm^2
OS 5b (OS DI)				Polymer-Zement-Gemisch	ggf. Kratzspachtelung mit 2 rissüberbrückenden OSS		
OS 7 (ZTV-BEL-EP)	Beschichtung unter Dichtungsschichten für begeh- und befahrbare Flächen	Grundierungen, Versiegelungen, Kratzspachtelungen als Teil der Abdichtung von Brücken	Porenverschluss, hitzebeständig (kurzzeitig bis 250 °C), auch als Spachtel einsetzbar	lasierend eingefärbtes Epoxidharz	– Grundierung – Versiegelung – Kratzspachtelung	nein	1,5 N/mm^2

Oberflächenschutzsystem	Allgemeine Kurzbeschreibung	Einsatzbereich	Ausgwählte geforderte Eigenschaften	OS-Schichtmaterialart	Schichtaufbau	Rissüberbrückung	Erf. Oberflächenhaftzugfestigkeit des Untergrundes Mittel-/Einzelwert
OS 9 (OS E)	Beschichtung mit erhöhter Rissüberbrückungsfähigkeit für nicht begeh- u. befahrbare Flächen	freibewitterte Betonflächen mit oberflächennahen Rissen und Trennrissen	dauerhafte Rissüberbrückung, Verbesserung des Frost- und Frost-Tausalzwiderstandes	Polyurethan, mod. Epoxidharze, Polymerdispersionen	– Spachtelung – Grundierung – mind. zwei elast. Schutzschichten – ggf. Deckversiegelung	Rissbreitenüberbrückung bis max. 0,3 mm, Rissbreitenänderung unter T + V bis max. 0,2 mm	1,3/0,8 N/mm²
OS 10 (ZTV-BEL-B Teil3)	Beschichtung als Dichtungsschicht mit hoher Rissüberbrückung unter Schutz- und Deckschichten für begeh- und befahrbare Flächen	Abdichtung von Betonbauteilen mit Trennrissen und planmäßiger mechanischer Beanspruchung (z.B. bei stark geneigten Brückenrampen oder zur Abdichtung der Fuge vor Brückenkappen)	dauerhafte Rissüberbrückung (Trennrisse), Übertragung von Schubkräften aus Verkehr über Gussasphaltschutzschicht	Polyurethan	– Behandlung gemäß OS 7 – ggf. Haftvermittler – Dichtungsschicht – ggf. Verbindungsschicht – Gussasphalt – ggf. Deckversiegelung	Rissbreitenüberbrückung bis max. 0,3 mm, Rissbreitenänderung unter T + V bis max. ± 0,1 mm	1,3/0,8 N/mm²
OS 11 (OS F)	Beschichtung mit erhöhter dynamischer Rissüberbrückungsfähigkeit für begeh- und befahrbare Flächen	freibewitterte Betonflächen mit oberflächennahen Rissen und Trennrissen	dauerhafte Rissüberbrückung (Trennrisse), Verbesserung des Frost-Tausalzwiderstandes	Polyurethan, mod. Epoxidharze, 2-K Polymethylmethacrylat	– Grundierung – elastische OSS – verschleißfeste Deckschicht, abgestreut – ggf. Deckversiegelung	Rissbreitenüberbrückung bis max. 0,3 mm, Rissbreitenänderung unter T + V bis max. 0,2 mm	1,5/1,0 N/mm²
OS 13	Beschichtung mit nicht dynamischer Rissüberbrückungsfähigkeit für begeh- und befahrbare, mechanisch belastete Flächen	für mechanisch und chem. belastete, überdachte und befahrbare Flächen (z.B. Park- und Tiefgaragen innen für Temperaturen ab 10 °C)	dauerhafte Rissüberbrückung (Trennrisse), Verbesserung des Frost-Tausalzwiderstandes	wie OS 11	– Kratzspachtelung (separat ausschreiben!) – Grundierung – OSS, abgestreut – Deckversiegelung	Rissbreitenüberbrückung bis max. 0,2 mm	1,5/1,0 N/mm²

Bei der Prüfung der Abreißfestigkeiten mit aufgeklebten Prüfstempeln sei auf folgendes Problem hingewiesen. Die verwendeten Klebstoffe auf Kunstharzbasis haben eine wesentlich höhere Adhäsion auf dem glatten Spachteluntergrund als ein etwaig vorgesehenes zementgebundenes Oberflächensystem. Infolgedessen werden zunächst scheinbar ausreichende Abreißfestigkeiten mit Klebern ermittelt, die später aufgetragene zementgebundene Systeme dann bei weitem nicht realisieren können. Somit besteht die Gefahr der Ablösung dieser Beschichtung.

Das Gelingen einer erfolgreichen Oberflächenbeschichtung ist in entscheidendem Maße auch von den klimatologischen Verhältnissen abhängig [5-31].

Bei Brückeninstandsetzungen werden für Betonaußenflächen meist wirtschaftliche Oberflächenschutzsysteme gemäß OS 4 (OS C) gewählt (siehe hierzu auch ARS Nr. 20/1990, Abschnitt 11 [5-24]). Sind Brückenkappen zu sanieren, muss nicht zwangsläufig auf ein OS 11 (OS F) zurückgegriffen werden. Gute Erfahrungen bestehen auch mit dem Oberflächenschutzsystem OS 9 (OS E). Dieses ist bei Gehwegflächen abzusanden und somit rutschfest auszubilden.

Zur Behandlung von Natursteinoberflächen kommen wegen der geforderten Steinsichtigkeit nur Hydrophobierungen und Anti-Graffiti-Systeme zur Anwendung.

Beschränkt sich im Zuge der Instandsetzungsplanung die Angabe zur Oberflächenbeschichtung einer Stütze, eines Widerlagers oder einer Brückenunteransicht alleinig nur auf die Angabe eines Systems (z.B. OS 4 (OS C) oder OS 5 (OS D)), ist die erforderliche Schichtdicke entsprechend der vorhandenen Rauigkeit und Unebenheit des Untergrundes nicht exakt definiert. Beide Systeme bieten die Hersteller sowohl nur mit einer Kratzspachtelung als auch mit einer Spachtelung zum Flächenausgleich an. Enthält die Ausschreibung keine weiteren Angaben, kalkuliert der Auftragnehmer natürlich die preiswertere Variante mit Kratzspachtelung. Stellt sich im Zuge der Bauausführung aber heraus, dass eine solche Ausführung aufgrund der Untergrundbedingungen ungenügend ist und eine Spachtelung zum Flächenausgleich notwendig wird, kommt es aufgrund einer unvollständigen Ausschreibung zum Nachtrag. Zur Umgehung dieser Problematik sind im Rahmen der Planung zusätzlich immer Musterflächen vorzusehen und auszuschreiben. Anhand dieser Musterflächen erfolgt die endgültige Festlegung, ob entweder nur eine Kratzspachtelung oder aber eine Spachtelung zum Flächenausgleich auszuführen ist. Der kalkulierende Baubetrieb kann so nicht von vornherein das preiswerteste System anbieten (siehe hierzu auch Kapitel 7.3).

Gelungene Beispiele zur Oberflächenbeschichtung im Rahmen der Instandsetzung von Massivbrücken zeigen die Bilder 5.66 und 5.67.

Generell sei an dieser Stelle auch auf das Problem der Versprödung von Kunstharzsystemen im Verlauf mehrerer Jahre und den damit verbundenen Ablöseerscheinungen hingewiesen. Hier besteht alternativ die Möglichkeit des Einsatzes eines kunststoffmodifizierten Zementmörtels (PCC). Dieser weist neben geringeren Materialkosten auch eine bessere Umweltverträglichkeit auf. Generell sollte aber vor Auswahl des geeignetsten Oberflächenschutzsystems eine entsprechende Absprache mit dem Bauherrn im Sinne einer fachlichen Beratung erfolgen.

Beschichtungen stellen für den Ausführenden wegen der vielen qualitätsbeeinflussenden Faktoren ein hohes Gewährleistungsrisiko dar. So besteht für

Bild 5.66: Fußgängersteg als Spannbandbrücke in Freiburg im Breisgau (Bj. 1970), Oberflächenschutzsystem OS 9 (OS E)

die Beschichtung von Brückenflächen in unseren geografischen Breiten nur ein meteorologisches Fenster zwischen Mai und September. Weiter hängt vom Zustand des Untergrundes sowie der richtigen Materialauswahl in Verbindung mit einer qualitätsgerechten Verarbeitung letztendlich der Erfolg der Instandsetzung ab.

Die Empfehlungen der Baustoffhersteller sollten bei der Materialauswahl genutzt werden. Auf alle Fälle sind die anwendungstechnischen Hinweise zum Materialeinsatz zu beachten. Besonders vorteilhaft sind praktische Ausführungsanweisungen durch Vertreter der Bauchemikalhersteller. Diese erklären den Ausführenden vor Ort die Verarbeitungstechnik und geben Hinweise auf speziell zu

Bild 5.67:
Fußwegbogenbrücke über den Flutgraben in
Erfurt (Bj. 1898), Oberflächenschutzsystem
OS 5a (OS D II)

beachtende Besonderheiten. Wie bereits im Kapitel 5.1.3.17 dargestellt, sind bei
auftretenden Mängeln auch diese Mitwirkungshandlungen der Materialhersteller
bei der Klärung von Haftungsansprüchen bedeutsam. Die Lage der unter Anwei-
sung eines Anwendungstechnikers behandelten Fläche ist zu dokumentieren. So
können bei auftretenden Mängeln Vergleiche vorgenommen werden.

5.2.4.2 Hydrophobierung

Für die Hydrophobierung von Betonoberflächen gilt OS 1 (OS A) [5-31]. Besondere Bedeutung hat die Hydrophobierung bei der Natursteininstandsetzung. Durch Hydrophobierungsmittel soll die Verwitterungsneigung verringert und damit die Dauerhaftigkeit der Natursteine erhöht werden. Dieses wird mit wasserabweisenden Emulsionen erreicht, die in die Porenhohlräume der Steinoberfläche eindringen [5-36, 5-46]. Dazu müssen die Steinoberflächen sauber und trocken sein.

Bei den Hydrophobierungsmitteln handelt es sich um siliziumorganische Verbindungen, welche in verschiedenen Systemen lieferbar sind [5-36, 5-46]. Sie werden vorzugsweise im Niederdruck-Sprühverfahren aufgetragen. Auch der Auftrag durch Rollen ist möglich. Zur Auswahl des geeigneten Hydrophobierungsmittels in Abhängigkeit vom Naturstein sollte die Beratung eines Anwendungstechnikers in Verbindung mit dem Anlegen einer Musterfläche genutzt werden. Die notwendigen Voruntersuchungen am zu beschichtenden Naturstein sind im Kapitel 5.1.3.17 beschrieben. Der Auftrag erfolgt mehrfach „frisch in frisch" und so lange, bis eine gewisse Sättigung erreicht ist. Dabei darf die Oberfläche nicht glänzen [5-41]. Hydrophobierungsmittel sollen - bei einer Eindringtiefe von mehr als 2 mm - farblos und UV-beständig sein. Bei großen Flächen ist die „frisch-in-frisch"-Technik nicht möglich. Hier ist es ratsam, schrittweise kleinere Teilflächen zu hydrophobieren. Sind die Steinfugen porös, sind auch diese zu hydrophobieren. Auch Risse können bis zu einer Weite von 0,5 mm durch eine überdeckende Hydrophobierung geschlossen werden. Größere Risse sind mit geeigneten Verfahren (z.B. durch eine Rissinjektion – Kapitel 5.2.2.1) vor der Hydrophobierung zu schließen [5-36]. Die Hydrophobierungsmittel dürfen die Wasserdampfdiffusion nur um maximal 10% verringern. Sie haben eine zeitlich beschränkte Wirksamkeit, sollten aber mehr als zehn Jahre ihre Schutzfunktion erfüllen. Mehrfache Wiederholungen des Hydrophobierungsmittelauftrages sind möglich, ohne dass die Wirkung eingeschränkt wird. Die Funktion der ausgeführten Hydrophobierung kann sehr einfach mit dem Verfahren nach KARSTEN (siehe Kapitel 5.1.3.10) überprüft werden.

5.2.4.3 Anti-Graffiti-Systeme (AGS)

Die Schäden durch Graffiti-Verunstaltungen an Brückenbauwerken nehmen ständig zu, so dass zu deren Beseitigung ein hoher Reinigungs- und damit Kostenaufwand erforderlich ist. Von Bauherrenseite werden daher zunehmend Gegenmaßnahmen gefordert. Besonders bei porigen Natursteinen dringen die Graffiti-Farben bis zu mehreren Millimetern Tiefe in den Stein ein und sind so nur mit aufwändigen Reinigungsverfahren und der Inkaufnahme von Materialschäden entfernbar. Mit verschiedenen Produkten wird versucht, das Eindringen der Spray-Farben in die Beton- oder Natursteinoberflächen zu verhindern [5-39]. Beschichtungen, die generell die Haftung von Graffiti-Farben auf einer Oberfläche verhindern, existieren nicht. Derzeit gibt es drei verschiedene Anti-Graffiti-Systeme [5-38]:

– temporäre Systeme (Opfersysteme),
– semipermanente Systeme,
– permanente Systeme.

Temporäre Systeme werden im Zuge einer Heißwasser- oder Dampfstrahlreinigung geopfert und sind deshalb für den weiteren Anti-Graffiti-Schutz erneut aufzutragen. Temporäre Materialien sind:
– Silicone,
– Wachsemulsionen,
– Polymerwachsemulsionen,
– Polysacharide.

Wachsemulsionen und Polysacharide kommen weniger zur Anwendung, da sie schnell verwittern. Bei den semipermanenten Systemen gibt es Ein- und Zweischichtsysteme. Einschichtsysteme sind Siloxanverbindungen oder modifizierte Acrylate. Zweischichtsysteme besitzen zusätzlich eine temporäre Opferschicht. Permanente Systeme sind mehrschichtig auftragbare Kunstharzsysteme wie 2-komponentige Polyurethane und Epoxidharze. Diese müssen so modifiziert sein, dass die geforderte Wasserdampfdiffusionsfähigkeit gewährleistet bleibt. Bei permanenten Systemen besteht die Gefahr, dass die Wasserdampfdiffusionsfähigkeit nicht mehr gegeben ist, wenn mehrfache Aufträge erfolgen. Die Wasserdampfdiffusionsfähigkeit ist meistens ein stoffbezogener Produktwert, der den Schichtenaufbau nicht berücksichtigt. Bei der Auswahl des geeigneten Produktes ist dieser Sachverhalt zu berücksichtigen. Bei Natursteinen können Permanentsysteme zu ungewollten optischen Farbveränderungen führen. Durch UV-Strahlung vergilben vor allem Polyurethan-Systeme. Deshalb ist auch hier das Anlegen von Musterflächen sinnvoll. Kunstharzimprägnierte Oberflächen sind wesentlich antiadhäsiver und demzufolge leichter zu reinigen. Weiterhin brauchen sie auch nach mehreren Reinigungen nicht erneuert zu werden. Der Auftrag eines Anti-Graffiti-Systems erfordert Voruntersuchungen analog derer bei vorgesehenen Hydrophobierungen. Der Untergrund muss ebenso sauber und frei von lockeren Bestandteilen und Verkrustungen sein. Es sei nochmals betont, dass Hinterfeuchtungen und gelöste Salze auf Beschichtungen ablösend wirken können. Permanente Systeme wirken wie Hydrophobierungen und werden häufig an deren Stelle verwendet.

5.2.4.4 Musterflächen

Muster- oder auch Probeflächen gewinnen zunehmend bei der Oberflächeninstandsetzung an Bedeutung. Dieses begründet sich in der Mängelträchtigkeit der Oberflächeninstandsetzungen. Bereits bei der Bauschadensanalyse können Musterflächen Gegenstand von Untersuchungen sein. Weiter ist es üblich vor dem eigentlichen Baubeginn Musterflächen anzulegen. Dann ist allerdings der Zeitraum der Begutachtung sehr kurz, denn es empfiehlt sich, Musterflächen längerfristig (mindestens einen Monat [5-27]) zu beobachten. Letztlich sind Musterflächen für alle am Bau Beteiligten von Vorteil. Der Bauherr kann seine

Vorstellungen äußern, die Baustofflieferanten können ihre Produkte vorführen und Verarbeitungshinweise geben. Für die spätere Ausführung können die Musterflächen als wertvolle Vergleichsmöglichkeit bei Mängelauseinandersetzungen dienen. Der Vorteil von Musterflächen liegt vor allem bei Natursteinbauwerken in ihrer Objektbezogenheit. So sind auch die Baustellentauglichkeit und Umweltverträglichkeit der Verfahren konkret einschätzbar. Sehr wichtig ist, und das sollte aus den Fehlern der Vergangenheit abgeleitet werden, die objekt- und materialspezifische Ermittlung der Diffusionsoffenheit von Beschichtungen im Labor [5-40]. Die Ausführung von Musterflächen ist in geeigneter Form z.B. durch das Anfertigen von Protokollen, Kartierungen und Fotos zu dokumentieren.

5.2.5 Korrosionsschutz der Bewehrung

Maßnahmen zum Korrosionsschutz der Bewehrung sind von der Korrosionsursache abhängig. Gemäß den Ausführungen in den Kapiteln 5.1.3.4 und 5.1.3.19 unterscheiden wir in eine carbonatisierungsinduzierte und in eine chloridinduzierte Korrosion. Das Ziel aller Instandsetzungsmaßnahmen besteht daher in einer Erhöhung oder Wiederherstellung des Carbonatisierungs- bzw. Chlorideindringwiderstandes.

In der Instandsetzungsrichtlinie zum Schutz und zur Instandsetzung von Betonbauteilen [5-31] sind folgende Instandsetzungsprinzipien genannt, welche in Abhängigkeit vom jeweiligen Istzustand anzuwenden sind:
- **Prinzip R** bewirkt eine Realkalisierung durch Auftrag zementgebundener Instandsetzungssysteme.
- **Prinzip W** bewirkt eine Herabsetzung des Wassergehaltes im Beton, denn nur in feuchtem Beton kann Stahl korrodieren; Realisierung durch Auftrag einer Beton-Oberflächenbeschichtung (OS 4 bzw. OS C).
- **Prinzip C** beinhaltet eine geeignete Beschichtung des Bewehrungsstahles. Zusätzlich ist eine Beton-Oberflächenbeschichtung (OS 4 bzw. OS C) erforderlich.
- **Prinzip K** beinhaltet den kathodischen Korrosionsschutz. Dabei wird nach Anordnung einer Opfer- oder Inertanode die Bewehrung mit einem schwachen Gleichstrom beaufschlagt, so dass die Bewehrung kathodisch wirkt und ihre Korrosion verhindert wird.
- Verhinderung des Zutritts von Sauerstoff durch komplette Beschichtung.

Gemäß diesen Instandsetzungsprinzipien sind für Stahlbeton in [5-31] Grundsatzlösungen in Abhängigkeit von der Korrosionsursache genannt und beschrieben.

Im Fall von zementgebundenen Instandsetzungssystemen ist ein zusätzlicher Korrosionsschutz der Bewehrung nicht erforderlich. Im Fall von PC-Instandsetzungssystemen (Kunststoffsysteme) muss der Bewehrungsstahl eine Korrosionsschutzbeschichtung erhalten. Diese wird als mineralisches und auch als polymeres System angeboten. Liegen bis in Bewehrungslagen Chlorideindringungen vor, so ist die Bewehrung bei allen Instandsetzungssystemen mit polymeren Korrosionsschutzanstrichen zu versehen.

Vor der Durchführung von Instandsetzungsmaßnahmen ist die korrodierte Bewehrung vollständig freizulegen, vorhandene Roststellen sind zu entfernen. Ein geeignetes Verfahren zur Freilegung der Bewehrung ist das Hochdruckwasserstrahlen.

In jedem Falle ist bei Querschnittsverlusten infolge korrodierter Bewehrung eine statische Beurteilung erforderlich!

5.2.6 Sprengzement

Sprengzement stellt eine geeignete Alternative zu lauten und mit großen Erschütterungen verbundenen Abbrucharbeiten an Massivbrücken dar. Gerade wenn flächenhaft Schalen abzubrechen sind (z.B. Flügelmauervorsprünge), ist der Einsatz von Sprengzement technologisch vorteilhaft. Verfahrenstechnisch wird dabei so vorgegangen, dass zuerst in einem Abstand von 25 bis 50 cm - je nach Gesteinsfestigkeit bzw. Betongüte - Bohrlöcher (∅ 38 bis 50 mm) in eine Tiefe bis ca. 95% der Festkörperhöhe abgeteuft werden. Anschließend werden die Bohrlöcher mit angemischtem Sprengzement besetzt (Bild 5.68). Infolge des hohen Kristallisationsdruckes, der sich im Zuge des Abbindevorganges entwickelt, kommt es zur Absprengung der zu entfernenden Schale.

Bild 5.68:
Flügelmauer einer Natursteinbrücke, Bohrlochreihe mit Sprengzement besetzt

5.3 Literatur

[5-1]   Deutscher Beton-Verein e.V. (Hrsg.): *Betondeckung und Bewehrung*. DBV-Merkblatt. 01/1997

[5-2]   KRIEGER, J.: *Anwendung von zerstörungsfreien Prüfmethoden bei Betonbrücken*. Verlag für die neue Wissenschaft GmbH 1995

[5-3]   BMV (Hrsg.): *ZTV-RiSS 93: Zusätzliche technische Vertragsbedingungen und Richtlinien für das Füllen von Rissen im Beton*. Verkehrsblatt-Verlag 1993

[5-4]   REUL, H.: *Handbuch Bautenschutz und Bausanierung*. Rudolf-Müller-Verlagsgesellschaft 2001

[5-5]   DIN: *DIN 4021: Baugrund; Aufschluß durch Schürfe und Bohrungen sowie Entnahme von Proben*. Ausg. 10/1990

[5-6]   KUTZNER, C.: *Injektionen im Baugrund*. Enke Verlag 1991

[5-7]   DIN: *DIN 52170: Bestimmung der Zusammensetzung von erhärtetem Beton*. Ausg. 02/1980

[5-8]   VAUPEL, H.: Bindemitteluntersuchungen bei Sanierungs- und Schadensfällen. In: *Der Sachverständige* (2000)

[5-9]   DIN: *DIN 52102: Prüfung von Naturstein und Gesteinskörnungen; Bestimmung von Dichte, Trockenrohdichte, Dichtigkeitsgrad und Gesamtporosität*. Ausg. 08/1988

[5-10] DIN: *DIN 52617: Bestimmung des Wasseraufnahmekoeffizienten von Baustoffen*. Ausg. 05/1987

[5-11] DIN: *DIN 52100-2: Naturstein und Gesteinskörnungen; Gesteinskundliche Untersuchungen; Allgemeines und Übersicht*. Ausg. 11/1990

[5-12] DIN: *DIN 1048-5: Prüfverfahren für Beton; Festbeton, gesondert hergestellte Probekörper*. Ausg. 06/1991

[5-13] DIN: *DIN 52112: Prüfung von Naturstein; Biegeversuch*. Ausg. 08/1988

[5-14] HIESE, E.; KNOBLAUCH, H.: *Baustoffprüfung. Versuche, Erläuterungen, Beispiele*. Werner Verlag 1988

[5-15] *Mauerwerk-Kalender 1995*. Verlag Ernst & Sohn 1995

[5-16] DIN: *DIN 52103: Prüfung von Naturstein und Gesteinskörnungen. Bestimmung von Wasseraufnahme und Sättigungswert*. Ausg. 10/1988 (teilw. ersetzt durch DIN EN 1097-6)

[5-17] DIN: *DIN 52615: Wärmeschutztechnische Prüfungen; Bestimmung der Wasserdampfdurchlässigkeit von Bau- und Dämmstoffen*. Ausg. 11/1987

[5-18] WITTMANN, F. H.: *Die Rolle von Salzen bei der Verwitterung von mineralischen Baustoffen.* WTA-Schriftreihe Heft 1. Wissenschaftlich-Technische Arbeitsgemeinschaft für Bauwerkserhaltung und Denkmalpflege e.V. 1994

[5-19] DIN: *DIN 52106: Prüfung von Naturstein und Gesteinskörnungen. Untersuchungsverfahren zur Beurteilung der Verwitterungsbeständigkeit.* Ausg. 08/1994

[5-20] DIN: *DIN EN 12370: Prüfverfahren für Naturstein. Bestimmung des Widerstandes gegen Kristallisation von Salzen.* Ausg. 06/1999 (vorgesehen als Ersatz für DIN 52111. Ausg. 03/1990)

[5-21] MEISEL, U.: *Naturstein. Erhaltung und Restaurierung von Außenbauteilen.* Bauverlag 1988

[5-22] IVÁNYI, G.: Verfestigung einer alten Stampfbetonbogenreihe durch Injektion mit Zementsuspension. In: *Beton-Instandsetzung* (1997), S. 131–140, BMI 1/97

[5-23] DIN: *DIN 4093: Baugrund. Einpressen in den Untergrund. Planung, Ausführung, Prüfung.* Ausg. 09/1987

[5-24] BMV (Hrsg.): *ZTV-SIB 90: Zusätzliche technische Vertragsbedingungen und Richtlinien für Schutz und Instandsetzung von Betonbauteilen. ARS 20/1990.* Verkehrsblatt-Verlag 1990

[5-25] VOCKRODT, H.-J.; KRÜGER, J.: Ausbau und Umgestaltung des Verkehrsknotens Binderslebener Knie in Erfurt. In: *Zeitschrift der VSVI Thüringen* (2000)

[5-26] BRANDES, C.: *Anstriche und Beschichtungen für Bauwerke aus Naturstein.* expert-Verlag 1999

[5-27] KNÖRFEL, D.; SCHUBERT, P.: *Handbuch - Mörtel und Steinergänzungsstoffe in der Denkmalpflege.* Verlag Ernst & Sohn 1993

[5-28] Anwendung von zerstörungsfreien Prüfmethoden bei Betonbrücken. Berichte der Bundesanstalt für Straßenwesen. In: *Brücken- und Ingenieurbau* (1995), H. 9

[5-29] WTA (Hrsg.): *WTA-Merkblatt 3-10-97 (Entwurf): Zustands- und Materialkataster an Natursteinbauwerken.* Wissenschaftlich-Technische Arbeitsgemeinschaft für Bauwerkserhaltung und Denkmalpflege e. V. 1997

[5-30] *DS 835.9201: Abdichtung Ingenieurbauwerke. Hinweise für die Planung und Durchführung von Vergelungsmaßnahmen bei der DB AG.* Ausg. 10/1999

[5-31] DAfStb (Hrsg.): *DAfStb-Richtlinie: Schutz und Instandsetzung von Betonbauteilen. Instandsetzungs-Richtlinie.* Beuth-Verlag 2001

[5-32] DIN: *DIN 18551: Spritzbeton; Herstellung und Güteüberwachung.* Ausg. 03/1992

[5-33] Deutscher Beton-Verein e.V. (Hrsg.): *DBV-Merkblatt: Kunststoffmodifizierter Spritzbeton/Spritzmörtel*. Deutscher Beton-Verein e.V. 1996

[5-34] GRAEVE, H.: Tragfähigkeitserhöhung einer historischen Eisenbahnbrücke. In: *MC-Report* (1996), S. 12–14

[5-35] *Marti, P.; Monsch, O.; Laffranchi, M.: Schweizer Eisenbahnbrücken*. vdf Hochschulverlag AG an der ETH Zürich 2001, S. 166–171

[5-36] BOOS, M.; HILBERT, C.; LANGEN, M. J.: Das Siliconharzemulsionssystem. Wässrige Alternativen zur wasserabweisenden Ausrüstung von Fassadenoberflächen. In: *4. Internationales Kolloquium: Werkstoffwissenschaften und Bauinstandsetzung*, TA Esslingen 1996

[5-37] SETZER; AUBERG, M.; HARTMANN, R.: *Bewertung des Frost-Tausalz-Widerstandes von Transportbeton*. Verlag Bau+Technik 1999

[5-38] WTA (Hrsg.): *WTA-Merkblatt 2-5-97: Anti-Graffiti-Systeme*. Wissenschaftlich-Technische Arbeitsgemeinschaft für Bauwerkserhaltung und Denkmalpflege e.V. 1997

[5-39] In. *Bautenschutz und Bausanierung* (2001), Heft 7

[5-40] WTA (Hrsg.): *WTA-Merkblatt 2-3-92: Bestimmung der Wasserdampfdiffusion von Beschichtungsstoffen entsprechend DIN 55945*. Wissenschaftlich-Technische Arbeitsgemeinschaft für Bauwerkserhaltung und Denkmalpflege e.V. 1992

[5-41] WTA (Hrsg.): *WTA-Merkblatt 3-2-84: Natursteinhydrophobierung*. Wissenschaftlich-Technische Arbeitsgemeinschaft für Bauwerkserhaltung und Denkmalpflege e.V. 1984

[5-42] JÄHDE, H.: *Injektionen zur Verbesserung von Baugrund und Bauwerk*. VEB Verlag Technik 1953

[5-43] WTA (Hrsg.): *WTA-Merkblatt 3-4-90: Kenndatenermittlung und Qualitätssicherung bei der Restaurierung von Natursteinbauwerken*. Wissenschaftlich-Technische Arbeitsgemeinschaft für Bauwerkserhaltung und Denkmalpflege e.V. 1990

[5-44] WARNECKE, P.: Zur Wirksamkeit von Mauerwerksinjektionen – Beurteilung mittels Probebelastungen. In: *Tagungsbericht des 3. Internationalen Kolloquiums: Werkstoffwissenschaften und Bausanierung 1992*. expert-Verlag 1993

[5-45] DIN: *DIN 52104: Prüfung von Naturstein; Frost-Tau-Wechsel-Versuch*. Ausg. 11/1982

[5-46] BOUÉ, A.: Ist Hydrophobierung heute verantwortbar? In: *4. Internationales Kolloquium: Werkstoffwissenschaften und Bauinstandsetzung*. TA Esslingen 1996

[5-47] SCHIESSL, P.: Rissbildung in Stahlbetonbauteilen. In: *Tagungsmaterial zum VFSVI-Bayern-Seminar Nr. 265: Ingenieurbau.* 2002

[5-48] EICHLER, K.: *Moderne Spritzbetontechnologie – Stand der Technik im Tunnelbau.* Band 566 – Spezialtiefbau. expert-Verlag 1999

[5-49] MEYER, W.: Die neue DAfStb-Richtlinie „Schutz und Instandsetzung von Betonbauteilen". In: *Instandsetzen und Verstärken von Betonbauteilen.* Tagung am 6. November 2001, Haus der Technik e.V. in Essen

[5-50] ARNOLD, W.: *Farbgestaltung.* Verlag für Bauwesen 1988

[5-51] HUTH, R.: *Die Anwendung von Feinstbindemitteln in der Geotechnik.* Band 566 – Spezialtiefbau. expert-Verlag 1999

[5-52] IVÁNYI, G.; ROSA, W.: Füllen von Rissen und Hohlräumen im Konstruktionsbeton mit Zementsuspensionen. In: *Beton- und Stahlbetonbau 87* (1992), H. 9, S. 224–229

[5-53] SCHULZ, H.-U.: Photogrammetrische Gebäudeaufnahme. In: *Tagungsmaterial zum Fortbildungsseminar des Arbeitskreises Ingenieurkammer Sachsen und der Ingenieurkammer Baden-Württemberg: Ingenieurleistungen an historischen Bauwerken.* 1993

[5-54] SCHULZ, H.-U.: *Photogrammetrische Verfahren. Handbuch Ingenieurgeodäsie.* Herbert Wichmann Verlag 2000

[5-55] HELD, O.; KIRSCHNER, H.-J.: *Baugrundgutachten „Sternbrücke Weimar".* INVER – Ingenieurbüro für Verkehrsanlagen GmbH Erfurt 1991

[5-56] Technische Akademie Wuppertal e.V. (Hrsg.): *Geotechnische Untersuchungen für bautechnische Zwecke nach DIN 4020.* Seminarunterlagen. Technische Akademie Wuppertal e.V. 1995

[5-57] MÜLLER, N.; GÜCKER, R.: *Gründungsschäden an historischen Bauwerken. Schadensursachen, Untersuchungsmethoden, Sanierung.* Landesinstitut für Bauwesen und angewandte Bauschadensforschung 1990

[5-58] Deutscher Naturwerkstein Verband e.V. (Hrsg.): *Bautechnische Information 1.1: Massiv- und Verblendmauerwerk.* 1996

[5-59] LADJAREVIĆ, M.; GOLDSCHEIDER, M.: Bestimmung der Länge historischer Holzpfähle mit einer Hammerschlagmethode. In: *Bautechnik 73* (1996), H. 6, S. 356–367

[5-60] DIN: *DIN 1076: Ingenieurbauwerke im Zuge von Straßen und Wegen – Überwachung und Prüfung.* Ausg. 11/1999

[5-61] Eidgenössisches Departement für Umwelt, Verkehr, Energie und Kommunikation der Schweizerischen Eidgenossenschaft – Bundesamt für Straßen (Hrsg.): *Richtlinie – Überwachung und Unterhalt der Kunstbauten der Nationalstraßen (1998)*

[5-62] Deutsche Bahn AG (Hrsg.): *DS 803: Vorschrift für die Inspektion von Kunstbauten (IK)*. Deutsche Bahn AG. Ausg. 1991

[5-63] Deutsche Bahn AG (Hrsg.): *DS 805: Bestehende Eisenbahnbrücken. Bewertung der Tragsicherheit und konstruktive Hinweise*. Deutsche Bahn AG. Ausg. 05/1991

[5-64] Bundesministerium für Verkehr, Bau- und Wohnungswesen der Bundesrepublik Deutschland (Hrsg.): *RI-EBW-PRÜF - Richtlinie zur einheitlichen Erfassung, Bewertung, Aufzeichnung und Auswertung von Ergebnissen der Bauwerksprüfungen nach DIN 1076*. Ausg. 1998. Verkehrsblatt-Verlag

[5-65] Eidgenössisches Departement für Umwelt, Verkehr, Energie und Kommunikation der Schweizerischen Eidgenossenschaft – Bundesamt für Straßen (Hrsg.): *KUBA-MS-Ticino. Handbuch für die Datenerfassung*. 1998

[5-66] Bundesministerium für Verkehr, Bau- und Wohnungswesen der Bundesrepublik Deutschland (Hrsg.): *Bauwerksprüfung nach DIN 1076. Bedeutung, Organisation, Kosten*. Dokumentation BMV, Abt. Straßenbau 1997

[5-67] Bundesanstalt für Straßenwesen (Hrsg.): Konzeption eines „Managementsystems zur Erhaltung von Brücken- und Ingenieurbauwerken" BASt-Projekt 97244. Mitteilungen der Bundesanstalt für Straßenwesen 2/98. In: *Straße und Autobahn* (1998), H. 8, S. 417

[5-68] FRIEBEL, D.; KRIEGER, J.: Bauwerksdaten und Bauwerksprüfung. In: *Straße und Autobahn* (1998), H. 11, S. 611

[5-69] NAUMANN, J.: Entwicklung eines Erhaltungsmanagementsystems unter Berücksichtigung des zunehmenden Schwerverkehrs. In: *17. Erfahrungsaustausch des Bauwerksprüfpersonals am 24./25. April 2002 in Erfurt*

[5-70] TWICKLER, M.: Programmsystem SIB-Bauwerke: Datenerfassung und Auswertung. In: *17. Erfahrungsaustausch des Bauwerksprüfpersonals am 24./25. April 2002 in Erfurt*. Vertrieb des Programms: Ingenieurbüro Wendebaum – Peter – Mosbach, Grubenstraße 95B, 66540 Neunkirchen

[5-71] FEHR: Ergänzende Untersuchungen an älteren Brücken im Rahmen der Bauwerksprüfung nach DIN 1076. In: *17. Erfahrungsaustausch des Bauwerksprüfpersonals am 24./25. April 2002 in Erfurt*

[5-72] PIER: Ausbildungsprogramm für die Bauwerksprüfingenieure. In: *17. Erfahrungsaustausch des Bauwerksprüfpersonals am 24./25. April 2002 in Erfurt*

[5-73] HAARDT, P.: Anwendung von Verfahren der zerstörungsfreien Prüfung im Rahmen der objektbezogenen Schadensanalyse. BASt-Bericht. In: *17. Erfahrungsaustausch des Bauwerksprüfpersonals am 24./25. April 2002 in Erfurt*

[5-74] TÜV Osmos: *Bauwerksdiagnose – Der neue Maßstab bei der Bauwerkserhaltung*. Informationsmaterial TÜV Rheinland – Berlin – Brandenburg. Mai 2002

[5-75] SWACZYNA, A.: *Behutsame Instandsetzung der Steinernen Brücke in Regensburg.* Vortragsmanuskript zum Fortbildungsseminar 5/2001. VSVI-Thüringen.

[5-76] Bundesanstalt für Straßenwesen (Hrsg.): *RI–ZFP–TU: Richtlinie für die Anwendung der zerstörungsfreien Prüfung von Tunnelinnenschalen.* Verkehrsblatt-Verlag 2001

[5-77] Verband Beratender Ingenieure e.V. (Hrsg.): *Verdingungsordnung für freiberufliche Leistungen – VOF: Grundlagen und Erläuterungen.* VBI 1997

[5-78] NIEDLING: Erfahrungen bei der Prüfung von Großbrücken am Beispiel der Talbrücke „Wilde Gera" im Zuge der BAB 71 bei Gräfenroda. Bericht. In: *17. Erfahrungsaustausch des Bauwerksprüfpersonals am 24./25. April 2002 in Erfurt*

[5-79] BANDEKOW, K.; DARGEL, A.; FEISTEL, D.: Montage einer Spannbetonbrücke durch Drehen. In: *Bauplanung – Bautechnik* 28 (1974), H. 3, S. 110–115

[5-80] FEISTEL, D.; SCHLEICHER, C.: Zur Frage der Zwängungen an vorgespannten, schiefen Rahmenbrücken. In: *Bauplanung – Bautechnik* 28 (1974), H. 3, S. 133–137

[5-81] FEISTEL, D.: Eine neue Elsterbrücke in Gera. Entwurf und Konstruktion. In: *Die Straße* 17 (1977), H. 2, S. 71–75

[5-82] IVÁNYI, G.; ESSER, A.: Füllen von Rissen und Hohlräumen in Betonbauteilen im Sinne der neuen Regelwerke. In: *Beton- und Stahlbetonbau* 97 (2002), H. 7, S. 343–349

[5-83] Bundesanstalt für Straßenwesen (Hrsg.): *ZTV-ING, Teil 3, Abschnitt 5: Massivbau, Füllen von Rissen und Hohlräumen in Betonbauteilen.* Bundesanstalt für Straßenwesen. Entwurf 2001

[5-84] DIN: *DIN 1504-5: Produkte und Systeme für den Schutz und die Instandsetzung von Betonbauteilen – Definitionen, Qualitätsüberwachung und Beurteilung der Konformität. Teil 5: Injektionen von Betonbauteilen.* Entwurf. Ausg. 01/2002

[5-85] SCHULZE, B.: Merkblatt für Einpressarbeiten mit Feinstbindemitteln in Lockergestein. Teil 1 in: *Bautechnik* 79 (2002), H. 8, S. 499–508. Teil 2 in: *Bautechnik* 79 (2002), H. 9, S. 589–597

[5-86] DIN: *DIN EN 196: Prüfverfahren für Zement.* Ausg. 05/1995

[5-87] DIN: *DIN 4020: Geotechnische Untersuchungen für bautechnische Zwecke.* Ausg. 10/1990

[5-88] DIN: *DIN 4023: Baugrund- und Wasserbohrungen; Zeichnerische Darstellung der Ergebnisse.* Ausg. 03/1984

[5-89] DIN: *DIN 1045-1: Tragwerke aus Beton, Stahlbeton und Spannbeton, Teil 1: Bemessung und Konstruktion.* Ausg. 07/2001

[5-90] SODEIKAT, C.; GEHLEN, C.; SCHIESSL, P.: Auffinden von Bewehrungskorrosion mit Hilfe der Potentialfeldmessung. In: *Beton- und Stahlbetonbau* 97 (2002), H. 9, S. 437–444

[5-91] VOCKRODT, H.-J.: Ermittlung der Bauwerksmitteltemperatur von Betonbrückenüberbauten zur exakten Voreinstellung von Lager- und Fahrbahnübergangskonstruktionen. In: *Bautechnik* 72 (1995), H. 11, S. 731–735

[5-92] VOCKRODT, H.-J.: *Beitrag zur Ableitung mechanischer Kenngrößen aus dem Entwicklungsprozeß des Betons für die Planung von Massivbrücken.* Dissertation. Fakultät Bauingenieurwesen. Bauhaus-Universität Weimar 1993

[5-93] HAASIS, J.: Kunststoffmodifizierte Zementmörtel (SPCC). Grundlagen, Verarbeitung, Qualitätssicherung. In: *Beton- und Stahlbetonbau* 95 (2000), H. 3, S. 174–181

[5-94] VOCKRODT, H.-J.: Programmsystem FEUTEM: Berechnung von Feuchte- und Temperaturfeldentwicklungen in Betonbauteilen infolge Austrocknung und Wärmeentwicklung aus Hydratation und Klimaeinfluss

6 Instandsetzung und Ertüchtigung von Bogen- und Gewölbebrücken

6.1 Zur Geschichte der Bogen- und Gewölbebrücken als älteste Bauformen im Massivbrückenbau

Zusammenfassung:
Dieses Kapitel gibt einen Überblick zur Geschichte der Bogen- und Gewölbebrücken einschließlich ihrer frühzeitlichen Entwurfsregeln und erklärt die für diese Konstruktionsform üblichen konstruktiv-statischen Fachbegriffe.

Bogen- und Gewölbebrücken stellen im Massivbrückenbau die ältesten Bauformen zur Überbrückung größerer Spannweiten dar. Ihre Geschichte beginnt mit dem Bau von Kraggewölben und Kragkuppeln, so genannten unechten Gewölbekonstruktionen. Kraggewölbe werden durch horizontale Steinschichten gebildet, die sich nach innen fortlaufend überkragen, bis sie sich in der Mitte treffen und durch einen Deckstein abgeschlossen werden. Besucht man die wohl berühmteste phönizische Ausgrabungsstätte von Ugarit, heute Ras Schamra in Syrien, findet man das im Bild 6.1 abgebildete und ca. 1500 v. Chr. erbaute Kraggewölbe als Eingangsportal zum Palast. Das 1928 zufällig wieder entdeckte Ugarit war ein königlicher Stadtstaat, dessen Blütezeit zwischen 1600 und 1300 v. Chr. lag. Aufsehen erregte Ugarit auch mit dem Fund einer aus Lehm gebrannten Tafel, auf welcher 30 Keilschriftzeichen eingeritzt waren. Dieses aus dem 14. Jahrhundert v. Chr. stammende Alphabet gilt als das erste der Menschheitsgeschichte.

Aus dem Kraggewölbe entwickelte sich bei den Etruskern und später bei den Römern der echte Bogen aus keilförmig zugehauenen Steinen, die einen Halbkreis bilden, wobei die Fugen strahlenförmig auf den Kreismittelpunkt zulaufen. Da eine derartige Konstruktion in der Natur praktisch nicht vorkommt, stellte diese Erfindung eine außergewöhnliche, technisch-wissenschaftliche Leistung dar. Dies umso mehr, wenn man bedenkt, dass der instabile Bauzustand die Entwicklung einer dazugehörigen Bautechnologie erforderte. Die Anfänge, Bogenkonstruktionen für Brückenbauwerke zu verwenden, können auf die Zeit der großen Baumeister Roms datiert werden. Reisende, welche sich heute von Norden Rom nähern, betreten die Stadt auf der Via Flaminia. Diese wichtige Straße wurde 220 v. Chr., also kurz vor dem Ausbruch des Krieges gegen den Karthager Hannibal, erbaut. Sie überquert nördlich der Stadt auf der Pons Mulvius, der ersten Steinbo-

Bild 6.1:
Kraggewölbe in Ugarit,
Ras Schamra in Syrien,
ca. 1500 v. Chr.

genbrücke Roms, welche 109 v. Chr. erneuert wurde, den Tiber [6-42]. Als zweite Steinbogenbrücke gilt die Pons Aemilius ebenfalls über den Tiber. Sie wurde 179 v. Chr. zunächst mit einem Holzüberbau erbaut und 142 v. Chr. eingewölbt. Die Pons Aemilius stand fast 1700 Jahre unter Verkehr, bevor sie 1589 abgerissen wurde. Als die schönste der antiken römischen Brücken gilt die im Bild 6.2 gezeigte Pons Aelius. Kaiser Aelius Hadrian ließ sie als Zugang über den Tiber zu seinem Mausoleum im Jahre 134 n. Chr. erbauen. Das Mausoleum bauten die Päpste später im Mittelalter zu ihrer Festung, der so genannten Engelsburg, um. Die drei mittleren Bögen der Brücke sind noch originalgetreu erhalten. Die zehn Engelsfiguren, welche die Leidenswerkzeuge Christi tragen, entwarf GIAN LORENZO BERNINI (1598-1680). Sie symbolisieren den Wandel Roms vom Zentrum des Römischen Reiches zum Zentrum des Christentums. Bei einer im 19. Jahrhundert durchgeführten Instandsetzung der Brücke entdeckte man kleine zusätzliche Bogenöffnungen oberhalb der Pfeiler. Sie hatten den Sinn das Gewicht zu vermindern und als Hochwasserdurchlässe zu fungieren [6-43]. Dieses Detail findet sich bei vielen Brücken dieser Bauart, so z.B. der Sternbrücke in Weimar (Bild 2.10), wieder.

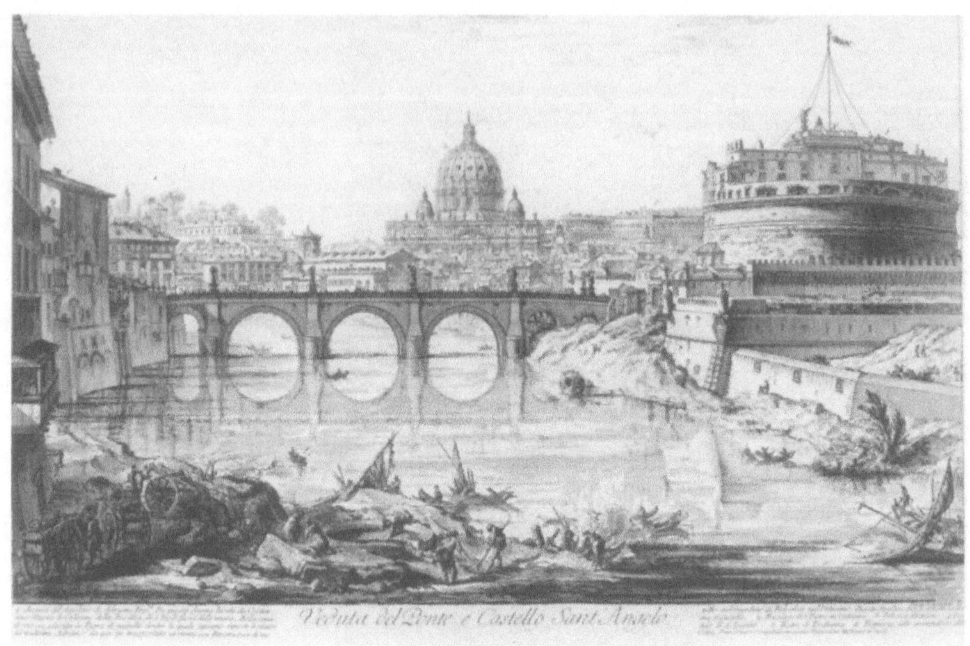

Bild 6.2: Pons Aelius – Ponte Sant` Angelo – Engelsbrücke; Veduta del Ponte e Castello Sant` Angelo, Radierung von Giovanni Battista Piranesi (1720–1778)

Bild 6.3: Römerbrücke in Cordoba, Spanien

Großartige Brückenbauwerke des Römischen Reiches existieren auch im heutigen Spanien. Kaiser Augustus ließ hier zur wirtschaftlichen Entwicklung und militärischen Sicherung Straßen anlegen und Brücken bauen. Als bedeutendste Straße gilt hierbei die der Stoßrichtung der römischen Legionen folgende Via Augusta. In Cordoba führt die Via Augusta auf der im Bild 6.3 gezeigten großen Römerbrücke über den Guadalquivir. Diese um die Zeitenwende erbaute Brücke besitzt bei einer Länge von 274 m insgesamt 16 Bögen mit Breiten zwischen 9,5 und 10,8 m. Von dem heute noch unter Verkehr stehenden Bauwerk sind allerdings nur noch einzelne Bögen im Uferbereich römischen Ursprungs [6-58].

Eine weitere römische Erfindung, opus caementitium – der römische Beton, wurde erst später im Brückenbau verwendet. Die römischen Steinbrücken begründeten eine bis ins 18. Jahrhundert hineinreichende Tradition des Massivbrückenbaus.

Auch in Deutschland existieren in der Römerzeit erbaute Gewölbebrücken. Die Moselbrücke in Trier, die so genannte Römerbrücke (140–152 n. Chr.), war der älteste römische Brückenbau nördlich der Alpen. Von den sieben Pfeilern gehen noch heute fünf auf die Römerzeit zurück. Die älteste, weitestgehend noch erhaltene und ausschließlich aus Stein erbaute Gewölbebrücke Deutschlands ist die in den Jahren 1135–1146 errichtete Steinerne Brücke in Regensburg. Mit ihren 15 sichtbaren Gewölben und einer Gesamtlänge von ca. 315 m gilt sie als ein Meisterwerk der mittelalterlichen Baukunst [6-45].

Eine städtebauliche Besonderheit der betrachteten Brückenbauwerke sind die bebauten und bewohnten Brücken. Bebaute und bewohnte Brücken sind Brücken, die nicht nur den Verkehr über natürliche oder künstliche Hindernisse führen, sondern auch Gebäude tragen, in denen Menschen wohnen, arbeiten und Handel treiben. Obwohl viele der europäischen Bogenbrücken Nachfolger römischer Brücken sind, gibt es keine Aufzeichnungen darüber, ob auch die Römer bereits derartige Brücken kannten. Erste Aufzeichnungen über bebaute und bewohnte Brücken stammen aus dem 12./13. Jahrhundert [6-44]. Bis heute sind nur wenige Brücken dieser Art erhalten geblieben, so etwa in England die Pulteney Bridge in Bath (Bj. 1770), in Italien der Ponte Vecchio in Florenz (Bj. 1345) und in Deutschland die Krämerbrücke in Erfurt (Bild 6.4). Die 1325 als steinerne Gewölbebrücke fertig gestellte Krämerbrücke überführte die wohl bedeutendste Handels-, Heeres-, Pilger- und Poststraße des Mittelalters, die von Paris bis Kiew verlaufende Via Regia – die Königs- oder Hohe Straße. Die an beiden Brückenportalen ursprünglich mit je einer Kirche (St. Aegidii und St. Benedicti) versehene, ca. 79 m lange und aus 6 Tonnengewölben bestehende Brücke gilt wegen ihrer beidseitigen Bebauung der Tragkonstruktion mit Fachwerkhäusern sowie der einzigartigen kunsthandwerklichen Kreativität ihrer Bewohner als weltweit einmalig [6-5, 6-36, 6-48].

Ob es sich bei einem Brückenbauwerk um eine Gewölbe- oder Bogenbrücke handelt, kann aus dem Verhältnis Pfeilhöhe f zur Stützweite l abgeleitet werden (Bild 6.5). Ist das Verhältnis $f/l > 0{,}33$, handelt es sich um ein Gewölbe [6-20]. Als Bögen bezeichnet man daher gekrümmte Brückenüberbauten, deren Verhältnis $f/l < 0{,}33$ ist. Die Verhältnisse $f/l = 0{,}06$ bzw. $0{,}29$ stehen dabei als Grenzwerte

Bild 6.4: Krämerbrücke in Erfurt

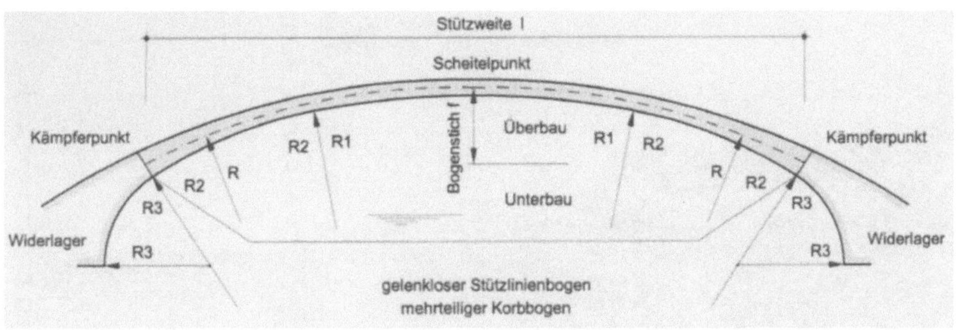

Bild 6.5: Bogenbrücke, Konstruktion und Fachbegriffe

für flache bzw. hohe Bögen im Brückenbau [6-30]. Weiter ist für Gewölbebrücken kennzeichnend, dass der Überbau wegen seiner Breite als Fläche angesehen werden kann. Ist das Verhältnis der Tragwerksbreite zur Stützweite l kleiner als 0,25, so spricht man von einem Bogentragwerk, welches sich als gekrümmtes Stabtragwerk idealisieren lässt. Bei Gewölbebrücken handelt es sich im Wesentlichen um Tonnengewölbe mit zylindrischer Wölbfläche. Die Innenleibung der Bogenbrücken war anfänglich ausschließlich als Kreisbogen ausgebildet. Im 16. Jahrhundert kamen weitere Entwurfsformen wie der mehrteilige Korbbogen, die Ellipse oder die Kettenlinie hinzu. Mehrteilige Korbbögen sind aus mehreren Kreisbögen zusammengesetzt (Bild 6.5). Allgemein sind drei- bis fünfteilige Korbbögen üblich.

Die im Bild 6.6 zu sehende Ponte Santa Trinità in Florenz, welche wohl als die schönste Brücke der Renaissance gilt, verdient in Bezug auf die Bogenform besondere Beachtung. Die von BARTOLOMEO AMMANNATI (1511–1592) in den Jahren 1566 bis 1569 erbaute Brücke besitzt sehr flache Bögen, die mit einer Rundung in die Pfeiler übergehen. Damit wurde erstmalig eine vom Kreis oder Kreissegment abweichende Bogenform in der Geschichte des Brückenbaus verwendet. Beim Entwurf der Brücke soll auch MICHELANGELO BUONARROTI (1475–1564) einbezogen worden sein. Die Beziehung zwischen den Bögen am Grabmal für GIULIANO DE' MEDICI in der Florenzer Medici-Kapelle und den Bögen der Ponte Santa Trinità ist diesbezüglich auffällig und in der Kunstgeschichte oft diskutiert. Nach der Zerstörung der Brücke im Jahre 1944 begann im Zuge der Vorbereitungen zum Wiederaufbau eine rege Diskussion zur eigentlichen Bogenform der Brücke. Der Architekt RICCARDO GIZDULICH widerlegte dabei die These einer Korbbogen-Konstruktion und wies als Entwurfsform die Kettenlinie nach [6-46].

Die exakte Formgebung der Bogen- und Gewölbebrücken sollte maßgeblich durch das statische Tragverhalten bestimmt sein. Fachspezifisch spricht man von einer Formgebung gemäß Stützlinie. Das heißt, sind gekrümmte Überbauten nach der Stützlinie geformt, wird die gesamte Eigenlast und vereinzelt auch Teile der Verkehrslast alleinig über Druckkräfte vom Überbau in den Unterbau (Widerlager) abgetragen. Ausgehend vom beschriebenen gewünschten Tragverhalten können nach [6-31] folgende Entwurfskriterien zur Festlegung der geometrischen

Bild 6.6: Wieder aufgebaute Ponte Santa Trinità in Florenz, Italien

Hauptabmessungen einer als Kreisbogen ausgebildeten Bogen- bzw. Gewölbebrücke abgeleitet werden:

1. Pfeilverhältnis f/l: $$\frac{f}{l} \geq \frac{1}{7}$$

2. Radius R: $$R = \frac{l^2}{8 \cdot f} + \frac{f}{2}$$

Schon der bedeutende italienische Architekturtheoretiker der Renaissance, Humanist, Baumeister und Universalgelehrte LEON BATTISTA ALBERTI (1404–1472) nannte in seiner 1452 erschienenen und 1485 vervollständigten Abhandlung über die Architektur der Renaissance „De re aedificatoria – Zehn Bücher über Architektur" Proportionsregeln für den Entwurf von Halbkreisgewölben: „Und zwar werden beim Bogen die Steine nicht schmäler sein, als dass sie in ihrer Dicke einem Zehntel ihrer Sehne entsprechen. Die Sehne aber wird nicht länger sein, als dass sie dem Sechsfachen, und nicht kürzer, als dass sie dem Vierfachen der Pfeilerdicke entspricht" (Bild 6.7).

Erste Ansätze einer wissenschaftlichen Gewölbetheorie findet man bei LEONARDO DA VINCI (1452–1519), welcher nachweislich auch aus den Arbeiten von ALBERTI schöpfte, im Rahmen seiner Überlegungen zur experimentellen Quantifizierung des Gewölbeschubs (1495) [6-46].

Vorhandene Bogen- und Gewölbebrücken sind hinsichtlich ihres statischen Systems unterschiedlich ausgebildet. In Abhängigkeit vom Verhältnis Pfeilhöhe f zur Stützweite l findet man für Bauwerke bis zu einer Stützweite von ca. 25 m folgende statische Grundsysteme [6-31]:

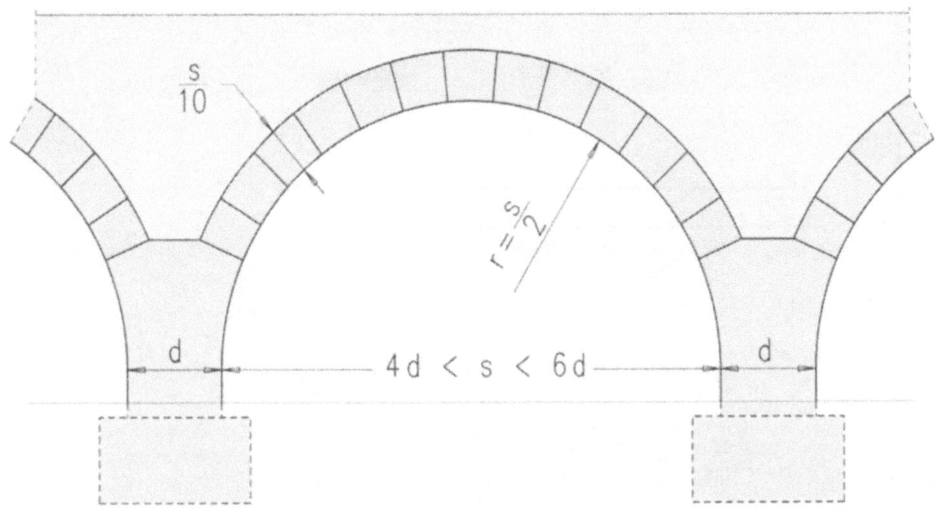

Bild 6.7: Proportionsregeln für den Entwurf eines Halbkreisgewölbes nach ALBERTI

$$\frac{1}{8} \le \frac{f}{l} \qquad \text{dreifach statisch unbestimmter gelenkloser Bogen}$$

$$\frac{1}{10} \le \frac{f}{l} < \frac{1}{8} \qquad \text{einfach statisch unbestimmter Zweigelenkbogen}$$

$$\frac{1}{10} > \frac{f}{l} \qquad \text{statisch bestimmter Dreigelenkbogen}$$

Welche Verkehrslasten die betrachteten Brücken Anfang des letzten Jahrhunderts in Deutschland aufzunehmen hatten, verdeutlichen die Angaben in Tabelle 6.1. und im Bild 6.8 [6-27]. Vergegenwärtigt man sich dabei die Vielzahl der heute noch unter Verkehr stehenden Bogen- und Gewölbebrücken, so kann man unter der Voraussetzung einer ausreichenden Instandhaltung, auch mit Blick in die Zukunft, noch von einer langen Nutzungsdauer derart konstruierter Bauwerke ausgehen.

Tab. 6.1: Lastannahmen für Straßenbrücken, Verkehrsregellasten von 1910

Fahrzeug	Last 1 [t]	Last 2 [t]	Last 3 [t]	Last 4 [t]	Fußsteige [kg/m²]
Fuhrwerke:					400–550
20 t mit 4 Pferden	10	10	0,8	0,8	
12 t mit 4 Pferden	6	6	0,8	0,8	
6 t mit 2 Pferden	3	3			
Dampfwalze 23 t	10	13			

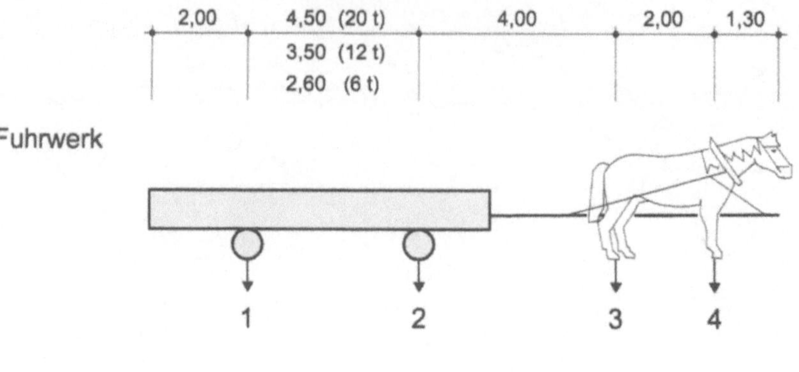

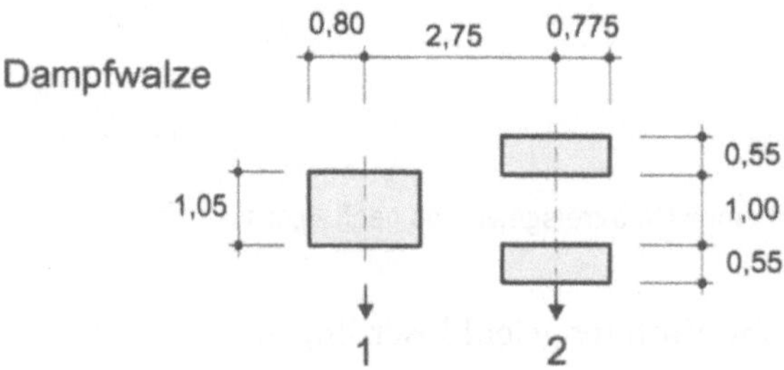

Bild 6.8: Lastschema der Verkehrsregellasten von 1910

6.2 Statik der Bogen- und Gewölbebrücken

Zusammenfassung:
Im Folgenden wird die Statik der Bogen- und Gewölbebrücken mit dem Ziel einer realitätsnahen Beurteilung der Tragfähigkeit derartiger bestehender Bauwerke erläutert. Dabei wird ausgehend von der allgemeinen Theorie des Tragverhaltens sowohl auf rechnerische als auch auf experimentelle Nachweisverfahren eingegangen. Betrachtet werden Bogen- und Gewölbetragwerke aus Mauerwerk und unbewehrtem Beton.

6.2.1 Theorie des Tragverhaltens von Bogen- und Gewölbebrücken

Den nachfolgenden Erläuterungen zur Theorie des Tragverhaltens von Bogen- und Gewölbebrücken sei folgendes Zitat von FRITZ LEONHARDT aus [6-1] vorangestellt:

> „Aus gutem Naturstein gemauerte Bogenbrücken
> haben eine fast unbegrenzte Haltbarkeit ...“

Bild 6.9: Old Bridge (Bj. 1717) über den Fluss Dulnain bei Carrbridge, Schottland (älteste Steinbrücke in den Highlands)

Bögen und Gewölbe mit festen Auflagern erfahren bei ihrer Belastung im Unterschied zu Biegeträgern vornehmlich Druckspannungen, wenn sie nach der Stützlinie unter Eigengewicht geformt sind. Daher können sie aus Baustoffen hergestellt werden, die keine oder nur eine geringe Zugfestigkeit besitzen. Die hier betrachteten oftmals historischen Bauwerke bestehen vorwiegend aus Natur- bzw. Ziegelsteinmauerwerk oder aus unbewehrtem Beton bzw. Stampfbeton.

Das Tragverhalten kann sehr anschaulich mit Hilfe des Stützlinien- und Fließgelenkverfahrens beschrieben werden. Die Stützlinie eines Bogens ist die Verbindung der Durchstoßpunkte der zur Resultierenden zusammengefassten Druckspannungen in den Querschnitten. Mit dem Verlauf der Stützlinie kann also die Beanspruchung in einem Bogen aufgezeigt werden. Besitzt die Kraftresultierende im Querschnitt eine Exzentrizität e, so wirkt neben der Druckkraft N ein Biegemoment M. Solange die Exzentrizität $e \le d/6$ (d = Querschnittsdicke) ist, das heißt, N liegt im Bereich der 1. Kernweite, sind die Zugspannungen infolge des Biegemomentes durch die Druckkraft überdrückt. Ist die Exzentrizität $e > d/6$, so wird die Biegung so groß, dass der Querschnitt nicht mehr überdrückt wird und es aufgrund nicht aufnehmbarer Zugspannungen zur Rissbildung kommt. Dieser Betrachtungsweise liegt die Annahme einer linearen Spannungsverteilung zugrunde. In den Bereichen, in denen Risse entstehen, kommt es durch Ausfall der Zugzone zu Spannungsumlagerungen. Die gesamte Druckkraft muss dann vom verbleibenden Querschnitt aufgenommen werden.

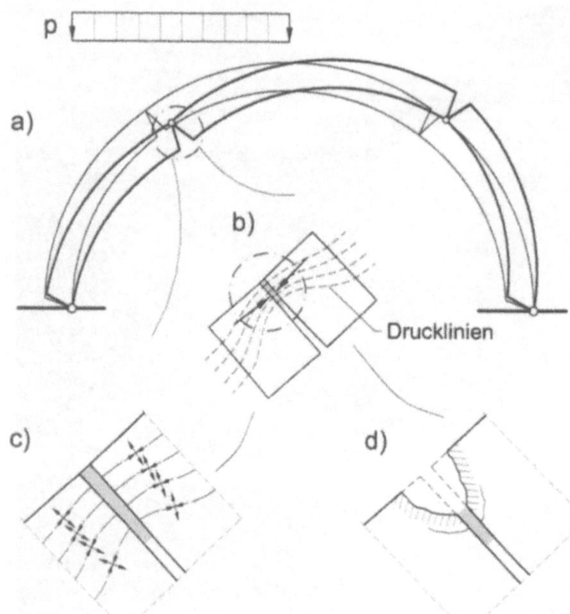

Bild 6.10:
Fließgelenk- und Bruchmechanismus einer Gewölbebrücke

Statisch betrachtet entsteht bei einem sehr kleinen Abstand der resultierenden Druckkraft zum Querschnittsrand ein Gelenk. Bilden sich an einem Bogen mehr als drei Gelenke, wird er statisch instabil und es droht ein Versagen des Bauwerkes (Bild 6.10a). Wie groß der minimale Abstand der resultierenden Druckkraft vom Rand sein darf, bevor ein Gelenk entsteht, ist von den konkreten Baustoffkennwerten abhängig. Bei Mauerwerksbögen kann man sagen, dass sich das Mauerwerk, sobald die Druckzone nur noch ein Viertel der Querschnittsdicke beträgt, duktil verhält. Das heißt, das Verformungsvermögen wird ähnlich einem Gelenk sehr groß [6-8]. Ist die Exzentrizität der Druckkraft so groß, dass die Stützlinie außerhalb des Querschnittes liegt, kann keine Druckkraft mehr übertragen werden. Das Bauwerk versagt.

Aufbauend auf Überlegungen in [6-7] kann folgender Bruchmechanismus zur Gelenkbildung beschrieben werden. In einem Querschnittsbereich, an welchem ein Gelenk entsteht, kann die auf einen Restquerschnitt wirkende Druckkraft zu einem Querschnittsversagen infolge Querzugspannungen mit dem Ergebnis des Abplatzens der Steinkanten führen. Das Abplatzen der Kanten erklärt sich aus dem Verlauf der Druckkräfte im betrachteten Bereich (Bild 6.10b). Durch die Umlenkung der Kräfte entlang der Drucklinien entstehen nach außen gerichtete Umlenkkräfte. Diese Umlenkkräfte rufen Querzugspannungen hervor (Bild 6.10c). Können diese vom Baustoff nicht aufgenommen werden, kommt es zum Abplatzen der Kanten. Die resultierende Druckkraft verläuft nun weiter innen (Bild 6.10d).

6.2.2 Rechnerische Nachweisverfahren und Sonderprobleme

Die nachfolgend beschriebene Nachweiskonzeption zielt auf eine realitätsnahe Tragfähigkeitsanalyse bestehender Bogen- und Gewölbebrücken, wie sie im Rahmen einer Nachrechnung durchgeführt werden sollte. Eine Lasteinstufung im Sinne eines einfachen Vergleiches von Schnittkräften wird der komplizierten Gesamtproblematik nicht gerecht.

6.2.2.1 Grundlage Baustoffkennwerte

Grundlage jeglicher Nachweiskonzeption sind realitätsnahe Informationen zu Baustoffkennwerten, welche – wenn möglich – immer durch eine Materialuntersuchung zu ermitteln sind. Bei der Festlegung der Anzahl der Prüfkörper kommt es auf die Gewährleistung einer ausreichenden statistischen Basis an. Für je einen Bogen oder ein Gewölbe sollte eine Anzahl von 6 Prüfkörpern nicht unterschritten werden.

Materialwerte, wie z.B. die zulässige Druckfestigkeit, sind für die hier zu analysierenden Tragwerke von entscheidender Bedeutung. Dabei ist es wichtig, dass der Prüfkörper, an welchem die Werte zu ermitteln sind, genau in Kraftrichtung der Bogenbeanspruchung liegen sollte. Praktisch bedeutet dies, dass aus dem in Richtung der Bogenebene gewonnenen Bohrkern der eigentliche Prüfkörper senkrecht zur Bohrkernachse herauszubohren wäre (vgl. Bild 5.39).

Für einen gemauerten Bogen ist die Bestimmung der zulässigen Druckfestigkeit insofern schwierig, da hier auch die Mörtelfugen des Mauerwerkes zu berücksichtigen sind. Daher sollten zusätzliche teilflächenförmige Druckprüfungen im Bereich der Stoßfugen durchgeführt werden. Ein geeigneter rechnerischer Ansatz zur Ermittlung der Mauerwerksdruckfestigkeit f_M und des Mauerwerkselastizitätsmoduls E_M auf Basis geprüfter Stein- und Fugenmörteldruckfestigkeiten bzw. Stein- und Fugenmörtelelastizitätsmoduln ist in [6-2] gegeben.

$$f_M = \frac{1}{2} \cdot f_F + \frac{a \cdot f_S - f_F}{2 + 20 \cdot \omega \cdot b} \qquad E_M = E_F \cdot \frac{1 + \omega}{\omega + \dfrac{E_F}{E_S}}$$

mit f_F = Fugenmörteldruckfestigkeit
f_S = Steindruckfestigkeit
$\omega = h_F / h_S$ mit h_F = Dicke der Mörtelfuge, h_S = Steinhöhe
a, b = Materialbeiwerte gemäß Tabelle 6.2

Anders verhält sich die Problematik bei Bogen- und Gewölbetragwerken aus Stampfbeton. Im Rahmen der baustofflichen Bewertung ist es bisher üblich, im Materialgutachten eine Betonklasse nach aktuellem Normenstand auf Basis von sehr wenigen Druckprüfungen an Bohrkernen auszuweisen. Dafür maßgebend ist bekanntlich der kleinste ermittelte Festigkeitswert der Prüfserie [6-69]. Der so festgelegten Betonklasse wird dann eine zulässige Rechenfestigkeit zugeordnet, aus der unter Berücksichtigung eines entsprechenden Sicherheitsfaktors die zulässige Druckfestigkeit folgt.

Mauerwerk	a	b
Ziegelsteinmauerwerk	0,6	0,6
Naturstein-Quadermauerwerk (Steinhöhe > 30 cm)	1,0	2,2
Naturstein-Schichtenmauerwerk (Steinhöhe 20–30 cm)	0,8	1,0
Bruchsteinmauerwerk (unbehauene Steine, hoher Mörtelanteil)	0,1	0,4

Tab. 6.2: Materialbeiwerte a und b in Abhängigkeit von der Mauerwerksart

Nach Ansicht der Verfasser ist diese Vorgehensweise insofern problematisch, als hier ein oftmals mehr als 100 Jahre alter Beton einem Normenwerk zugeordnet wird, welches zum Zeitpunkt der Entstehung des Bauwerkes noch gar nicht bestand. Ein Beton gemäß einer Beton- bzw. Festigkeitsklasse nach aktuellem Normenwerk (z.B. [6-67]) ist bezüglich seiner Betonrezeptur eindeutig definiert. Der Beton des zu untersuchenden Bauwerkes ist dagegen aufgrund seiner Rezeptur, Verarbeitung und Alterung hier nur schwer einzuordnen. Eine dennoch auf diesem Weg abgeleitete zulässige Druckfestigkeit kann daher nur sehr bedingt zutreffend sein. Der Grund liegt in der ungleichmäßigen Festigkeitsverteilung innerhalb der Konstruktion, bei der sich Zonen höherer und niedrigerer Druckfestigkeiten abwechseln. Als Ausdruck dieser systematischen Unterschiede kann der Variationskoeffizient dienen, der allerdings kaum auf einem Prüfzeugnis zu finden ist. Während dieser Parameter für heute verarbeiteten Beton im Bereich von 6–10% liegt, kann er bei über 100 Jahre altem Stampfbeton bis zu 50% betragen. Dieser Umstand ist typisch für viele Brücken aus dieser Bauzeit. Als Hauptursache kann man die ungleichmäßige Verdichtung des Betons, in deren Folge eine relativ hohlraumreiche Gefügestruktur entsteht, ansehen. Bildlich schließt ein solcher Befund ein, dass sich im Beton unter ansteigender Belastung (Normalspannungen in Bogenlängsrichtung) Spannungspfade herausbilden, mit denen vorrangig Bereiche höherer Festigkeiten zur Lastabtragung herangezogen werden. Das damit verbundene integrale Tragverhalten lässt sich bisher allerdings nur auf experimentellem Weg erschließen (siehe hierzu Kapitel 6.2.3).

Die nachfolgende Definition von Stampfbeton stellt schon aus begrifflicher Sicht recht anschaulich die Zuordnung eines historischen Betons in das aktuelle Normenwerk in Frage.

Definition von Stampfbeton unter Bezug auf das Verarbeitungsverfahren [6-27]:

„Infolge mäßigen Wasserzusatzes oder sperriger Kornzusammensetzung muss der Beton zur Erzielung üblicher Dichtigkeit mit Handstampfern oder mechanischen Stampf- bzw. Verdichtungsgeräten verdichtet werden. Das Einbringen des Betons erfolgt schichtweise. Die Schichtdicken betragen bei erdfeuchtem Beton 15 cm und bei weichem Beton 20 cm. Der Nachteil besonders bei Handstampfung sind Stampffugen und Nester."

6.2.2.2 Allgemeine Grundsätze

Zur Feststellung der Tragfähigkeit der hier betrachteten Bogen- und Gewölbebrücken sind diese für Regellasten nachzuweisen. Dabei sind, wenn möglich, neueste theoretische Erkenntnisse und etwaige Baustoffreserven unter Beachtung der konstruktiven Ausbildung und des baulichen Zustandes zu berücksichtigen [6-15]. Voraussetzung für die rechnerische Bewertung ist die Kenntnis des aktuellen Bauwerkszustandes als Ergebnis einer Bauwerksprüfung (siehe Kapitel 5.1.1.1).

Da mit Einführung des europäischen Normenwerkes die Einteilung in Brückenklassen entfällt [6-13], müssen in Zukunft die nachzuweisenden Fahrzeuglasten in Abhängigkeit von den örtlichen Anforderungen vom Bauherren bzw. Auftraggeber vorgegeben werden.

Wenn der Überbau nachträglich nicht verstärkt wurde, kann auf eine Nachrechnung der Unterbauten verzichtet werden, wenn im Rahmen der Bauwerksprüfung keine Schäden an diesen festgestellt wurden.

Im Rahmen der Tragfähigkeitsanalyse des Überbaus brauchen nur Lasten aus Eigengewicht und Verkehr angesetzt zu werden. Zwangsbeanspruchungen aus Temperatur dürfen unberücksichtigt bleiben [6-16, 6-17]. Dies erklärt sich aus dem Sachverhalt, dass bei Mauerwerksgewölben Temperaturspannungen auf die vorhandenen Fugen verteilt und vom relativ weichen Mörtel kompensiert werden, wogegen sich die gegenüber Temperatureinwirkungen anfälligeren Betongewölbe durch Gelenkbildung der Beanspruchung bereits entzogen haben. Erddrucklasten in Richtung der Bogenachse müssen im Regelfall ebenfalls nicht betrachtet werden [6-16, 6-17].

In Ausnahmefällen, z.B. bei parallel zur Brückenlängsachse verlaufenden Rissen, ist auch die Beanspruchung quer zur Brückenlängsachse zu untersuchen. Hierbei kann es notwendig sein, einen Nachweis gegen Durchstanzen im Bereich des Gewölbescheitels bei Bögen und Gewölben mit geringer Überschüttung zu führen. Der Nachweis der Querkrafttragfähigkeit kann in der Regel entfallen [6-2]. Die Stabilität des Tragwerkes kann gemäß Kapitel 6.2.2.7 beurteilt werden.

Soll das Tragverhalten einer Bogen- oder Gewölbebrücke in seiner gesamten Komplexität erfasst werden, so ist eine Berechnung als räumliches Tragwerk mit Hilfe der Finite-Elemente-Methode (FEM) möglich. Hierbei können dreidimensionale finite Elemente, finite Schalenelemente oder räumliche Faltwerke (Bild 6.11), welche aus ebenen Untersystemen bestehen, Verwendung finden. Lokale Beanspruchungsspitzen wie sie bei FEM-Berechnungen dieser Art oft auftreten, sich in Wirklichkeit aber z.B. infolge Plastifizierung nicht einstellen, sind im Rahmen der Ergebnisauswertung entsprechend zu interpretieren.

Einschränkend sei an dieser Stelle auf den gegebenenfalls hohen Aufwand in der Systemmodellierung und auf die mitunter relativ langen Rechenzeiten verwiesen [6-63]. Im Ingenieuralltag ist daher eine Berechnung mit Hilfe eines 3-D-FE-Modells nur bei exponierten Bauwerken mit außergewöhnlichen Problemstellungen sinnvoll.

Vereinfacht und erstmals von EMIL WINKLER (1835–1888) eingeführt, kann auch ein aus dem Gewölbe herausgeschnittener Streifen als idealisiertes Stabwerksmodell betrachtet werden. Dabei kann die maßgebende Verkehrsbelastung

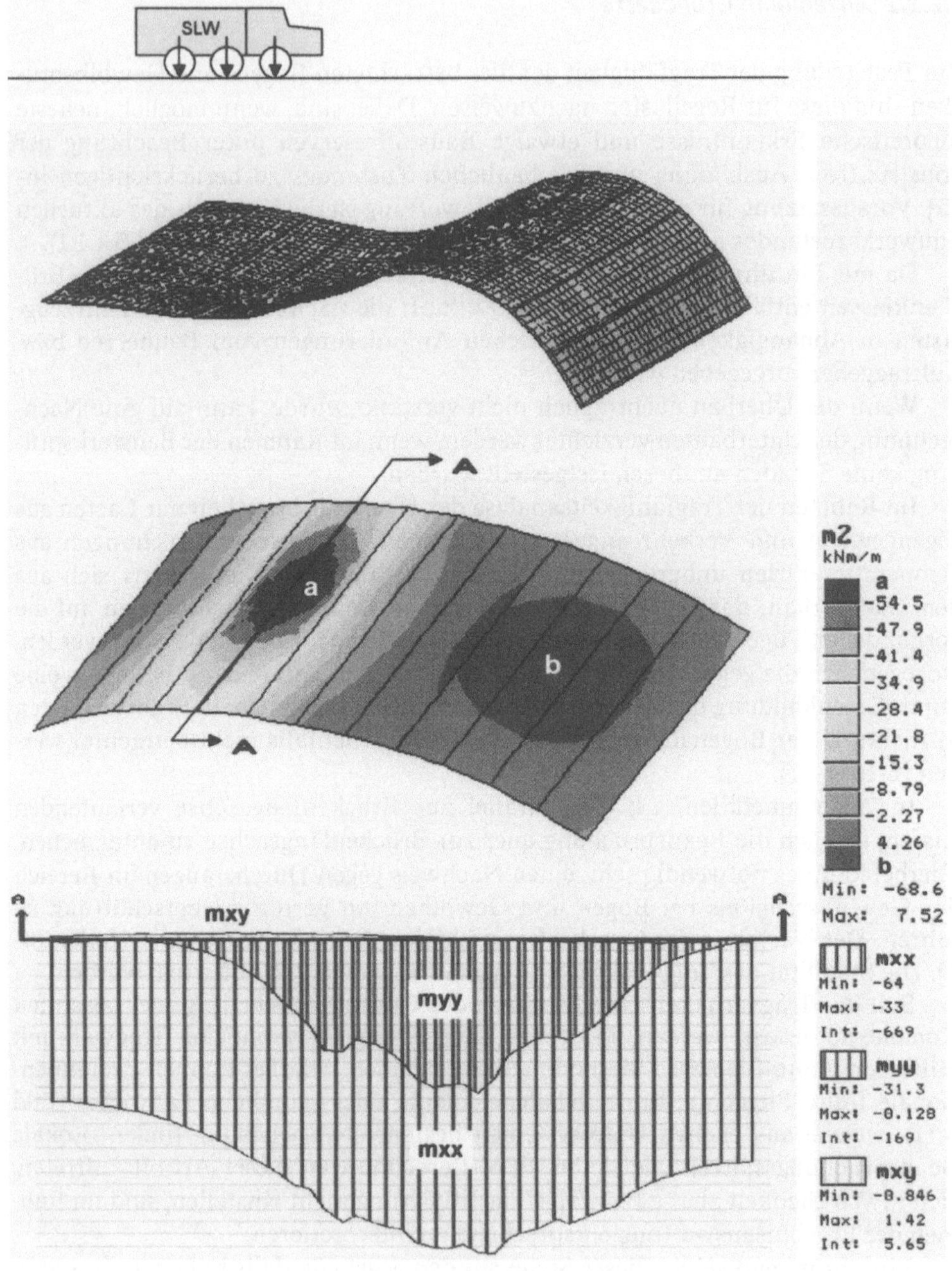

Bild 6.11: Gewölbeverformung (oben) und Momentenverlauf unter SLW-Belastung gemäß
Bkl 30/30 nach DIN 1072
Mitte: m2 → minimales Hauptmoment
unten: m_{xx} → Biegemoment um die Brückenquerachse in Brückenlängsrichtung
      m_{yy} → Biegemoment um die Brückenlängsachse in Brückenquerrichtung
      m_{xy} → Drillmoment

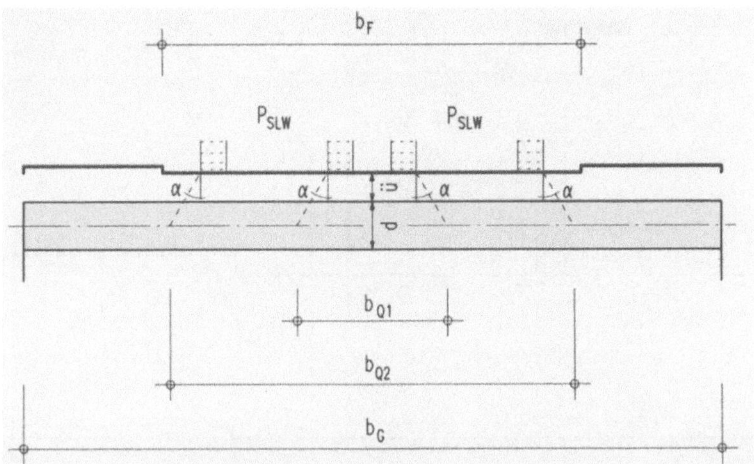

Bild 6.12: Lastquerverteilung im Bereich des Gewölbescheitels bei zwei nebeneinander angeordneten SLW

bezogen auf einen definierten Gewölbestreifen für Straßenbrücken nach [6-17] wie folgt ermittelt werden (Bild 6.12):

$$b_m \approx b_Q + \frac{l}{5} \leq \frac{1}{4}(b_G + b_F)$$

mit
b_m = mitwirkende Gewölbebreite
l = Stützweite
b_F = Fahrbahnbreite
b_G = Gewölbebreite
b_Q = Lastverteilungsbreite gemäß Bild 6.12
d = Gewölbedicke
$ü$ = Überschüttung
α = 30° bei ungebundener Überschüttung
α = 45° bei Aufmauerung oder Aufbetonierung

Unabhängig von der Lastverteilung können nach [6-16] folgende Mindestbreiten für die mitwirkende Gewölbebreite angenommen werden:

für einspurige Regellast: $b_m \geq 4$ m, $b_m \geq 0{,}25 \cdot l$
für zweispurige Regellast: $b_m \geq 7$ m

Alle über der jeweiligen mitwirkenden Gewölbebreite stehenden Verkehrslasten sind als mittige Belastung des betrachteten Gewölbestreifens anzusetzen [6-17]. Die sich für den Gewölbestreifen ergebende Maximalbelastung ist maßgebend.

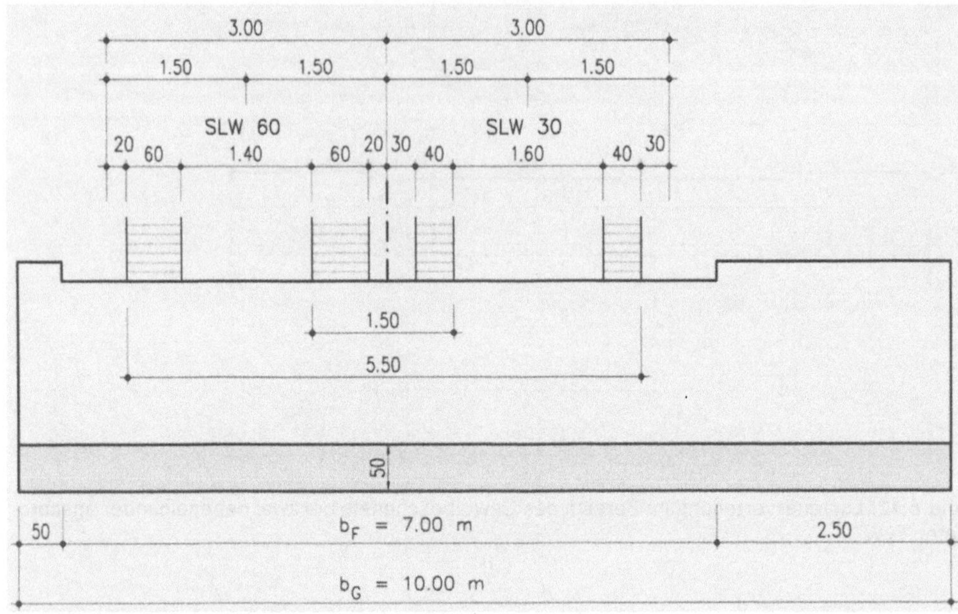

Bild 6.13: Lastbild gemäß Bkl 60/30 nach DIN 1072

Hierzu ein Zahlenbeispiel (Bild 6.13):

$\varphi = 1{,}24$ $\qquad\qquad\qquad\qquad\qquad$ $\ddot{u} = 92{,}5$ cm

$P_{SLW60} = 100$ kN $\qquad\qquad\qquad\quad$ $d = 50$ cm

$P_{SLW30} = 50$ kN $\qquad\qquad\qquad\quad$ $l = 7{,}98$ m

$\alpha = 45°$ (Auffüllung aus Leichtbeton) $\qquad$ $l_x = 1{,}5$ m (Längsverteilung)

Lastausbreitung unter den mittleren Radreihen:

$$b_{Q1} = 1{,}5 + 2 \cdot \tan 45° \cdot (0{,}925 + 0{,}5 / 2) = 3{,}85 \text{ m}$$

$$b_{m1} = 3{,}85 + 7{,}98 / 5 = 5{,}45 \text{ m} \; > \; 0{,}25 \cdot (10 + 7) = 4{,}25 \text{ m}$$

$$\Rightarrow b_{m1} = 4{,}25 \text{ m}$$

$$p_1 = (\varphi \cdot P_{SLW60} + P_{SLW30}) / b_m / l_x = (1{,}24 \cdot 100 + 50) / 4{,}25 / 1{,}5$$
$$= 27{,}3 \text{ kN/m Gewölbebreite} / \text{m Gewölbelänge}$$

Lastausbreitung unter beiden Fahrzeugen:

$$b_{Q2} = 5{,}5 + 2 \cdot \tan 45° \cdot (0{,}925 + 0{,}5 / 2) = 7{,}85 \text{ m}$$

$$b_{m2} = 7{,}85 + 7{,}98 / 5 = 9{,}45 \text{ m} > 7 \text{ m Mindestbreite für zweispurige Regellast}$$
$$< 10 \text{ m Gewölbebreite}$$

$$\Rightarrow b_{m2} = 9{,}45 \text{ m}$$

$$p_2 = (\varphi \cdot P_{SLW60} + P_{SLW30}) / b_m / l_x = (1{,}24 \cdot 200 + 100) / 9{,}45 / 1{,}5$$
$$= 24{,}6 \text{ kN / m Gewölbebreite / m Gewölbelänge}$$

$$p_1 > p_2 \Rightarrow \text{maßgebend } p = 27{,}3 \text{ kN / m Gewölbebreite / m Gewölbelänge}$$

Die Querschnittsnachweise sind in Abhängigkeit vom konkreten statischen System am Viertels-, Scheitel- oder Kämpferpunkt zu führen. Die für den jeweiligen Punkt maßgebende Einflusslinie bestimmt die Verkehrslaststellung in Brückenlängsrichtung. Bekanntlich ist für eine Bogenbrücke ungefähr die in Längsrichtung halbseitig aufgesetzte Verkehrslast der kritische Lastfall [6-34, 6-4].

Ist der Öffnungswinkel eines Gewölbes $\geq 120°$, kann für die Berechnung die Lage der Kämpfer unter einem Öffnungswinkel von 120° angenommen werden, wenn eine Verstärkung des Gewölbes in den Kämpferbereichen vorhanden ist [6-33].

Weitere Annahmen zur rechnerischen Tragfähigkeitsanalyse in Abhängigkeit von den aktuellen Randbedingungen sind den entsprechenden Normen zu entnehmen [z.B. 6-11 bis 6-18 und 6-20]. Aufgrund der vielschichtigen Problemstellungen sind diese zwischen Planer, Prüfingenieur und Auftraggeber abzustimmen.

6.2.2.3 Stützlinienverfahren

Da das Stützlinienverfahren an die statischen Verhältnisse des Dreigelenkbogens anknüpft, sind lediglich Gleichgewichtsbedingungen zu erfüllen. Gemäß der Philosophie des Stützlinienverfahrens, welche auf dem Naturgesetz beruht, dass der beanspruchte Querschnitt dem geringsten Widerstand folgt, wird im Rahmen des Verfahrens analog Bild 6.14 wie folgt vorgegangen.

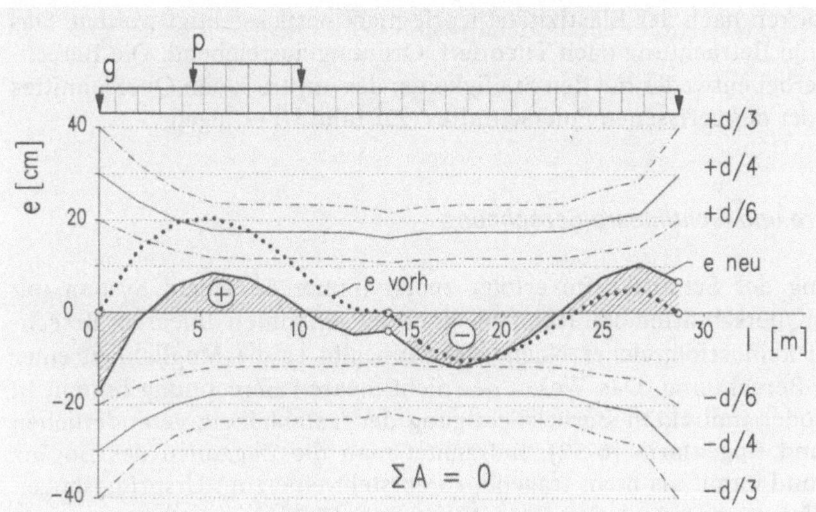

Bild 6.14: Stützlinienverfahren

Ausgehend von einer Stützlinie, welche unter der Annahme ermittelt wurde, dass sie in den Kämpfern und im Scheitel die Schwerachse schneidet (e_{vorh}), werden die ideellen Gelenke an diesen Punkten so lange zwischen $\pm\,d/4$ verrückt, bis eine Lage der Stützlinie gefunden ist, welche vollständig innerhalb eines Bereiches von $\pm\,d/4$ liegt (e_{neu}). Die so gewonnene Stützlinie ist dann richtig gewählt, wenn sich die Flächen oberhalb und unterhalb der Schwerachse ausgleichen $\Sigma A = 0$. Diese Bedingung folgt dem Satz von WINKLER, wonach bei konstanter Dicke diejenige Stützlinie nahezu die richtige ist, für welche die Summe der Quadrate der Abweichungen der Stützlinie von der Mittellinie ein Minimum ist [6-47].

Diese sehr effiziente Verfahrensweise, welche in der Praxis oft zum Erfolg führt, ist in ihrer Anwendbarkeit nach gültigem Vorschriftenwerk allerdings auf Bögen und Gewölbe mit einer Stützweite von $l \le 25$ m und einem Pfeilverhältnis von $f/l \ge 1/7$ begrenzt.

6.2.2.4 Elastizitätstheorie

Weiter gespannte ($l > 25$ m) oder flachere ($f/l < 1/7$) statisch unbestimmte Bögen sind nach der Elastizitätstheorie zu berechnen. Das heißt, der Schnittgrößenzustand hängt neben den Gleichgewichtsbedingungen auch von der Verteilung der Querschnittssteifigkeiten ab und wird somit auch von elastischen Querschnittsverformungen beeinflusst. Diese Einwirkungen können im Gegensatz zum Stützlinienverfahren bei Bogenbrücken mit einer Stützweite $l > 25$ m nicht mehr vernachlässigt werden. Bei sehr flachen Bögen mit $f/l < 1/7$ besteht die Gefahr der Instabilität in dem Moment, in welchem alle drei ideellen Gelenke auf einer Linie liegen. Die Voraussetzung zur Betrachtung eines ideellen Dreigelenkbogens im Rahmen des Stützlinienverfahrens ist dann ebenfalls nicht mehr gegeben.

Elastische Verformungen des Gesamtsystems brauchen bei der Berechnung von Bogenbrücken nach der Elastizitätstheorie nicht berücksichtigt werden. Das heißt, es ist eine Betrachtung nach Theorie I. Ordnung ausreichend. Die Berechnung kann hierbei entweder mit den Steifigkeiten des ungerissenen Querschnittes (Zustand I) oder des gerissenen Querschnittes (Zustand II) erfolgen.

6.2.2.5 Lineare und nichtlineare Berechnung

Die Ermittlung der Schnittkräfte erfolgt zuerst immer an einem System mit ungerissenen Querschnitten im Rahmen einer so genannten linearen Berechnung. Gelingt kein erfolgreicher Nachweis, dann gibt es die Möglichkeit einer nichtlinearen Berechnung. Das Wesen der nichtlinearen Berechnung besteht in der direkten oder indirekten Berücksichtigung der lastabhängig veränderlichen Bogendicke und Bogenform [6-52]. Betrachtet man die Zugzonen des Bogens als gerisssen und damit als nicht tragend, so entsteht eine zum Ursprungsbogen andere Bogenform mit veränderten Bogendicken (Bild 6.15).

Praktisch wird dabei so vorgegangen, dass im Zuge einer Iteration für jede Laststufe die infolge zunehmender Rissbildung kleiner werdende wirksame Bogen-

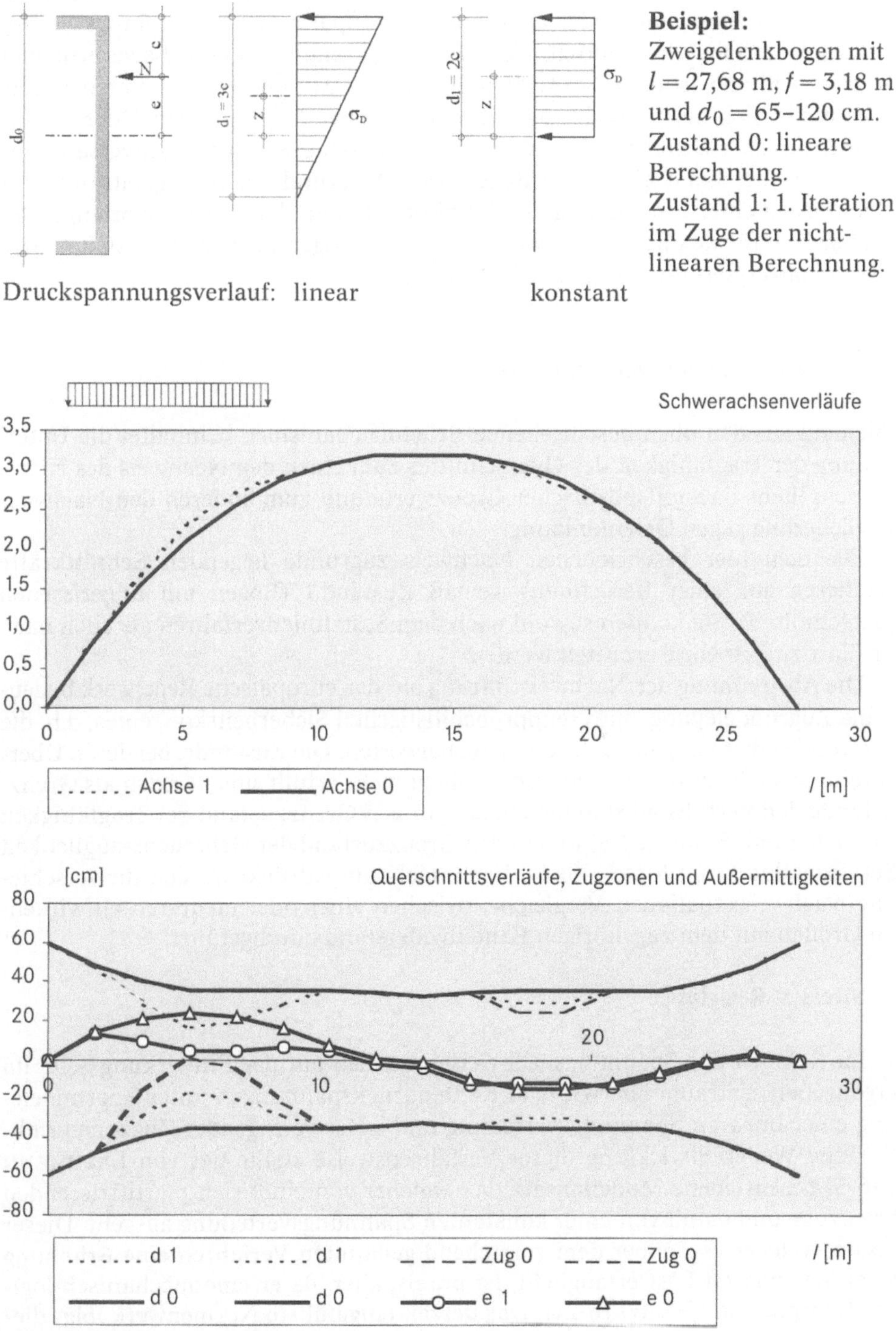

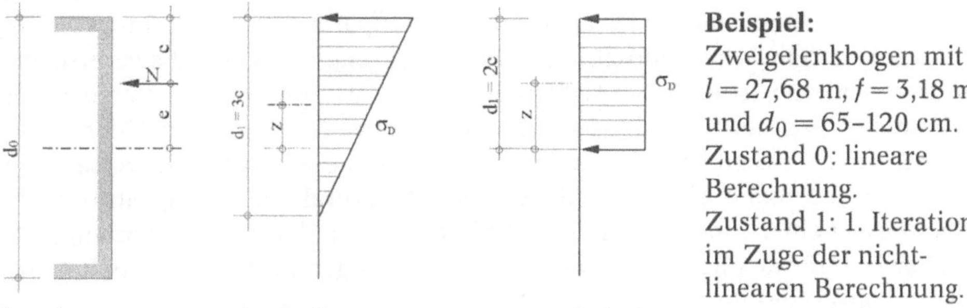

Beispiel:
Zweigelenkbogen mit $l = 27{,}68$ m, $f = 3{,}18$ m und $d_0 = 65$–120 cm.
Zustand 0: lineare Berechnung.
Zustand 1: 1. Iteration im Zuge der nicht-linearen Berechnung.

Bild 6.15: Prinzip der nichtlinearen Berechnung

dicke d über die Gleichgewichtsbedingungen für M und N, unter Annahme eines linearen oder konstanten oder auch bilinearen Spannungs-Verformungs-Verhaltens des Materials, neu ermittelt wird. Die Restbogendicke d, d.h. die verbleibende Druckzonenhöhe, ist dabei sinnvoll zu begrenzen. Mit der so bestimmten Bogendicke ergibt sich bei Betrachtung aller zum Tragwerk gehörenden Querschnitte natürlich auch ein neuer Schwerachsenverlauf (siehe Schwerachsenversatz z im Bild 6.15) und damit eine neue Bogenform. Aufgrund der Steifigkeitsänderung kommt es zu einer Umlagerung der Schnittkräfte und damit der Spannungen. Es kann sich so für den Spannungsnachweis ein günstigerer Zustand einstellen. Insgesamt konvergiert die Iteration relativ schnell.

6.2.2.6 Nachweis des Querschnittes

Ableitend aus den oben beschriebenen Bruchmechanismen beinhaltet die Untersuchung der Tragfähigkeit des Querschnittes zum einen den Nachweis des Nichtüberschreitens baustoffspezifischer Grenzwerte und zum anderen den Nachweis zur Sicherung gegen Gelenkbildung.

Die dem hier beschriebenen Nachweis zugrunde liegenden Schnittkräfte resultieren aus einer Berechnung gemäß Zustand I (Bogen mit ungerissenen Querschnitten). Sie können sowohl nach dem Stützlinienverfahren als auch nach der Elastizitätstheorie ermittelt werden.

Die Abstimmung der Nachweisführung auf das europäische Regelwerk bedeutet die Zugrundelegung eines semiprobabilistischen Sicherheitskonzeptes, d.h. die Tragwerksberechnung mit Teilsicherheitsbeiwerten. Die Zustände, bei deren Überschreitung die Nachweisanforderungen nicht mehr erfüllt sind, werden als Grenzzustände definiert. Es wird unterschieden in den Grenzzustand der Tragfähigkeit (**U**ltimate **L**imit **S**tate – ULS) und in den Grenzzustand der Gebrauchstauglichkeit (**S**erviceability **L**imit **S**tate – SLS). Vereinfacht ausgedrückt werden für verschiedene Nachweissituationen Vergleiche zwischen einer oder mehreren einwirkenden Größen mit dem zugehörigen Bauteilwiderstand durchgeführt.

Stress $\leq$ **Resistance**

Im Rahmen des Spannungsnachweises wurden auf der Einwirkungsseite im vergangenen Zeitraum überwiegend Kantendruckspannungen unter Zugrundelegung einer linearen Spannungsverteilung und unter versagender Zugzone ermittelt. Eine Weiterentwicklung dieser Verfahrensweise stellte der von LACHMANN in [6-3] beschriebene Modellansatz dar, welcher von einer sich plastifizierenden Druckzone und damit von einer konstanten Spannungsverteilung ausgeht. Dieser Ansatz, welcher gegenüber dem vorstehend genannten Verfahren eine Erhöhung der aufnehmbaren Last ermöglicht, ist praxisnäher, da er eine mechanisch-logische Interpretation besitzt [6-21]. Das derzeit eingeführte Normenwerk folgt dieser Betrachtungsweise [6-2, 6-14].

Der Ansatz einer geringen Zugfestigkeit ist aufgrund des Versagens ohne Vorankündigung auszuschließen (Bild 6.16).

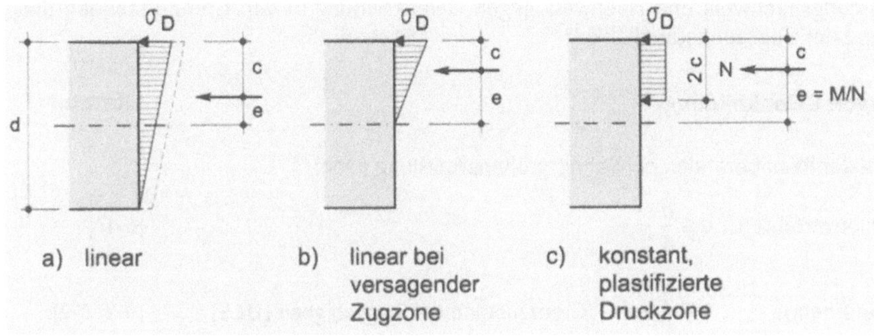

Bild 6.16: Mögliche Druckspannungsverteilungen

Schon der britische Ingenieur WILLIAM JOHN MACQUORN RANKINE (1820–1872) formulierte den Grundsatz: „Dass Gewölbe standfest seien, deren Stützlinien im mittleren Drittel der Fugen, d.h. innerhalb der Kernlinien, verlaufen".

Wenn man eine lineare Spannungsverteilung zugrunde legt, wird im Allgemeinen zur Sicherung gegen Gelenkbildung als zulässige Außermittigkeit der Stützlinie die Grenze der zweiten Kernweite bei $e = d/3$ angesehen. Bei exzentrischer Belastung darf demnach eine klaffende Fuge höchstens bis zum Schwerpunkt des Gesamtquerschnittes entstehen [6-11, 6-13]. Im Stützlinienverfahren ist die Sicherung gegen Gelenkbildung durch die Begrenzung der Lage der Stützlinie auf $e \leq d/4$ gegeben. Dies bedeutet ein Klaffen der Fuge bis zu einem Viertel des Gesamtquerschnittes.

Wenn man voraussetzt, dass gemäß dem oben beschriebenen Bruchmechanismus ein Gelenk erst dann entsteht, wenn der Querschnitt zu ca. 75% aufgerissen ist, liegen die genannten Grenzwerte in Größenordnung auf der sicheren Seite. In [6-2] wird bezugnehmend auf das reale Tragverhalten vorgeschlagen, im Rahmen des Grenzzustandes der Tragfähigkeit ein Klaffen der Fuge bis auf 75% der Querschnittsdicke zuzulassen. Für die Lage der Stützlinie würde das eine zulässige Außermittigkeit von $e \leq 5/12 \cdot d$ bedeuten. Aufgrund der vorhandenen Inhomogenität des Baustoffes sollte eine derartige Begrenzung der Druckzonenhöhe nur auf Basis eines Materialgutachtens und in enger Abstimmung mit dem zuständigen Prüfingenieur erfolgen.

Die Nichtinanspruchnahme von vorhandenen, mittragenden Aufbauten in der Nachweisführung stellt einen auf der sicheren Seite liegenden Fakt dar, welcher natürlich am konkreten Bauwerk zu verifizieren ist [6-63].

Tabelle 6.3 fasst für den Nachweis des Querschnittes die im Rahmen des Grenzzustandes der Tragfähigkeit und der Gebrauchstauglichkeit zu führenden Nachweise zusammen. Methodisch sollte dabei so vorgegangen werden, dass zuerst die kritischeren Nachweise im Rahmen des Grenzzustandes der Gebrauchstauglichkeit (SLS) geführt werden. Gelingt der Spannungsnachweis oder der Nachweis gegen Gelenkbildung nicht, ist zu versuchen, die Nachweisführung im Grenzzustand der Tragfähigkeit (ULS) zielführend zu realisieren. Diese Vorgehensweise ist gerechtfertigt, da die hier betrachteten historischen

Tab. 6.3: Spannungsnachweis und Nachweis gegen Gelenkbildung in den Grenzzuständen der Tragfähigkeit und der Gebrauchstauglichkeit

| **Nachweis gegen Gelenkbildung** | **Literatur** |

Zulässige Lage der Resultierenden bei Schnittgrößenermittlung nach:

- dem Stützlinienverfahren: $e \leq \dfrac{d}{4}$ [6-17]

- der Elastizitätstheorie bei linearer Spannungsverteilung (Bild 6.16b):

$e \leq \dfrac{5}{12} \cdot d$ Grenzzustand der Tragfähigkeit **(ULS)***   [6-2, 6-9]

$e \leq \dfrac{d}{3}$ Grenzzustand der Gebrauchstauglichkeit **(SLS)**   [6-11, 6-9]

Spannungsnachweis

$S_d \leq R_d$

$\sigma_D \leq \dfrac{1}{\gamma_M} \cdot \gamma_P \cdot \alpha \cdot f_k$ [6-2, 6-18]

Summe der Einwirkungen S_d (Stress)

	ULS SLS	**Teilsicherheitsbeiwert** γ_L für Einwirkungen		
			Eisenbahnbrücken	Straßenbrücken	[6-13]
		Eigengewicht g	1,35	1,35	
		Verkehr p	1,45	1,50	

Druckspannung σ_D

a) unter Ansatz einer linearen Spannungsverteilung (Bild 6.16a):

$$\sigma_D = \frac{N}{b \cdot d} + \frac{6 \cdot M}{b \cdot d^2} \qquad \text{für} \quad e \leq \frac{d}{6}$$

bei versagender Zugzone (Bild 6.16b):

$$\sigma_D = \frac{2 \cdot N}{3 \cdot \left(\dfrac{d}{2} - e\right) \cdot b} \qquad \text{für} \quad \frac{d}{6} < e \leq \frac{5}{12} \cdot d$$

b) unter Ansatz einer konstanten Spannungsverteilung (Bild 6.16c):   [6-3, 6-14]

$$\sigma_D = \frac{N}{2 \cdot \left(\dfrac{d}{2} - e\right) \cdot b}$$

mit:

σ_D = Bemessungswert der Druckspannung (positiv)

N = Drucknormalkraft (positiv) – Tragwerk im Zustand I

$$N = N_g \cdot \gamma_{L,g} + N_p \cdot \gamma_{L,p}$$

M = Biegemoment (postiv) – Tragwerk im Zustand I

$$M = M_g \cdot \gamma_{L,g} + M_p \cdot \gamma_{L,p}$$

e = M/N

b = Breite des Bezugsstreifens

d = Querschnittsdicke

Spannungsnachweis (Fortsetzung)   **Literatur**

Bauteil-   ULS   **Teilsicherheitsbeiwert** γ_M für die Baustoffeigenschaft
widerstand
$\boldsymbol{R_d}$ unbewehrter Beton   1,8   [6-14]
(Resistance)   Mauerwerk   2,0   [6-8, 6-2]

Teilsicherheitsbeiwert γ_P zur Berücksichtigung einer
plastifizierten Druckzone

a) unter Ansatz einer linearen Spannungsverteilung   [6-2, 6-18]
   (Bild 6.16a,b):

$$\gamma_P = 1,0 \qquad \text{für} \quad e \leq \frac{d}{6}$$

$$\gamma_P = 1,8 - 2,4 \cdot \frac{c}{d} \quad \text{für} \quad \frac{d}{6} < e \leq \frac{5}{12} \cdot d$$

b) unter Ansatz einer konstanten Spannungsverteilung
   (Bild 6.16c):

$$\gamma_P = 1,0$$

Abminderungsbeiwert α zur Berücksichtigung von
Langzeitwirkungen auf die Druckfestigkeit

$\alpha = 1,0$ wenn der Materialwert an bereits langzeitig   [6-18]
          beanspruchtem Material ermittelt wurde

$\alpha = 0,85$ für Brückenneubauten   [6-14]

SLS $\dfrac{1}{\gamma_M} \cdot \gamma_P \cdot \alpha = 0,65$ [6-2]

charakteristischer Wert der **Druckfestigkeit** f_k für Mauerwerk bzw.
unbewehrten Beton

* auf Basis Materialgutachten und in Abstimmung mit Prüfingenieur

Bauwerke ihre Gebrauchstauglichkeit im vergangenen Nutzungszeitraum bereits
unter Beweis gestellt haben. Für die Bewertung der Gebrauchstauglichkeit hat der
Bauwerkszustand gegenüber der Berechnung grundsätzlich eine größere Aussage-
kraft [6-18].

Soll ein Querschnittsnachweis mit Schnittkräften, welche an einem Bogen im
Zustand II (Bogen mit gerissenen Querschnitten) ermittelt wurden, durchgeführt
werden, ist nachzuweisen, dass die zulässigen Druckspannungen nicht überschritten und die vorher festgelegte Druckzonenhöhe nicht unterschritten wird. Da hier
der ungerissene Bereich als Querschnittsdicke d definiert ist, liegt die Stützlinie
immer in der 1. Kernweite. Ein Nachweis zur Lage der Resultierenden ist daher
nicht erforderlich.

6.2.2.7 Knicksicherheitsnachweis

Betrachtet man für unterschiedliche statische Systeme die Einflusslinien der Biegemomente in den Querschnitten von Bogen- und Gewölbebrücken, ist erkennbar, dass der kritische Lastfall zur Beurteilung der Tragsicherheit ungefähr aus der in Längsrichtung halbseitig aufgesetzten Verkehrslast resultiert. Da das klassische Knicken nur unter maximalem mittigem Druck auftreten kann, ist eine Knickgefährdung nur unter Volllast, welche unter Eigenlast und gleichmäßig verteilter Verkehrslast die größten Normalkräfte liefert, gegeben. Da die aus Volllast resultierenden Biegemomente allerdings kleiner als die aus halbseitiger Verkehrslast sind, besteht für Bogen- und Gewölbebrücken in der Praxis, wenn überhaupt, nur eine geringe Knickgefährdung [6-34, 6-4, 6-19]. Aufbauend auf Aussagen zum allgemeinen Knickverhalten wird nachfolgend die Führung des rechnerischen Knicksicherheitsnachweises für Bogentragwerke aus Mauerwerk und unbewehrtem Beton als baupraktische Näherung in Anlehnung an [6-10] beschrieben.

Bei Bögen und Gewölben unterscheidet man zwischen symmetrischer und antimetrischer Knickung bei Erreichung der kritischen Belastung unter Volllast. Für alle Bögen und Gewölbe mit einem Scheitelgelenk (Dreigelenk- und Eingelenkbogen) ist die Art der Knickfigur vom Pfeilverhältnis f/l abhängig. Bei Bögen mit einem großen Pfeilverhältnis, also bei steilen Bögen, tritt antimetrisches Knicken ein. Bei flachen Bögen ist die symmetrische Knickung maßgebend. Für steile und flache Bögen und Gewölbe ohne Scheitelgelenk (Zweigelenkbogen und eingespannter Bogen) ist die antimetrische Knickung maßgebend (Bilder 6.17 und 6.18).

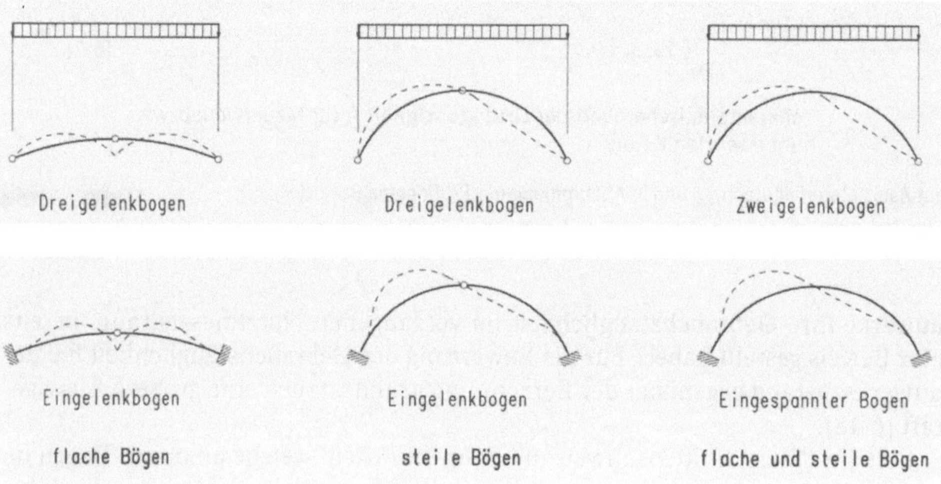

Bild 6.17: Knickfiguren von Bogen- und Gewölbebrücken

Bild 6.18: Stilfser Brücke in Südtirol, ersetzt durch einen Neubau 2001: Gewölbebrücke mit antimetrischer Knickfigur

Die Knicklasten sämtlicher 4 Eulerfälle lassen sich in folgender Formel erfassen:

$$N_{ki} = \frac{\pi^2 \cdot E_k \cdot I}{s_K^2} \qquad \begin{aligned} E_k &= \text{charakteristischer Wert des E-Moduls} \\ I &= \text{Trägheitsmoment} \end{aligned}$$

Mit der Knicklänge

$$s_K = \beta \cdot l \qquad \begin{aligned} \beta &= \text{Knicklängenbeiwert nach [6-20]} \\ l &= \text{Stützweite} \end{aligned}$$

und der Schlankheit

$$\lambda = \frac{s_K}{i} = \frac{s_K}{\sqrt{\dfrac{I}{A}}} \qquad \text{sowie} \quad \lambda^2 = \frac{s_K^2 \cdot A}{I} \quad \text{und} \quad s_K^2 = \frac{\lambda^2 \cdot I}{A}$$

folgt die ideal-elastische Euler-Knicklast:

$$N_{Ki} = \frac{\pi^2 \cdot E_k \cdot I}{s_K^2} = \frac{\pi^2 \cdot E_k \cdot I \cdot A}{\lambda^2 \cdot I} = \left(\frac{\pi}{\lambda} \right)^2 \cdot E_k \cdot A$$

mit E_k = charakteristischer Wert des E-Moduls,
   A = Querschnittsfläche,
   I = Trägheitsmoment.

Die Grenztragfähigkeit des zentrisch gedrückten Querschnittes ergibt sich zu:

$$N_{uo} = A \cdot f_k$$

mit f_k = charakteristischer Wert der Druckfestigkeit.

Die reale Knicklast kann nun unter Zugrundelegung einer aus Versuchsergebnissen abgeleiteten Knickspannungslinie nach [6-19], welche sowohl den plastischen als auch den elastischen Bereich erfasst, wie folgt ermittelt werden:

$$N_K = \frac{N_{uo}}{\sqrt{1 + \left(\dfrac{N_{uo}}{N_{Ki}} \right)^2}}$$

Nachweis:

$$S_d \leq R_d , \qquad \gamma_{L,g} \cdot H_g + \gamma_{L,p} \cdot H_p \leq \frac{N_K}{\gamma_M}$$

mit H_g = Horizontalschub unter Eigengewicht,
   H_p = Horizontalschub unter Verkehr,
   γ = Teilsicherheitsbeiwerte nach Tabelle 6.3.

Unter Berücksichtigung von Kriechen:

$$N_{Ki,\varphi} = \frac{N_{Ki}}{(1+\varphi)} \quad \text{mit der Endkriechzahl } \varphi$$

$$N_{K,\varphi} = \frac{N_{uo}}{\sqrt{1+\left(\dfrac{N_{uo}}{N_{Ki,\varphi}}\right)^2}} \qquad \gamma_{L,g} \cdot H_g \le \frac{N_{K,\varphi}}{\gamma_M}$$

Nachfolgend wird als Zahlenbeispiel die Untersuchung der Knicksicherheit an einer Bogenbrücke aus Stampfbeton gezeigt, für welche im Kapitel 6.2.3.2 beispielhaft die erfolgreiche Umsetzung einer experimentellen Tragfähigkeitsanalyse beschrieben wird.

Horizontalschub:

Eigengewicht $g_1 + g_2$: $H_g = 13198$ kN
$\qquad\qquad\qquad\qquad\quad H_g = 13198/12,5 = 1056$ kN/m

Verkehr gemäß E1S: $H_p = 2491$ kN
(Tabelle 6.4) $\qquad\quad H_p = 2491/12,5 = 199$ kN/m

$$s_K = \beta \cdot l = 0,588 \cdot 27,66 = 16,264 \text{ m}$$

mit $\beta = 0,588$ nach DIN 1075 [6-20]
$\quad$ Bogenstich $f = 3,18$ m
$\quad$ Stützweite $l = 27,66$ m
$\quad$ minimale Bogendicke $d = 0,65$ m

$$A = 100 \cdot 65 = 6500 \text{ cm}^2$$

$$I = 100 \cdot 65^3 / 12 = 2288542 \text{ cm}^4$$

$$\lambda = \frac{1626,4}{\sqrt{\dfrac{2288542}{6500}}} = 86,7$$

$$N_{Ki} = \left(\frac{\pi}{86,7}\right)^2 \cdot 2200 \cdot 6500 = 18776 \text{ kN} \quad \text{mit } E_k = 2200 \text{ kN/cm}^2 \text{ (Beton B 10)}$$

$$N_{uo} = 6500 \cdot 0,7 = 4550 \text{ kN} \qquad \text{mit } f_k = 0,7 \text{ kN/cm}^2 \text{ (Beton B 10)}$$

$$N_K = \frac{4550}{\sqrt{1+\left(\dfrac{4550}{18776}\right)^2}} = 4422 \text{ kN} = 0,972 \cdot N_{uo}$$

Nachweis:

$$1,35 \cdot 1056 + 1,5 \cdot 199 < \frac{4422}{1,8}$$

$$1724 \text{ kN} < 2457 \text{ kN}$$

Für den Belastungsversuch (Kapitel 6.2.3.2) konnte somit unter der Annahme, dass Kriechen unter Eigenlast vollständig abgeklungen ist, eine ausreichende Knicksicherheit nachgewiesen werden.

6.2.2.8 Nachweis von querschnittsverstärkten Gewölben bei Nichtentlastung im Bauzustand

Eine oft praktizierte Möglichkeit zur Ertüchtigung von Bogen- und Gewölbebrücken besteht in der Verstärkung des Tragwerkes. Kommt es dabei zu keiner Entlastung des Bogens, zum Beispiel durch ein Traggerüst, müssen im Rahmen der statischen Nachweisführung zum einen ein Verbundquerschnitt betrachtet und zum anderen die Spannungszustände getrennt für den Bau- und Endzustand ermittelt und superponiert werden. Hierzu wird nachfolgend eine praktisch leicht handhabbare Vorgehensweise beschrieben.

Das Ziel nachfolgender Betrachtung besteht in der Ermittlung des Spannungszustandes im Endzustand unter Berücksichtigung der Spannungszustände im Bauzustand als Basis der Nachweisführung.

Bauzustand (Bild 6.19a):
Beanspruchung infolge Eigenlast des vorh. Gewölbes g_1 und der vorgesehenen Gewölbeverstärkung g_2 als „tote Auflast"

untere Faser: $\sigma_{1,g_1+g_2} = \dfrac{N_{g_1+g_2}}{A_{Bz}} + \dfrac{M_{g_1+g_2}}{W_{Bz}}$

obere Faser: $\sigma_{2u,g_1+g_2} = \dfrac{N_{g_1+g_2}}{A_{Bz}} - \dfrac{M_{g_1+g_2}}{W_{Bz}}$

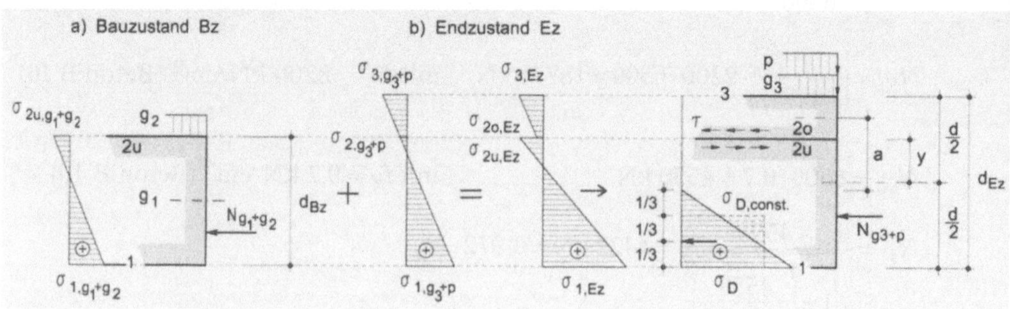

Bild 6.19: Spannungsermittlung nicht entlasteter Gewölbe

Endzustand (Bild 6.19b):
Beanspruchung infolge Ausbaulast g_3 und Verkehr p sowie Überlagerung mit den „eingefrorenen" Spannungen aus dem Bauzustand

untere Faser:

$$\sigma_{1,Ez} = \frac{N_{g_3+p}}{A_{Ez}} + \frac{M_{g_3+p}}{W_{Ez}} + \sigma_{1,g_1+g_2}$$

Faser in der Fuge:

$$\sigma_{2u,Ez} = \frac{N_{g_3+p}}{A_{Ez}} - \frac{M_{g_3+p}}{I_{Ez}} \cdot y + \sigma_{2u,g_1+g_2}$$

$$\sigma_{2o,Ez} = \frac{N_{g_3+p}}{A_{Ez}} - \frac{M_{g_3+p}}{I_{Ez}} \cdot y$$

obere Faser:

$$\sigma_{3,Ez} = \frac{N_{g_3+p}}{A_{Ez}} - \frac{M_{g_3+p}}{W_{Ez}}$$

Unter Zugrundelegung des Hookschen Gesetzes ($\sigma \sim \varepsilon$) und der Bernoullischen Hypothese, dass ursprünglich ebene Querschnitte eben bleiben, kann sich der superponierte Spannungsverlauf, wie theoretisch dargestellt, praktisch nicht einstellen. Hier kommt es zu einer Spannungsumlagerung. Bei der Ermittlung der Nachweisdruckspannung σ_D unter dreiecksförmiger Spannungsverteilung sowie der endgültigen Nulllinienlage sind die ausfallenden Zugspannungskeile zu berücksichtigen. Dies kann einfach über die Gleichgewichtsbedingungen $\Sigma M = 0$ und $\Sigma N = 0$ erfolgen. Ein anschließendes Abgleichen auf [6-3, 6-14], konstante Spannungsverteilung bei Annahme einer plastifizierten Druckzone, ist gemäß der Beziehung $\sigma_{D,\text{const}} = \frac{3}{4} \cdot \sigma_D$ ebenfalls problemlos möglich.

Zur Aufnahme der Schubspannung τ in der Fuge zwischen ursprünglichem Gewölbe und Gewölbeverstärkung ist oftmals eine Verdübelung notwendig.

$$\tau = \frac{Q \cdot S}{I \cdot b}$$

mit Q = Querkraft
$S = (d/2 - y) \cdot b \cdot a$ Statisches Moment der Gewölbeverstärkung bezogen auf die Nulllinie
$I = b \cdot d^3 / 12$ Trägheitsmoment
d = Querschnittsdicke
b = Breite des Bezugsstreifens

Die hier beschriebene Vorgehensweise setzt für das verstärkte Gewölbe eine konstruktive Trennung von Verbundquerschnitt und Aufbeton als Bestandteil der Ausbaulast g_3, z.B. durch einen Bitumenanstrich, voraus. Erfolgt dies nicht, entsteht ein Verbundtragwerk in Form eines Gewölberahmens. Eine derartige Ertüchtigung ist beispielhaft in [6-32] beschrieben.

6.2.3 Experimentelles Nachweisverfahren

6.2.3.1 Grundlagen der experimentellen Tragsicherheitsbewertung nach der Methode EXTRA

Probebelastungen sind schon lange eine Möglichkeit zur objektiven Ermittlung der Tragfähigkeit bestehender Bauwerke. So lassen sich beispielsweise in alten Brückenbüchern Versuchsberichte wie nachfolgender finden, welche die erfolgreiche Durchführung von Probebelastungen an Massivbrücken bereits vor 100 Jahren dokumentieren.

> Günserode, 23.10.1909
> Zu Gegenwart des Schultheißen Ziegenhorn von hier und des Ingenieurs Hansch von der Firma Zementbaugeschäft Wolle aus Leipzig wurde die neue Dorfbrücke „über die Wipper" (Bild 4.10) mit einer 98 Zentner schweren Straßenwalze belastet. Die Walze fuhr bis auf den Scheitel der Brücke. Die 4 schweren Zugpferde blieben mit auf der Brücke stehen. Mittels Nivellierinstruments wurde festgestellt, daß infolge der Belastung die Brücke sich an der oberen Wange gar nicht und an der unteren Wange um 4 mm durchbog. Nach Wiederabfahren der Walze von der Brücke wurde weiter festgestellt, daß die Durchbiegung auch an der unteren Wange völlig wieder zurück ging.

Heutzutage gehört das Experiment zur Ermittlung der Tragfähigkeit zum Stand der Technik. Der experimentellen Tragsicherheitsbewertung (Methode EXTRA) liegt dabei ein Prozess aus moderner Probebelastung und simultaner Beobachtung der Antwortreaktionen des untersuchten Tragwerks zugrunde (Bild 6.20). Der Vorgang der Probebelastung ist dadurch charakterisiert, dass die Versuchslast nach einem festgelegten Belastungsregime aus Be- und Entlastungszyklen schrittweise bis zur Versuchsziellast bzw. -grenzlast gesteigert wird (Bild 6.21). Dabei ist die Versuchsgrenzlast F_{lim} die Belastung, bei der gerade noch keine Schädigung des Tragwerks im Sinne seiner weiteren Nutzungsfähigkeit auftritt. Für das Versuchsziel können zwei Fälle, bei denen die Versuchsgrenzlast F_{lim} nicht überschritten werden darf, definiert werden:
- Fall 1: Bestätigung einer angestrebten Verkehrsbelastung
  Versuchsziellast: $F_{Ziel} \leq F_{lim}$ (Bild 6.20)
- Fall 2: Bestimmung der maximal möglichen Verkehrsbelastung
  Versuchsgrenzlast: $F_{max} = F_{lim}$

Prinzipiell ist die maximal zulässige Verkehrsbelastung Q_k der Quotient aus der Versuchsgrenzlast F_{lim} und dem in Betracht kommenden Sicherheitsbeiwert.

Die grundsätzliche Legalisierung der Methode EXTRA ist durch die Richtlinie für Belastungsversuche an Betonbauwerken [6-56] gegeben, welche sinngemäß und in modifizierter Form auch für Brückenbauwerke anwendbar ist.

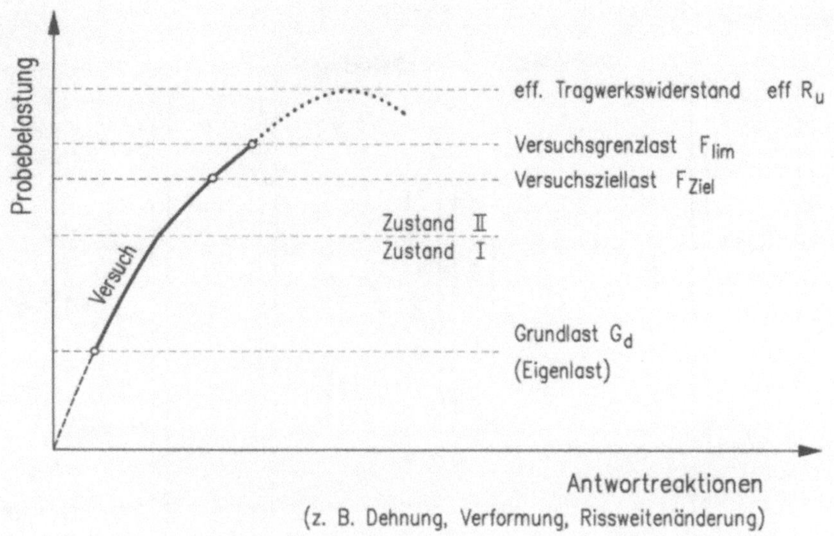

Bild 6.20: Prinzip der experimentellen Tragsicherheitsbewertung

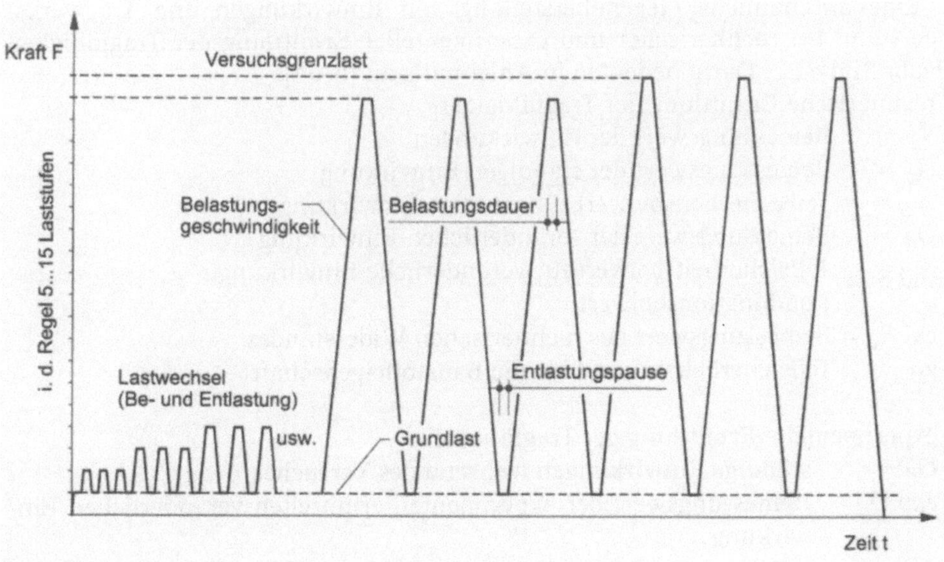

Bild 6.21: Laststufenweise wiederholte Be- und Entlastungszyklen

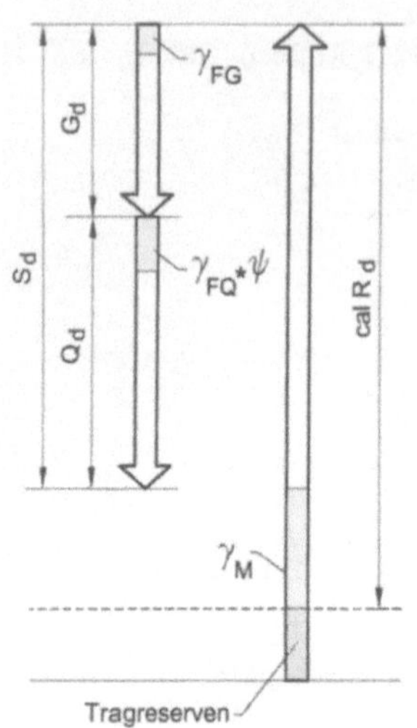
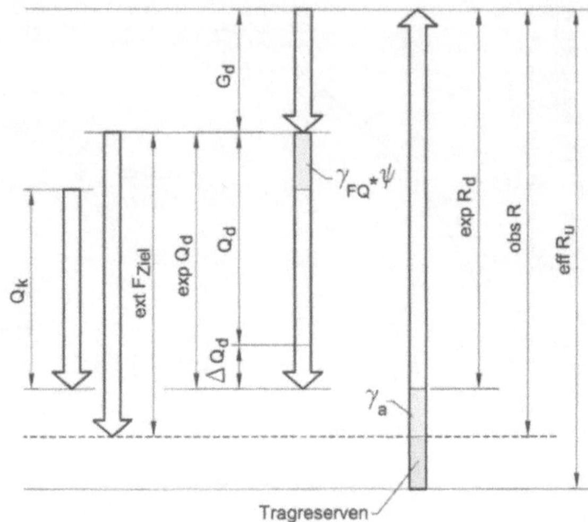

Bild 6.22: Prinzipielle Gegenüberstellung von Einwirkungen und Tragwerkswiderstand bei rechnerischer und experimenteller Ermittlung der Tragfähigkeit

Eine anschauliche Gegenüberstellung von Einwirkungen und Tragwerkswiderstand bei rechnerischer und experimenteller Ermittlung der Tragfähigkeit erlaubt Bild 6.22. Darin bedeuten in Anlehnung an [6-64]:

a) rechnerische Ermittlung der Tragfähigkeit:

$S_d =$ Bemessungswert der Einwirkungen

$G_d =$ Bemessungswert der ständigen Einwirkung

$\gamma_{FG} =$ Teilsicherheitsbeiwert für ständige Einwirkung

$Q_d =$ Bemessungswert der veränderlichen Einwirkung

$\gamma_{FQ} =$ Teilsicherheitsbeiwert für veränderliche Einwirkung

$\psi =$ Kombinationsbeiwert

cal $R_d =$ Bemessungswert des rechnerischen Widerstandes

$\gamma_M =$ Teilsicherheitsbeiwert für die Baustoffeigenschaft

b) experimentelle Ermittlung der Tragfähigkeit:

$G_d =$ ständige Einwirkungen während des Versuches

exp $Q_d =$ Bemessungswert der experimentell ermittelten veränderlichen Einwirkung

$\Delta Q_d =$ nutzbarer Zuwachs des Bemessungswertes der veränderlichen Einwirkung

exp $R_d =$ Bemessungswert des experimentell ermittelten Widerstandes

ext $F_{Ziel} =$ extern eingetragener Teil der Versuchsziellast

$Q_k =$ zulässige Verkehrsbelastung

$\gamma_a =$ für die Probebelastung vereinbarter Sicherheitsbeiwert einschließlich des adäquaten Anteils für die Eigenlast

obs $R_d =$ observierter Widerstand

eff $R_u =$ effektiver Tragwerkswiderstand

Bei Brückenstützweiten $l \le 18$ m kann für Belastungsversuche das Belastungsfahrzeug BELFA eingesetzt werden (Bild 6.23). Gegenüber dem manuellen Aufbau der Belastungstechnik (z.B. Belastungsrahmen mit Ankopplung an das Bauwerk) stellt der Einsatz von BELFA eine Rationalisierung des Verfahrens dar. Diese äußert sich in kürzeren Sperrzeiten und einem reduzierten Arbeitsaufwand. Vergegenwärtigt man sich den Sachverhalt, dass ca. 70% aller Massivbrücken in Deutschland Stützweiten unter 18 m besitzen, so kann mit dem Einsatz von BELFA ein Großteil experimenteller Tragfähigkeitsanalysen abgedeckt werden. Folgende Anforderungen kann BELFA erfüllen:
- Belastungsversuche in einer Hauptspur der Brückenklassen 12 bis 60 nach DIN 1072 [6-66],
- stufenlose Anpassung an Stützweiten $l \le 18$ m,
- Betrieb als Sonderfahrzeug ohne wesentliche Einschränkung im Straßenverkehr.

Vor einer Entscheidung zur experimentellen Tragfähigkeitsanalyse steht natürlich immer der Versuch einer rechnerischen Ermittlung der Tragfähigkeit (Lasteinstufungsberechnung). Gelingt diese nicht zielführend, kann z.B. eine angestrebte Brückenklasse nicht nachgewiesen werden, besteht die Möglichkeit mit Hilfe einer experimentellen Tragfähigkeitsbewertung erfolgreich zu sein. Gründe zum Nichtgelingen der rechnerischen Tragfähigkeitsermittlung können entweder in einer gegenüber der Realität unzureichenden statischen System-

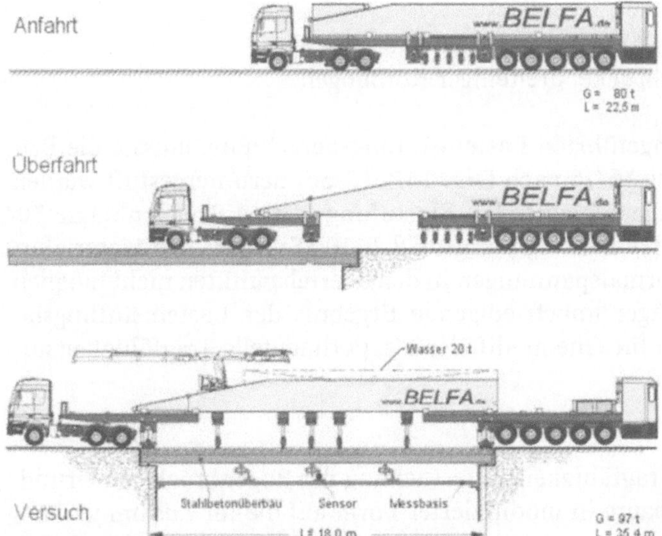

Bild 6.23:
Belastungsfahrzeug BELFA: Betriebszustände

modellierung oder in ungenügenden Baustoffkennwertinformationen bestehen. Gerade bei Bogen- und Gewölbebrücken kann entsprechend den baulichen Gegebenheiten das für die Berechnung gewählte statische System unzutreffend sein. Mögliche, oft im statischen System vernachlässigte Tragfähigkeitsreserven bestehen im Einfluss der Stirnmauern, der Übermauerung der Bögen in den Zwickeln von Pfeilern oder der Rissverzahnung in einem sich ausbildenden Gelenk. Generell ist die Beurteilung des Einflusses von Rissen auf das Tragverhalten derartiger Brückenkonstruktionen eine Fragestellung an das Experiment.

Im Zuge der Probebelastung einer Bogen- oder Gewölbebrücke können als Antwortreaktionen z.B. die Dehnungsänderung infolge Normalkraft, die vertikalen Verformungen und die Rissweitenänderungen am Überbau gemessen werden (Bild 6.20). Die Versuchsziellast F_{Ziel} wird dabei aus der für das Bauwerk angestrebten Verkehrsbelastung (z.B. Brückenklasse nach DIN 1072 [6-66]) unter Einbeziehung eines globalen Sicherheitsfaktors γ ermittelt (Versuchsziel – Fall 1).

6.2.3.2 Experimentelle Tragfähigkeitsanalyse einer Bogenbrücke

Nachfolgend soll am Beispiel eines erfolgreichen Belastungsversuches an einer Bogenbrücke die Durchführung einer experimentellen Tragfähigkeitsanalyse vom Versuchskonzept über die Versuchsdurchführung bis zur Versuchsauswertung beschrieben werden [6-53]. Mit der hier angewendeten Versuchsmethode einer stufenweise kontrollierten Belastungssteigerung auf Werte $\gamma > 1{,}2$ wurde für diese Tragwerksform zum Teil Neuland betreten.

Bei der im Bild 6.24 dargestellten, zu beurteilenden Brücke aus dem Jahre 1898 handelt es sich um eine überschüttete Bogenbrücke aus Stampfbeton, deren Geometrie typisch für eine Vielzahl derart konstruierter Brücken aus dieser Zeit ist:
– Stützweite: $l = 27{,}66$ m,
– Bogenstich: $f = 3{,}18$ m,
– Bogendicke: $d = 1{,}2$ m (Kämpfer) bzw. 0,65 m (Scheitel),
– Innenleibung der Bogenbrücke: dreiteiliger Korbbogen.

Im Ergebnis der durchgeführten Lasteinstufungsberechnung musste die Brücke auf eine Brückenklasse 16/16 nach DIN 1072 [6-66] heruntergestuft werden. Die seitens des Baulastträgers angestrebte Einstufung in eine Brückenklasse 30/30 war aufgrund der Überschreitung der gemäß B 10 (Ergebnis der Materialuntersuchung) zulässigen Normalspannungen in den Viertelspunkten nicht möglich. Dieses für den Baulastträger unbefriedigende Ergebnis der Lasteinstufungsberechnung war Anlass, sich für eine modifizierte experimentelle Tragfähigkeitsuntersuchung zu entscheiden.

Versuchskonzept

Das der experimentellen Tragfähigkeitsuntersuchung der Bogenbrücke zu Grunde gelegte Versuchskonzept baute in modifizierter Form auf die im Zusammenhang mit der Entwicklung der Methode der Experimentellen Tragsicherheitsbewertung

Bild 6.24: Ansicht der Bogenbrücke

(EXTRA) gesammelten Erfahrungen auf [6-54, 6-55]. Dennoch wurde mit der untersuchten Bogenbrücke insofern Neuland betreten, als es sich bei den bisher im Rahmen von EXTRA untersuchten Tragwerken ausnahmslos um biegebeanspruchte Konstruktionen handelte. Außerdem setzte die Spannweite des Bogens mit $l \approx 28$ m eine weitere Grenze, die mit der vorgenannten Methode zwar prinzipiell, technisch aber dennoch nur unter Anwendung einer Sonderlösung bei vervielfachtem Kostenaufwand hätte überwunden werden können. Nach dem hier verfolgten Konzept wird daher auch von einer schrittweisen Lasteinleitung in kleinen Stufen mit jeweils nachfolgender Entlastung bei gleichzeitiger Beobachtung und Bewertung der entsprechenden Tragwerksreaktionen ausgegangen, wobei die Lasteinleitung jedoch mit Hilfe von Massen in Form von mehreren fünfachsigen 44-t-LKW vorgesehen war. Die der nächsten Laststufe entsprechende Belastung sollte dabei erst nach positiver Beurteilung der Reaktionen zur vorangegangenen Stufe anhand maßgebender Kriterien analog [6-56] eingeleitet werden.

Die belastungsbegleitende Beobachtung der Tragwerksreaktionen erfolgte analog zur Methode EXTRA, wobei als Messgrößen vertikale Verformungen, Rissbreitenänderungen, Schallemissionen sowie Lufttemperaturen in Betracht kamen (Bild 6.25). Da die temperaturbedingten Formänderungsanteile während des Versuchs als Funktion der aktuell herrschenden Temperaturen bekannt sein sollten, wurde der Versuchszeitraum in eine Wetterperiode mit möglichst kleinen Temperaturgradienten über die Querschnittshöhe, d.h. geringen Temperaturunterschieden zwischen Tag und Nacht, gelegt. Für diesen Fall konnte annähernd von einer gleichförmigen Temperaturverteilung ohne Gefahr des Auftretens messwert-

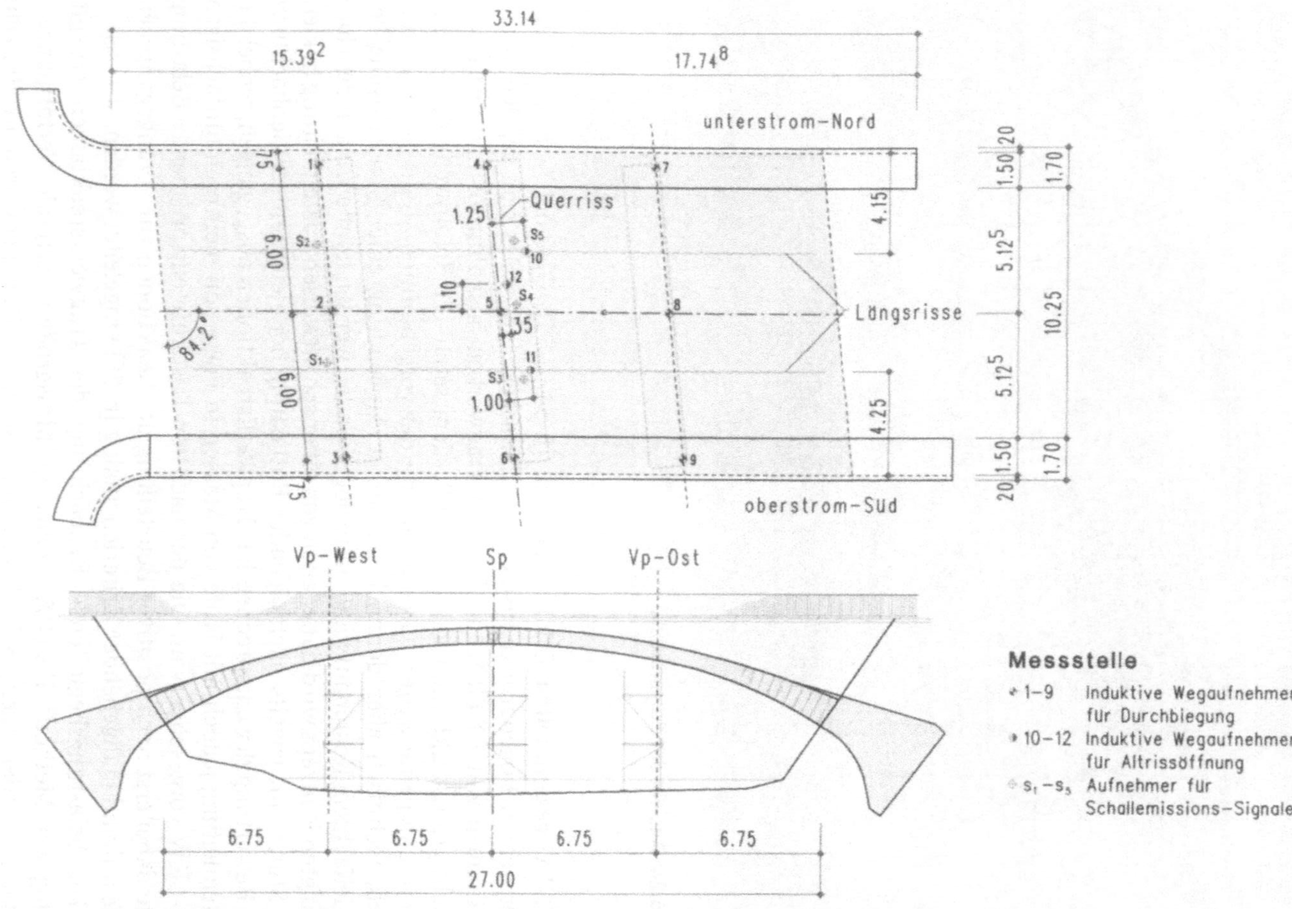

Bild 6.25: Grundriss (Messstellenplan) und Ansicht der untersuchten Brücke mit Geometrieparametern

verfälschender, temperaturbedingter Verformungen während des Versuchsablaufs ausgegangen werden. Als Kriterien für eine ggf. vorzeitige Beendigung des Belastungsvorganges waren in Anlehnung an [6-56] erste Anzeichen überproportional zunehmender Verformungen im Vergleich zur jeweils vorangegangenen Laststufe (siehe Bild 6.20) bzw. zu den rechnerisch ermittelten Sollwerten vorgesehen.

Begleitende Schallemissionsmessungen dienten einer redundanten und rechtzeitigen Ankündigung von möglichen Rissbildungsvorgängen. Ausgenutzt wird dabei der Effekt, dass Schallemission (SE) deutlich vor der Bildung sichtbarer Makrorisse registriert werden kann. Entsprechende Sensoren (Bild 6.31) wurden daher gezielt an als kritisch eingestufte Bauteilbereiche (westlicher Viertels- und Scheitelpunkt, siehe Bild 6.25) angeordnet. Während in der Rissinitialisierungsphase einzelne SE-Signale mit geringer Energie und mittleren Amplituden auftreten, ist die SE-Aktivität in der aktiven Rissphase hoch. Hier werden zum Teil hohe Hit-Raten (500–600 Hits/s) mit einem breiten Spektrum der Wellenformparameter gemessen [6-57].

Der Versuch galt als erfolgreich beendet, wenn die gemäß Versuchsprogramm vorgesehene, einer Bkl 30/30 entsprechende γ-fache Belastung bei gleichzeitiger Einhaltung der vorgenannten und ggf. weiterer Kriterien eingeleitet werden konnte.

Versuchsdurchführung
Für den Versuch wurden drei auf der Brücke vorhandene Fahrspuren zur stufenweisen Lasteinleitung mit drei nebeneinander stehenden fünfachsigen 44-t-LKW gleicher Masse verwendet (Bilder 6.26 und 6.27). Die so nutz- und kontrollierbare Querverteilung der Belastung durch die vergleichsweise starre Bogenstruktur selbst sowie die vorhandene Überschüttung kam dem Anliegen einer Untersuchung bei möglichst auszuschließender Gefährdung des Tragwerks entgegen.

Grundlage der Versuchsdurchführung war das Versuchsprogramm mit folgenden wesentlichen Inhalten:
- Die Reihenfolge der Belastungseinleitung in die drei Fahrspuren begann in der nördlichen der drei Spuren, gefolgt von der südlichen und schließlich der mittleren Spur. Damit sollte einer möglichst gleichmäßigen Belastungseinleitung auch in Bogenquerrichtung Rechnung getragen werden. Der Versuchsablauf sah zunächst die Lasteinleitung für den westlichen Viertelspunkt und anschließend für den Scheitelpunkt vor.
- Die Abfolge der insgesamt 22 Laststufen schloss generell die Wiederholung jeder Laststufe ein, um Informationen zur Abklinggeschwindigkeit möglicher nichtelastischer Verformungsvorgänge gewinnen zu können.
- Die gewogene Gesamtmasse bzw. der über die jeweils drei Hinterachsen eingeleitete Masseanteil ergab sich für die drei eingesetzten LKWs gemäß den Angaben im Bild 6.27.
Die Auswertung der Einflusslinie für den Viertelspunkt liefert für das Belastungsschema nach DIN 1072 [6-66] (siehe Bild 6.28):

$$\sum F_{Vp} = 41,3 \cdot 3,92 + 127,8 \cdot 6,0 + 41,3 \cdot 0,84 = 963,4 \text{ kN}$$

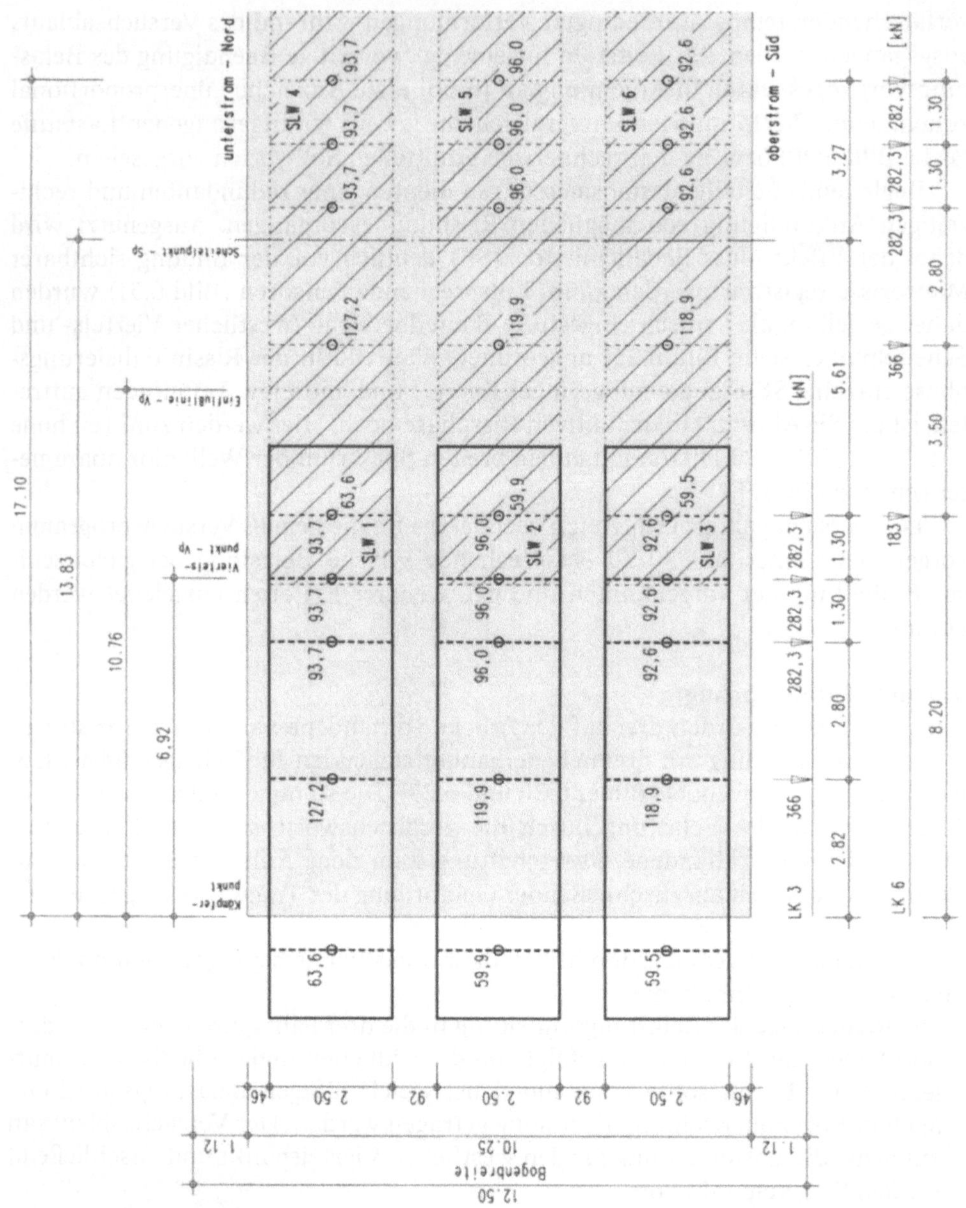

Bild 6.26: Laststellungen zum Nachweis einer Bkl 30/30 nach DIN 1072 für eine Maximalbeanspruchung des Viertels- und des Scheitelpunktes in Abhängigkeit von der maßgebenden Einflusslinie

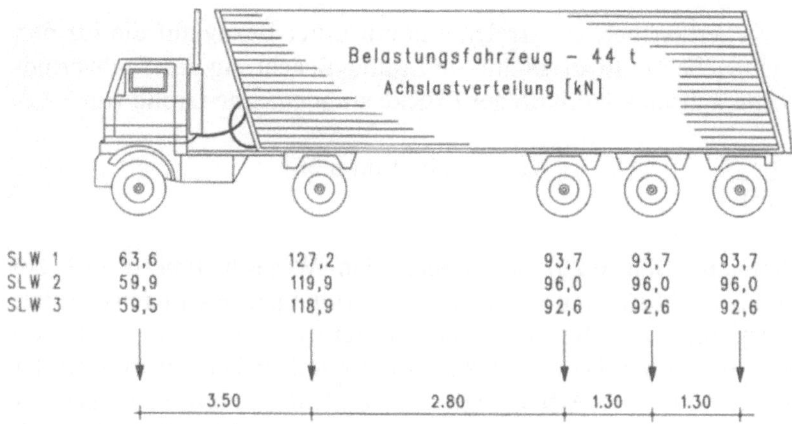

SLW 1	63,6	127,2	93,7	93,7	93,7
SLW 2	59,9	119,9	96,0	96,0	96,0
SLW 3	59,5	118,9	92,6	92,6	92,6

Bild 6.27: Gewogene Achslastverteilung der Belastungsfahrzeuge

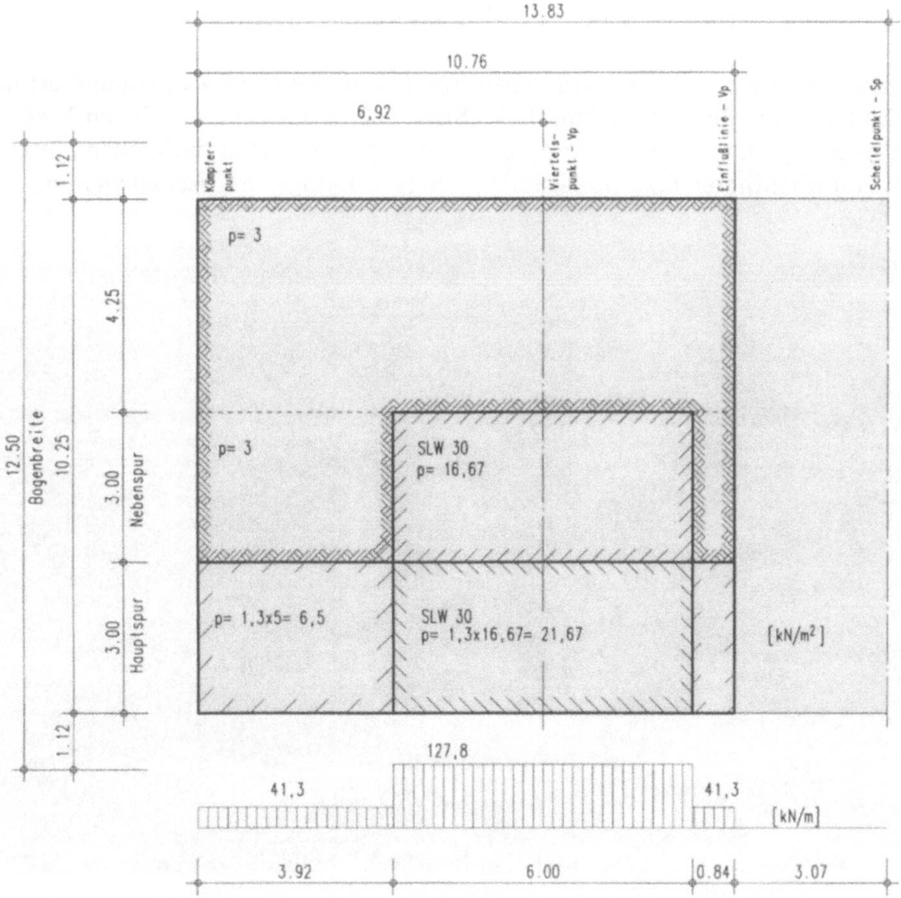

Bild 6.28: Lastbild Bkl 30/30 nach DIN 1072 für eine Maximalbeanspruchung des Viertelspunktes in Abhängigkeit von der maßgebenden Einflusslinie

Der realisierte Sicherheitsbeiwert erreichte damit unter Bezug auf die für den Viertelspunkt maßgebende Einflusslinie und unter Beachtung des Sachverhaltes, dass die Vorderachsen außerhalb der Brücke standen, eine Größe von:

$$\gamma = \frac{366 + 282,3 + 282,3 + 282,3}{963,4} = 1,26 \quad \text{(siehe Bild 6.26).}$$

– Der Messstellenplan (Bild 6.25) sah neben den Wegaufnehmern MS 1-9 (Bild 6.29) zur Beobachtung der vertikalen Verformungen des Bogens in drei Achsen (Viertelspunkte und Scheitelpunkt) weitere drei Wegtaster vor, von denen zwei (MS 10 und MS 11) der Beobachtung relativer Verschiebungen der beiden Ufer der vermutlich als Arbeitsfugen entstandenen Unterbrechungen der monolithischen Bogenstruktur dienten. Der dritte Sensor (MS 12) sollte Aufschluss über das lastabhängige Öffnungsverhalten eines vorhandenen Querrisses geben (Bild 6.30). Die Kenntnis dieser Verformungen könnte Aussagen zur Beurteilung der Lastverteilung in Querrichtung stützen. Die drei letztgenannten Aufnehmer wurden im Scheitelbereich des Bogens installiert.

Die unmittelbare Versuchsdurchführung ist in Tabelle 6.4 dokumentiert und im Bild 6.32 für die Laststellung E1V (SLW 1+2+3 auf dem westlichen Viertelspunkt) gezeigt. Das Tragwerk konnte im Versuchszeitraum als weitgehend frei von temperaturbedingten Spannungsumlagerungs-Vorgängen angesehen werden.

Bild 6.29: Messstelle (MS 3) zur Beobachtung vertikaler Verformungen des Bogens

Bild 6.30: Messstelle (MS 12) zur Beobachtung des belastungsabhängigen Rissöffnungsverhaltens

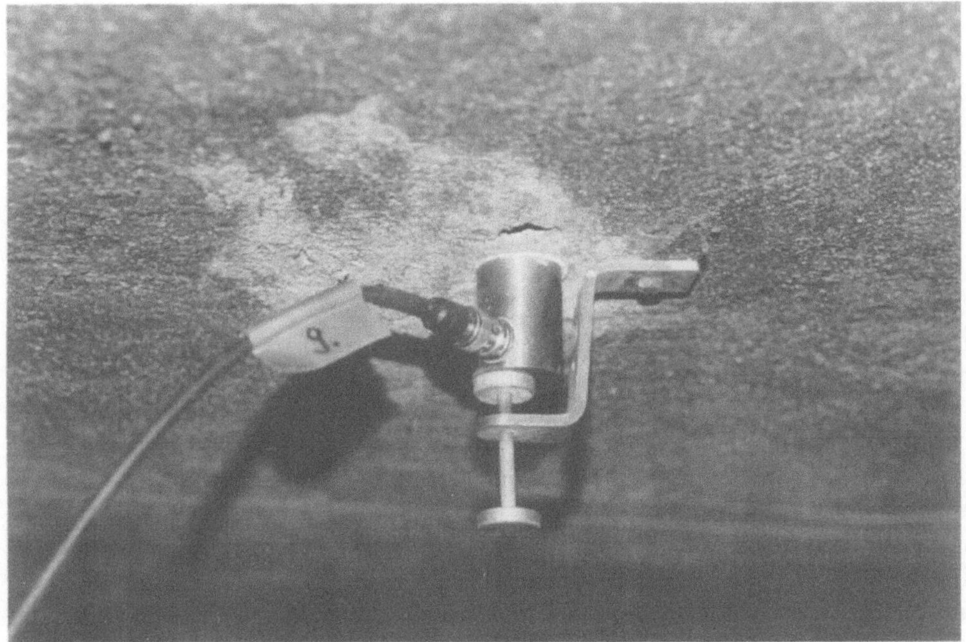

Bild 6.31: Schallemissionssensor (S1-S5) zur begleitenden Beobachtung belastungsabhängiger Rissbildungsprozesse

Tab. 6.4: Einzelheiten zum Ablauf der Teilversuche (siehe auch Bild 6.26)

Laststufe	Eingeleitete Kraft in kN Gesamtmasse/Hinterachsen	Uhrzeit Beginn – Ende	Bemerkungen Verformungen
Laststellung westlicher Viertelspunkt			
Messbasistest	ohne Belastung	12:21 – 12:32	max. Δf über 11 min: ± 0,01 mm
A1V-1*; 2**	408,2/281	12:37 – 12:42	SLW 1
B2V-1; 2	396,7/277,8	12:43 – 12:50	SLW 3
C3V-1; 2	407,9/288,0	12:51 – 12:55	SLW 2
D1V-1; 2	804,9/558,8	12:57 – 13:05	SLW 1 + 3
E1V-1; 2	1212,8/846,8	13:06 – 13:18	SLW 1 + 2 + 3 (Bild 6.32)
Laststellung Scheitelpunkt			
A1S-1; 2	471,8/281,0	13:19 – 13:25	SLW 4
B2S-1; 2	456,2/277,8	13:26 – 13:31	SLW 6
C3S-1; 2	467,8/288,0	13:32 – 13:37	SLW 5
D1S-1; 2	928,0/558,8	13:38 – 13:48	SLW 4 + 6
E1S-1; 2	1395,8/846,8	13:49 – 14:04	SLW 4 + 5 + 6
Messbasistest	ohne Belastung	14:05 – 14:15	
Temperatur		12:20 – 14:15	

* erste Laststufe; ** Wiederholung der Laststufe

Versuchsauswertung

Im Hinblick auf das mit den Belastungsversuchen verfolgte Hauptziel steht das in Form von Zeit-Belastungsfunktionen beobachtete Verformungsverhalten des Bogens im Vordergrund der nachfolgenden Betrachtungen.

Zur Veranschaulichung des beobachteten Last-Verformungsgeschehens ist im Bild 6.33 das während eines ausgewählten Be- und Entlastungszyklus online aufgezeichnete Verformungsverhalten in Diagrammform wiedergegeben. Die Laststufe E1V (SLW 1+2+3) repräsentiert die in den westlichen Viertelspunkt eingeleitete Versuchsziellast. Die Messstellen 1–9 zeigen die vertikalen Verformungsanteile des Bogens, während die Messstellen 10–12 das zugeordnete Riss-/Fugenöffnungs-Verhalten wiedergeben (Lage der Messstellen siehe Bild 6.25). Das nicht vollständig symmetrische Verformungsbild ist dem nicht ganz synchron abgelaufenen Auf- und Abfahrvorgang geschuldet.

Einen Vergleich der Ergebnisse der für eine Betonfestigkeit B 35 und die tatsächlich eingeleiteten γ-fachen Lasten nachgerechneten Durchbiegungen der alternativ untersuchten statischen Systeme des Bogens mit den entsprechenden

Bild 6.32: Maximalbelastung E1V (SLW 1+2+3) des Bogens im westlichen Viertelspunkt

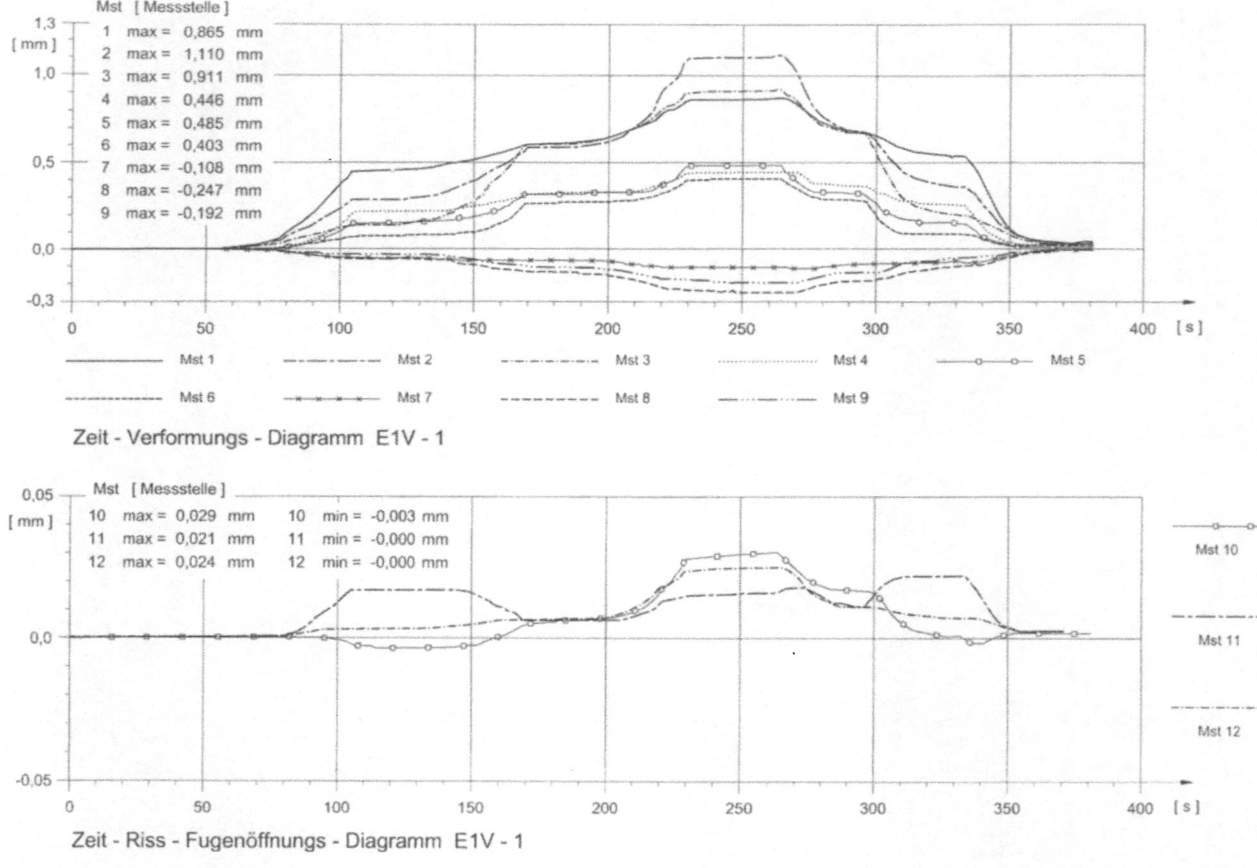

Bild 6.33: Online aufgezeichnetes Zeit-Verformungs- und Zeit-Riss-Fugenöffnungs-Diagramm für die Laststufe E1V (SLW 1+2+3 auf dem westlichen Viertelspunkt)

Messwerten gestattet Tabelle 6.5. Ergänzend dazu ermöglicht die grafische Darstellung der verschiedenen Verformungsfunktionen in den Bildern 6.34 und 6.35 eine Beurteilung des tatsächlich vorliegenden statischen Systems. Danach kommt die Variante des eingespannten Bogens der beobachteten Realität im kämpfernahen Bereich am nächsten, während das Modell eines Zweigelenkbogens am ehesten dem Verhalten im Scheitelbereich entspricht.

Tab. 6.5: Vergleich der rechnerischen Durchbiegungen für verschiedene statische Systeme mit den zugeordneten gemittelten Messwerten

Statisches Sytem	Durchbiegung am westlichen Viertelspunkt in mm Laststufe E1V (SWL 1+2+3)		Durchbiegung am Scheitelpunkt in mm Laststufe E1S (SWL 4+5+6)	
	rechnerisch	experimentell	rechnerisch	experimentell
Dreigelenkbogen	2,59		3,73	
Zweigelenkbogen	2,51	0,98	1,41	1,73
Eingespannter Bogen	0,76		1,14	

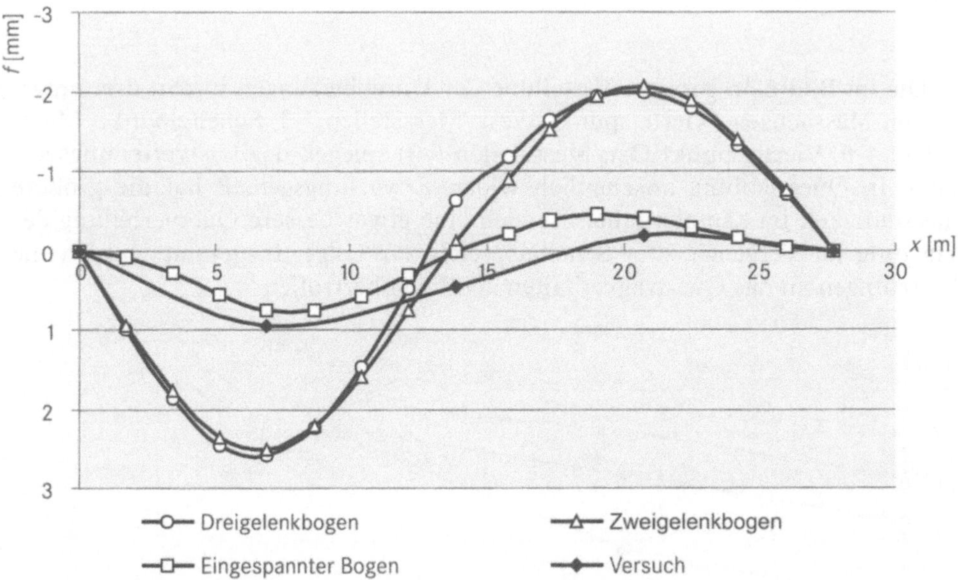

Bild 6.34: Brückenlängsschnitt – Vertikalverformung des Bogens unter Maximalbelastung E1V des **westlichen Viertelspunktes Vp** (SLW 1+2+3) für unterschiedlich gerechnete statische Systeme im Vergleich zum Belastungsversuch

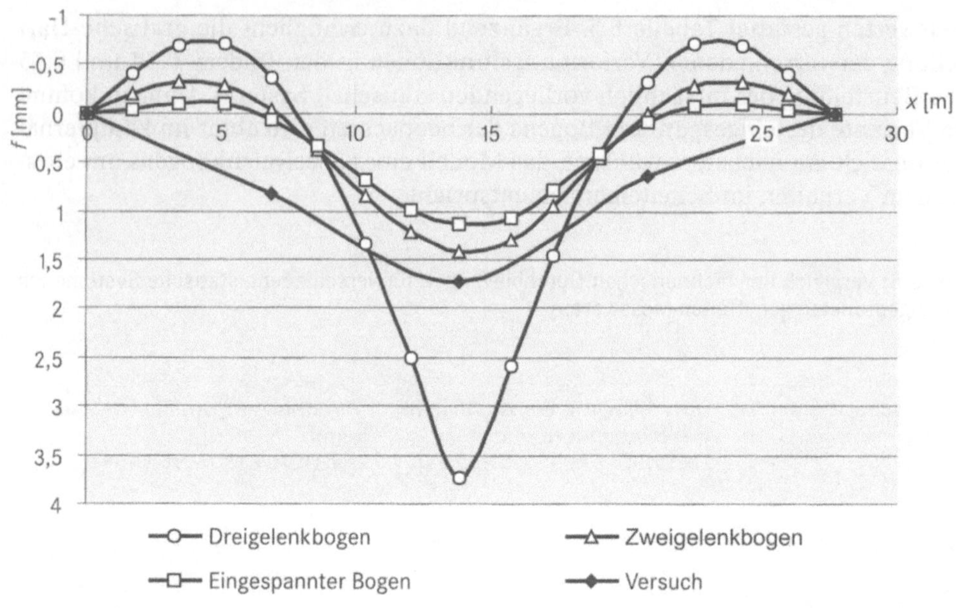

Bild 6.35: Brückenlängsschnitt – Vertikalverformung des Bogens unter Maximalbelastung E1S des **Scheitelpunktes Sp** (SLW 4+5+6) für unterschiedlich gerechnete statische Systeme im Vergleich zum Belastungsversuch

Die im Bild 6.36 gezeigte Verteilung der Durchbiegungen in den drei untersuchten Messachsen (Viertelspunkt West: Messstellen 1-3, Scheitelpunkt: Messstellen: 4-6, Viertelspunkt Ost: Messstellen 7-9) spiegelt das Lastverteilungsverhalten in Querrichtung anschaulich wider. Erwartungsgemäß hat die größere Quersteifigkeit im kämpfernahen Bereich eine etwas bessere Querverteilung der Belastung im Vergleich zum Scheitelbereich zur Folge. Insgesamt wurden die Erwartungen an das Quertragverhalten deutlich übertroffen.

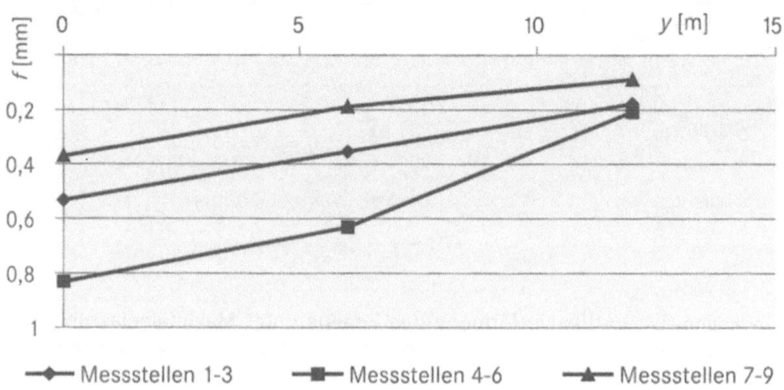

Bild 6.36: Brückenquerschnitt – Vertikalverformung unter einseitiger Belastung A1S des Scheitelpunktes Sp (SLW 4)

Für die Annäherung an einen kritischen Tragzustand geben bei Betontragwerken zeitverzögert reversible oder irreversible (nichtelastische) Verformungskomponenten Aufschluss. Eine Analyse vor allem der höchsten Laststufen E1V und E1S unter diesem Aspekt zeigte, dass derartige Formänderungsanteile am Ende eines Be- und Entlastungszyklus die Größenordnung von $\Delta f = 0{,}03 - 0{,}05$ mm nicht überschritten und damit im vernachlässigbaren Bereich blieben. Die während der Haltezeit von $\Delta t = 40$ s für die höchsten Laststufen gemessenen größten verzögert elastischen Verformungen $\Delta f = 0{,}037$ und $0{,}067$ mm (Laststufen E1V bzw. E1S) unterstreichen diese Beurteilung.

Mit weiteren drei Messstellen waren das Rissöffnungsverhalten eines markanten Risses im Scheitelbereich quer zur Bogenlängsrichtung (MS 12) sowie die gegenseitigen Verschiebungen der beiden in den Drittelspunkten der Bogenbreite verlaufenden Längsrisse (MS 10 bzw. 11) verfolgt worden. In allen Fällen waren lastabhängig veränderliche Verschiebungen zu beobachten, deren Größtwerte bei E1S allerdings nur $\Delta r = 0{,}06$ mm (MS 10) bzw. $\Delta v = 0{,}09$ mm (MS 12) erreichten. Bei diesen sehr kleinen Bewegungen konnte davon ausgegangen werden, dass die wirkenden Kräfte weitgehend durch Verzahnungen über die Rissränder hinweg übertragen wurden. Alle beobachteten Verschiebungen zeigten ein quasi vollständig reversibles Verhalten.

Die angestrebte Zielstellung, das Tragwerk im Ergebnis der durchgeführten Belastungsversuche in die Brückenklasse 30/30 nach DIN 1072 [6-66] einstufen zu können, konnte im Sinne der im Vorfeld der Versuchsdurchführung vereinbarten Größe des Sicherheitsbeiwertes γ als vollständig erreicht angesehen werden. Die beobachteten Tragwerksreaktionen zeigten:
- eine erhebliche Unterschreitung der rechnerisch ermittelten Durchbiegungen für den ungünstigsten Fall eines Dreigelenkbogens selbst bei Zugrundelegung der vergleichsweise hohen Betonfestigkeitsklasse B 35; als Ursachen kommen neben Festigkeitsreserven auch mitwirkende Querschnittsvergrößerungen in den kämpfernahen Bogenbereichen in Betracht,
- eine ausgeprägte Quertragfähigkeit und damit eine gute Querverteilung ungewöhnlich hoher Fahrzeuglasten bei offensichtlich homogenem Verformungsverhalten,
- praktisch vernachlässigbare Größen verzögert reversibler oder irreversibler Verformungen bei den höchsten Laststufen, die erfahrungsgemäß auf einen noch deutlichen Abstand gegenüber Annäherung eines Grenzzustandes hindeuten,
- aus den begleitenden Schallemissionsmessungen keinerlei Hinweise auf Rissbildungsprozesse; die beobachtete sehr niedrige Emissionsrate (Bereich westlicher Viertelspunkt max. 12 Hits/s, Scheitelbereich max. 58 Hits/s) kann eindeutig Reibungseffekten zugeordnet werden.

Die erreichten Ergebnisse belegen damit, dass mit der eingetragenen Höchstbelastung die Versuchsgrenzlast F_{lim} nach der unter Kapitel 6.2.3.1 gegebenen Definition auch nicht annähernd erreicht worden war. Daraus folgt, dass das über 100 Jahre alte Tragwerk über die eingeleitete Versuchsbelastung hinaus über weitere, vermutlich nicht unbeträchtliche Tragreserven verfügt.

6.3 Typische Schadensbilder und geeignete Instandsetzungsmaßnahmen

Zusammenfassung:
Im nachfolgenden Kapitel werden typische Schadensbilder speziell an Bogen- und Gewölbebrücken aus Mauerwerk und unbewehrtem Beton sowie an Natursteinbrücken im Allgemeinen beschrieben. Ausgehend von der Analyse der Schadensursache werden geeignete Instandsetzungsmaßnahmen definiert.

6.3.1 Statisch bedingte Systemrisse

Viele Bogen- und Gewölbebrücken weisen statisch bedingte Risse in Brückenlängs- und -querrichtung auf (Bild 6.37).

Bei den Rissen in Brückenlängsrichtung unterscheidet man zwischen Stirnringrissen und Längsrissen in Gewölbemitte. Stirnringrisse können ganze Trag-

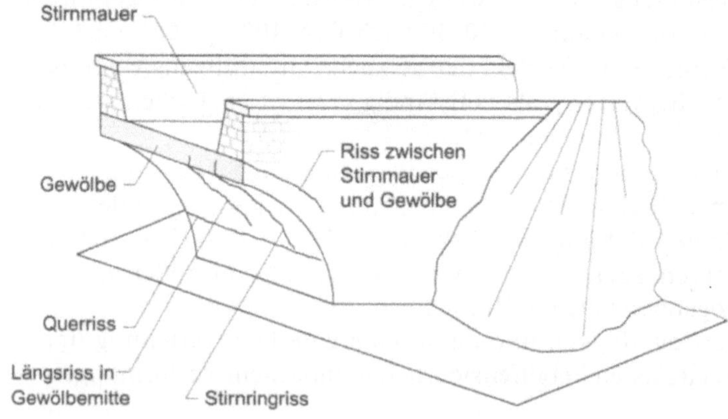

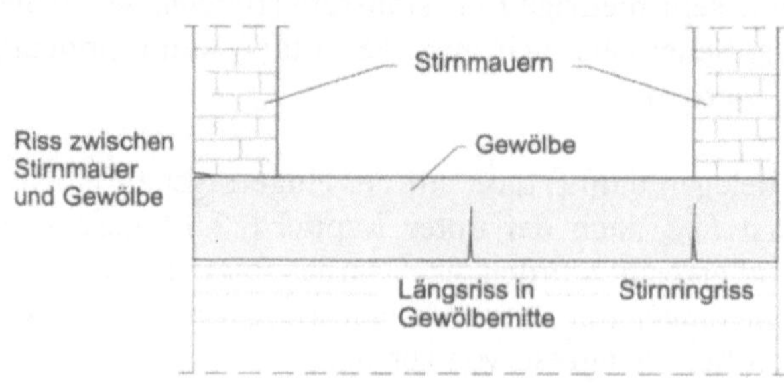

Bild 6.37:
Rissbild von Bogen- und Gewölbebrücken

Bild 6.38:
Stirnringriss

werksbereiche abtrennen und somit die Tragfähigkeit des Überbautragwerkes beeinträchtigen (Bild 6.38). Wenn Gewölbe und Stirnmauern statisch zusammen wirken, entstehen sie infolge des Steifigkeitsunterschiedes zwischen dem Gewölbe-Stirnmauerbereich und dem oftmals nur mit minderwertigem Material überschütteten Gewölbebereich. Letzterer ist meist auch infolge von Dichtungsschäden durchfeuchtet und aufgrund einer damit einhergehenden Frost-Tau-Wechselbelastung vorgeschädigt. Die Instandsetzung kann über eine Vernadelung des Gewölbestirnbereiches mit dem übrigen Gewölbe erfolgen (Bild 6.39). Alternativ zu den im Bild 6.39 angegebenen Materialien können auch speziell für die Risssanierung vorgesehene Spiralanker aus gewalztem Edelstahl eingesetzt werden. Eine Neuentwicklung ist hier der Spiralankermörtel. Dieser kunststoffmodifizierte, zementgebundene und spritzfähige Mörtel besitzt eine hohe Klebkraft, welche auch den vertikalen Einbau der Anker über Kopf ermöglicht.

Längsrisse in Gewölbemitte können zu einer erheblichen Beeinträchtigung der Lastquerverteilung führen. Untersuchungen an einem als 3-D-Faltwerk modellierten Gewölbe (Zweigelenkbogen) zeigen für den Temperaturlastfall ΔT (Oberseite

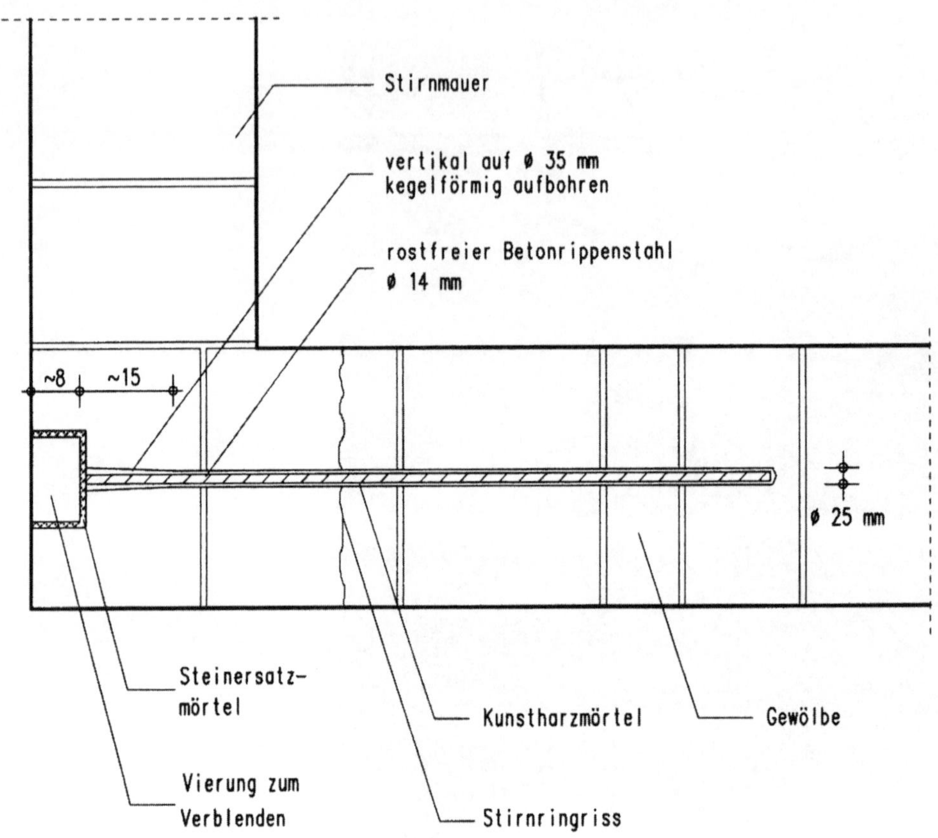

Bild 6.39: Mögliche Vernadelung des Gewölbestirnbereiches

wärmer als die Unterseite) eine hohe Momentenbeanspruchung in Querrichtung des Gewölbes (Bild 6.40). Da in Querrichtung keine überdrückende Längskraft existiert und der Querschnitt die Zugkräfte an der Unterseite nicht aufnehmen kann, kommt es zur Ausbildung eines Längsrisses im mittleren Gewölbeteil, dem Bereich des größten Momentes m_{yy}.

Zur Aufnahme der Zugkräfte in Querrichtung kann das vorhandene Gewölbe mit einer im Bild 6.54 dargestellten Gewölbeverankerung aus GEWI-Stäben versehen werden. Nach dem Einbau der GEWI-Stäbe ist das Bohrloch vorzugsweise mit einer Trass-Zement-Suspension zu verpressen. Die hierbei realisierten W/Z-Werte liegen im Bereich von 0,5 bis 1,0. Als Groborientierung kann man sagen, dass bei gering saugendem Mauerwerk ein kleiner W/Z-Wert und bei stark saugendem Mauerwerk ein großer W/Z-Wert einzuhalten ist [6-61]. Wichtig ist auch der zu garantierende Korrosionsschutz der Verankerung. Die Mindestüberdeckung im Bohrloch beträgt hierbei 20 mm. Für die Stirnenden des Ankers wird eine Überdeckung von 25 – 30 mm empfohlen. Bei Herstellung des Bohrloches ist ein Bohrverfahren anzuwenden, welches keine zusätzlichen Schäden am Gewölbe

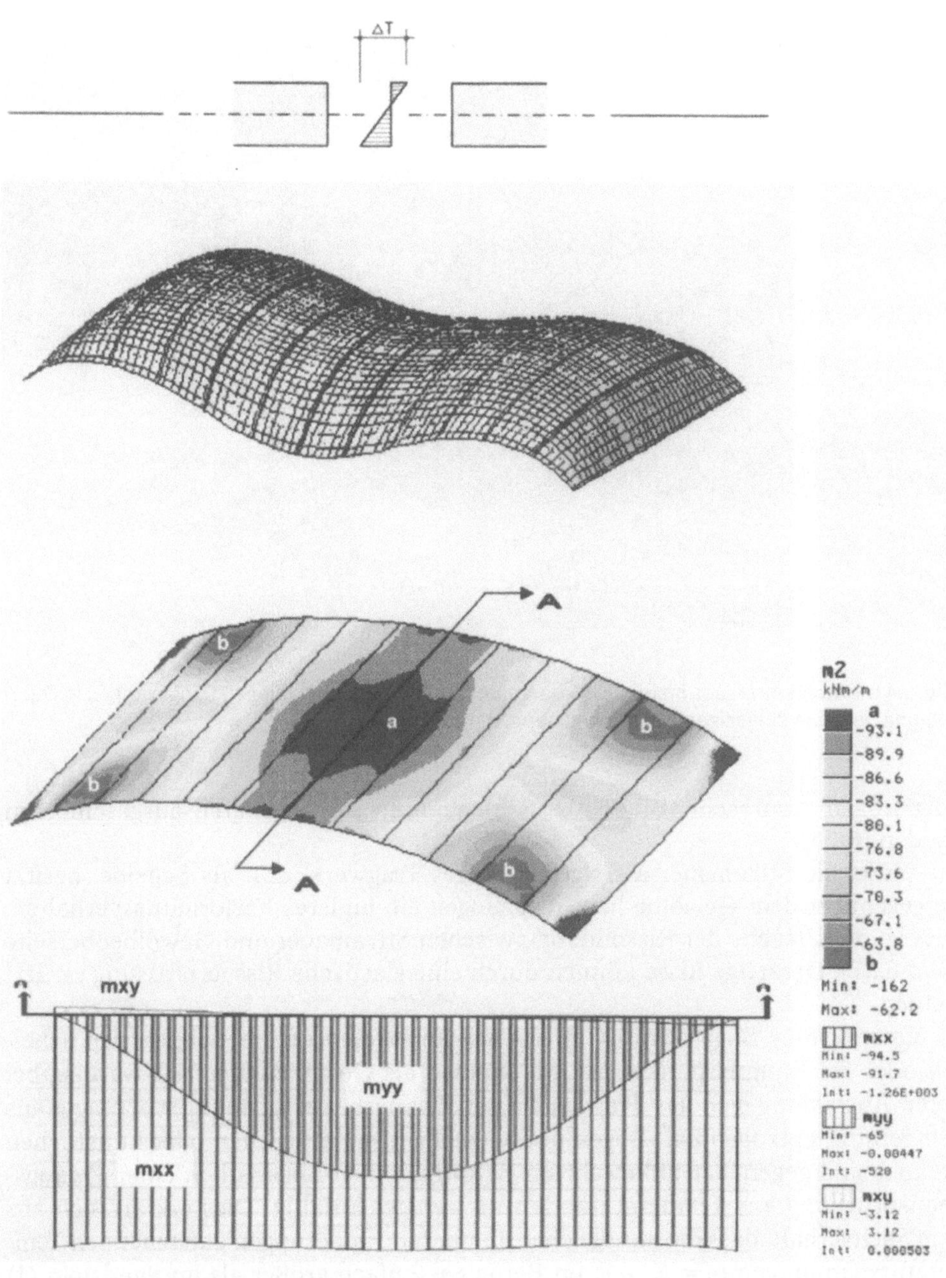

Bild 6.40: Gewölbeverformung (oben) und Momentenverlauf unter Temperaturbeanspruchung ΔT = 15 K (Oberseite wärmer als die Unterseite)
Mitte: m2 → minimales Hauptmoment
unten: m_{xx} → Biegemoment um die Brückenquerachse in Brückenlängsrichtung
　　　　m_{yy} → Biegemoment um die Brückenlängsachse in Brückenquerrichtung
　　　　m_{xy} → Drillmoment

Bild 6.41: Durchbohren des im Bild 6.54 dargestellten, vorhandenen Ziegelsteingewölbes in Querrichtung bei einer zulässigen Achsabweichung von ± 5 cm

oder Bogen verursacht (Bild 6.41). Schlagbohren sollte generell ausgeschlossen werden [6-35].

Wirkt die Stirnmauer als eigenständiges Tragwerk, z.B. als Scheibe, besitzt sie gegenüber dem Gewölbe bzw. dem Bogen ein anderes Verformungsverhalten. Dies ist die Ursache der Rissbildung zwischen Stirnmauer und Gewölbeoberseite (Bild 6.37). Derartige Risse können durch eine elastische Rissverpressung saniert werden.

Querrisse in Bogen- und Gewölbebrücken treten oft im Bereich des Scheitels oder der Kämpferpunkte auf. Sie können als Gelenke aufgefasst werden, bei deren Ausbildung sich das Tragwerk einer Zwangsbeanspruchung, vorrangig aus Temperatur, entzogen hat. Bögen und Gewölbe aus natürlichen oder künstlichen Steinen sind gegenüber unbewehrten Betongewölben hinsichtlich einer Zwangsbeanspruchung aus Temperaturänderung weniger anfällig. Dies erklärt sich aus dem Sachverhalt, dass die aus gleichen Temperaturänderungen entstehenden Temperaturspannungen ($\sigma = E \cdot \alpha_T$) im Beton ca. 2,6fach größer als im Sandstein (1) und sogar 10,4fach größer als im Ziegelmauerwerk (2) sind [6-31].

(1) Beton (B 15) gegenüber Sandstein: $\quad \dfrac{\sigma_{\text{Beton}}}{\sigma_{\text{Sandstein}}} = \dfrac{2600 \cdot 0,000010}{1000 \cdot 0,000010} = 2,6$

(2) Beton (B 15) gegenüber Ziegelmauerwerk: $\quad \dfrac{\sigma_{\text{Beton}}}{\sigma_{\text{Ziegelmauerwerk}}} = \dfrac{2600 \cdot 0,000010}{500 \cdot 0,000005} = 10,4$

Querrisse können aufgrund ihrer statischen Ursache nur durch eine elastische Rissverpressung im Sinne einer Rissabdichtung instand gesetzt werden.

Schiefwinklige Bogen- und Gewölbetragwerke besitzen vereinzelt Schrägrisse. Kritisch sind derartige Risse zu bewerten, wenn sie bis zu den Stirnmauern reichen. In diesen Fällen ist eine Vernadelung notwendig [6-9].

6.3.2 Schäden an Gewölben und Stirnmauern

Bögen und Gewölbe weisen neben den oben beschriebenen Systemrissen oftmals Durchfeuchtungen mit Wasseraustritt und Sinterbildung an der Tragwerksunterseite bzw. an den Stirnwänden auf. Infolge Auslaugung des Fugenmörtels bei Bauwerken aus natürlichem oder künstlichem Mauerwerk kann es zum Herauslösen einzelner Steine aus der Gefügestruktur und somit zu einem partiellen Tragfähigkeitsversagen kommen [6-36]. Die Ursachen dieser Durchfeuchtungen liegen zum einen in der Versickerung von Niederschlagswasser durch einen schadhaften oder offenen Oberbau und zum anderen in einer schadhaften oder überhaupt nicht vorhandenen Bauwerksdichtung.

Die vorhandenen Stirnmauern weisen oft die für diese Brücken typischen, nach außen gerichteten Verformungen auf. Ursache hierfür ist der Horizontaldruck aus der Gewölbeüberschüttung in Verbindung mit Pumpbewegungen aus den jährlichen Frost-Tauperioden sowie der Verkehrsbelastung im bisherigen Nutzungszeitraum. Durch Beräumung der Gewölbeüberschüttung und den Einbau eines Gewölbeaufbetons wird die Horizontalbelastung der Stirnmauern aufgehoben. Wird als Gewölbeaufbeton ein Leichtbeton vorgesehen, kann das Eigengewicht der Brücke zur Erschließung weiterer Tragreserven für zusätzliche Verkehrslasten reduziert werden. Die Oberseite des Gewölbeaufbetons bildet einen standfesten Unterbau zur Aufnahme der Bauwerksdichtung. Da sich die Bauwerksdichtung nun nicht mehr auf dem Gewölberücken, sondern unmittelbar unter dem Straßenoberbau befindet, wird gleichzeitig die Funktion der Abdichtung der Stirnmauerrückseiten realisiert (Bild 6.42).

Damit das Tragverhalten des Gewölbes aufrechterhalten bleibt, sollten Gewölbe und Aufbeton z.B. durch einen bituminösen Anstrich oder durch das Einlegen von Bitumenpappe konstruktiv voneinander getrennt werden. Hierzu ist eine glatte Gewölbeoberseite herzustellen. Weiter ist darauf zu achten, dass das Gewölbe sowohl bei der Beräumung der Überschüttung als auch beim Einbau des Aufbetons durch wechselseitigen und lagenweisen Aus- und Einbau gleichmäßig entlastet bzw. belastet wird. Täglich sollten nur so viel Betonlagen eingebaut werden, dass zum einen der Schalungsdruck von den angrenzenden Stirnmauern aufgenommen werden kann und zum anderen Zwangsspannungen, vorrangig aus abfließender Hydratationswärme, gering gehalten werden.

Da sich Mauerwerks- und Betonteile, wie oben beschrieben, unter gleicher Temperaturbeanspruchung unterschiedlich verhalten, sind im Aufbeton bei mehrbogigen Brücken Raumfugen anzuordnen (siehe Bild 6.42). Generell sind über den Gelenken der Gewölbe bzw. Bögen Raumfugen vorzusehen, welche bis in den Straßenoberbau zu führen sind. Anders ist im Bereich von Stirnmauern aus

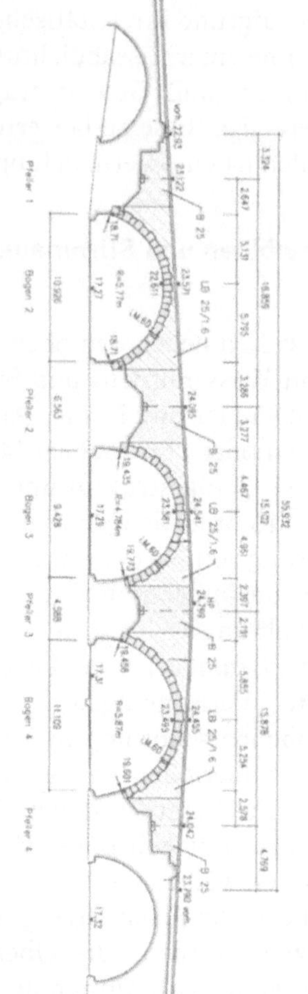

Bild 6.42: Alte Saalebrücke Jena-Burgau (Bj. 1491): Brückenansicht, Längsschnitt und Bauzustände

Natursteinmauerwerk zu verfahren. Hier brauchen die Fugen nicht hindurchgeführt zu werden. Ausreichend ist hier, das Mauerwerk im Bereich der Fuge auf ca. 1,3 m Breite in Trass-Kalk-Mörtel aufzumauern.

Die Verwendung von Leichtbeton als Aufbeton ist vorteilhaft, da das Spannungs-Dehnungsverhalten aufgrund des gegenüber Normalbeton geringeren Elastizitätsmoduls und Temperaturkoeffizienten dem von Natursteinmauerwerk näher kommt. Bei der Anwendung von Leichtbeton sei ergänzend auf folgenden Sachverhalt hingewiesen. Infolge der gewünschten leichten Kornstruktur sind die Sieblinien des Leichtbetons so aufgebaut, dass Teile der Feinstanteile fehlen. Dies bedeutet ein grobes Stützgerüst und damit einen hohen Porengehalt. Wenn zudem der verwendete Zuschlagstoff noch eine hohe Wasseraufnahmefähigkeit besitzt (z.B. bei Blähschiefer), besteht das Problem, dass der eingebaute Leichtbeton nur langsam austrocknet und die Dichtung nicht im gewünschten Zeitrahmen eingebaut werden kann. Um außerdem zu vermeiden, dass überschüssiges Porenwasser nach Fertigstellung der Dichtung nur noch über die Stirnmauern bzw. das Gewölbe mit einhergehenden Salzausblühungen ausdiffundieren kann, sollte bei Wasser speichernden Zuschlagstoffen die Betonrezeptur entsprechend angepasst werden. Eine Möglichkeit besteht in der Beschränkung des Wasser/Zementfaktors auf W/Z < 0,4. Zur Gewährleistung einer guten Verarbeitbarkeit können ausgleichend Verflüssiger eingesetzt werden.

Das Gewölbe oder der Bogen aus Mauerwerk bzw. Stampfbeton ist gemäß seines Schadenszustandes instand zu setzen. Dieser kann vollständig erst nach Beräumung des Tragwerkes beurteilt werden (Bild 6.43). Im Zuge notwendiger Instandsetzungsarbeiten, z.B. wenn Gewölbebereiche erneuert werden müssen, kann ein Traggerüst erforderlich sein (Bild 6.44).

Bild 6.43: Sternbrücke über die Ilm in Weimar (Bj. 1651–1653): Gewölbebrücke vollständig beräumt

Bild 6.44: Alte Saalebrücke Jena-Burgau (Bj. 1491): Traggerüst zum Wiederaufbau der Gewölbe

6.3.3 Schadensbilder und gesteinsrestauratorische Instandsetzungsgrundsätze von Natursteinbrücken aus baupraktischer Sicht

Das Schadensbild der Gewölbe, Brüstungen, Gesimse und Stirnmauern von Natursteinbrücken ist neben den im Kapitel 6.3.1 behandelten Systemrissen meist durch Verkrustungen, Fehlstellen, Kantenabplatzungen, lose Steinecken, lose Schalen im Oberflächenbereich, Zementmörtelergänzungen, großflächige Steinzersetzungen und partielle Absandungen gekennzeichnet (Bild 6.45).

Kantenabplatzungen sind ursächlich auf den vor allem im oberflächennahen Bereich sehr festen und unelastischen Mauer- und Verfugmörtel zurückzuführen. Eine häufige Ursache von Steinschäden sind Kristallisations- und die mit einer Volumenvergrößerung verbundenen Hydratationserscheinungen infolge einer erhöhten Schadsalzbelastung überwiegend durch Chlorid- und Nitratsalze. Bauschädliche Salzanreicherungen, welche oft im Zusammenhang mit einer erhöhten Feuchtebelastung stehen, erzeugen bei Behinderung des Kristallwachstums Sprengdrücke, die zur Zerstörung des Baustoffgefüges führen können. Die vorhandene allgemeine Oberflächenerosion, welche oft mit Verkrustungen einhergeht, weist neben der natürlichen Verwitterung auf eine erhöhte Schadstoffbelastung durch schwefelsaure Luftschadstoffe im bisherigen Nutzungszeitraum hin. Krusten, die aus einem Gemenge von Ruß- und Staubpartikeln, Mikroorganismen und Verwitterungsrückständen bestehen, verhindern die Austrocknung des Steines und beschleunigen damit seine Verwitterung. Im Gegensatz zur die

Bild 6.45: Abgearbeitete Schadstellen an einer Stirnmauer

Natursteinoberfläche schützenden Patina sind Verkrustungen zu entfernen. Lose Schalen resultieren überwiegend aus hygrisch und thermisch sowie chemisch bedingten Quell- und Schwindvorgängen. Sie treten bevorzugt bei tonigen und glimmerreichen Sandsteinen mit gut ausgeprägter Schichtung auf. Antragungen aus Zementmörtel sind meist zu hart und zu dicht. Salze und Feuchtigkeitsstau führen bei derartigen Ergänzungen oft zu erheblichen Substanzschäden und Abschalungen.

Im Zuge der Instandsetzung müssen die genannten Schäden unter denkmalpflegerischen Gesichtspunkten saniert werden. Die Reinigung von Natursteinflächen sollte untergrundschonend mit einem Partikelstrahlverfahren, vorzugsweise dem JOS-Niederdruck-Rotationswirbelverfahren, erfolgen. Es arbeitet substanzschonender als herkömmliche Nassstrahlverfahren, weil spiralförmige Rotationswirbel aus Glaspudermehl, Luft und Wasser mit geringem Druck und hoher Geschwindigkeit tangential über die zu reinigende Oberfläche geführt werden. Vor Beginn der Strahlarbeiten sind Probeflächen zur Auswahl eines geeigneten Strahlmittels und Strahldruckes anzulegen.

Nach Reinigung der Natursteinflächen sind gemäß Schadenskataster die vorhandenen kleineren Fehlstellen und Kantenabplatzungen vorrangig unter Verwendung von Steinersatzmörtel zu ergänzen. Man spricht hierbei vom Reprofilieren. Geringfügige Abwitterungsschäden in den Gesteinsflächen und Kantenbereichen können hierbei belassen werden (Bild 6.46).

Bild 6.46: Antrag eines farblich eingestellten Steinersatzmörtels an Fehlstellen im Stirnmauerbereich

Artfremdes Material wie z.B. Zementergänzungen sind zu entfernen. Für tiefe Fehlstellen, welche mit Steinersatzmörtel geschlossen werden sollen, ist ein lagenweiser Schichtaufbau (Grund- und Deckmörtel) vorzusehen. Zur Vorbereitung des Untergrundes muss der geschädigte Bereich bis auf den tragfähigen Stein, in der Regel aber mindestens 20 mm tief, abgearbeitet werden. Hierbei sind die Schadstellen durch gerade Schnitte zu begrenzen (Bild 6.45). Sollte nach dem Entfernen der schadhaften Außenschicht die Oberfläche zu glatt sein, muss diese, um eine optimale Haftung des anzutragenden Mörtels zu gewährleisten, aufgeraut werden. Gegebenenfalls ist eine Haftbrücke mittels einer Grundierschlämme aufzutragen.

Im Falle starker Absandungserscheinungen kann eine Verfestigung mit einem so genannten Steinfestiger vorgenommen werden. Steinfestiger auf Basis von Kieselsäureester verkieseln den Stein und erhöhen somit seine Festigkeit. Bei der Steinverfestigung ist darauf zu achten, dass die zu verfestigenden Bauteilbereiche vollständig mit Hilfe von Flut- oder Sprühgeräten durchtränkt werden. Im Regelfall sind 4-6 nacheinander durchgeführte Tränkungen ausreichend [6-61]. Bevor der so verfestigte Stein weiter bearbeitet werden kann, ist eine Wartezeit von 14–28 Tagen einzuhalten.

Salzablagerungen können in Form von Ausblühungen, Auslaugungen und Aussinterungen vorliegen. Salzausblühungen können am einfachsten auf mechanischem Weg durch Abkehren mit einer Stahlbürste oder durch Wasserstrahlen entfernt werden. Auslaugungen lassen sich meist ebenfalls durch trockenes

Bild 6.47: Edelstahlarmierung an einem überhängenden Gesims

Abbürsten beseitigen. Festsitzende Auslaugungen und Aussinterungen müssen mit speziellen Reinigungsmitteln entfernt werden. Zur Verringerung von Salzanreicherungen im Natursteinmauerwerk als Maßnahme zur Reduzierung der genannten Erscheinungen in der Zukunft hat sich als physikalisches Verfahren die Entsalzung mit Hilfe von Kompressen bewährt. Anwendbar sind z.B. Zellulosekompressen, die durch Zusätze von Bentonit ihre Saugfähigkeit noch verbessern. Wichtig ist hierbei zum einen die regelmäßige Befeuchtung der Kompressen, da ansonsten der Transport der löslichen Salze zum Erliegen kommt, und zum anderen die Abnahme der Kompressen im feuchten Zustand. Zur Erprobung der Wirksamkeit der vorgesehenen Kompressen sollten Musterflächen angelegt werden.

Vor dem Antrag des Mörtels ist der Untergrund von Staub zu säubern und ausreichend anzufeuchten. Bei der Instandsetzung überhängender Bauteile mit Steinersatzmörtel ist, wie im Bild 6.47 dargestellt, der Einsatz einer Armierung aus nicht rostendem Material (Edelstahl) zu empfehlen.

Werden rein mineralisch gebundene Mörtel verwendet, darf die Antragung in ihrer Dicke nicht auf Null auslaufen, da bei einer zu geringen Mörteldicke der Erhärtungsverlauf beeinträchtigt wird.

Die Auswahl eines geeigneten Steinersatzmörtels ist von den bauphysikalischen Eigenschaften des zu ersetzenden Natursteins abhängig. KUCHLER gibt in [6-38] eine Übersicht zu den wichtigsten Produkteigenschaften eines Steinersatzmörtels (Tabelle 6.6).

Tab. 6.6: Anforderungen an die Produkteigenschaften von Steinersatzmörtel

Frischmörtel	
Verarbeitung	geschmeidige leichte Verarbeitung
Wasserrückhaltevermögen	> 90%
Standvermögen	Antragbarkeit muss auch in größeren Schichtdicken ohne Abrutschen möglich sein
Festmörtel	
dynamischer E-Modul	in weitgehender Anpassung an das Originalmaterial, in jedem Fall aber kleiner
Druckfestigkeit	kleiner als die Druckfestigkeit des Originalmaterials, ca. 60%
Haftzugfestigkeit	50–80% der Abreiß-Zugfestigkeit des Originalmaterials
Wasserdampfdiffusionsfähigkeit	muss in Anpassung an das Originalmaterial gewährleistet sein
Temperaturausdehnungs-koeffizient	in weitgehender Anpassung an das Originalmaterial
Wasseraufnahme, Dichtigkeit	in weitgehender Anpassung an das Originalmaterial
Farbe	naturgetreue Wiedergabe des Originalfarbtons
Textur	in Anpassung an das Originalmaterial
Bearbeitbarkeit	Möglichkeit einer steinmetzmäßigen Bearbeitung
Alterung	dem Originalmaterial angepasste Alterung

Die Antragung des Steinersatzmörtels sollte geringfügig über die angrenzende Steinoberfläche herausragen. Die überstehende Schicht wird dann mit geeigneten Werkzeugen überarbeitet, so dass eine Oberfläche in Abstimmung auf die umgebende Struktur entsteht (Bild 6.48).

Alternativ zur Instandsetzung der Fehlstellen mit Steinersatzmörtel können Vierungen (Naturstein-Passstücke) verwendet werden. Ob Steinersatzmörtel oder Vierungen ausgewählt werden, ist vorrangig eine Kostenfrage. Bei komplizierten Ausbesserungen an Ornamenten ist die Verarbeitung des Steinersatzmörtels im plastischen Zustand der entscheidende Vorteil.

Lose Schalen im Oberflächenbereich können durch Hinterfüllung mit speziellen Injektionsmörteln stabilisiert werden.

Bereiche großflächiger Steinzersetzungen sollten, wie im Bild 6.49 dargestellt, durch eine Natursteinverblendung, welche auf das vorhandene Originalmauerwerk abgestimmt ist, ersetzt werden.

Kunststeine (Steinnachbildungen), welche aus zementgebundenem oder kunststoffvergütetem Material bestehen, sollten nicht an Sichtflächen eingesetzt werden, da sie neben der bauphysikalischen Verschiedenheit zu dem umgebenden Natursteinmaterial anders altern und somit im Laufe der Zeit zu einem gestörten Gesamtbild führen [6-61].

Bild 6.48:
Wiederherstellung der Oberflächenstruktur mit einem Zahneisen (oben)

Bild 6.49:
Natursteinverblendung an einer Brüstung (links)

Bild 6.50: Verfugung einer Stirnmauer mit Fugenpistole

Im Zuge der Neuverfugung des vorhandenen Mauerwerkes sind zuerst die bestehenden Fugen vorzugsweise von Hand zu beräumen. Ein alternatives maschinelles Ausschneiden der Fugen muss ohne Zerstörung der angrenzenden Gesteinsflanken erfolgen. Müssen Fugen sehr tief beräumt werden, hat sich die Fugenausräumung mit Hilfe von Hochdruckwasserstrahlen bewährt.

Das anschließende Verfugen kann von Hand mit einer entsprechenden Fugenkelle durchgeführt werden. Damit die Fugen vollständig mit Fugenmörtel gefüllt sind, ist die Verwendung einer Fugenpistole mit aufgesetzter Kartusche zu empfehlen (Bild 6.50).

Alternativ kann maschinell z.B. im Trockenspritzverfahren verfugt werden. Diese Vorgehensweise garantiert ein vollständiges Ausfüllen der Fugen, besitzt aber den Nachteil der Verschmutzung der Steinflanken. Eine praktikable und untergrundschonende Vorgehensweise zum Schutz der Steinflanken besteht z.B. im Auftrag einer Tapetenkleisterlasur oder Tonschlämme, welche nach Beendigung der Verfugarbeiten einfach abgewaschen werden können. Bei tiefen Fugen werden Mauerwerksfugeninjektionen ausgeführt, auf welche ausführlich im Kapitel 5.2.2.4 eingegangen wird.

Die Fugen sind mit dem Mauerwerk ebenflächig herzustellen. In Ausnahmefällen können sie in Anpassung an den vorhandenen Baustil (z.B. bei einem Bauwerk aus der Gründerzeit) geringfügig zurückgesetzt ausgebildet werden. Hieraus resultiert allerdings der Nachteil, dass sich Niederschlagswasser in der Fuge sammeln kann und es bei Frosteinwirkung zu erneuten Schäden kommt. Um einen guten Porenschluss zu erreichen, hat sich das Glätten der Fuge mit einem Schlauchstück bewährt. Hierdurch wird eine segmentbogenförmige Rundung der Fuge erzielt, durch die ein Ansammeln von Niederschlagswasser vermieden wird [6-62]. Fugen- und Mauermörtel sollten etwa gleiche Festigkeiten aufweisen. Die Farbauswahl des Fugenmörtels hat in Abstimmung auf das angrenzende Mauerwerk nach Probe zu erfolgen.

Schadstellen, welche mit Steinersatzmörtel aufgebaut wurden, sollten zur Gewährleistung der architektonischen Geschlossenheit des Bauwerkes farblich der umgebenden Steinsubstanz angepasst werden. Dies erfolgt durch werksseitige Einstellung des Fertigmörtels und dem Auftrag von Farblasuren zur Feinabstimmung (Bild 6.51).

Wichtig ist hierbei die UV-Beständigkeit der eingesetzten Lasur, welche durch die Verwendung anorganischer Farbpigmente sichergestellt werden kann. Bei Verwendung von organischen Farbpigmenten erfolgt eine Zersetzung der Farbpigmente durch UV-Bestrahlung und es kommt zum Ausbleichen des Steinersatzmörtels. Werden im Fertigmörtel Pigmentzusätze eingesetzt, muss man sich der Beeinflussung des Bindemittel-Zuschlagverhältnisses bewusst sein.

Da die historischen Kalkbindemittel im Erhärtungsverlauf sowie im Spannungs-Dehnungsverhalten Trassbindemitteln sehr nahe kommen, sollten für die Maurerarbeiten Kalkmörtel mit Trassanteilen – Trass-Kalk-Mörtel – eingesetzt werden. Sind innerhalb kurzer Zeit hohe Festigkeiten erforderlich, z.B. bei der Vormauerung der Stirnwände, kann Trass-Zement-Mörtel eingesetzt werden.

Bild 6.51: Auftrag einer Steinlasur im Brüstungsbereich

Bild 6.52: Aufsprühen der Hydrophobierung auf die Natursteinoberfläche

Weitere Vorteile der Trassbindemittel sind die geringe Schwindneigung, die reduzierte Gefahr von Kalkausblühungen sowie die erhöhte Kriechfähigkeit, infolgedessen vorhandene Eigenspannungen abgebaut werden. Der Hauptnachteil ist die fehlende Sulfatbeständigkeit.

Die Festigkeit sowohl des Mauer- als auch des Fugenmörtels sollte deutlich unterhalb der Steinfestigkeit liegen. Grundsätzlich sind Fertigmörtel einzusetzen.

Zum Schutz der instand gesetzten Natursteinoberflächen kann eine Hydrophobierung aufgebracht werden. Dies ist sinnvoll, da dadurch die Verschmutzungsneigung herabgesetzt wird (Bild 6.52). Wichtig beim Einsatz einer Hydrophobierung ist ihre Wasserdampfdiffusionsfähigkeit. Diese gewährleistet, dass das im Naturstein bzw. im Aufbeton enthaltene Porenwasser mit der Zeit ausdiffundieren kann. Vor dem Einsatz einer Hydrophobierung ist zur Vermeidung von Absprengungen eine Salzanalyse notwendig, da vorhandene Salze nicht ausdiffundieren können.

Kristalline Ausblühungen an Natursteinoberflächen können in den Folgejahren nach der Instandsetzung problemlos auf mechanischem Wege, z.B. durch Abbürsten, entfernt werden.

Abschließend sollte eine Graffitiprophylaxe (siehe hierzu auch Kapitel 5.2.4.3) durch den Auftrag eines Anti-Graffiti-Systems erfolgen. Graffitis an Bauwerken sind ausnahmslos nichts anderes als eine Bauwerksverunstaltung und damit Sachbeschädigung. Anti-Graffiti-Systeme werden in temporäre, semipermanente und permanente Systeme unterschieden. Bei temporären Systemen werden die

Graffiti zusammen mit dem Schutzsystem durch Dampf- oder Heißwasserstrahlen (ca. 50 °C und 100 bar) entfernt. Ein anschließender Neuauftrag ist notwendig. Semipermanente Systeme bestehen meist aus mehreren Schichten, bei denen die obere die so genannte Opferschicht ist, welche bei der ebenfalls durch Dampf- oder Heißwasserstrahlen vorzunehmenden Graffitientfernung mit abgetragen wird und somit anschließend zu erneuern ist. Permanente Systeme sind einschichtige Systeme, welche eine Mehrfachentfernung der Graffiti mit einem chemischen Reiniger ohne Erneuerung des Schutzes ermöglichen. Aus bauphysikalischer Sicht gelten die bereits zur Hydrophobierung genannten Aspekte. Vor Auswahl des geeigneten Anti-Graffiti-Systems sind die Häufigkeit und der Umfang der zu erwartenden Angriffe und damit der Kostenaufwand zur Erneuerung des Systems, die Eigenschaften des Natursteinmaterials, die dem Eigentümer zur Verfügung stehende Reinigungstechnologie sowie die Umweltverträglichkeit zu beurteilen.

Sämtliche zum Einsatz kommenden Baustoffe und Baumaterialien sind gemäß Herstellerrichtlinien zu verarbeiten. Generell sind die gesteinsrestauratorischen Arbeiten mit aufeinander abgestimmten Materialien durchzuführen. Zur Gewährleistung der Verträglichkeit der Einzelkomponenten sollten nur Materialien eines Herstellers Verwendung finden. Farbabstimmungen sind nach Anlegen genügend großer und ausgetrockneter Probeflächen vorzunehmen.

6.4 Konstruktive Problemstellungen und Lösungen

Zusammenfassung:
In Anpassung an die durch das historische Bauwerk vorgegebenen Rahmenbedingungen werden ausgewählte konstruktive Detaillösungen zu den Problemstellungen Bauwerkserweiterung, -ertüchtigung, Gesimssteinverankerung, Dichtungsanschluss, Sicherung gegen Schrammbordstoß, Anordnung von Geländer, Brüstung und Beleuchtung sowie Ausführung von Pflasterbelägen gegeben.

6.4.1 Bauwerkserweiterung und -ertüchtigung

Bei den im innerstädtischen Raum vorhandenen historischen Brücken besteht oft die Aufgabe, ein unter Denkmalschutz stehendes Bauwerk instand zu setzen und gleichzeitig den modernen funktionalen Anforderungen anzupassen. Im Rahmen dieser Aufgabenstellung ist es meist unumgänglich die Brücke zu erweitern. Bei den hier betrachteten Bogen- und Gewölbebrücken kann diese Erweiterung entweder durch ein Erweiterungsbauwerk neben dem vorhandenen oder durch eine auf das vorhandene Bauwerk aufgesetzte, auskragende Fahrbahnplatte realisiert werden.

Letztere Variante bietet gleichzeitig die Möglichkeit der Ertüchtigung der Brücke, wenn die Tragfähigkeit in Anpassung an die veränderten Verkehrsverhältnisse nicht mehr gegeben ist. Weitere Varianten der Ertüchtigung bestehen in der Verstärkung der Tragkonstruktion oder dem Einbau eines Ersatztragwerkes in

Bild 6.53: Krämpfertorbrücke über den Flutgraben in Erfurt (Bj. 1895)

das vorhandene Bauwerk. Im Falle der Ausbildung eines Ersatztragwerkes hat das Gewölbe oder der Bogen im Bauzustand nur noch eine Schalungsfunktion und muss im Endzustand nur noch seine Eigenlast tragen.

Als gelungenes Beispiel für die Erweiterung einer Bogenbrücke kann die Instandsetzung der Krämpfertorbrücke in Erfurt in den Jahren 1998/99 angesehen werden (Bild 6.53) [6-6].

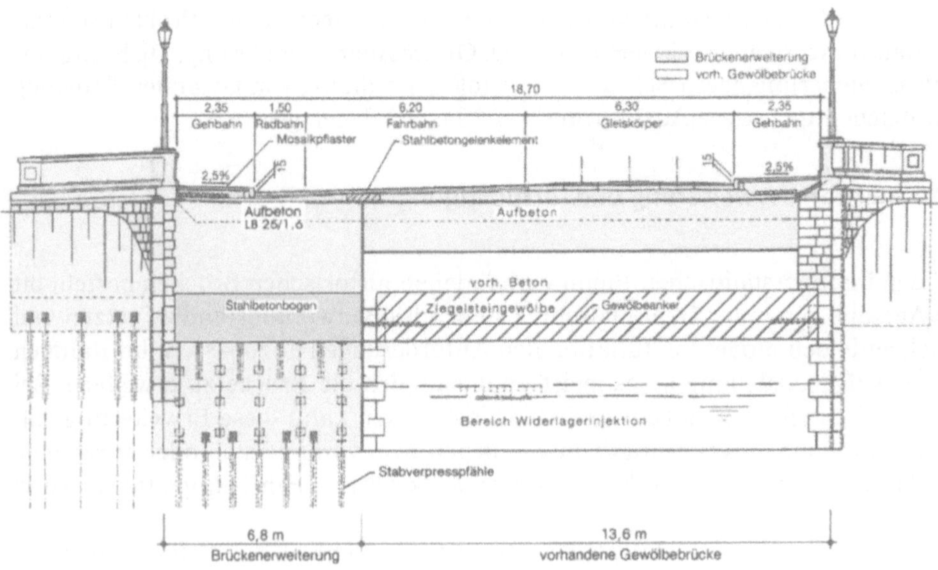

Bild 6.54: Brückenquerschnitt

Bild 6.55:
Bauzustände: Ansicht des vorhandenen, vollständig beräumten Mauerwerksbogens, Aufbau des Traggerüstes sowie Betonierarbeiten am Stahlbetonbogen der Brückenerweiterung

Bild 6.56: Brückenunteransicht nach der Erweiterung

Der im Zuge des Ausbaus des Stadtbahnnetzes der Stadt Erfurt erforderliche Verkehrsraum auf der Brücke ergab die Notwendigkeit, eine ca. 7 m breite Brückenerweiterung, ausgeführt als Stahlbetonbogen, südlich neben die vorhandene Bogenbrücke zu positionieren (Bilder 6.54–6.56).

Gestalterisch bestand die Zielstellung in der Beibehaltung der ursprünglichen südlichen Brückenansicht, welche durch die scharrierte Sandsteinverblendung, die bossierte Gewölberandeinfassung mit Schlussstein und die aufgelöste Sandsteinbrüstung mit aufgesetzten Schinkel-Leuchten geprägt ist. Während die nördliche Brückenansicht erhalten blieb, mussten die östlichen Flügel als Folge der neuen Verkehrsverhältnisse im Kreuzungsbereich zum angrenzenden Stadtring vollständig erneuert werden. Für die Gestaltung als aufgeweitete, konvex gekrümmte Rundflügel wurden in Abstimmung auf die umgebende Bebauung gründerzeitspezifische Gestaltungselemente verwendet. Die durch die Rundflügel erreichten kanzelartigen Aufweitungen im Bereich der Fußgängerführung stellen attraktive Warte- und Verweilzonen dar, durch welche dem Fußgänger die historische Bogenbrücke wieder erlebbar gemacht werden konnte.

Bei der durch einen Stahlbetonbogen realisierten Brückenerweiterung sind Interaktionen zur vorhandenen Bogenbrücke gegeben. Während der Bogen der vorhandenen Brücke aus Ziegelsteinmauerwerk besteht, wurde der Stahlbetonbogen der Brückenerweiterung aus einem Beton B 35 gefertigt (Bild 6.54). Aufgrund der unterschiedlichen E-Moduln beider Baumaterialien kommt es bei Lasteinwirkung zu unterschiedlichen Verformungen, welche bei Behinderung zu

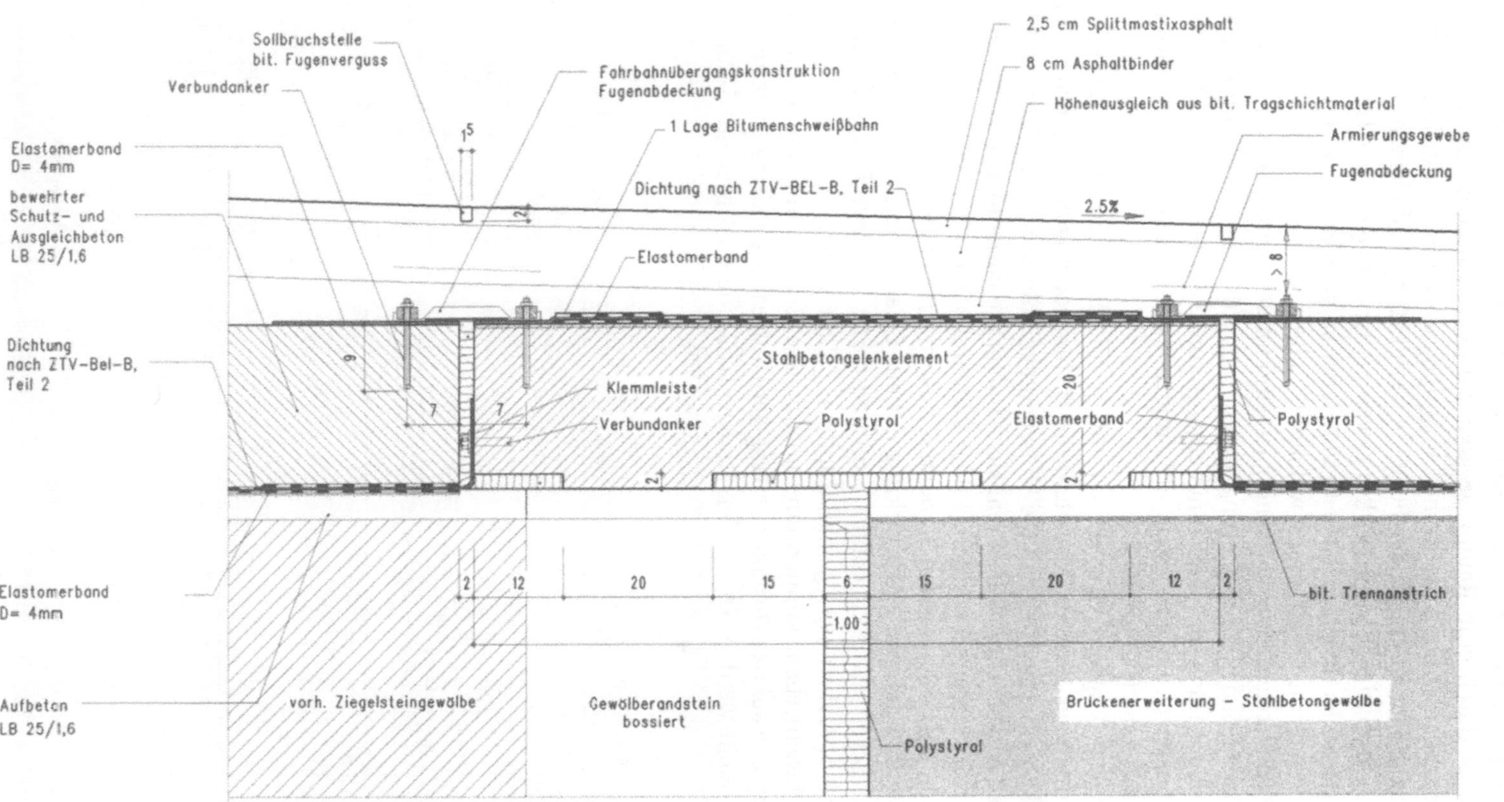

Bild 6.57: Stahlbetongelenkelement

Zwangsspannungen führen. Zur Vermeidung dieser Zwangsspannungen wurden beide Überbauten durch eine Raumfuge konstruktiv voneinander getrennt. Um den Straßenoberbau dennoch als Einheit ausbilden zu können, wurde auf dem Aufbeton beider Bögen oberhalb der Fuge ein Stahlbetongelenkelement (Pendelplatte) angeordnet (Bild 6.57). Die Wirkungsweise entspricht der eines Trägers auf zwei Stützen, der links und rechts auf Betonleisten aufgelagert ist. Zur Gewährleistung eines Bewegungsspielraumes, welcher bei einer vorhandenen Verkantung des Stahlbetongelenkelementes notwendig ist, sind an den Seitenflächen entsprechende Fugen ausgebildet. Die Dichtung dieser Fugen übernimmt eine unter dem Straßenoberbau positionierte Fahrbahnübergangskonstruktion. Die Straßendeckschicht besitzt eine bituminöse Fuge als Sollbruchstelle. Zum Problem Gründungsinteraktion siehe Kapitel 6.5.3.

Ein weiteres gelungenes Beispiel sowohl für die Erweiterung als auch für die Ertüchtigung einer Bogenbrücke stellt die Instandsetzung der Rossbrücke in Erfurt dar (Bild 6.78). Hier bestand die Notwendigkeit die Brücke um 1,65 m aufzuweiten. Diese Erweiterung wurde realisiert, indem die vorhandenen Sandsteinbögen der Brücke verbreitert wurden (Bilder 6.58 und 6.59).

Die aus der aufzunehmenden Verkehrsbelastung resultierende, notwendige Ertüchtigung wurde durch die Verstärkung der aus Quadermauerwerk bestehenden Bögen mit Beton realisiert (Bilder 6.60 und 6.61). Die Berechnung derartig verstärkter Bogenbrücken kann gemäß Kapitel 6.2.2.8 erfolgen.

Wie oben beschrieben, können eine notwendige Erweiterung und Ertüchtigung auch über eine auf das vorhandene Tragwerk aufgesetzte Fahrbahnplatte mit Kragarmen erreicht werden. Die in den Bildern 6.62 und 6.63 gezeigte 5-bogige

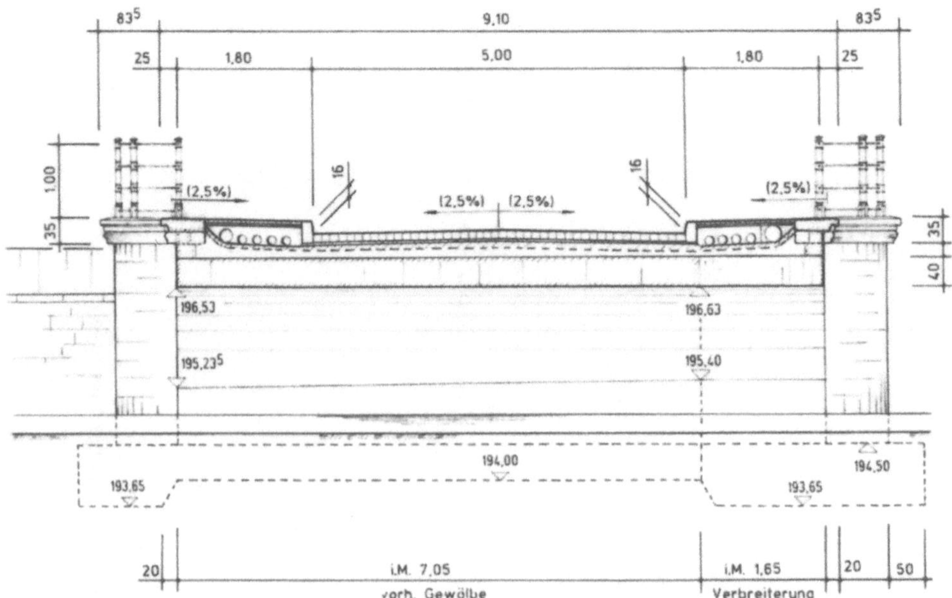

Bild 6.58: Rossbrücke über den Walkstrom in Erfurt (Bj. 1750): Brückenquerschnitt

Bild 6.59: Bauzustand: Verbreiterung der Sandsteinbögen

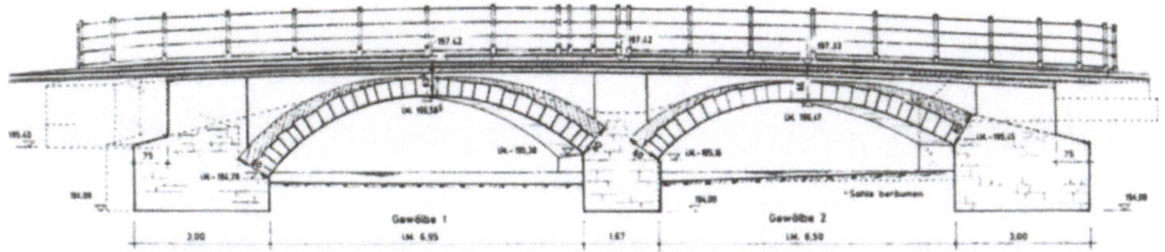

Bild 6.60: Brückenlängsschnitt: Quadermauerwerk mit Betonverstärkung

Bild 6.61: Einbau der Betonverstärkung

Bild 6.62: Gewölbebrücke über die Ilm bei Apolda (Bj. 1720)

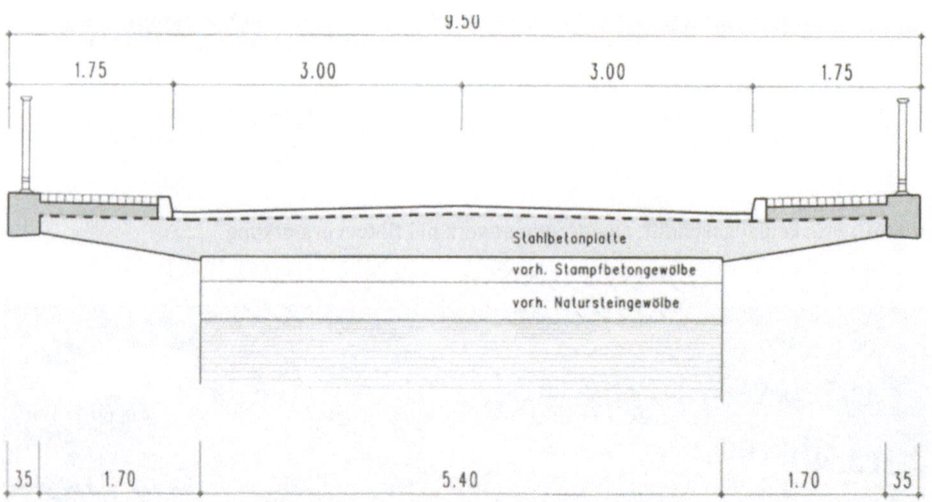

Bild 6.63: Brückenquerschnitt

Gewölbebrücke über die Ilm bei Apolda (Thüringen) repräsentiert ein derartig instand gesetztes Bauwerk. Die Größe der Kragarme sollte hinsichtlich der Wahrung einer harmonischen Gesamtansicht, d.h., die Gewölbebrücke sollte noch als Gewölbebrücke erlebbar sein, begrenzt bleiben.

Kann eine historische Gewölbebrücke nicht wie beschrieben erweitert werden, besteht die Möglichkeit, neben dem vorhandenen Bauwerk einen Neubau, z.B. für die zweite Richtungsfahrbahn einer Autobahnbrücke oder zur Überführung der Fußgänger, zu errichten. Dabei sollte der Brückenneubau hinsichtlich Konstruktion, Gestaltung und Materialauswahl einen modernen Charakter besitzen und sich so vom historischen Bauwerk unterscheiden. Ein gelungenes Beispiel für ein harmonisches Miteinander zwischen einer bestehenden Bogenreihenbrücke und moderner Architektur im Brückenbau zeigt Bild 6.64. Im Sinne einer zurückhaltenden neutralen Gestaltung des Brückenneubaus wurde der Überbau als schlanker, parallelgurtiger Durchlaufträger entworfen. Die Formgebung der Pfeiler steht in Korrespondenz zum bestehenden Bauwerk. Zur Gewährleistung der Harmonie der nebeneinander liegenden Baugruppenreihungen wurde das Stützweitenraster der vorhandenen Brücke aufgenommen. Im relevanten Mittelteil der Schrägdurchsicht wird Rhythmus und Form beider Reihungen in Wechselwirkung empfunden. Die einteilige Pfeilerscheibe mit kreisförmiger Taillierung nahe dem unteren Drittelspunkt sichert die gute Harmonisierung zu den Bögen der alten Brücke. Der Kreisbogen als Gestaltungselement wiederholt sich bei der Y-förmigen Auflösung des Pfeilerkopfes sowie den Pfeilerstirnflächen und unterstreicht das räumliche Zusammenspiel mit dem vorhandenen Bauwerk.

Bild 6.64: Wettbewerbsbeitrag zur Gestaltung der neuen Autobahnbrücke im Zuge der BAB A 4 über die Saale bei Jena-Göschwitz in Thüringen

6.4.2 Gesimsverankerung, Dichtungsanschluss und Sicherung gegen Schrammbordstoß

Ein an historischen Brückenbauwerken oft feststellbares Schadensbild sind die nach außen abkippenden Gesimse und Brüstungen. Die Ursache liegt hier meist in einer fehlenden Gesimssteinverankerung.

Im Zuge der Instandsetzung ist daher, gerade bei auskragenden Gesimsen, die Ausbildung einer derartigen Verankerung notwendig. Wie in den Bildern 6.65–6.67 zu sehen, kann mit Hilfe von Dollen aus nicht rostendem Material der Gesimsstein einfach in der darunter liegenden Stirnmauer verankert werden. Bei der Wahl des Vergussmörtels ist darauf zu achten, dass die maximale Korngröße kleiner ist als ein Drittel des Abstandes zwischen Dollen und Bohrlochwange. Dadurch wird eine hohlraumfreie, gleichmäßige Verfüllung des Bereiches zwischen Dollen und Bohrlochwange sichergestellt. Damit die Verankerung von außen nicht sichtbar ist, sollte das Bohrloch entweder mit einer Vierung, welche aus dem Bohrkern zu gewinnen ist, oder mit Steinersatzmörtel geschlossen werden. Eine weitere Möglichkeit besteht in der Verdeckung der Gesimssteinverankerung durch den Fahrbahn- bzw. Gehwegbelag. Hierzu ist der Gesimsstein entsprechend auszuarbeiten (Bild 6.68).

Alternativ können die Gesimssteine auch in der Oberflächenbewehrung des Aufbetons verankert werden. Die diese Verankerung realisierenden Bohranker werden vor Ort im Gesimsstein eingebaut, wobei dieser zum Einbau der Anker in Kopflage gebracht wird (Bilder 6.69–6.71).

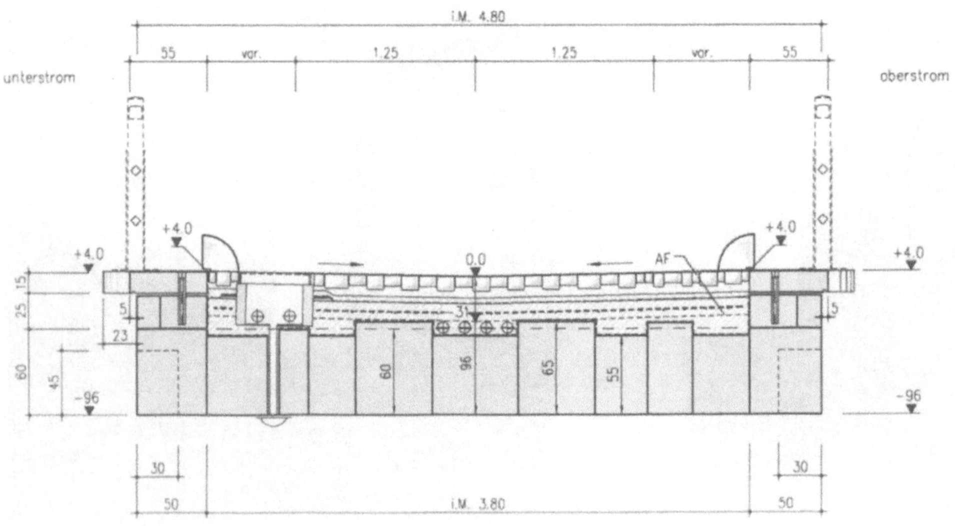

Bild 6.65: Alte Saalebrücke Jena-Burgau (Bj. 1491): Entwurf zur Steinschließung, Brückenquerschnitt

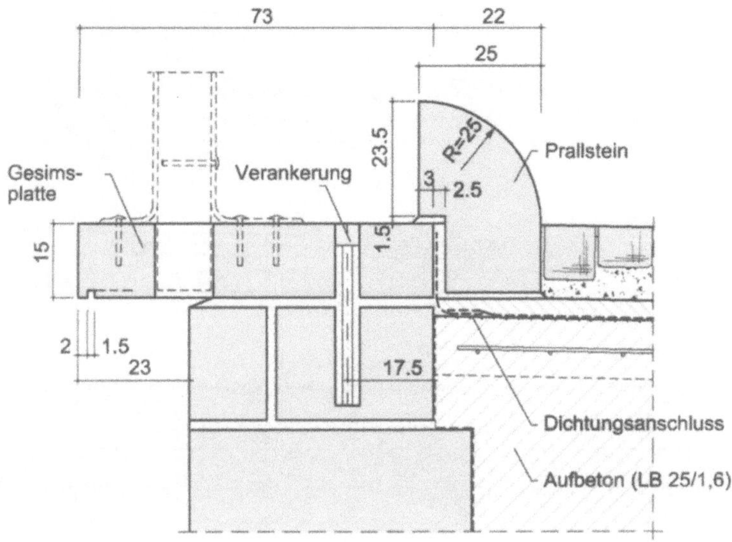

Bild 6.66: Detail Gesimsausbildung

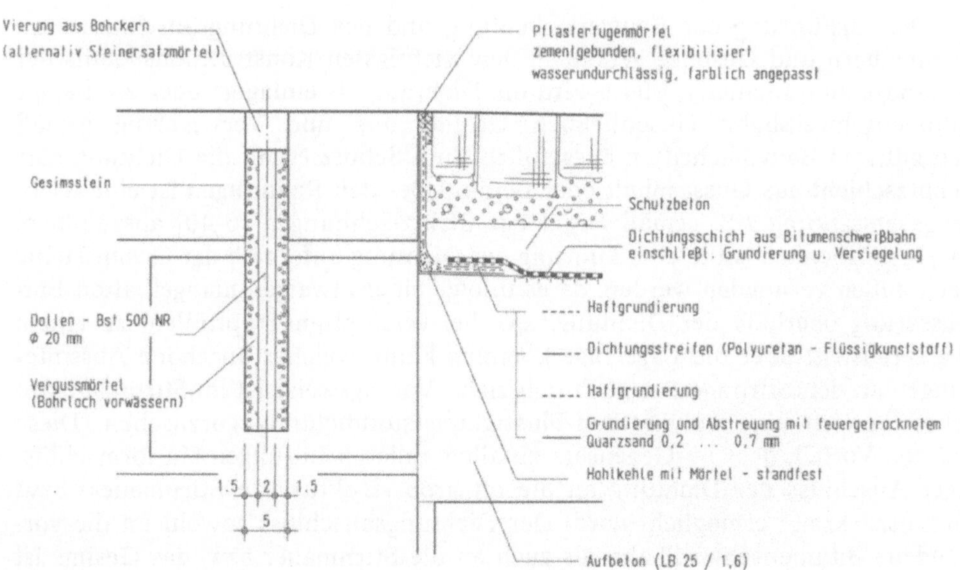

Bild 6.67: Detail Gesimssteinverankerung und Dichtungsanschluss

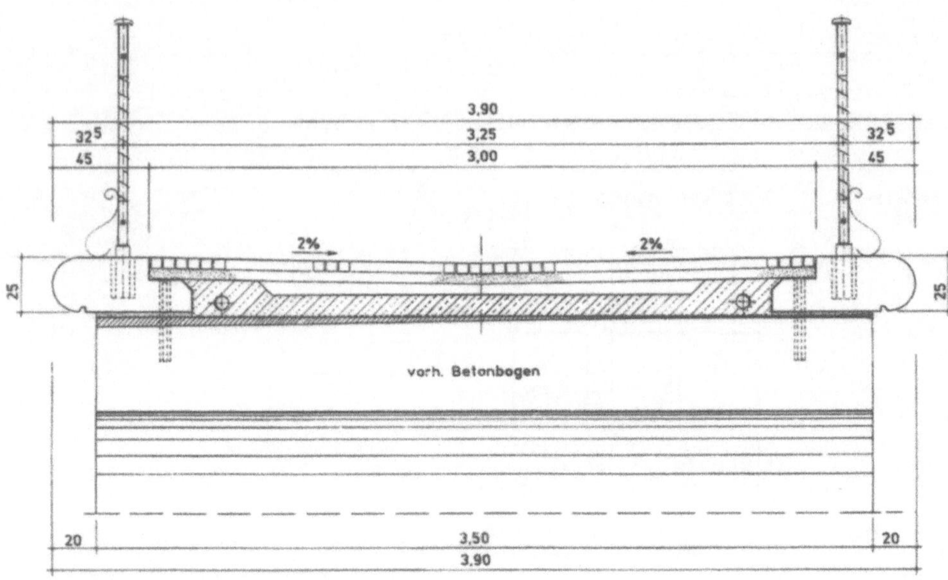

Bild 6.68: Fußwegbogenbrücke über den Flutgraben in Erfurt (Bj. 1898): Entwurf zur Instandsetzung, Brückenquerschnitt

Die Ausführung der Bauwerksdichtung und des Dichtungsanschlusses an Stirnmauern und Gesimse gehört zu den wichtigsten Konstruktionsdetails der Instandsetzungsplanung. Meist wird die Dichtung als einlagige oder zweilagige Bitumenschweißbahn einschließlich Grundierung und Versiegelung gemäß den gültigen Bauvorschriften ausgeführt. Zum Schutz erhält die Dichtung eine Schutzschicht aus Gussasphalt oder Beton. Über den Raumfugen ist eine Dichtungsverstärkung z.B. gemäß Fug 4 der Richtzeichnungen [6-40] auszubilden. Im Gesimsbereich sollte eine Führung der Dichtung unterhalb der Gesimssteine nach außen vermieden werden, da es infolge einer etwaigen mangelhaften Entwässerung oberhalb der Dichtung, z.B. bei verstopften Tropftüllen, zu einem Wasseraustritt über die Lagerfuge kommen kann, welcher unschöne Aussinterungen an den Stirnmauern nach sich zieht. Vorzugsweise ist im Stirnmaueranschlussbereich eine Polyurethan-Flüssigkunststoffdichtung vorzusehen. Diese hat den Vorteil, dass im Gegensatz zu allen anderen Lösungen ein formschlüssiger Anschluss der Dichtung an die oft grob strukturierte Stirnmauer- bzw. Gesimsrückseite ermöglicht wird. Der Dichtungsanschluss sowohl an die vorhandene Bitumenschweißbahn als auch an die Stirnmauer bzw. das Gesims ist im Bild 6.67 dargestellt. Weiter ist zu empfehlen, dass die Dichtung bis ca. 2 cm unter Oberkante Gesims zu führen ist. Eine Verfugung der Fuge zwischen Gesims und Gehwegbelag mit einem wasserdichten Pflasterfugenmörtel komplettiert den Dichtungsanschluss funktional.

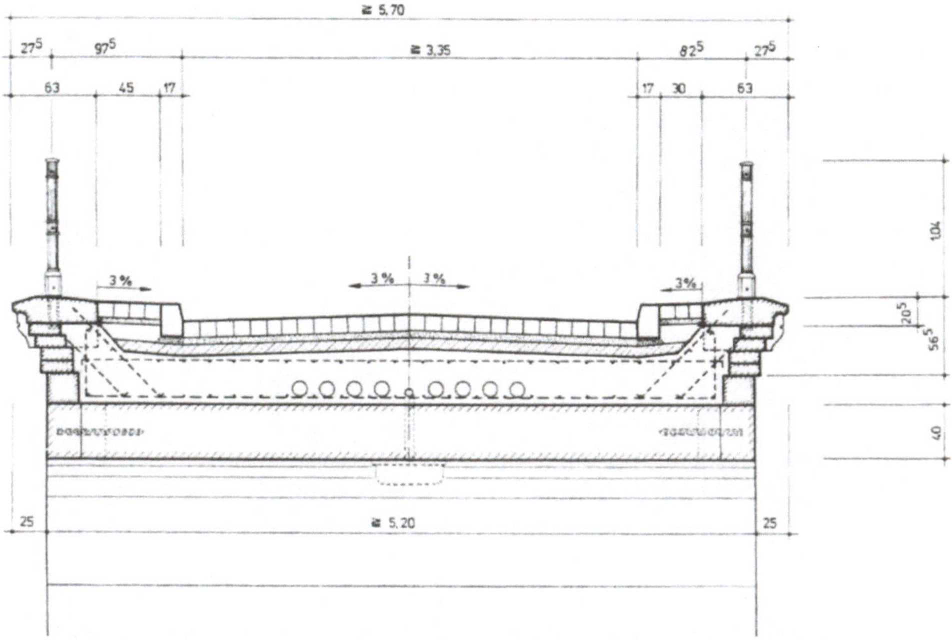

Bild 6.69:
Zufahrtsbrücke zur Citadelle
Petersberg in Erfurt (Bj. 1864):
Brückenquerschnitt, Bauwerks-
ansicht und Gesimsdetail

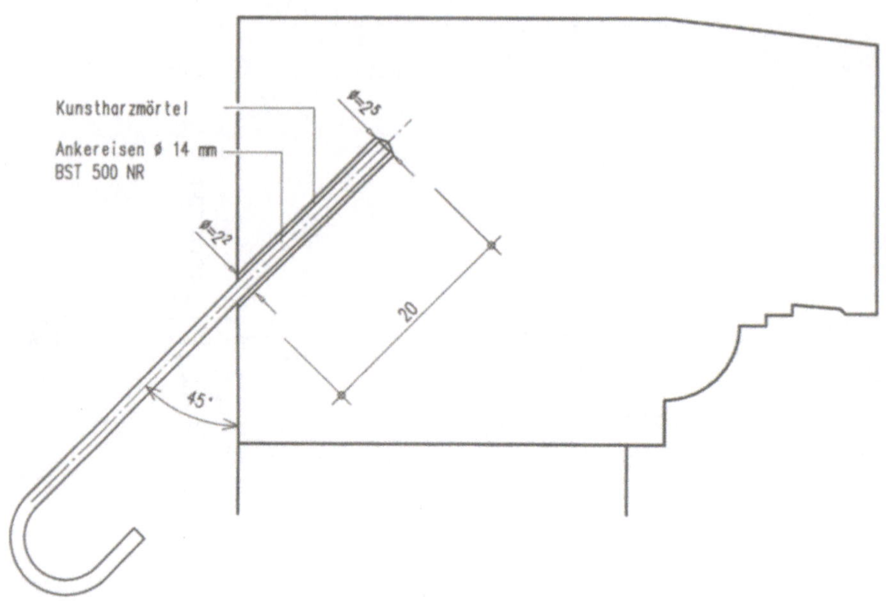

Bild 6.70: Detail zu Bild 6.69: Gesimssteinverankerung

Bild 6.71: Gesimssteinverankerung bindet in die Oberflächenbewehrung des Aufbetons ein

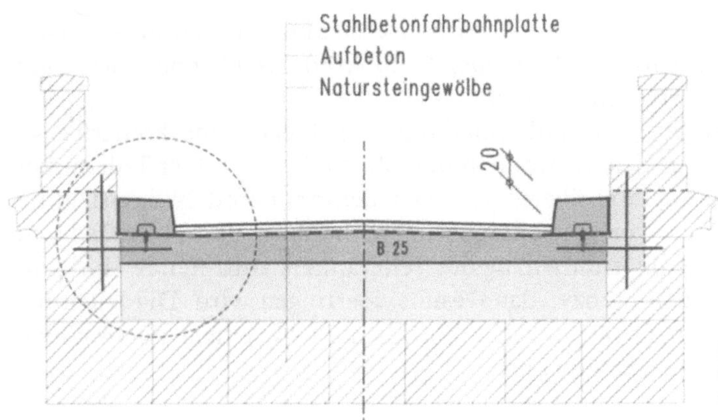

Bild 6.72:
Brückenquerschnitt ohne Gehwege

Bei historischen Brücken ohne Gehwege ist oft nur die Anordnung eines Schrammbordes vor der Brüstung möglich (Bild 6.72). Handelt es sich um innerörtliche Bauwerke, muss dieser zur Gewährleistung der Absturzsicherung mindestens 15 cm hoch sein.

Der Seitenstoß, welcher beim Anfahren des Schrammbordes durch ein Fahrzeug entsteht, darf hinsichtlich seiner Krafteinwirkung nicht zu einer Beschädigung der Brüstung führen. Existieren breite Gehwege, welche gegebenenfalls auch einen Pflasterbelag besitzen, so ist der Schrammbordstoß unproblematisch, da zum einen eine ausreichende Kraftverteilung in Längsrichtung gegeben ist und zum anderen der Stoß durch die Fugen des Pflasterbelages ausreichend abge-

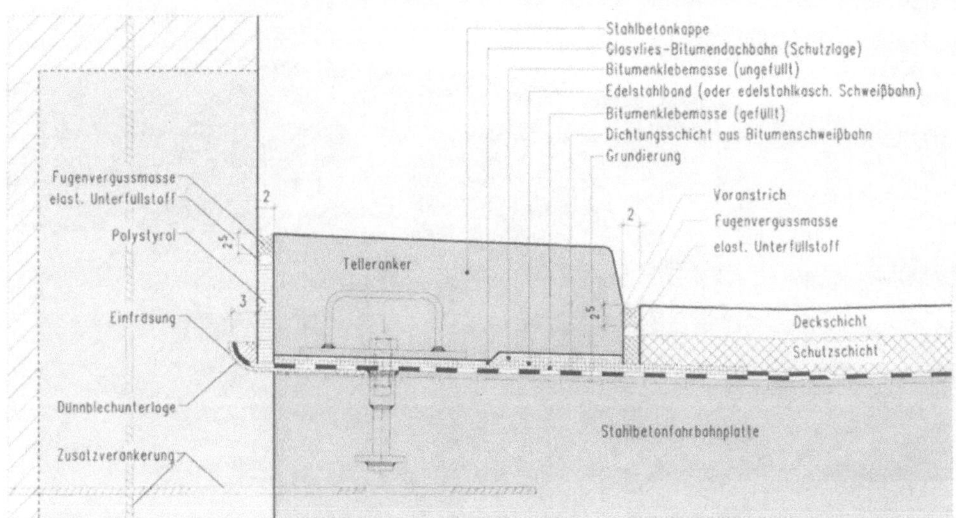

Bild 6.73: Detailausbildung: Schrammbordsicherung

dämpft wird. Existieren keine Gehwege, so ist konstruktiv zu verhindern, dass die aus dem Schrammbordstoß resultierenden Schubkräfte und Kippmomente auf Brüstung und Gesims übertragen werden.

Die im Bild 6.73 gegebene Detailausbildung zeigt hierzu eine konstruktive Möglichkeit. Die Kräfte aus dem Schrammbordstoß werden hier über Telleranker in die Stahlbetonfahrbahnplatte übertragen. Der Schrammbord ist konstruktiv durch eine elastische Fuge von der angrenzenden Brüstung getrennt. Dadurch wird verhindert, dass eine bis zum Anzug des Tellerankers auftretende Horizontalverrückung auf die Brüstung bzw. das Gesims übertragen wird. Die Dichtung wird im hier dargestellten Detail in einer Einfräsung bzw. einem horizontalen Schnitt an der Gesimsrückseite verwahrt.

6.4.3 Geländer, Brüstung und Beleuchtung

Die Ausstattungselemente Geländer, Brüstung und Beleuchtung haben bei den hier betrachteten historischen Brückenbauwerken nicht nur eine funktionale Bedeutung. Als Gestaltungselemente besitzen sie einen erheblichen Einfluss auf das äußere Gesamtbild des Ingenieurbauwerkes und repräsentieren die Stilrichtung zum Zeitpunkt seiner Entstehung (Bilder 6.74 bis 6.80). Daher muss im Rahmen der Instandsetzung dieser Elemente bezüglich der heutigen Sicher-

Bild 6.74: Theaterbrücke über den Passer in Meran, Südtirol (Bj. 1905)

Bild 6.75: Fußwegbogenbrücke über den Flutgraben in Erfurt (Bj. 1898): Instandsetzung des reich verzierten Jugendstilgeländers

Bild 6.76:
Radowitzbrücke über den
Flutgraben in Erfurt
(Bj. 1906/07): Plastisches
Jugendstilgeländer und
Altstadtleuchte

Bild 6.77:
Gewölbebrücke am Spanischen Platz in
Sevilla, Spanien: Brüstung verkleidet mit
handbemalten Kacheln

Bild 6.78:
Rossbrücke über den Walk-
strom in Erfurt (Bj. 1750):
Pollergeländer

Bild 6.79:
Krämpfertorbrücke über den Flutgraben in Erfurt (Bj. 1895): Sandsteinbrüstung und Schinkel-Leuchten

Bild 6.80:
Saalebrücke in Bad Kösen:
Sandsteinbrüstung

heitsanforderungen ein gesunder Kompromiss zwischen Sicherheitsanspruch und Wiederherstellung der ursprünglichen Gesamtansicht innerhalb einer denkmalgerechten Instandsetzung gefunden werden. Bei einer Entscheidung zugunsten des letztgenannten Aspektes muss eine verantwortungsbewusste Risikoabwägung von allen Beteiligten durchgeführt und die Entscheidung gemeinsam getragen werden. Typische Beispiele hierfür sind die Auswahl eines geeigneten Geländers (siehe z.B. Bild 6.78) bzw. die Festlegung des Brüstungspfostenabstandes entlang einer Gehwegüberführung (Bild 6.79). Ebenfalls hier einzuordnen ist die Problematik zur Bestimmung von Brüstungshöhen. Hier wird oftmals unter alleinigem Bezug auf das ausschließlich für Brückenneubauten geltende Normenwerk nicht bedacht, dass die dort angegebenen Mindesthöhen unterschritten werden dürfen, wenn z.B. durch die Breite der Brüstung ein zusätzlicher Schutz gegen Absturz gegeben ist [6-41]. Bei der Wiederherstellung einer historischen Brüstung kann nach wie vor die Faustformel Anwendung finden, dass die Summe aus Brüstungshöhe und Brüstungsbreite $\geq$ 1,10 m sein sollte. Dabei darf die Brüstungshöhe das Maß von 60 cm nicht unterschreiten. Werden neben den Fußgängern auch Radfahrer überführt, so kann auf der Brüstung ein Schutzholm angeordnet werden.

Vor der Instandsetzung historischer Brückengeländer, wie sie z.B. in den Bildern 6.74 bis 6.76 dargestellt sind, ist im Rahmen eines Materialgutachtens die Schweißeignung des Geländers zu untersuchen, da diese die Sanierungstechnologie maßgeblich beeinflusst. Die Schweißeignung entscheidet z.B., ob im Rahmen des Geländerabbaus die Pfostenfüße abgeschnitten und anschließend durch Anschweißen entsprechender Passstücke wieder ergänzt werden können oder ohne Zerstörung vollständig ausgestemmt werden müssen. Im Zuge der Sanierung entscheidet die Schweißeignung außerdem, ob fehlende tragende Geländerteile durch Anschweißen ergänzt werden können. Die Schweißeignung ist die werkstoffliche Voraussetzung der Schweißbarkeit allein vonseiten des Grundwerkstoffs [6-49]. Vor allem die chemische Zusammensetzung des Grundwerkstoffs (Tabelle 6.7), das metallurgische Herstellungsverfahren, das Gießverfahren sowie die Wärmebehandlung (Tabelle 6.8) sind für die Schweißeignung entscheidend.

Zusätzlich zur Identifizierung sowie der chemischen Untersuchung des Eisenwerkstoffes sind im Rahmen der Schweißeignungsuntersuchung Biege- und Zugversuche an Schweißproben durchzuführen. Während der Biegeversuch (z.B. nach DIN 50121 [6-65]) Aussagen zur Verformungsfähigkeit der Schweißnaht bzw. des Übergangsbereiches Schweißnaht/Grundwerkstoff liefert, dient der Zugversuch der Bestimmung zulässiger Festigkeiten zur statischen Nachrechnung der Geländerkonstruktion.

Tab. 6.7: Einfluss der chemischen Elemente auf die Schweißeignung des Grundwerkstoffs

Element	eingeschränkte bzw. keine Schweißeignung bei
Kohlenstoff (C)	> 0,21 M-%
Phosphor (P)	> 0,05 M-%
Schwefel (S)	> 0,05 M-%

Tab. 6.8: Einfluss der Stahlherstellung auf die Schweißeignung

Einflussfaktoren		Schweißeignung
Herstellungsverfahren	Puddelverfahren	nicht gegeben
	Thomasverfahren	nicht gegeben bzw. schlecht
Gießverfahren	unberuhigt	schlecht
Wärmebehandlung	kaltverformt	schlecht

Neben Geländer und Brüstungen ist im Rahmen der Brückeninstandsetzung die Sanierung der Beleuchtung (Mast und Aufsatzleuchte) in Abhängigkeit vom Bauwerksstil und den aktuellen sicherheitstechnischen Anforderungen vorzunehmen (Bilder 6.74, 6.76 und 6.79). Auf die Festlegung der Lichtfarbe haben auch die vorhandenen Baustoffe Einfluss. Handelt es sich z.B. um eine Natursteinbrücke aus verschiedenfarbigen Steinmaterialien, sollte zur Gewährleistung der Farbechtheit unter Anstrahlung eine Beleuchtung der Brücke mit warm-weißem Licht erfolgen. Hierzu können Metalldampflampen (HQI) eingesetzt werden. Um die Blendgefahr herabzusetzen, ist strukturiertes Leuchtenglas auszuwählen.

6.4.4 Ausführung von Pflasterbelägen

Brücken in einem historisch bedeutenden Straßenzug besitzen meist eine Natursteinpflasterung, welche heute oftmals aus fahrdynamischen Gründen mit Asphalt überzogen ist. Im Rahmen einer Brückeninstandsetzung sollte das ursprüngliche Pflaster sowohl im Fahrbahn- als auch im Gehwegbereich als Bestandteil einer denkmalgerechten Instandsetzung wiederhergestellt werden.

Sehr eindrucksvoll sind Mosaikpflaster, welche in Bogenverbänden verlegt sind (Bild 6.81). Zu den anspruchsvollsten gehören hierbei die Schuppen- und Segmentbogenformen, deren konstruktive Ausbildung in den Bildern 6.82 und 6.83 gezeigt ist. Die Öffnung der Bögen zeigt immer in Richtung der abfallenden Gradiente. Ist ein Hochpunkt auf der Brücke vorhanden, wechselt an diesem die Verlegerichtung. Zur Einfassung derartiger Mosaikpflaster sind an den Rändern Läuferreihen anzuordnen.

Bild 6.81: Los Angeles – Beverly Hills – Rodeo Drive: Schuppe in Perfektion

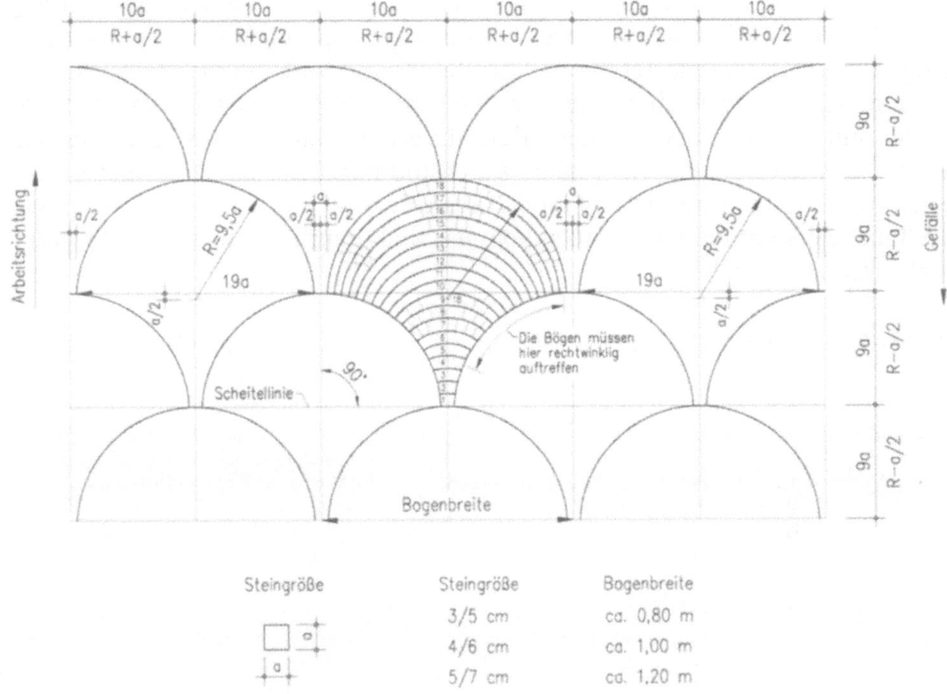

Bild 6.82: Mosaikpflaster in Schuppenform: Verlegeplan

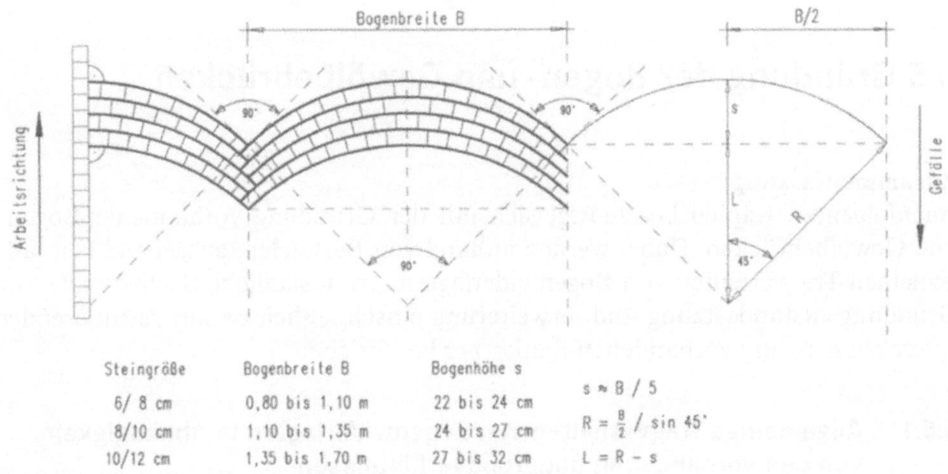

Bild 6.83: Mosaikpflaster in Segmentbogenform: Verlegeplan

Pflasterbeläge müssen zur Entwässerung mit einem Gefälle versehen werden. Das resultierende Mindestgefälle, welches sich aus Längs- und Querneigung ergibt, beträgt für Natursteinpflaster 3% und für Beton- und Verbundpflaster 2,5%.

Zum Schutz gegen eindringendes Niederschlagswasser sollte das Mosaikpflaster mit einem wasserdichten, flexibilisierten Pflasterfugenmörtel verfugt werden. Hierbei unterscheidet man kunststoffmodifizierte, zementgebundene Systeme und Systeme auf Epoxidharzbasis. Beide Systeme, deren Vor- und Nachteile Tabelle 6.9 entnommen werden können, sind ursprünglich starr und werden durch Zusätze flexibilisiert.

Tab. 6.9: Wasserdichte Pflasterfugenmörtel

Wasserdichte Pflasterfugenmörtel	
kunststoffmodifizierte, zementgebundene Systeme	**Systeme auf Epoxidharzbasis**

- Fugenmindestbreite: $\geq$ 3 mm
- Fugenmindesttiefe: > 30 mm
- geringe Hohlräume können geschlossen werden
- hohe Anfangsfestigkeiten
- bei 20 °C Außentemperatur Freigabe der Fläche:
  - für Fußgängerverkehr nach 3 h
  - für Fahrverkehr nach 7 d
- Frost- und Frost-Tausalzbeständigkeit
- farblich einstellbar
- preisgünstig
	- Fugenmindestbreite: $\geq$ 8 mm
	- Fugenmindesttiefe: > 30 mm
	- Beeinträchtigung des Erscheinungsbildes infolge Harzfilm auf dem Pflaster besonders bei hellen Steinen
	- kommt infolge des Quarzanteils dem Erscheinungsbild einer Sandfuge sehr nah

6.5 Gründung der Bogen- und Gewölbebrücken

Zusammenfassung:

Nachfolgendes Kapitel beschäftigt sich mit der Gründung vorhandener Bogen- und Gewölbebrücken. Dabei werden anhand von Beispielen, ausgehend vom allgemeinen Tragverhalten von Bogenwiderlagern, grundsätzliche Sachverhalte zur Gründungsinstandsetzung und -erweiterung einschließlich daraus resultierender Interaktionen zum vorhandenen Baukörper beschrieben.

6.5.1   Allgemeines Tragverhalten von Bogenwiderlagern in Abhängigkeit von den vorhandenen Baugrundverhältnissen

Neben der Tragfähigkeit des Überbaus bestehender Bogenbrücken, auf deren realitätsnahe Beurteilung im Kapitel 6.2 ausführlich eingegangen wurde, kommt dem Tragverhalten des Unterbaus, hier den Bogenwiderlagern, eine ebenso wichtige Bedeutung am Gesamttragverhalten der Brücke zu.

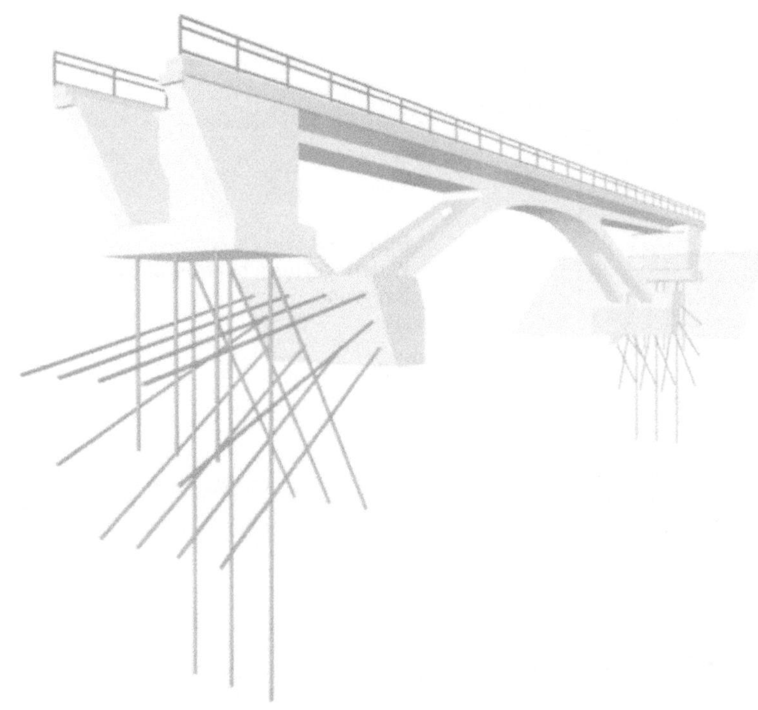

Bild 6.84: Bogen in Sprengwerkform mit Stabverpresspfahlgründung: Bauwerk im Zuge der BAB A 38 bei Heiligenstadt (Thüringen) – Entwurf 2002

Maßgebend für die Konstruktion von Bogenwiderlagern ist der Bogenschub, d.h. die Horizontalkomponente der Auflagerkraft. Ein horizontales Ausweichen der Kämpferpunkte infolge Gründungsversagen beeinträchtigt die Tragfähigkeit einer Bogenbrücke entscheidend [6-26]. Welch großer und im Endzustand oftmals nicht erkennbarer Aufwand gerade bei ungünstigen Baugrundverhältnissen für die konstruktive Ausbildung der Gründung erforderlich ist, verdeutlicht Bild 6.84 eindrucksvoll.

Bei vorhandenem festen, tragfähigen Baugrund wird das Widerlager als konstruktive Fortsetzung des Bogens ausgebildet. Die Form des Widerlagers wird der Stützlinie angeglichen, wobei eine Aufweitung gemäß der zulässigen Sohlpressung erfolgt. Die Sohlneigung wird dabei so gewählt, dass die Kraftresultierende aus ständiger Last die Gründungssohle möglichst in einem rechten Winkel und mittig durchstößt (Bild 6.85).

Bei Gründungsverhältnissen mit geringer Horizontalkraftaufnahmefähigkeit wird versucht, die Kraftresultierende durch vertikale Lastanteile (Widerlagereigenlasten, Widerlagerüberschüttungen usw.) in eine vertikale Richtung zu drehen (Bild 6.86).

Besitzt das Widerlager eine senkrechte Rückseite, besteht die Möglichkeit zum Ansatz des dem Horizontalschub entgegenwirkenden Erdwiderstandes. Zur Aktivierung des vollen Erdwiderstandes sind allerdings große, mit dem Überbau

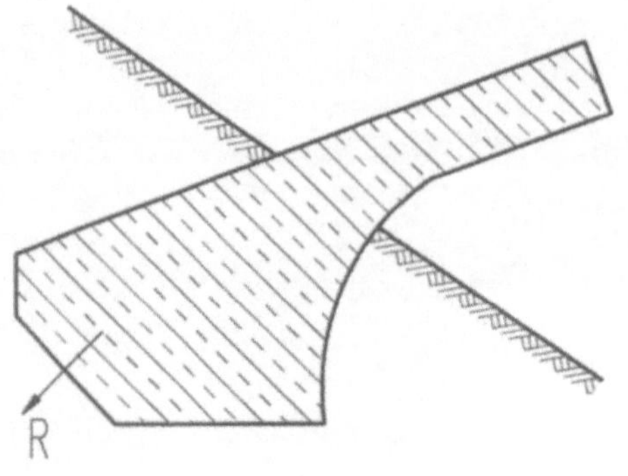

Bild 6.85:
Widerlagerform bei tragfähigem
Baugrund

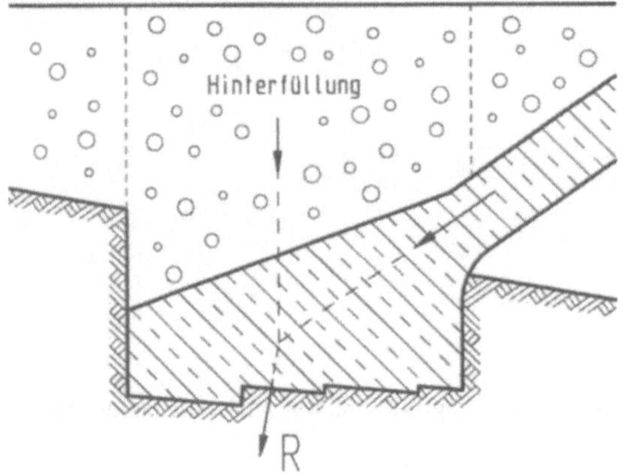

Bild 6.86:
Widerlagerform bei Baugrund mit geringer Horizontalkraftaufnahmefähigkeit

unverträgliche Horizontalverschiebungen notwendig. Zur Vermeidung dieser Verschiebungen kann das Widerlager z.B. bei nichtbindigen Erdstoffen gegen den
Baugrund vorgespannt werden, die Horizontalverschiebung wird sozusagen vor-
weggenommen. Technologisch kann dies durch eine Gewölbespreizung erfolgen.
Aber auch hier ist die Größenordnung des ansetzbaren Erdwiderstandes moderat
zu wählen. Eine auf der sicheren Seite liegende Verfahrensweise ist der Ansatz des
Erdwiderstandes bis zur Größe des aktiven Erddruckes. Sollen weitere Reserven
erschlossen werden, kann die Größe des aktivierten Erdwiderstandes aus den mit
dem Überbau verträglichen Horizontalverschiebungen der Gründungskonstruk-
tion abgeschätzt werden. Ansätze zur Ermittlung des Erddruckbeiwertes infolge
passiver Mobilisierung sind in [6-22] und [6-23] gegeben.

Steht tragfähiger Baugrund erst in großer Tiefe an, ist die Ausbildung einer
Tiefgründung in Form einer Pfahlgründung erforderlich. Vorzugsweise kommen
hierbei Bohr-, Ramm- und Verpresspfähle zur Anwendung. Während Rammpfähle
im Zuge von Gründungsinstandsetzungen fast immer nur neben dem eigentlichen
Baukörper angeordnet werden können, ist der Einbau von Verpress- und gegebenenfalls auch Bohrpfählen durch den vorhandenen Baukörper hindurch möglich.
Bei der Wahl von Bohrpfählen zur Tiefgründung einer Bogenbrücke erweist sich

die ausführbare Pfahlneigung von max. nur 5:1 für die Aufnahme des Horizontalschubes als ungenügend. Allerdings können Horizontalkräfte zusätzlich über die Biegesteifigkeit und die Horizontalbettung der Pfähle abgetragen werden. Der Nachweis der äußeren, horizontalen Tragfähigkeit einer Bohrpfahlgründung gemäß DIN 4014 [6-59] ist im Bild 6.87 gezeigt. Verallgemeinert ist nachzuweisen, dass die Pressung P_Q zwischen Bohrpfahl und umgebendem Boden den Erdwiderstand P_{ma} beim Bruch mit dem Erdwiderstandsbeiwert k_p nach DIN 4085 bzw. DIN 4085-100 [6-68] nicht erreicht. Zur Ermittlung der Schnittkräfte und Spannungen kann das Bettungsmodulverfahren herangezogen werden. Der Anwendungsbereich dieses Verfahrens ist dabei auf einen Höchstwert der Horizontalverschiebung von $0{,}03 \cdot D \leq 2$ cm beschränkt.

Der Einsatz von Verbundpfählen, welche mit den Ortbetonpfählen bei Schaftdurchmessern zwischen 10 und 30 cm im Sinne der DIN 4128 [6-60] zur Gruppe der Verpresspfähle gehören, ist nicht nur im Zuge des Neubaus einer Bogenbrücke, sondern auch im Rahmen der Instandsetzung vorhandener Gründungen besonders geeignet. Der statische Vorteil besteht in der Möglichkeit, die Pfähle analog der Normalkraftrichtung am Kämpferpunkt eines Bogens oder Gewölbes einbauen zu können. Die Verbundpfahlgründung für die Widerlager des Ersatzneubaus der Teufelstalbrücke im Zuge der BAB A 4 (Bild 6.88) verdeutlicht diesen Sachverhalt.

Aus technologischer Sicht kann eine bestehende Gründung nachträglich vergleichsweise einfach mit Hilfe von Verbundpfählen ertüchtigt werden. Auch sei an dieser Stelle das relativ erschütterungsfreie Abteufen der notwendigen Bohrungen in unmittelbarer Nähe einer vorhandenen Bebauung genannt. Die Bilder 6.89 und 6.90 zeigen beispielhaft die konstruktive Ausbildung einer Nachgründung im Zuge der Instandsetzung der Schwemmbrücke in Schmalkalden (Thüringen). Hier musste das vorhandene Gewölbe durch eine darüber angeordnete Stahlbetonkonstruktion entlastet werden. Die Auflagerkräfte an den Widerlagern und Pfeilern werden über eine nachträglich eingebaute Verbundpfahlgründung (Stabverpresspfähle – GEWI 50) in den Baugrund abgetragen.

Bei der Wahl von Verbundpfählen als Gründungselemente darf der wirtschaftliche Entwurf des Pfahltragwerkes nicht unberücksichtigt bleiben. Aufgrund des Sachverhaltes, dass bei Verpresspfählen im Sinne der DIN 4128 [6-60] die zulässigen Grenzmantelreibungswerte für Druckpfähle ca. doppelt so hoch wie für Zugpfähle sind, sollte das Pfahltragwerk hinsichtlich der Minimierung der Gesamtpfahllänge überwiegend aus Druckpfählen bestehen. Nachfolgendes Beispiel für den Gründungsentwurf eines Flügelbauwerkes verdeutlicht diese Problematik (Bild 6.91 und Tabelle 6.10). Während zur Aufnahme der Vertikal- und Horizontallasten in Variante B zwei Druck- und eine Zugpfahlreihe (Pfahlreihen 2-4) notwendig sind, ist in Variante A die Lastabtragung über drei Druckpfahlreihen (Pfahlreihen 1-3) mit einer Einsparung der Gesamtpfahllänge L gegenüber Variante B von ca. 44% realisierbar.

Eine weitere konstruktive Möglichkeit den Horizontalschub von Bogentragwerken abzufangen, besteht in der Verankerung des Widerlagers durch Einsatz von Verpressankern. Bei sehr schlechten Baugrundverhältnissen kommt es vereinzelt auch zur Anwendung einer Kombination der beschriebenen Gründungs-

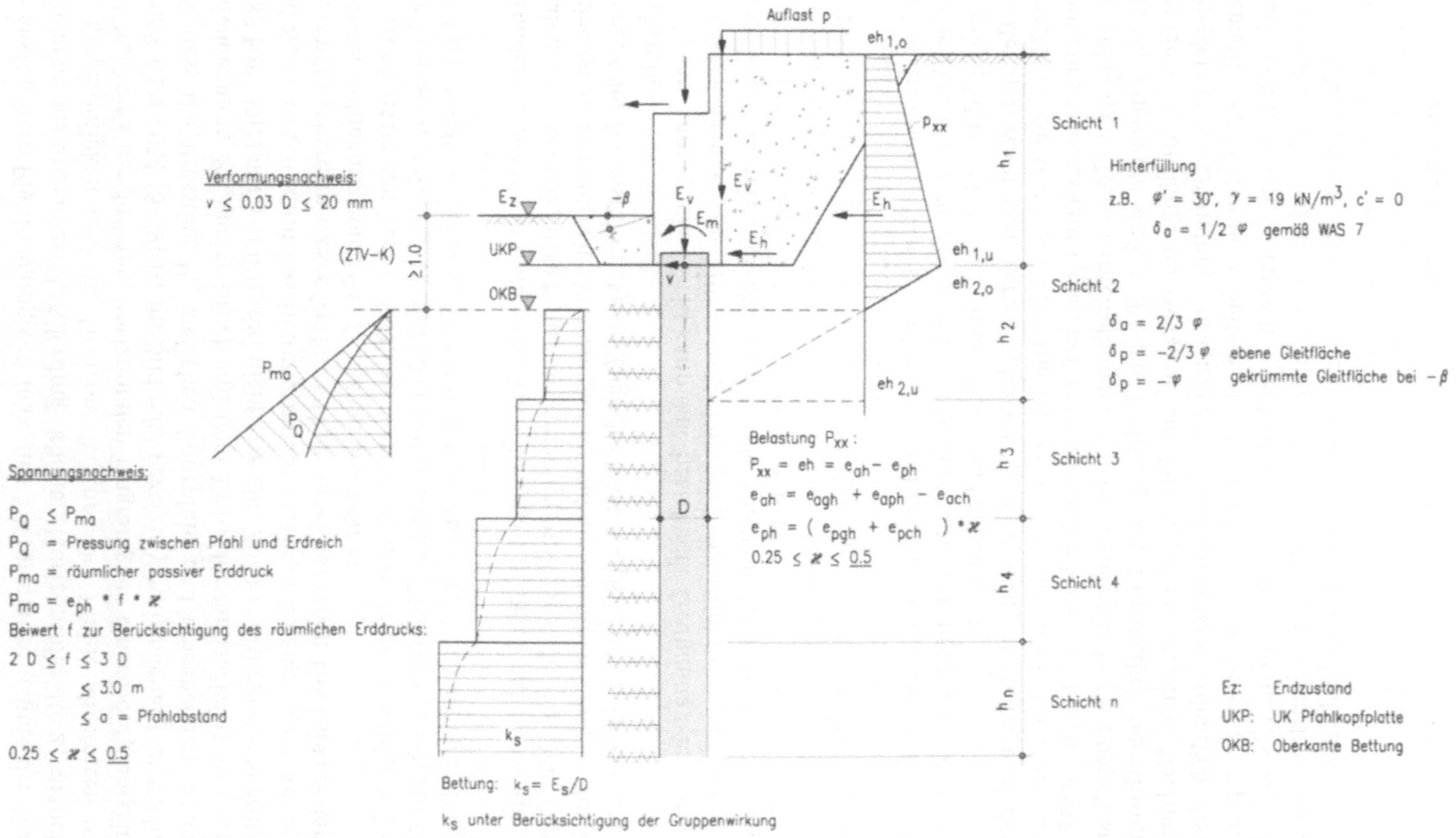

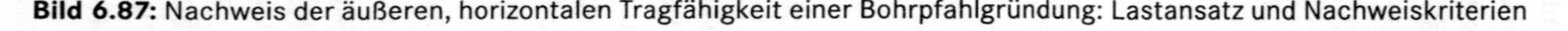

Bild 6.87: Nachweis der äußeren, horizontalen Tragfähigkeit einer Bohrpfahlgründung: Lastansatz und Nachweiskriterien

Bild 6.88: Verbundpfahlgründung für die Widerlager der Teufelstalbrücke

Bild 6.89: Schwemmbrücke in Schmalkalden (Thüringen)

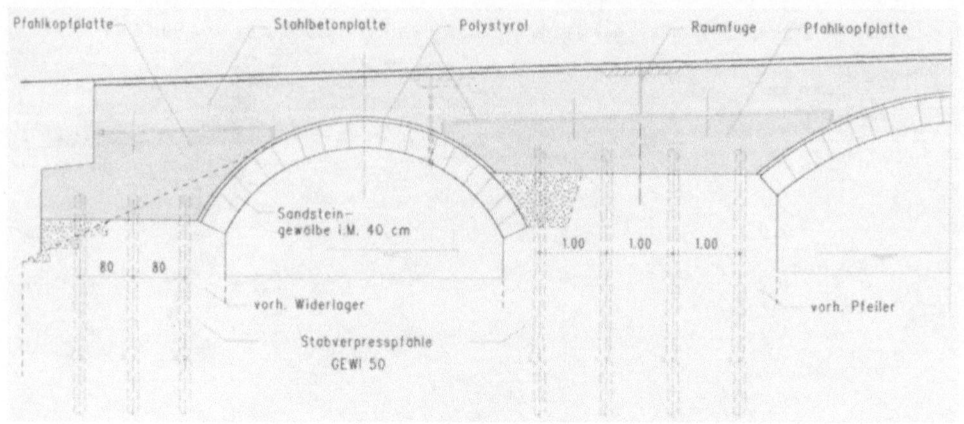

Bild 6.90: Schwemmbrücke in Schmalkalden (Bild 6.89): Brückenlängsschnitt

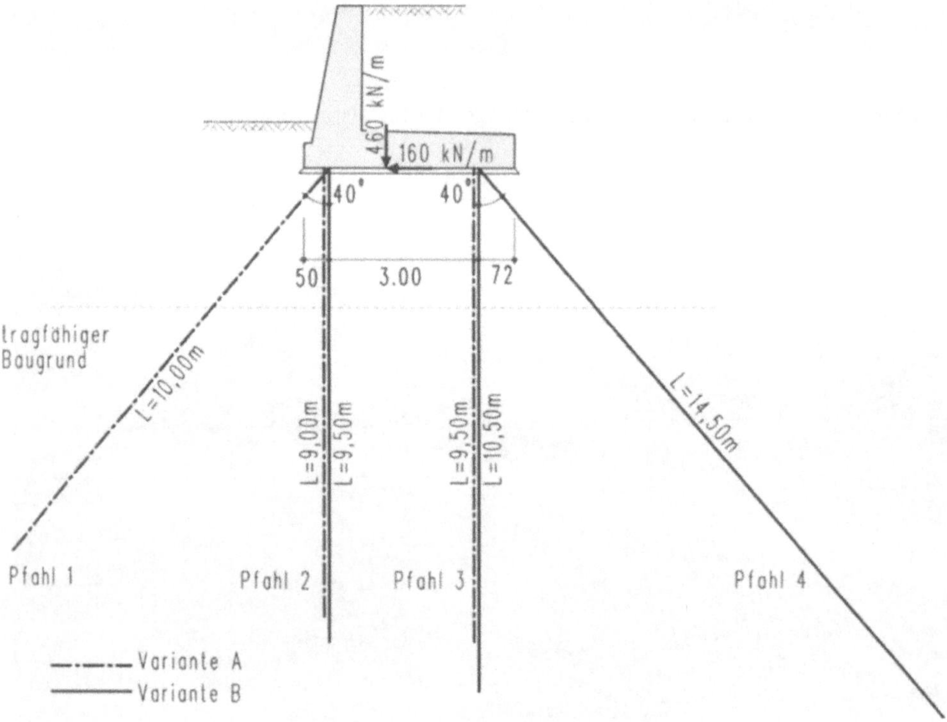

Bild 6.91: Flügelbauwerk: Querschnitt

Tab. 6.10: Variantenuntersuchung für den Entwurf des Pfahltragwerkes gemäß Bild 6.91

Variante	Pfahl 1 Druck	Pfahl 2 Druck	Pfahl 3 Druck	Pfahl 4 Zug	ΣL/m Wand
A: F_{vorh} [kN] /m Wand	250	130	140	–	
Pfahllänge L [m]	10	9	9,5	–	
Pfähle/m Wand	1	0,5	0,5	–	19,25 m = 56%
B: F_{vorh} [kN] /m Wand	–	300	350	250	
Pfahllänge L [m]	–	9,5	10,5	14,5	
Pfähle/m Wand	–	1	1	1	34,5 m = 100%
$\tau_{m,zul}$ [MN/m^2]	0,2	0,2	0,2	0,1	

konstruktionen. Als Beispiel hierfür sei der Ersatzneubau der Heinrichsbrücke über die Weiße Elster in Gera genannt (Bild 6.92). Obwohl es sich hierbei um einen Schrägstielrahmen handelt, entspricht die Gründungsproblematik analog der von Bogen- und Gewölbebrücken in schwierigem Baugrund. Die Aufnahme des Horizontalschubes erfolgt bei dem betrachteten Beispiel einerseits über die Fundamente der zu ersetzenden Bogenbrücke und im Bereich der Verbreiterung der Straßenbahnbrücke andererseits über die drei Komponenten Biegesteifigkeit und Horizontalbettung der Bohrpfähle, Verankerung des Widerlagers über Verpressanker sowie anteilig aktivierter passiver Erddruck aus der Widerlagerhinterfüllung (Bild 6.93). Alle Komponenten sind dabei so kombiniert, dass unter Einhaltung der für jedes Einzelelement zu führenden Nachweise ein sinnvolles und wirtschaftlich vertretbares Optimum entsteht. Bei derartigen Konstruktionen sind allerdings in der Entwurfsphase umfangreiche, interaktive Untersuchungen notwendig.

6.5.2 Gründungsinstandsetzung

Besteht eine ausreichende Tragfähigkeit des Überbaus der Bogen- oder Gewölbebrücke und wurden im Zuge der Bauwerksprüfung keine Schäden im Bereich der Gründung wie etwa Auskolkungen oder Setzungen bzw. auf Setzungen zurückzuführende Bauwerksrisse diagnostiziert, ist eine Gründungsertüchtigung wie oben beschrieben nicht notwendig. Dennoch sollte im Rahmen des Material- und Baugrundgutachtens die Widerlagergeometrie einschließlich der Gründungsverhältnisse unmittelbar unter der Bauwerkssohle mit Hilfe von Kernbohrungen erkundet werden. Auf Basis dieser Erkenntnisse ist zum einen die Tragfähigkeit der Gründung ermittelbar und können zum anderen gegebenenfalls Maßnahmen zur Gründungsinstandsetzung getroffen werden.

Am Beispiel der Gründungsinstandsetzung des vorhandenen Ziegelsteinbogens der Krämpfertorbrücke in Erfurt (Bild 6.54) soll eine Möglichkeit der Vergütung der Widerlager einschließlich der sich darunter befindenden Baugrundschichten

Bild 6.92: Ersatzneubau der Heinrichsbrücke über die Weiße Elster in Gera

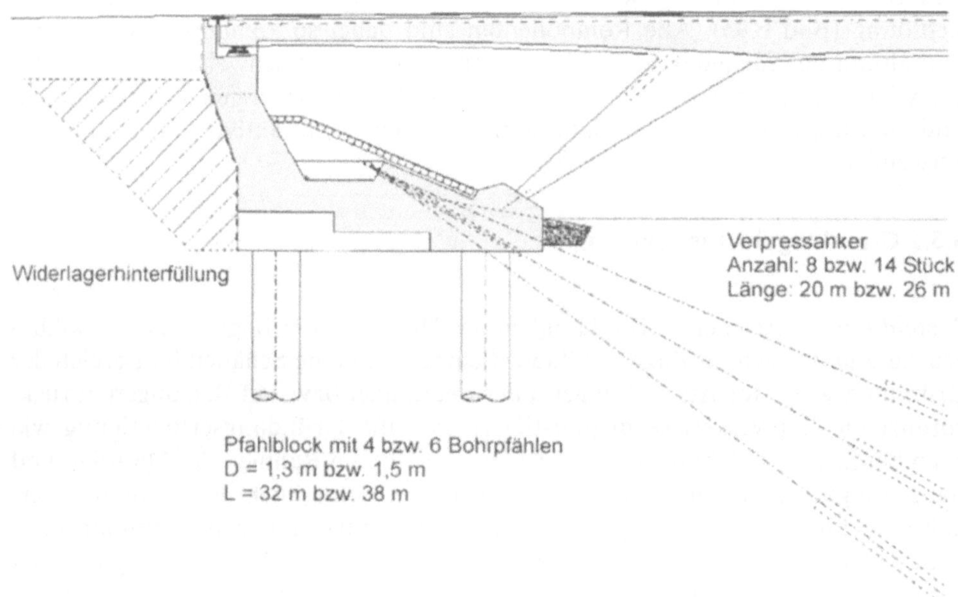

Bild 6.93: Brückenlängsschnitt der Heinrichsbrücke: Konstruktive Angaben für Widerlager Ost und West

beschrieben werden. Nach Beräumung der Bogenbrücke wurden hier zur Erkundung der Widerlagergeometrie sowie der Gründungsverhältnisse Kernbohrungen abgeteuft. Als Ergebnis stellte sich heraus, dass der Widerlagerbeton vor allem im unteren Bereich als teilweise klüftig, porös und relativ mürbe einzuschätzen war. Vereinzelt konnten Hohlräume festgestellt werden. Unter dem eigentlichen Widerlagerkörper standen zuoberst locker und mit zunehmender Tiefe mitteldicht gelagerte Fein- bis Grobkiese an [6-51]. Aufgrund dieser Erkenntnisse entschied man sich, beide Widerlagerkörper einschl. des sich darunter befindenden Baugrundes zu injizieren. Gemäß Bild 5.35 im Kapitel 5.1.3.7, in welchem die möglichen Injektionsverfahren in Abhängigkeit der Sieblinien des zu injizierenden Bodens dargestellt sind, wurde als Injektionsgut eine Zementsuspension (Normalzement CEM III, B 32,5 - NW HS NA) für die Widerlager- und Baugrundinjektion ausgewählt. Im Rahmen der Ausführungsarbeiten wurde die Zementsuspension (Bild 6.94) über insgesamt 158 Einfachpacker, welche im oberen Bereich der vorhandenen Widerlager gesetzt wurden, mit einem W/Z-Wert von 1,0 und einer Druckbegrenzung auf 5 bar injiziert (Bild 6.95). Die Kontrolle der Injektionsarbeiten erfolgte an anschließend gezogenen Bohrkernen (Bild 6.95). Insgesamt wurde je Widerlager eine Menge von ca. 35.000 l Injektionsgut verbraucht, aus welcher auf eine vorhandene Widerlagerporosität von ca. 5% rückgeschlossen werden konnte.

Bild 6.94: Aufbereitung der Zementsuspension in der Misch- und Pumpstation

Bild 6.95:
Einfachpacker und Bohrkern zur Kontrolle des Injektionserfolges

6.5.3 Gründungsinteraktionen bei Erweiterungsbauten

Werden Brückenbauwerke wie z.B. im Falle der Krämpfertorbrücke in Erfurt (Bild 6.54) erweitert, sind bezüglich der Gründung der Erweiterungsbauten sowie der vorhandenen Gründung gesonderte Überlegungen notwendig. Durch den Neubau einer Brückenerweiterung wird der Boden zum Teil auch unter der bestehenden Brücke erneut belastet und zusammengedrückt. Die Folge sind ungleichmäßige Setzungen und Schäden am vorhandenen Brückenbauwerk. Auch die Brückenerweiterung wird wegen der ungleichen Vorbelastung des Untergrundes eine geringe

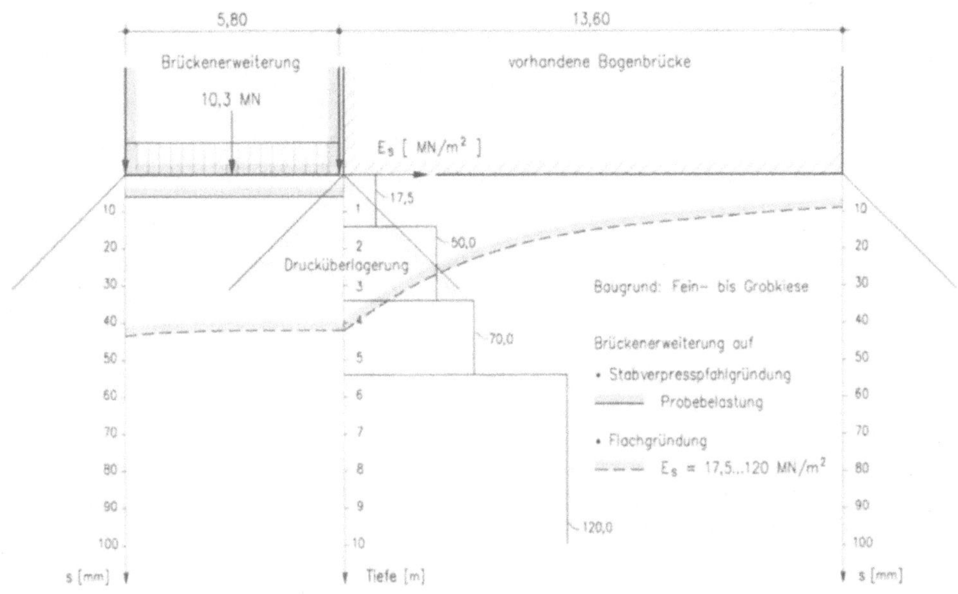

Bild 6.96: Setzungsprognose unter Gebrauchslast für das vorhandene Brückenbauwerk sowie die Brückenerweiterung bei Ausführung einer Flachgründung für die Brückenerweiterung im Vergleich zu einer Stabverpresspfahlgründung am Beispiel der Krämpfertorbrücke in Erfurt

unterschiedliche Setzung erfahren. Durch eine Tiefgründung, bei Bogentragwerken vorzugsweise als Verbundpfahlgründung (Stabverpresspfähle) ausgeführt, können Schäden am bestehenden Bauwerk weitgehend vermieden werden. Bild 6.96 zeigt am Beispiel der Krämpfertorbrücke die unter Gebrauchslast zu erwartenden, ungleichmäßigen Setzungen sowohl unter der vorhandenen Bogenbrücke als auch im Bereich der Brückenerweiterung bei Ausführung einer Flachgründung unter der Brückenerweiterung im Vergleich zur dann realisierten Stabverpresspfahlgründung.

Ableitend aus den geführten Untersuchungen fiel die Wahl der Gründung der Brückenerweiterung sowie der Flügelbauwerke auf die Ausführung einer Stabverpresspfahlgründung (Tragglied: GEWI 50, Verpressgut: Zementsuspension unter Verwendung von NW HS Zement, Nachverpressung). Die Pfähle der Gründung wurden im mitteldicht gelagerten Kies abgesetzt (Bilder 6.97 und 6.98).

Zur Prüfung der Pfahltragfähigkeit wurden im Bereich der Widerlager zwei Druckversuche und im Bereich der Flügel zwei Zugversuche mit dem Ergebnis einer ausreichenden Tragfähigkeit durchgeführt. Während im Rahmen eines Zugversuches nur auf die reine Mantelreibung geschlossen werden kann, besteht der Vorteil eines Druckversuches in der Erfassung der Tragreserven, welche aus der Lastabtragung über Spitzendruck resultieren. Druckversuche sind allerdings aufgrund ihres umfangreicheren Versuchsaufbaus gegenüber Zugversuchen kostenintensiver. Aufgrund der meist hohen Anzahl von Stabverpresspfählen im Bereich von Brückenwiderlagern kann allgemein von einer Wirkung als Blockfundament

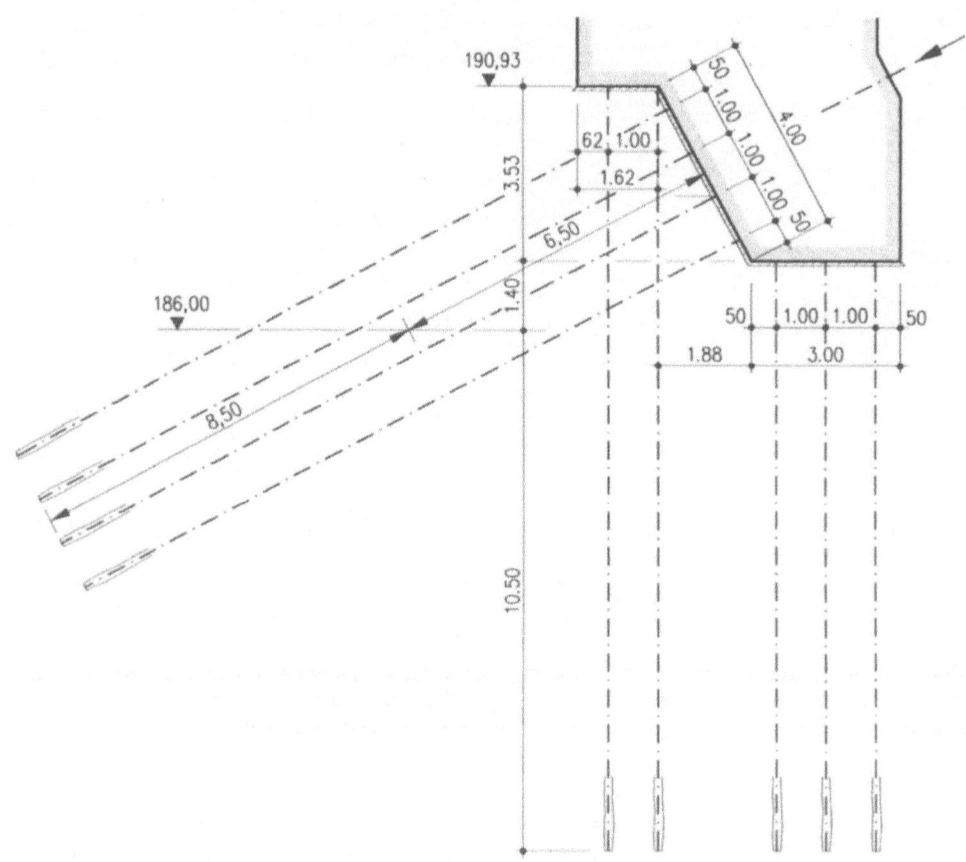

Bild 6.97: Brückenerweiterung: Widerlagerlängsschnitt

ausgegangen werden. Die im Rahmen der Druckversuche unter Gebrauchslast an der Krämpfertorbrücke (Widerlager) ermittelten Gesamtverformungen (Setzungen) betrugen 5–7 mm und sind gut mit den von FRANK in [6-25] angegebenen Werten vergleichbar (Bild 6.99).

Im Zuge der weiteren Auswertung der Versuchsergebnisse wurden die Prüflasten zum einen den zulässigen Gebrauchslasten nach DIN 4128 [6-60] und zum anderen den Erfahrungswerten für die Tragfähigkeit von Ankern nach OSTERMAYER (angegeben z.B. in [6-28]) gegenübergestellt (Tabelle 6.11). Unter Einbeziehung der Feststellung, dass die Prüflasten bei den ausgewiesenen Verformungen die Grenzlasten beim Bruch nicht erreicht haben, bestätigt sich der auch in [6-29] beschriebene Sachverhalt, dass das Tragverhalten von Verbundpfählen gut mit dem Tragverhalten der Verpresskörper von Verpressankern vergleichbar ist. Im Rahmen des Gründungsentwurfs ist es daher wirtschaftlicher, anstatt der zulässigen Grenzmantelreibungswerte der DIN 4128 die Erfahrungswerte für die Tragfähigkeit von Ankern nach OSTERMAYER zu verwenden. Zur Bestätigung dieser Erfahrungswerte in situ sind allerdings Pfahlprobebelastungen notwendig.

Bild 6.98: Stabverpresspfahlgründung der Widerlager

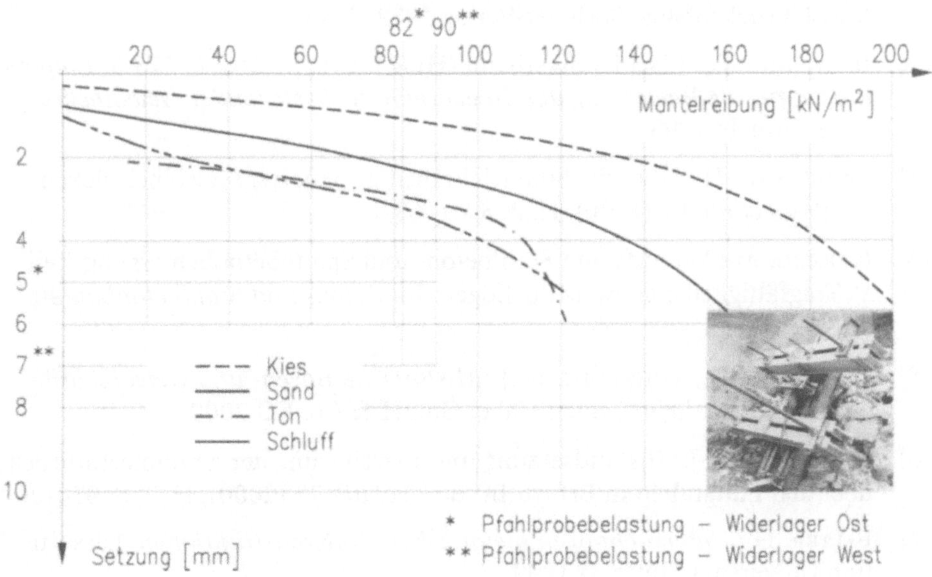

Bild 6.99: Lastsetzungslinien für Stabverpresspfähle in verschiedenen Bodenarten nach [6-25] im Vergleich zu den aus den Druckversuchen der Pfahlprobebelastung unter Gebrauchslast an der Krämpfertorbrücke ermittelten Werten

Tab. 6.11: Vergleich der Prüflasten mit den zulässigen Gebrauchslasten nach DIN 4128 und den Erfahrungswerten für die Tragfähigkeit von Ankern nach OSTERMAYER

	zul. Gebrauchslast nach DIN 4128 [6-60]	zul. Gebrauchslast von Ankern nach OSTERMAYER [6-28]	Ergebnisse der Pfahlprobebelastung; Prüflast (1,75 · vorh. Gebrauchslast) u. zugehörige Verformung			
Probebelastung	Druck $\tau_{m,zul} = 0,2\ \mathrm{MN}/\mathrm{m}^2$ $\eta = 2,0$ F_{zul} [kN]	Zug $\eta = 2,0$ F_{zul} [kN]	Zugversuch F [kN]	v [mm]	Druckversuch F [kN]	v [mm]
Pfahl 1 (L^*=6,65 m)	313	450	496	11		
Pfahl 2 (L^*=6,65 m)	313	450	540	13		
Pfahl 3 (L^*=11,7 m)	551	550**			962	12

* L = rechnerische Einbindelänge in den tragfähigen Baugrund (Fein- bis Grobkiese in mitteldichter Lagerung)

**Diagrammwert für L^* = 10 m

6.6 Literatur

[6-1]   LEONHARDT, F.: *Vorlesungen über Massivbau.* 6. Teil: Grundlagen des Massivbrückenbaus. Springer-Verlag 1979, S. 30

[6-2]   Internationaler Eisenbahnverband (Hrsg.): *UIC-Kodex Nr. 778-3: Empfehlungen für die Bewertung des Tragvermögens bestehender Gewölbebrücken.* Utrecht 1995

[6-3]   LACHMANN, H.: Über die Standsicherheit gemauerter Gewölbebrücken. In: *Bautechnik* 67 (1990), H. 2, S. 61–63

[6-4]   HERZOG, M.: Vereinfachte Stahlbeton- und Spannbetonbemessung. Teil V: Tragfähigkeitsnachweis für Bögen. In: *Beton- und Stahlbetonbau* 90 (1995), H. 6, S. 152–155

[6-5]   BAUMBACH, D.; VOCKRODT, H.-J.: *Historische Bogen- und Gewölbebrücken der Stadt Erfurt.* Buch Habel GmbH & Co. KG 2000

[6-6]   VOCKRODT, H.-J.: Instandsetzung und Erweiterung der Krämpfertorbrücke über den Flutgraben in Erfurt. In: *Bautechnik* 77 (2000), H. 2, S. 93–100

[6-7]   FALTER, H.: *Untersuchungen historischer Wölbkonstruktionen.* Dissertation Universität Stuttgart 1999

[6-8]   ZIMMERLI, B.; SCHWARTZ, J.; SCHWEGLER, G.: *Mauerwerk – Bemessung und Konstruktion.* Birkhäuser Verlag 1999

[6-9]   MILDNER, K.: Erkenntnisse bei Untersuchungen zur Tragfähigkeit von Gewölbebrücken. In: *Tagungsband des 11. Dresdner Brückenbausymposiums*. TU Dresden 2001

[6-10] HERZOG, M.: *Beispiele prüffähiger Festigkeitsnachweise mit baupraktischen Näherungen*. Teil 2: Brückenbau. Werner-Verlag 1994

[6-11] Deutsche Bahn AG (Hrsg.): *DS 805: Bestehende Eisenbahnbrücken. Bewertung der Tragsicherheit und konstruktive Hinweise*. Ausg. 05/1991

[6-12] Internationaler Eisenbahnverband (Hrsg.): *UIC-Kodex Nr. 776-1: Bei der Berechnung von Eisenbahnbrücken zu berücksichtigende Lasten*. Utrecht 1994

[6-13] DIN: *DIN-Fachbericht 101: Einwirkungen auf Brücken*. Beuth-Verlag 2001

[6-14] DIN: *DIN-Fachbericht 102: Betonbrücken*. Beuth-Verlag 2001

[6-15] Der Bundesminister für Verkehr (Hrsg.): *Richtlinie zur Tragfähigkeitseinstufung bestehender Straßenbrücken der neuen Bundesländer in die Lastklassen nach DIN 1072 (Ausg. 12/1985)*. Ausg. 04/1992

[6-16] Der Bundesminister für Verkehr (Hrsg.): *Beispielsammlung für die statische Nachrechnung bestehender Straßenbrücken zur Einstufung in die Brückenklassen der DIN 1072 (Ausg. 12/1985) und STANAG 2021*. Ausg. 12/1991

[6-17] HASER, H.; KASCHNER, R.: *Spezielle Probleme bei Brückenbauwerken in den neuen Bundesländern*. Teil 1: Nachrechnung von Gewölbebrücken. Berichte der Bundesanstalt für Straßenwesen (1994), Heft B 5

[6-18] Deutsche Reichsbahn (Hrsg.): *Richtlinie zur Bewertung der Tragfähigkeit und Instandhaltung von Gewölbebrücken*. Entwurf 1991

[6-19] HERZOG, M.: *Vereinfachte Bemessung im Stahl- und Verbundbau*. Näherungsverfahren im Vergleich mit Versuchen. Werner-Verlag 1996

[6-20] DIN: *DIN 1075: Betonbrücken. Bemessung und Ausführung*. Ausg. 04/1981. Beuth Verlag

[6-21] LANGROCK, J.: *Prüfbericht Nr. 419/97 zur Lasteinstufungsberechnung der Krämpfertorbrücke über den Flutgraben in Erfurt*

[6-22] Forschungsgesellschaft für Straßen- und Verkehrswesen (Hrsg.): *Merkblatt über den Einfluss der Hinterfüllung auf Bauwerke*. 1994

[6-23] BRANDL, H.: Geotechnische Baustellenmessungen und Überwachung von Hangbrücken und Talübergängen. In: *Straßenforschung* (1988), H. 353

[6-24] Bundesministerium für Verkehr, Bau und Wohnungswesen (Hrsg.): *Steinbrücken in Deutschland*. Verlag Bau + Technik 1999

[6-25] FRANK: *Tragfähigkeit von Wurzelpfählen mit Anwendungsbeispielen*. Baugrundtagung 1970

[6-26] PLAGEMANN; LANGNER: *Die Gründung von Bauwerken*. Teil 2. Teubner Verlag 1973

[6-27] BARGMANN, H.: *Historische Bautabellen. Normen und Konstruktionshinweise 1870 bis 1960*. Werner Verlag 2001

[6-28] DACHROTH, W. R.: *Baugeologie – Eine praxisorientierte Anleitung für Bauingenieure und Geowissenschaftler*. Springer Verlag 1992

[6-29] MEINIGER, W.: Festlegung der zulässigen Pfahlbelastung auf empirischer Grundlage. In: Tagungsband zum Weiterbildungsseminar „Planung und Ausführung von Tiefgründungen", Technische Akademie Esslingen 1998

[6-30] BUSCH, P.: Tragfähigkeit und Tragreserven von Bogenbrücken. In: *Tagungsband zum 5. Brückenbausymposium an der TU Dresden*. TU Dresden 1995

[6-31] SCHREYER: *Praktische Baustatik*. Teil 3. Teubner Verlagsgesellschaft 1953

[6-32] STEIN, D.: Konstruktionsleichtbeton zur Erneuerung einer Gewölbebrücke. In: *Beton- und Stahlbetonbau* 96 (2001), H. 6, S. 435–440

[6-33] Ministerium für Verkehrswesen der DDR (Hrsg.): *Vorschrift der Staatlichen Bauaufsicht – SBA 169/89: Brücken im Verkehrsbau. Nachrechnungen von Straßenbrücken aus Beton und Mauerwerk*

[6-34] BEYER, K.: *Die Statik im Stahlbetonbau*. Springer Verlag 1948

[6-35] Der Bundesminister für Verkehr (Hrsg.): *Sofortinstandsetzungsmaßnahmen an Brücken und anderen Ingenieurbauwerken der Bundesfernstraßen in den neuen Bundesländern*. Kapitel 4 – Gewölbebrücken. Verkehrsblatt-Verlag 1993, Sammlung Nr. 1169

[6-36] VOCKRODT, H.; SANDER, E.: Rekonstruktionsarbeiten an der Krämerbrücke in Erfurt. In: *Die Straße* 29 (1989), H. 4, S. 111–115

[6-37] WILMERS, W.: Sanierung historischer Brücken aus Natursteinmauerwerk. In: *Straßen- und Tiefbau* 55 (2001), H. 7–8, S. 21–26

[6-38] KUCHLER, J. G.: Optimierung von Steinergänzungssystemen. In: *Tagungsband zum 1. Workshop des Institutes für Bauchemie e.V.: Steinergänzung – Mörtel für die Steinergänzung* (1998)

[6-39] NODOUSHANI, M.: *Instandsetzung von Natursteinbrücken*. Beton-Verlag 1997

[6-40] Der Bundesminister für Verkehr (Hrsg.): *Richtzeichnungen für Brücken und andere Ingenieurbauwerke*. Verkehrsblatt-Verlag, Sammlung Nr. 1053, Stand 01/2002

[6-41] Unfallkasse Thüringen (Hrsg.): *Unfallverhütungsvorschrift GUV 0.1: Allgemeine Vorschriften, Schutz gegen Absturz und herabfallende Gegenstände, zu § 33 Abs. 1, 5 und 6*. Ausg. 1996, S. 27

[6-42] WÖLFEL, W.: Die römischen Bogenbrücken. In: *Bautechnik* 70 (1993), H. 12, S. 759–761

[6-43] BROWN, D. J.: *Brücken – Kühne Konstruktionen über Flüsse, Täler, Meere.* Callwey Verlag München 1994

[6-44] NRW-Forum Kultur und Wirtschaft (Hrsg.): Living Bridges – Die schönsten bewohnten Brücken vom Mittelalter bis zum Cyberspace. Sonderveröffentlichung. In: *Die Woche* (2000). Zugleich: Ausstellungskatalog. Düsseldorf 2000

[6-45] SWACZYNA, A.: *Behutsame Instandsetzung der Steinernen Brücke in Regensburg.* Vortragsmanuskript zum Fortbildungsseminar 5/2001. VSVI-Thüringen

[6-46] FALTER,H.; KAHLOW, A.; KURRER, K.-E.: Vom geometrischen Denken zum statisch-konstruktiven Ansatz im Brückenentwurf. In: *Bautechnik* 78 (2001), H. 12, S. 889–902

[6-47] WINKLER, E.: Lager der Stützlinie im Gewölbe. In: *Deutsche Bauzeitung* (1879)

[6-48] BAUMBACH, D.; VOCKRODT, H.-J.: Historische Brücken im Mittelpunkt der Erfurter Denkmaltage. In: *Weimar Kultur Journal* 9 (2000), H. 9, S. 10–12

[6-49] NEUMANN, A.: *Schweißtechnisches Handbuch für Konstrukteure.* Teil 1 – Grundlagen, Tragfähigkeit, Gestaltung. DVS-Verlag 1990

[6-50] VENZMER, H.: *Praxishandbuch – Mauerwerkssanierung von A–Z.* Verlag Bauwesen 2001

[6-51] HELD, O.; KIRSCHNER, H.-J.: *Baugrundgutachten Flutgrabenbrücke im Zuge der Krämpferstraße in Erfurt.* INVER-Ingenieurbüro für Verkehrsanlagen GmbH Erfurt 1997

[6-52] HERRBRUCK, J.; GROSS, J.-P.; WAPENHANS, W.: Gewölbebrücken: Ersatz der linearen „Kaputtrechnung". In: *Bautechnik* 78 (2001), H. 11, S. 805–814

[6-53] VOCKRODT, H.-J.; SCHWESINGER, P.: Experimentelle Tragfähigkeitsbewertung einer historischen Bogenbrücke in Erfurt. In: *Bautechnik* 79 (2002), H. 6, S. 355–367

[6-54] STEFFENS, K.; BUCHER, CH.; OPITZ, H.; QUADE, J.; SCHWESINGER, P.: Experimentelle Tragsicherheitsbewertung von Brücken. In: *Bautechnik* 76 (1999), H. 1, S. 1–15

[6-55] SCHWESINGER, P.: Experimentelle Bestimmung der Tragsicherheit auffällig gewordener Infrastrukturbauten. In: *Internationale Zeitschrift für Bauinstandsetzung und Baudenkmalpflege* 7 (2001), H. 3 und 4, S. 237–262. AEDIFICATIO Verlag GmbH

[6-56] Deutscher Ausschuss für Stahlbeton (Hrsg.): *Richtlinie für Belastungsversuche an Massivbauwerken.* Fassung September 2000

[6-57] KAPPHAHN, G.: *Schallemissionsanalyse bei experimentellen Tragwerksuntersuchungen*. DGZfP-Berichtsband 66 CD, Plakat 13 (1999)

[6-58] WÖLFEL, W.: Römischer Brückenbau in den spanischen Provinzen. In: *Bautechnik* 74 (1997), H. 8, S. 544–548

[6-59] DIN: *DIN 4014: Bohrpfähle; Herstellung, Bemessung und Tragverhalten*. Ausg. 03/1990. Beuth-Verlag

[6-60] DIN: *DIN 4128: Verpresspfähle (Ortbeton- und Verbundpfähle) mit kleinem Durchmesser; Herstellung, Bemessung und zulässige Belastung*. Ausg. 04/1983. Beuth-Verlag

[6-61] MAIER, J.: *Handbuch Historisches Mauerwerk. Untersuchungsmethoden und Instandsetzungsverfahren*. Birkhäuser Verlag 2002

[6-62] Deutscher Naturwerkstein-Verband e.V. (Hrsg.): *Bautechnische Information 1.1: Massiv- und Verblendmauerwerk*. 1996

[6-63] DROESE, S.; BODENDIEK, P.: Die Unterfangung des Bahrmühlenviadukts. Rechnerischer Nachweis des Viadukts für Lasten und die Zwangseinwirkungen aus dem Bauvorgang. In: *Bautechnik* 79 (2002), H. 7, S. 455–463

[6-64] BUCHER, C.; EHMANN, R.; OPITZ, H.; QUADE, J.; SCHWESINGER, P.; STEFFENS, K.: EXTRA II-Pilotobjekt Weserwehrbrücken Drakenburg, Experimentelle Tragsicherheitsbewertung von Massivbrücken. In: *Bautechnik* 74 (1997), H. 5, S. 301–319

[6-65] DIN: *DIN 50121-3: Prüfung metallischer Werkstoffe, Technologischer Biegeversuch an Schweißverbindungen*. Ausg. 01/1978. Beuth-Verlag

[6-66] DIN: *DIN 1072: Straßen- und Wegbrücken, Lastannahmen*. Ausg. 12/1985

[6-67] DIN: *DIN EN 206-1: Beton – Teil 1: Festlegung, Eigenschaften, Herstellung und Konformität. Ausg. 07/2001 / DIN 1045-2: Tragwerke aus Beton, Stahlbeton und Spannbeton – Teil 2:* Beton; Festlegung, Eigenschaften, Herstellung und Konformität. Ausg. 07/2001. Beuth-Verlag

[6-68] DIN: *DIN 4085: Baugrund; Berechnung des Erddruckes; Berechnungsgrundlagen*. Ausg. 02/1987 und
DIN V 4085-100: Baugrund; Berechnung des Erddruckes. Teil 100: Berechnung nach dem Konzept mit Teilsicherheitsbeiwerten. Ausg. 04/1996. Beuth-Verlag

[6-69] DIN: *DIN 1048-4: Prüfverfahren für Beton; Bestimmung der Druckfestigkeit von Festbeton in Bauwerken und Bauteilen*. Ausg. 06/1991. Beuth-Verlag

7 Ausschreibung von Instandsetzungsleistungen

Zusammenfassung:
Vergleichbare und hinreichend zuverlässige Angebote kann der Bauherr nur erwarten, wenn zuvor die Ausschreibungsunterlagen mit entsprechender Sorgfalt bearbeitet wurden. Die Variabilität der jeweiligen Schadensbilder, die Zahl der beteiligten Leistungsarten und deren Staffelung z.B. nach Rissbreiten oder Schadstellengröße usw. bedingen einen im Vergleich zur Bezugssumme hohen Aufwand für die Bearbeitung der Ausschreibungsunterlagen.

Gegenüber der Ausschreibung von Neubauleistungen für Brücken werden nachfolgend zu beachtende Besonderheiten erläutert. Sie betreffen Abgrenzungen in den allgemeinen Vertragsbedingungen, Planungsleistungen, Anforderungen an den Auftragnehmer, Darstellungsmöglichkeiten für die Instandsetzungsleistungen, Untergliederung der Leistungsverzeichnisse und Überlegungen zum Gewährleistungsrecht.

7.1 Bestandsunterlagen, Zustandsbeschreibung

Der potenzielle Bieter soll die ausgelobten Instandsetzungsleistungen in ihrer Gesamtheit als plausibel und folgerichtig erkennen können. Dazu sollten Bauwerkspläne und ausgewählte Fotodokumentationen der vorangegangenen Hauptprüfung oder ein Schadenskataster [7-1] in geeigneter und übersichtlicher Form zur Verfügung stehen (vgl. Bild 5.50!). Der Auftragnehmer ist grundsätzlich bestrebt, mögliche Unvollständigkeiten der Zustandsanalyse zu erkennen und zur Anmeldung von Bedenken zu nutzen, um sich den Weg für spätere Nachträge offen zu halten.

Für die Instandsetzungsplanung sind in der RAB-BRÜ [7-2] entsprechende inhaltliche Empfehlungen für den Entwurf gegeben. Hinweise auf untersuchte Lösungsvarianten und eine Kurzfassung der Begründung für die Vorzugslösung sollten auch in der **Baubeschreibung** nicht fehlen.

Im Übrigen muss die Baubeschreibung wie bei einem Neubau alle Bedingungen des Standorts, der Zugänglichkeit, der Verkehrsführung während der Bauzeit (siehe Bild 7.1) usw. hinreichend erschöpfend benennen.

Auf die besonderen Anforderungen an die Sachkunde und Qualifikation des Personals von Instandsetzungsfirmen sollte ausführlich hingewiesen werden. Ebenso sind in Deutschland die für öffentliche Verkehrsanlagen vom Bundesministerium für Verkehr festgelegten Zusätzlichen Technischen Vertragsbedingungen (ZTV), insbesondere die ZTV-K [7-9], ZTV-SIB [7-10] und ZTV-RISS [7-11]

Schnitt 1. Bauabschnitt

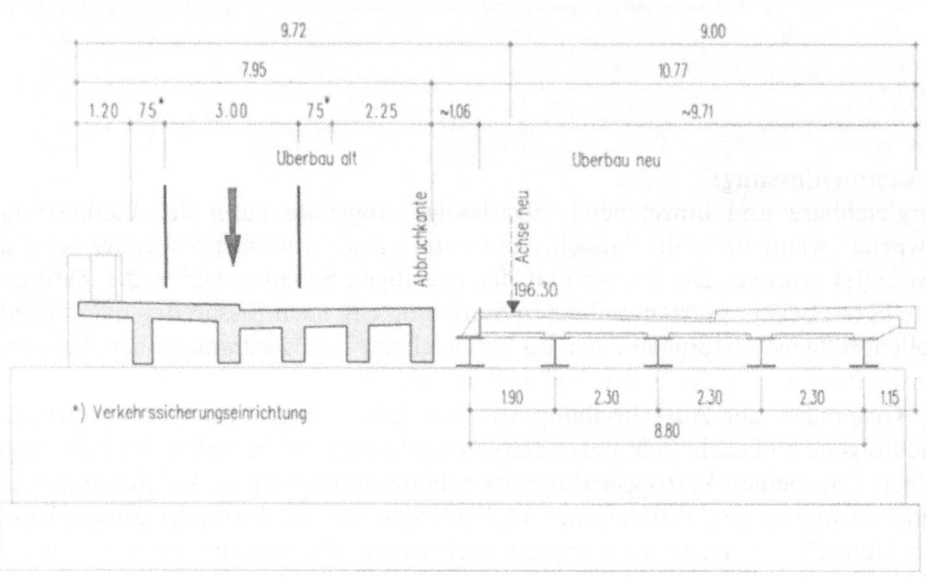

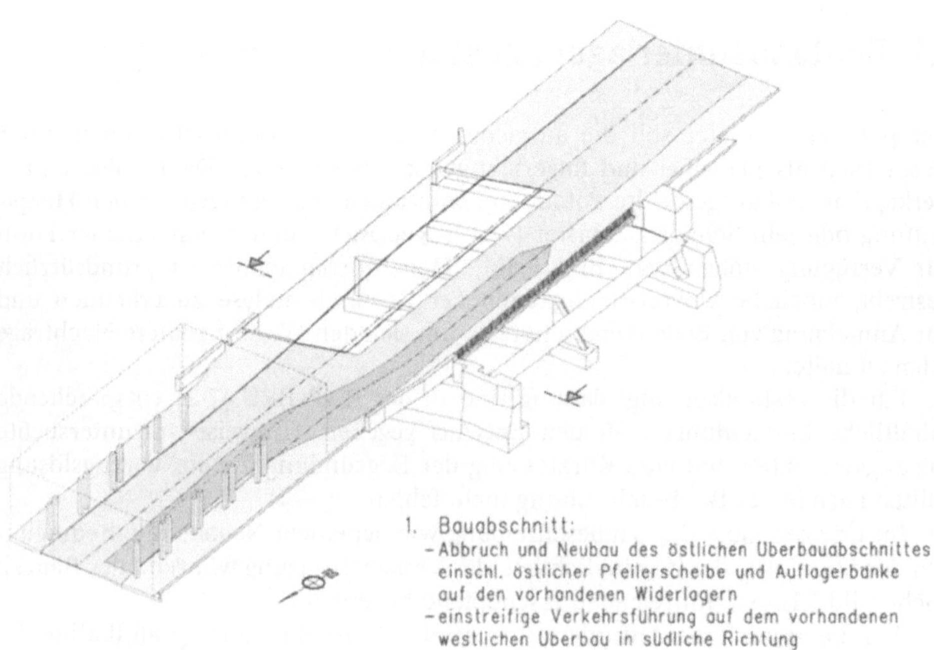

Bild 7.1: Beispiel einer bauzeitlichen Verkehrsführung im Rahmen einer innerstädtischen Instandsetzungsmaßnahme

(seit Mai 2003 die ZTV-ING), sowie die empfohlenen Richtzeichnungen [7-20] usw. so zu benennen, dass sie auch von hinzugezogenen Nachunternehmen als Vertragsgrundlage erkannt werden. Die wichtigsten Anforderungen sind in der Instandsetzungsrichtlinie des Deutschen Ausschusses für Stahlbeton [7-12, 7-13] übersichtlich zusammengefasst.

7.2 Zeichnerische Darstellung von Instandsetzungsleistungen

Für die Bearbeitung eines Angebotes wird im Regelfall immer ein maßstäblicher Bauwerksplan mit allen Hauptabmessungen benötigt. Größe und Lage der zu bearbeitenden Bauwerksteile oder -bereiche müssen erkennbar und mengenmäßig nachvollziehbar sein. Die Mengenansätze des Leistungsverzeichnisses müssen einer Plausibilitätsprüfung unterzogen werden können, damit alle zu berücksichtigenden Nebenleistungen auch in der richtigen Größenordnung einkalkuliert werden.

Die Inhalte von Bauwerksplan, Schadenskataster und die geplanten Instandsetzungsleistungen sollen möglichst übersichtlich zusammengeführt werden. Außerdem sollte diese Planunterlage als Bauvertragsplan einsetzbar sein und mit entsprechenden Bestandsergänzungen als Bestandsplan für die Bauwerksdokumentation den erreichten Instandsetzungszustand dokumentieren. Entsprechend der nach Art des Bauwerks verfügbaren Bestandsunterlagen und des Umfangs der Instandsetzungsleistungen wird man sich auf mehr oder weniger praktikable Kompromisse einlassen müssen.

Liste der Instandsetzungsleistungen:
Die zu erbringenden Leistungen werden, so weit wie möglich in ihrer zeitlichen Abfolge, als einzeiliger Kurztext bzw. Stichwortreihe aufgelistet und durchnummeriert. Diese Liste wird der jeweiligen Plandarstellung zugeordnet bzw. angefügt (siehe Bild 7.2). Mit den Bezugsnummern (Konnektoren) wird der Bezug zur Art der Bearbeitung in der Plandarstellung hergestellt. So kann z.B. die Art der Flächenvorbereitung, der Beschichtung usw. übersichtlich zugeordnet werden. Auch einzelne Einbauteile für Entwässerung oder Fahrbahnübergangskonstruktionen kann man so örtlich bezeichnen.

Für Verstärkungsmaßnahmen wie Klebelaschen, eingebohrte und eingeschlitzte Zusatzbewehrung und Ähnliches muss der Bauwerksplan durch entsprechende Schnitte und Details ergänzt werden. Dafür können auch gesonderte Blätter erforderlich werden.

Auch für die Bearbeitung von Rissen sollten gesonderte Rissprotokolle in den einzelnen Abwicklungsflächen des Bauwerks als Einzelblätter und durchnummeriert bereitgestellt werden. Im Bauwerksplan wird auf diese Blätter verwiesen. Sie dienen gleichzeitig später als Aufmaßblätter für die Abrechnung. Ebenso empfiehlt sich diese Verfahrensweise für die Bearbeitung von Flächen mit Fehlstellen im Beton.

Bewehrungsdarstellung Hauptträger

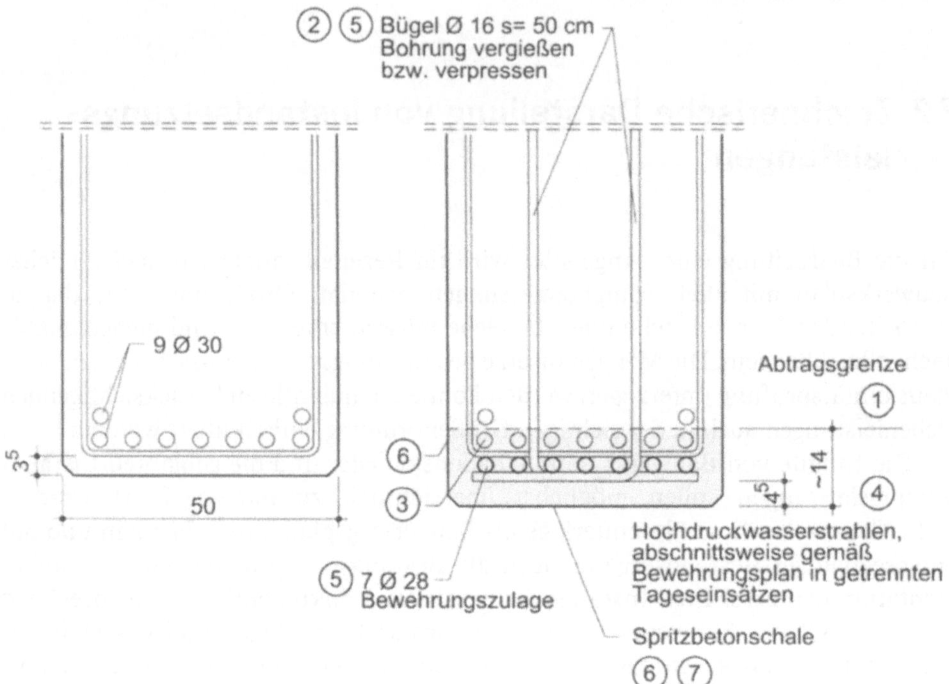

Komplex Hauptträger-Untergurt

1. Haupttragbewehrung abschnittsweise (getrennte Tageseinsätze)
    freilegen und entrosten (HDW - Hochdruckwasserstrahlen)
2. Bohrungen für Bügel herstellen
3. Vorhandene Haupttragbewehrung mit Spritzbeton in ihrer Lage sichern
4. Nächste Abschnitte freilegen und weiter gemäß 1.-3.
5. Zusatzbewehrung einschließlich Steckbügel einbauen,
    vorher Bohrungen reinigen (3x ausblasen, 3x ausbürsten, 3x ausblasen),
    Bewehrungsabnahme
6. Kantenschalung anbauen, ausrichten, Kanten brechen analog Bestand
7. Untergurt mit Spritzbeton (SPCC II) reprofilieren

Bild 7.2: Darstellung von Instandsetzungsleistungen im Kontext zwischen Zeichnung und Kurztextliste am Beispiel einer Trägerverstärkung

Sinngemäß sollten für Natursteinflächen dem Schadenskataster (siehe hierzu Bild 5.50) in der Zeichenerklärung die Bezugsnummern der Liste der Leistungskurztexte zugeordnet werden.

Bei umfangreichen Bauwerksplänen kann die Zuordnung der Kurztextliste möglicherweise zu Problemen mit dem Papierformat führen. Die Aufteilung in mehrere Teilblätter auch mit zusätzlichen Schnitten und Details bringt bei CAD-Plänen keinen allzu großen Mehraufwand. Die Übersichtlichkeit kann aber auch weiter verbessert werden, wenn alle mit der Instandsetzung verbundenen Einträge in eine andere Farbebene gelegt werden. Den Mehrkosten für die Vervielfältigung der Ausschreibungsunterlagen steht dabei auch ein wesentlicher Vorteil für die Übersichtlichkeit der abschließenden Bestandsdokumentation gegenüber.

In der Praxis ist der Übergang von der geplanten Instandsetzung zu Reparaturarbeiten an kleineren Bauwerken natürlich fließend. Nicht immer rechtfertigt der Instandsetzungsaufwand eine Nachkonstruktion von kompletten CAD-Bauwerksplänen. Man kann sich mit Skizzen und Fotos behelfen und darin die Bezüge zur Liste der Leistungskurztexte eintragen. Wenn wenigstens maßstäbliche Bauwerksskizzen vorliegen, erscheint es meist sinnvoll, die Bestandsdokumentation durch eine Vektorisierung und Nachbearbeitung unter Einbeziehung von örtlichen Kontrollaufmaßen qualitativ auf CAD-Niveau zu verbessern. Damit ist auch die Möglichkeit der Kombination mit der Kurztextliste gegeben. Bestandsfotos von den wesentlichen Bezugsflächen sind trotzdem für die Zustandsdarstellung unverzichtbar. Sie sollten als Bestandteil der Ausschreibungsunterlagen zwar zahlenmäßig auf ein Minimum beschränkt, aber unbedingt als Farbkopie bereitgestellt werden. In der Schwarz-Weiß-Kopie gehen meist wesentliche Inhalte verloren.

Das Leistungsverzeichnis wird vor allem in den Gewerken Rissbearbeitung und Schadstellenbehandlung bezüglich der Zahl der Positionen sehr umfangreich. Trotzdem sollte man sich vor weiteren Unterteilungen in Zuordnungsbereiche, wie z.B. Brückenunterseite, Hohlkasteninnenseite, Stegseite und dergleichen mehr, nicht scheuen. Die Wiederholung von Positionsgruppen bringt zugleich einen wichtigen Vorteil für die Übersichtlichkeit bei der Angebotsbearbeitung und bei der Abrechnung.

Die Instandsetzungen sind durch kausale Folgen der Teilleistungen einschließlich ihrer zeitlichen Abhängigkeiten geprägt. Wenn diese technologischen Folgen in der Kurztextliste vom Planer im Wesentlichen berücksichtigt werden, steht diese Liste auch für die Erstellung des Bauzeitenplanes zur Verfügung.

7.3 Ausgewählte Fragen bei der Ausschreibung

Das Fachgebiet Schutz und Instandsetzung von Betonbauteilen hat sich in den letzten zwei Jahrzehnten stark entwickelt und gefestigt. Bezüglich Anwendungsbreite und stofflichen Grundlagen unterliegt es auch weiter einer ausgeprägten Dynamik. Die Standardisierungsarbeit für dieses Fachgebiet ist parallel dazu sehr gut entwickelt und stellt umfangreiche und praxisorientierte Richtlinien bereit [7-10 bis 7-12]. Für die Ausschreibung stehen Standardleistungstexte in aktualisierter Fassung seit Mitte der 90er Jahre zur Verfügung [7-6, 7-7]. Obwohl scheinbar alles klar geregelt ist, wird man in der Praxis immer wieder mit gewissermaßen überlieferten Diskussionsansätzen konfrontiert, welche besser vor einer Vergabe abgeklärt werden sollten. Im Folgenden sollen dazu Beispiele besprochen werden.

Mehrverbrauch an Material wegen **Rückprall** bei Spritzbeton / Spritzmörtel ist so ein traditioneller Diskussionspunkt. Diese Verluste sind einschließlich der umweltgerechten Entsorgung des Materials einzukalkulieren. Entsprechende Erfahrungswerte liegen bei den Anwendern vor oder sind der Fachliteratur [7-15] zu entnehmen. Sie können in sehr weiten Bereichen schwanken, je nach Einsatzbedingungen zwischen 5% und bis zu 40%.

In der Instandsetzungs-Richtlinie, Teil 2 [7-12] ist auch ausdrücklich klargestellt, dass die Bedingungen der Spritzbeton-DIN 18551 [7-21] nicht für SPCC gelten. Im Zusammenhang mit dem Rückprall wird gern auf den in der DIN 18551 empfohlenen lichten Mindestabstand der Bewehrung von 5 cm verwiesen, der sich aber bei Trägerverstärkungen im Allgemeinen nicht realisieren lässt. Der Mindestabstand gemäß DIN 1045 [7-22] beträgt 2 cm, wobei er nicht kleiner als der Stabdurchmesser sein darf. Die Vermeidung von Spritzschatten ist dabei für einen geübten Düsenführer kein Problem. Ein Hinweis in der Baubeschreibung auf mögliche Erschwernisse bzw. auf die jeweils zutreffenden Einsatzbedingungen des Materials – z.B. SPCC – ist jedoch zweckmäßig. Auch im Leistungsverzeichnis sollte in der Vorbemerkung zum Gewerk ein Hinweis auf gegebenenfalls zu berücksichtigende Erschwernisse aufgenommen werden.

Bei der Vorbereitung des Betonuntergrundes ist das einzusetzende Verfahren (siehe hierzu Tabelle 5.6 im Kapitel 5.2.1 und ergänzend Tabelle 2.5 in [7-12] bzw. Tabelle 2 in [7-10]) vom Planer zu empfehlen bzw. verbindlich vorzugeben. Diese Angaben müssen aber ergänzt werden durch die Festlegung eines angestrebten Grenzwertes für die **Rautiefe**, damit keine unerwarteten Mehraufwendungen für Ausgleichsspachtelungen entstehen. Der Auftragnehmer kann davon abweichende, bei ihm vorhandene Technik zum Einsatz vorschlagen, wenn die Zielparameter (Rautiefe) eingehalten werden und dem Bauherrn keine Mehrkosten entstehen. Im Zweifelsfall sollten Probeflächen als besondere Leistung ausgeschrieben und hergestellt werden (siehe hierzu auch Kapitel 5.2.4.1).

Das Entfernen alter Dichtungs- oder Oberflächenschutzsysteme bedarf etwas gründlicherer Vorüberlegungen. Schleifen oder Fräsen löst unter Umständen thermische Reaktionen aus mit der Folge des Verklebens oder Verschmierens der Werkzeuge. Strahlen mit festen Strahlmitteln führt zu unterschiedlichen Abtragseffekten bei der weichen Deckschicht einerseits und der bereits freigelegten Betonoberfläche andererseits.

In einem praktischen Beispiel sollte auf einer Fußgängerbrücke auf ca. 400 m^2 ein gealtertes Oberflächenschutzsystem OS-9 (OS-E) erneuert werden. Für Abtrag und Untergrundvorbereitung wurde Hochdruckwasserstrahlen (HDW) ausgeschrieben und schließlich auch mit Erfolg ausgeführt. Die Ausführungsqualität war jedoch nicht ganz mängelfrei, kleinere Restflächen mussten nachbearbeitet werden. Dafür wurde aus organisatorischen Gründen ein ohnehin vorhandenes Kugelstrahlgerät eingesetzt. Der Abtragseffekt auf den elastischen Restflecken des OS-9 (OS-E) war gering. Dagegen wurden die umgebenden Betonflächen stärker abgetragen und die angestrebten Rautiefengrenzwerte in diesen Bereichen überschritten.

In der Neufassung der Instandsetzungs-Richtlinie [7-12] ist in Tabelle 5.2 für die verschiedenen Oberflächenschutzsysteme ein **Schichtdickenzuschlag** in Abhängigkeit von der Rautiefe angegeben. Im Anhang zu Teil 1 sind typische Werte für die Rautiefe für verschiedene gestrahlte und grundierte Betonflächen benannt. Die zu kalkulierende Sollschichtdicke ergibt sich aus der für das jeweilige System geltenden Mindestschichtdicke zuzüglich dem Rautiefenzuschlag.

Beim Abtragen von z.B. chloridgeschädigten Betonoberflächen muss die erforderliche **Abtragstiefe** in der Ausschreibung festgelegt werden. Bei großen Flächen kommen dafür Hochdruckwasserstrahl-Systeme (HDWS) – so genannte Abtragsroboter – zum Einsatz. Die Anzahl und die zeitliche Dichte notwendiger Nachbefundungen sind mit auszuschreiben. Entsprechende Bedarfspositionen für Mehrabtrag müssen berücksichtigt werden. Für das Aufmaß der Abtragstiefe ist ein Raster–Flächennivellement der Ausgangsfläche erforderlich. Es wird für die Abtrags- bzw. Verbundfläche wiederholt, anschließend können die Lehren für den aufzutragenden Verbundbeton eingerichtet werden. Für den Endzustand dient das Flächennivellement der Kontrolle und Berechnung der Ausgleichsgradiente nach ZTV-K [7-9]. Die Rautiefe der Betonverbundfläche soll etwa in der Größenordnung des halben Größtkorndurchmessers des vorhandenen Betons liegen. Sie wird sich beim HDW-Abtrag auch etwa so ergeben.

Für die Beschichtung von Brückenflächen steht in unseren geografischen Breiten ein **meteorologisches Fenster** zwischen Mai und September zur Verfügung. Zusätzliche Beschränkungen je nach Wetterlage oder auch durch verkehrstechnische Anforderungen, wie z.B. für ungestörten Sommer-Ferienverkehr, bestimmen die verbleibenden möglichen Ausführungszeiten. DIN 18349 [7-5] definiert Schutzeinrichtungen, Einhausungen, Heizgeräte u.a. als besondere Leistungen, die gesondert auszuschreiben sind. Für Brückenabdichtungen bei Brückenneubauten ist es oft üblich, dass für die Untergrundvorbereitung und -versiegelung keine Einhausungen gesondert ausgeschrieben werden. Die Möglichkeiten der zeitlichen Disposition können dagegen jedoch bei Instandsetzungsleistungen im speziellen Fall sehr viel enger sein. Deshalb ist zu empfehlen, dass eine **Einhausung** und der Einsatz von Trocknungsgeräten mit ausgeschrieben werden.

Je nach Umgebung kann die Einhausung außerdem zur Rückhaltung von Strahl- und Abtragsgut, wie z.B. beim Hochdruckwasserstrahlen (HDW), erforderlich sein. Bei größerer Bauwerkslänge wird eine umsetzbare Einhausung gewählt werden. Größe und Zahl der Umsetzaktionen liegen allerdings im unternehmerischen Ermessen des Bieters.

In VOB/A [7-3] sind in § 9 die Anforderungen an die Ausschreibung zusammengestellt. Dabei wird in den Ziffern 6 bis 9 die „Leistungsbeschreibung mit Leistungsverzeichnis" behandelt und von Ziffer 10 bis 12 die „**Leistungsbeschreibung mit Leistungsprogramm**" erläutert. Auch für die Einhausung sollte man sich begrifflich an der Beschreibung mit Leistungsprogramm orientieren. Durch Angabe der Zielstellungen bezüglich Termin und Qualität, wie z.B. „qualitätsgerechte Fertigstellung der Beschichtung, witterungsunabhängig innerhalb von ...

bzw. bis zum ..." und gleichzeitig „Schutz der Umgebung vor Strahl- oder Abtragsgut", ist diese komplexe Leistung vom Bieter plan- und kalkulierbar.

Ähnlich gestaltet sich die **Ausschreibung von Ausrüstungen und Einbautei-
len** bei Brücken, wie z.B. Geländer, Lager und Fahrbahnübergangskonstruktionen. Solange sie den Zusätzlichen Technischen Vertragsbedingungen wie ZTV-K
[7-9] und den zugehörigen Richtzeichnungen des BMV [7-20] entsprechen, stehen
für das Leistungsverzeichnis Standardleistungstexte zur Verfügung. Oft müssen
aber bei der Instandsetzung von Brücken Sonderformen für die Verankerung von
Fahrbahnübergangskonstruktionen oder auch insbesondere bei historischen Brücken Sonderformen des Geländers ausgeführt werden. Dann muss der Standard-
leistungstext zum Leistungsprogramm abgewandelt werden, für ein Geländer z.B.
etwa in folgender Form: „Gestaltungsvorschlag nach Zeichnung. Material, Bemessung, Verankerung, Absturzsicherung in Anlehnung an die Richtzeichnungen Gel
..., einschließlich Planung und Bestandsdokumentation".

Damit ist auf einen wesentlichen Aspekt bei der Ausschreibung komplexer
Leistungen hingewiesen: Es ist eine anteilige Planungsleistung zu erbringen, es
muss ein Ausführungsplan / Werkstattzeichnung vorgelegt und im Allgemeinen
vor der Ausführung vom Auftraggeber bestätigt werden. Schließlich muss die
Bestandsdokumentation entsprechend ergänzt werden, damit bei Havarien alle
notwendigen Daten für erforderliche Reparaturen verfügbar sind.

Das Anlegen von **Musterflächen** für die Schlussbeschichtung ist nach DIN
18349 Betonerhaltungsarbeiten [7-5] den Nebenleistungen zugeordnet. Bis zu
einer definierten Größe braucht diese Leistung also nicht gesondert ausgeschrieben zu werden. In der Baubeschreibung sollte jedoch der für die Sichtflächen
gewünschte Farbton (RAL ...) benannt und das Anlegen und Beurteilen von Musterflächen verlangt werden.

Etwas anders gestaltet sich der Begriff der Musterfläche, wenn es etwa um
Betonreparaturmörtel, Spritzbeschichtungen, Natursteinreparaturen oder Pflas-
terbilder usw. geht. Diese Leistungen sollten ausgeschrieben und damit Vertrags-
bestandteil werden [7-8]. Auftraggeber und Auftragnehmer verständigen sich
anhand dieser Muster auf bestimmte Materialien, Verfahrensweisen, Eigenschaften usw., die der Gesamtleistung zugrunde zu legen sind. Die Ergebnisse sollen
protokolliert werden und die Muster sind so anzulegen, zu kennzeichnen bzw. zu
schützen, dass sie während der gesamten Leistungszeit für Vergleiche zugänglich
sind.

7.4 Allgemeine und Zusätzliche Vertragsbedingungen

Die Allgemeinen Technischen Vertragsbedingungen VOB/C [7-5] wurden durch
die DIN 18349 für Betonerhaltungsarbeiten für den Instandsetzungsbereich
wesentlich ergänzt. Zugleich wird darin die Instandsetzungs-Richtlinie des
DAfStb [7-12] in die Aufzählung der mitgeltenden Normen aufgenommen. Damit

werden die wichtigsten Anforderungen an **Personal, Qualifikation und Ausstattung** der ausführenden Betriebe vertraglich geregelt. Entsprechende Nachweise sollen in der Aufforderung zur Angebotsabgabe verlangt und dem Auftraggeber mit dem Angebot übergeben werden. Insbesondere sind die Anforderungen an die zu benennende qualifizierte Führungskraft, den Bauleiter des Unternehmens sowie an das Baustellenfachpersonal zu beachten (siehe Tabelle 7.1). Bei Letzterem werden vor allem Qualifikationsnachweise wie der SIVV-Schein des Ausbildungsbeirates „Verarbeiten von Kunststoffen im Betonbau" beim Deutschen Betonverein e.V. als Nachweis für eine Zusatzqualifikation zum Schützen, Instandsetzen, Verbinden und Verstärken von Betonbauteilen verlangt. Andere, inhaltlich ähnliche Qualifikationsnachweise bedürfen der Zustimmung des Auftraggebers. Zur Forderung des Auftraggebers kann auch der so genannte Düsenführerschein gehören. Für Betonverbundbauteile sollte bei Brücken die Überwachung als B II-Baustelle gemäß DIN 1045 [7-22] vereinbart werden.

Bezüglich der empfohlenen Ausstattung der Betriebe wird hier ebenfalls auf die Instandsetzungs-Richtlinie, Teil 3, Anhang E [7-12] verwiesen.

Für die Instandsetzung von Brücken in Deutschland gelten die Zusätzlichen Technischen Vertragsbedingungen des Bundesministers für Verkehr, von denen

Tab. 7.1: Aufgaben und Anforderungen an das Ausführungspersonal

Qualifizierte Führungskraft	Bauleiter	Baustellenfachpersonal
Aufgaben: - zuständig und verantwortlich für die Ausführungsart der Arbeiten auf der Baustelle und die Prüfungen - Prüfung des Leistungsverzeichnisses im Sinne des geltenden Normenwerkes - Planung der Arbeitsabläufe - Beurteilung der fachlichen Qualifikation des Baustellenfachpersonals - Auswertung der Eigenüberwachung	**Aufgaben:** - sorgt für die sichere und planmäßige Ausführung der Arbeiten - ist zuständig für die Anzeige bei der Überwachungsstelle - veranlasst die Eigenüberwachung - überwacht die Verwendung der vorgesehenen Baustoffe - überwacht die Einhaltung der technischen Bedingungen - übergibt die Ergebnisse der Eigenüberwachung an die Überwachungsstelle	**Aufgaben:** - zuständig für die praktische Durchführung der Instandsetzungsmaßnahme - Festlegung und Überwachung der Arbeiten des anderen Personals - Anleitung des Baustellenpersonals des Nachunternehmers einschl. Überprüfung der handwerklichen Fähigkeiten - Durchführung und Aufzeichnung der Prüfungen im Rahmen der Eigenüberwachung **Anforderungen:** - auf der Baustelle muss ständig ein geschulter Fachmann mit SIVV-Schein anwesend sein - das Bauunternehmen muss einen Schulungsturnus von weniger als 3 Jahren nachweisen

hier nur stellvertretend die ZTV-K [7-9], die ZTV-SIB [7-10], die ZTV-RISS [7-11] bzw. die seit Mai 2003 eingeführte ZTV-ING genannt seien.

Bei der Ausführung von Leistungen durch **Nachunternehmer** gelten alle Allgemeinen Technischen Vertragsbedingungen für Bauleistungen VOB/C [7-5] und die Zusätzlichen Technischen Vertragsbedingungen des BMV [7-9 bis 7-11] in gleicher Weise, soweit sie inhaltlich auf die jeweilige Nachunternehmerleistung zutreffen. Der Auftragnehmer benennt dem Auftraggeber im Allgemeinen zusammen mit der Angebotsabgabe seine Nachunternehmer und bestätigt schriftlich, dass die entsprechenden Vertragsbedingungen eingehalten werden. Der Auftraggeber wird durch schriftliche Erklärung von etwaigen Ansprüchen der Nachunternehmer freigestellt.

Ergänzend zu den Allgemeinen Vertragsbedingungen für die Ausführung von Bauleistungen VOB/B [7-4] ist in der ZTV-SIB 90 [7-10] unter Punkt 1.8.2 eine **Gewährleistungsfrist von 5 Jahren** festgelegt. Das entspricht auch den Grundsätzen des BGB [7-16] § 638. Der Auftragnehmer muss seine Verjährungsfristen gegenüber den Nachunternehmern entsprechend verlängern bzw. staffeln.

Wichtig sind Zwischenabnahmen von Teilleistungen, bevor sie von nachfolgenden Leistungen verdeckt werden. Oder anders ausgedrückt, Folgeleistungen dürfen ohne eine Abnahme der vorangegangenen Leistung nicht begonnen werden.

Umfangreiche Leistungen der **Eigenüberwachung** sind vom Auftragnehmer zu erbringen und als Nebenleistungen einzukalkulieren. In der Instandsetzungs-Richtlinie, Teil 3, Anhang A [7-12] sind sie tabellarisch zusammengestellt. Es liegt im eigenen Interesse des Auftragnehmers, z.B. die Befunde des Betonuntergrundes, die Übereinstimmungsnachweise, die vorgeschriebenen Einbau- und Witterungsbedingungen usw. sorgfältig zu protokollieren und sie der örtlichen Bauüberwachung zur Gegenzeichnung vorzulegen. Allerdings soll der Umfang der Eigenüberwachungsleistungen in einem zumutbaren Verhältnis zum Gesamtumfang der Instandsetzungsleistungen stehen (siehe hierzu auch das Rundschreiben ARS 20/1990 zur Einführung der ZTV-SIB 90 [7-10] unter Abschnitt 6 !).

Die Eigenüberwachungsprüfungen im Sinne von Nebenleistungen dienen der Absicherung des Auftragnehmers. Sie sollten nicht als Nachbefundung oder Ergänzungsbefundung mit entsprechenden Folgerungen für Art und Umfang der Leistungen benutzt werden.

Wenn **Nachbefundungen** nach Freilegen oder Herstellen der Zugänglichkeit des Bestandes notwendig sind, dann sollen diese als besondere Leistungen in den Ausschreibungsunterlagen nach Art und Umfang und mit den möglichen Schlussfolgerungen erfasst werden. Ergeben sich dadurch möglicherweise Leistungserweiterungen, so sind dafür in den Ausschreibungsunterlagen Bedarfspositionen vorzusehen.

Die Prüfung von Rissweitenänderungen z.B. gehört bei der Instandsetzung von Brücken unbedingt in die Vorbereitungs- und Planungsphase. Für die Diagnose der Rissursachen und die Ausschreibung der Art der Rissbehandlung müssen diese Befunde zur Formulierung der Instandsetzungsziele vorliegen. Der Aufwand an Zeit und Gerätetechnik für den qualitativen Nachweis von Abhängigkeiten zwischen Rissweiten und Temperaturganglinien oder Verkehrsbelastungen erscheint für den Baustelleneinsatz ungeeignet oder nur in zwingenden Ausnahmen gerechtfertigt.

Eine **Fremdüberwachung** der Baustelle wird bei Brückeninstandsetzungen im Regelfall verlangt. Die Bedingungen sind in der Instandsetzungs-Richtlinie, Teil 3 unter Abschnitt 2 [7-12] aufgeführt. Analog gilt die ZTV-SIB, Abschnitt 1.7.5.2 [7-10]. Danach hat der Auftragnehmer die Baustelle einer anerkannten Überwachungs- und Güteschutzgemeinschaft oder Prüfstelle anzuzeigen und mit dieser einen entsprechenden Überwachungsvertrag abzuschließen, der dem Auftraggeber zur Bestätigung vorzulegen ist. Eine Liste anerkannter Prüfstellen ist z.B. in [7-17] veröffentlicht.

VOB/C [7-5] stuft in DIN 18349, Punkt 4.2.9 die Fremdüberwachung als besondere Leistung ein, deren Durchführung also ins Leistungsverzeichnis aufzunehmen ist.

Dem Auftragnehmer ist zu empfehlen, den Umfang und Zeitpunkt aller Eigen- und Fremdüberwachungsprüfungen sowie aller notwendigen Zwischenabnahmen in einem **Prüfplan** als Arbeitsinstrument für den örtlichen Bauleiter zusammenzustellen und vom Auftraggeber bzw. dessen örtlicher Bauüberwachung bestätigen zu lassen.

Die **besonderen Vertragsbedingungen** des Standortes, der Art und des Zustandes des Bauwerksbestands, der verkehrstechnischen und terminlichen Bedingungen usw. sind in der Baubeschreibung erschöpfend zu benennen. Dazu gehören auch notwendige Zwischenabnahmen, spezielle Kontrollmessungen, Maßnahmen der Beweissicherung usw.

Der „Feststellung des Zustandes der Straßen, Geländeoberflächen, der Vorfluter, der baulichen Anlagen im Baubereich" kommt bei Instandsetzungen die gleiche Bedeutung zu wie bei Neubauten (siehe VOB/B, § 3 [7-4]). Eine Ortsbesichtigung durch den Auftragnehmer ist daher dringend anzuraten. In einer Niederschrift und Fotodokumentation ist die Zustandsfeststellung für eventuelle spätere Beweiszwecke zu belegen. Diese **Beweissicherung** wird in den meisten in Frage kommenden Leistungsbereichen des Tiefbaus gemäß VOB/C [7-5] den Nebenleistungen des Auftragnehmers zugeordnet. Wenn abweichend vom Standardfall außergewöhnliche Risiken für die benachbarte Bausubstanz bestehen, so ist eine spezielle Beweissicherungsaufnahme notwendig und als besondere gutachterliche Leistung auszuschreiben.

Das Risiko von möglichen **Folgekosten** bei Nichterfüllung des Bauvertrages – ganz oder anteilig – ist vor endgültiger Auftragserteilung zu bedenken und gegebenenfalls zu bewerten und zu versichern.

Bei Brücken werden vorrangig Mehrkosten aus verlängerter Vorhaltung von Umleitungsstrecken oder Langsamfahrstellen sowie aus der Behinderung von nachfolgenden Bauvertragspartnern zu beachten sein. Bei werkseigenen Anlagen können aus verzögerter Zugänglichkeit und verspäteter Inbetriebnahme von Produktionsanlagen relativ zum Bauaufwand der Instandsetzung unter Umständen sehr hohe Folgekosten geltend gemacht werden.

7.5 Planungsleistungen, Planungshonorar

Die Ansprüche an eine ausschreibungsreife Instandsetzungsplanung und auch die Anforderungen an den sachkundigen Planer [7-12] wurden bis hierher umfassend dargelegt. Die diesen Ansprüchen genügenden Planungsleistungen sollen angemessen honoriert werden. In der Honorarordnung HOAI [7-18] oder dem darauf abgestimmten Handbuch für die Vergabe und Ausführung freiberuflicher Leistungen der Ingenieure und Landschaftsarchitekten im Straßen- und Brückenbau HVA-F-StB [7-19] sind die Leistungsbeschreibungen für die einzelnen Planungsphasen auf die Planung von Neubauten abgestimmt. Allein mit der Handhabung von Umbauzuschlägen nach § 24 HOAI [7-18] ist das Problem der Honorarermittlung nicht zutreffend zu lösen. Eine Aufwandskalkulation auf Stundenbasis nach § 6 HOAI wäre zulässig und eventuell bei der Ausschreibung von Reparaturleistungen geringeren Umfangs denkbar. Für den Bauherrn und Auftraggeber kommt es aber in erster Linie darauf an, dass die Planungsleistungen nach Vollständigkeit und Qualität so vereinbart werden, dass im Ergebnis der Ausschreibung zuverlässige Angebote erwartet werden dürfen. Außerdem soll der Planungsaufwand in einer vertretbaren Relation zum gesamten Bauaufwand stehen. Dieser Verhältniswert kann allerdings für Instandsetzungsleistungen deutlich ungünstiger sein als bei Neubauten, weil ja die Bausummen entsprechend niedriger sind.

Die folgenden Überlegungen sollen zur Orientierung und Versachlichung der Argumentation der Vertragspartner beitragen.

Die Leistungsphase 1 der HOAI - Grundlagenermittlung - kann insbesondere nicht die erforderlichen Aufwendungen für die Bauzustandsanalyse einschließen. Die Bauzustandsanalyse gehört unbedingt zu den notwendigen Vorleistungen.

Bei einer Entscheidungsvorbereitung zwischen Ersatzneubau und Instandsetzung bzw. Ertüchtigung sind beide Lösungswege im Leistungsumfang einer **Vorplanung** bis zu einer hinreichend vollständigen und vorurteilsfreien Kostenschätzung zu bearbeiten (siehe hierzu Kapitel 3). Für den Ersatzneubau kann mit den geschätzten Bausummen aus den Honorartabellen der HOAI [7-18] das Grundhonorar übernommen werden, um daraus das anteilige Honorar für die Vorplanung gemäß Leistungsphase 2 der HOAI zu bestimmen. Ergänzungen sind möglicherweise erforderlich, wenn sich aus der Art des Rückbaus des vorhandenen Bauwerks besondere Planungsüberlegungen zu Zwischenzuständen usw. als notwendig erweisen. Für den Lösungsweg Ersatzneubau ist damit auch die Honorarermittlung nach HOAI durchaus transparent.

Für den alternativen Lösungsweg der Instandsetzung bzw. Ertüchtigung müssen die Planungsleistungen das Niveau einer **Entwurfsplanung** erreichen. Die statischen Nachweise müssen in der Zuverlässigkeit ihrer Aussage einer Vorstatik gemäß Leistungsphase 3 HOAI entsprechen, damit die Ausführbarkeit und der Umfang der Ertüchtigungsleistungen genügend zuverlässig belegt sind. Hierbei ist zu bedenken, dass sowohl das vorhandene als auch das instand gesetzte Bauwerk zu bearbeiten und nachzuweisen sind. Diese Leistungen haben keinen Bezug zu dem zu ermittelnden Bauaufwand der Instandsetzung. Vielmehr sind sie von der Art des vorhandenen Bauwerks und seinem Schwierigkeitsgrad, der durch die Honorarzone gemäß HOAI erfasst wird, geprägt. Deshalb ist es korrekt, eine Bausumme für das vorhandene Bauwerk in Analogie zum Neubau zu schätzen und damit das Grundhonorar nach den HOAI-Tabellen zu bestimmen. Ein angemessener Umbauzuschlag von 20% bis 33% nach § 24 HOAI soll die Doppelbearbeitung des vorhandenen und des instand gesetzten Bauwerks erfassen. Der zutreffende Honoraranteil für die Entwurfsplanung sollte im Einzelfall auch die Qualität und Vollständigkeit vorhandener Bestandsunterlagen berücksichtigen, soweit sie in die Planungsunterlagen übernommen werden können.

Während bei der Neubauplanung von Straßenbrücken auf der Basis der Entwurfsplanung (Leistungsphase 3 der HOAI) bzw. der Genehmigungsplanung (Leistungsphase 4 der Objektplanung nach HOAI) ausgeschrieben wird und die Ausführungsplanung damit Bestandteil der Bauleistung ist, erweist sich dieser Weg für die Ausschreibung von Instandsetzungsleistungen als nicht zweckmäßig.

Die anzustrebende Qualität der Ausschreibungsunterlagen wurde in diesem Kapitel dargestellt und begründet. Sie ist die Voraussetzung für hinreichend zuverlässige Angebote. Dazu ist unbedingt das Bearbeitungsniveau der **Ausführungsplanung** erforderlich. Die endgültige Statik für Ertüchtigungsmaßnahmen mit allen Nachweisen für Verbund- und Schubsicherung sollte geprüft vorliegen, einschließlich der zugehörigen Bewehrungsdetails usw. entsprechend der Leistungsphasen 4 und 5 der Tragwerksplanung nach HOAI. Meinungsverschiedenheiten zwischen Ausführungsplaner und Prüfingenieur würden während der Bauausführung unweigerlich Nachtragsforderungen in Größenordnungen nach sich ziehen. In der Objektplanung gemäß Leistungsphase 5 der HOAI sind lösungsbestimmende Zwischenzustände, Stützjoche, Hilfsschalungen, Messprogramme, zu schützende Objekte usw. zu bearbeiten und ausschreibungsgerecht darzustellen.

Keinesfalls sollten komplexe Instandsetzungsleistungen an Brücken auf der Grundlage einer Funktionalausschreibung vergeben werden. Die Probleme bezüglich Qualität und Wirtschaftlichkeit sind für den Auftraggeber offenkundig. Auch werden den Bietern Planungs- und Vorbereitungsleistungen zugemutet, die den Rahmen einer normalen Angebotsbearbeitung weit übersteigen und unzumutbare Haftungsrisiken in sich bergen.

Die fachliche Einsicht der Auftraggeber der öffentlichen Hand ist dabei durchaus gegeben, jedoch belasten die anteiligen Planungsmittel das im Allgemeinen schmale Budget der Planungsmittel der Kommune oder des Landes, während sie anderenfalls den Mitteln für die Bauausführung und deren Fördermöglichkeiten zuzurechnen wären. Bedenkt man das Ausmaß der Bedeutung der Bestandspflege und Bauwerkserhaltung in seiner absehbaren Entwicklung, so sind in diesem Punkt Verfahrensanpassungen dringend erforderlich. Die Folgeschäden, die den Auftraggebern der öffentlichen Hand aus unvollständigen oder nicht ausreichend präzisen Ausschreibungen von Instandsetzungsleistungen auf dem Niveau von Entwurfsplanungen durch Nachträge und Nachtragsstreitigkeiten erwachsen, liegen wohl in einer ganz anderen Größenordnung als die anteiligen Planungskosten der Ausführungsplanungen.

Bei Instandsetzungsleistungen spricht sehr viel dafür, den sachkundigen Planer auch mit den Aufgaben der Bauoberleitung oder der örtlichen Bauüberwachung sowie der Objektbetreuung und Dokumentation zu betrauen.

7.6 Literatur

[7-1]   Wissenschaftlich-Technische Arbeitsgemeinschaft für Bauwerkserhaltung und Denkmalpflege e.V. (Hrsg.): *WTA-Merkblatt 3-10-97: Zustands- und Materialkataster an Natursteinbauwerken.* Entwurf. 1997

[7-2]   BMV (Hrsg.): *RAB–BRÜ Richtlinien für das Aufstellen von Bauwerksentwürfen. Musterbeispiel Bauwerksinstandsetzung.* (Stand 2/95). Verkehrsblatt-Verlag 1995

[7-3]   DIN: *Verdingungsordnung für Bauleistungen VOB, Teil A: Allgemeine Bestimmungen für die Vergabe von Bauleistungen,* DIN 1960, Ausg. 12/2000. Beuth Verlag 2000

[7-4]   DIN: *Verdingungsordnung für Bauleistungen VOB, Teil B: Allgemeine Vertragsbedingungen für die Ausführung von Bauleistungen,* DIN 1961, Ausg. 12/2000. Beuth Verlag 2000

[7-5]   DIN: *Verdingungsordnung für Bauleistungen VOB, Teil C: Allgemeine Technische Vertragsbedingungen für Bauleistungen (ATV),* DIN 18299: Allgemeine Regelungen für Bauarbeiten jeder Art, Ausg. 12/2000, DIN 18349: Betonerhaltungsarbeiten, Ausg. 12/2000. Beuth Verlag 2000

[7-6]   BMV (Hrsg.): *Standardleistungskatalog für den Straßen- und Brückenbau STLK, Leistungsbreich 124: Schutz und Instandsetzung von Betonbauteilen.* Ausg. 11/1993

[7-7]   DIN: *Standardleistungsbuch für das Bauwesen STLB, Leistungsbereich 081: Betonerhaltungsarbeiten.* Ausg. 01/1994. Beuth-Verlag 1994

[7-8]   WEBER, J.: *Grundlagen der Betoninstandsetzung. Baupraxisberichte.* Ausg. 1999. REWI-Verlag Kempten 1999

[7-9]   BMV (Hrsg.): *ZTV-K 96: Zusätzliche Technische Vertragsbedingungen für Kunstbauten.* ARS 34/1996. Verkehrsblatt-Verlag 1996

[7-10] BMV (Hrsg.): *ZTV-SIB 90: Zusätzliche Technische Vertragsbedingungen und Richtlinien für Schutz und Instandsetzung von Betonbauteilen.* ARS 20/1990. Verkehrsblatt-Verlag 1990

[7-11] BMV (Hrsg.): *ZTV-RISS 93: Zusätzliche Technische Vertragsbedingungen und Richtlinien für das Füllen von Rissen in Betonbauteilen.* Verkehrsblatt-Verlag 1993

[7-12] Deutscher Ausschuss für Stahlbeton (Hrsg.): *DAfStb-Richtlinie: Schutz und Instandsetzung von Betonbauteilen. Instandsetzungs-Richtlinie.* Beuth-Verlag 2001

[7-13] *Neufassung der DAfStb-Richtlinie: Schutz und Instandsetzung von Betonbauteilen. Instandsetzungs-Richtlinie.* Schulungsmaterial der Technischen Akademie Esslingen, Weiterbildungszentrum. Technische Akademie Esslingen Nov. 2001

[7-14] SCHMIDT, D.: Schutz und Instandsetzung von Betonbauteilen. Anforderungen an Personal und Ausstattung der Unternehmen; Überwachung der Ausführung. In: *Beton- und Stahlbetonbau* 96 (2001), H. 11, S. 735–736

[7-15] HAASIS, J.: Kunststoffmodifizierte Zementmörtel (SPCC). Grundlagen – Verarbeitung – Qualitätssicherung. In: *Beton- und Stahlbetonbau* 95 (2000), H. 3, S. 174–181

[7-16] *Bürgerliches Gesetzbuch*, 33. Auflage. Deutscher Taschenbuchverlag 1991

[7-17] BMV (Hrsg.): Liste anerkannter Prüfstellen. Bekanntgabe Nr. 95 des BMV. In: *Verkehrsblatt* 1990, H. 9

[7-18] DEPENBROCK, F. H.; VOGLER, O. (Hrsg.): *Honorarordnung für Architekten und Ingenieure HOAI.* Ausg. 1996. Zweite überarbeitete Auflage 2002 mit EURO-Honorarsätzen. Bundesanzeiger-Verlag 2002

[7-19] BMV (Hrsg.): *HVA-F-StB: Handbuch für die Vergabe und Ausführung von freiberuflichen Leistungen der Ingenieure und Landschaftsarchitekten im Straßen- und Brückenbau.* Eingeführt mit Rundschreiben ARS 42/2001 des BMVBW, Abt. Straßenbau vom 15.11.2001. FGSV-Verlag Nr. 941

[7-20] BMV (Hrsg.): *Richtzeichnungen für Brücken und andere Ingenieurbauwerke.* Verkehrsblatt-Verlag, Sammlung Nr. 1053, Stand 01/2002

[7-21] DIN: *DIN 18551: Spritzbeton; Herstellung und Güteüberwachung.* Ausg. 03/1992. Beuth-Verlag 1992

[7-22] DIN: *DIN 1045: Beton und Stahlbeton, Bemessung und Ausführung.* Ausg. 07/88. Beuth-Verlag 1988

Bildquellenverzeichnis

Zeichnungen:
Carola Blum, Uta Stange, Antal László Szőke

Abbildungen:
Dieter Demme: **2.10, 6.78**

Werner Domhardt: **5.55, 5.56**

Kunstsammlungen zu Weimar: **2.11** (Kupferstich von Christian und Wilhelm Richter aus dem Jahre 1654)

INVER-Ingenieurbüro für Verkehrsanlagen GmbH: **6.4**

Materialforschungs- und -prüfanstalt an der Bauhaus-Universität Weimar: **5.45, 5.46**

MC Bauchemie, Bottrop: **5.57–5.61**

Messbildstelle GmbH Dresden: **5.4**

Hartmut Schuhmann: **6.3, 6.9, 6.77**

Staatsgalerie Stuttgart, Graphische Sammlung, Inv. Nr. A 61/2386(51): **6.2** (Giovanni Battista Piranesi (1720–1778), Veduta del Ponte e Castello Sant' Angelo, Ansicht der Engelsbrücke und der Engelsburg)

Hans Vockrodt: **6.71**

Zentralbibliothek der Stadt Weimar: **2.12** (Stich von W. M. Kraus aus dem Jahre 1800)

Alle übrigen Abbildungen wurden von den Autoren zur Verfügung gestellt.

Sachwortverzeichnis